U0232623

高/光/谱/遥/感/科/学/丛/书

丛书主编　童庆禧　薛永祺
执行主编　张　兵　张立福

高光谱遥感信息获取

Hyperspectral Remote Sensing Data Acquisition

王建宇　李春来　著

图书在版编目(CIP)数据

高光谱遥感信息获取/王建宇，李春来著. — 武汉：湖北科学技术出版社，2021.6
(高光谱遥感科学丛书/童庆禧，薛永祺主编)
ISBN 978-7-5352-9817-1

Ⅰ.①高…　Ⅱ.①王…②李…　Ⅲ.①遥感图像—图像处理　Ⅳ.①TP751

中国版本图书馆 CIP 数据核字(2020)第 203083 号

高光谱遥感信息获取

GAOGUANGPU YAOGAN XINXI HUOQU

策划编辑：严　冰　杨瑰玉
责任编辑：刘　芳　傅　玲
封面设计：喻　杨
出版发行：湖北科学技术出版社
电　　话：027-87679468
地　　址：武汉市雄楚大街 268 号(湖北出版文化城 B 座 13－14 层)
邮　　编：430070
网　　址：http://www.hbstp.com.cn
排版设计：武汉三月禾文化传播有限公司
印　　刷：湖北金港彩印有限公司
开　　本：787×1092　1/16
印　　张：22.75
字　　数：470 千字
版　　次：2021 年 6 月第 1 版
印　　次：2021 年 6 月第 1 次印刷
定　　价：298.00 元

高光谱遥感科学丛书

PREFACE

总 序

锲而不舍　执着追求

人们观察缤纷世界主要依靠电磁波对眼睛的刺激，这就产生了两个主要的要素：一是物体的尺度和形状，二是物体的颜色。物体的尺度和形状反映了物体在空间上的展布，物体的颜色则反映了它们与电磁波相互作用所表现出来的基本光谱特性。这两个主要的要素是人们研究周围一切事物，包括宏观和微观事物的基本依据，也是遥感的出发点。当然，这里指的是可见光范畴内，对遥感而言，还包括由物体发出或与之相互作用所形成的，而我们眼睛看不见的紫外线、红外线、太赫兹波和微波，甚至无线电波等特征辐射信息。

高光谱遥感技术诞生、成长，并迅速发展成为一个极具生命力和前景的科学技术门类，是遥感科技发展的一个缩影。遥感，作为一门新兴的交叉科学技术的代名词，最早出现于20世纪60年代初期。早期的航空或卫星对地观测时，地物的影像和光谱是分开进行的，技术的进步，特别是探测器技术、成像技术和记录、存储、处理技术的发展，为影像和光谱的一体化获取提供了可能。初期的彩色摄影以及多光谱和高光谱技术的出现就体现了这一发展中的不同阶段。遥感光谱分辨率的提高亦有助于对地物属性的精确识别和分类，大大提升了人们对客观世界的认知水平。

囿于经济和技术发展水平，我国的遥感技术整体上处于后发地位，我国的第一颗传输型遥感卫星直到20世纪90年代最后一年才得以发射升空。得益于我国遥感界频繁深入的对外交往，特别是20世纪80年代初期国家遥感中心成立之际的"请进来、派出去"方针，让我们准确地把握住了国际遥感技术的发展，尤其是高光谱遥感技术的兴起和发展态势，也抓住了我国高光谱遥感技术的发展时机。高光谱遥感技术是我国在遥感技术领域能与国际发展前沿同步且为数不多的遥感技术领域之一。

我国高光谱遥感技术发展的一个重要推动力是当年国家独特的需求。20世纪80年代中期，中国正大步走在改革开放的道路上，为了解决国家发展所急需的资金，特别是外汇问题，国家发起了黄金找矿的攻关热潮，这一重大任务当然责无旁贷地落到了地质部门身上，地矿、冶金、核工业等部门以及武警黄金部队的科技人员群情激奋、捷报频传。作为国家科学研究主力军的中国科学院也同样以自己雄厚的科研力量和高技术队伍积极投身于这一伟大的事业，依据黄金成矿过程中蚀变矿化现象的光谱吸收特性研制成像光谱仪的建议被提上日程。在中国科学院的组织和支持下，一个包括技术和应用专家在内的科研攻关团队组建起来，当时参加的有上海技术物理研究所的匡定波、薛永祺，安徽光学精密机械研究所的章立民，长春光学精密机械与物理研究所的叶宗怀等人，我有幸与这一批优秀的专家共谋高光谱遥感技术的发展之路。从我国当年科技水平和黄金找矿的急需出发，以国内自主研制成熟的硫化铅器件为基础研发了针对黄金成矿蚀变带和矿化带矿物光谱吸收的短波红外多波段扫描成像仪。这一仪器虽然空间分辨率和信噪比都不算高，如飞行在 3 000 m 高度时地面分辨率仅有 6 m，但其光谱波段选择适当，完全有效地针对了蚀变矿物在 2.0～2.5 μm 波段的吸收带，具有较高的光谱分辨率，故定名为红外细分光谱扫描仪(FIMS)。这是我国高光谱成像技术发展的最初成果，也是我国高光谱遥感技术发展及其实用性迈出的第一步，在短短 3 年的攻关时间内共研制了两种型号。此外，中国科学院引进、设计、改装的“奖状”形遥感飞机的投入使用更使这一技术如虎添翼。两年多的遥感实践，识别出多处黄金成矿蚀变带和矿化带，圈定了一些找矿靶区，验证并获得了一定的“科研预测储量”。初期高光谱仪器的研制以及在黄金找矿实践中的成功应用和技术突破，使我国的高光谱遥感及应用技术发展有了一个较高的起点。

我国高光谱遥感技术的发展是国家和中国科学院大力支持的结果。以王大珩院士为代表的老一辈科学家对这一技术的发展给予了充分的肯定、支持、指导和鼓励。国家科技攻关计划的实施为我国高光谱遥感技术的发展注入了巨大的活力，提供了经费支持。在国家“七五”科技攻关计划支持下，上海技术物理研究所的薛永祺院士和王建宇院士团队研制完成了具有国际先进水平的 72 波段模块化机载成像光谱仪(MAIS)。在国家 863 计划支持下，推帚式高光谱成像仪(PHI)和实用型模块化成像光谱仪(OMIS)等先进高光谱设备相继研制成功。依托这些先进的仪器设备和一批执着于高光谱遥感应用的研究人员，特别是当年中国科学院遥感与数字地球研究所和上海技术物理研究所科研人员的紧密合作，我国的高光谱遥感技术走在了国际前沿之列，在地质和油气资源探查，生态环境研究，农业、海洋以及城市遥感等方面均取得了一系列重要成果，如江西鄱阳湖湿地植被和常州水稻品种的精细分类、日本各种蔬菜的鉴别和提取、新疆柯坪县和吐鲁番地区的地层区分、澳大利亚城市能源的消耗分析以及 2008 年北京奥运会举办前对“熊猫环岛”购物中心屋顶材质的区分等成果都已成为我国高光谱遥感应用的经典之作，在国内和国际上产生了很大的影响。在与美国、澳大利亚、日本、马来西亚等国的合作中，我国的高光谱遥感技术一直处于主导地位并享有很高的国际声誉，如澳大利亚国家电视台曾两度报道我国遥感科技人员及遥感飞机与澳大利亚的合作情况，当时的工作地区——北领地首府达尔文市的地方报纸甚至用“中国高技术赢得了达尔文"这样的说法报道了中澳合作的研究成果;马来西亚科技部部长还亲自率团来华商谈技术引进及合作;在与日本的长期合作中,也不断获得日本大量的研究费用和设备支持。

进入21世纪以来,中国高光谱遥感的发展更是迅猛,"环境卫星"上的可见近红外成像光谱仪,"神舟""天宫"以及探月工程的高光谱遥感载荷,"高分五号"(GF 5)卫星可见短波红外高光谱相机等的各项高光谱设备的研制与发展,将中国高光谱遥感技术推到一个个新的阶段。经过几代人的不懈努力,中国高光谱遥感技术从起步到蓬勃发展、从探索研究到创新发展并深入应用,始终和国际前沿保持同步。目前我国拥有全球最多的高光谱遥感卫星及航天飞行器、最普遍的地面高光谱遥感设备以及最为广泛的高光谱遥感应用队伍。我国高光谱遥感技术应用领域已涵盖地球科学的各个方面,成为地质制图、植被调查、海洋遥感、农业遥感、大气监测等领域的有效研究手段。我国高光谱遥感科技人员还致力于将高光谱遥感技术延伸到人们日常生活的应用方面,如水质监测、农作物和食品中有害残留物的检测以及某些文物的研究和鉴别等。当今的中国俨然已处于全球高光谱遥感技术发展与应用研究的中心地位。

然而,纵观中国乃至世界的高光谱遥感技术及其应用水平,与传统光学遥感(包括摄影测量和多光谱)相比,甚至与20世纪同步发展的成像雷达遥感相比,我国的高光谱遥感技术成熟度,特别是应用范围的广度和应用层次的深度方面还都存在明显不足。其原因主要表现在以下三个方面。

一是"技术瓶颈"之限。相信"眼见为实"是人们与生俱来的认知方式,当前民用光学遥感卫星的分辨率已突破0.5 m,从遥感图像中,人们可以清晰地看到物体的形状和尺度,譬如人们很容易分辨出一辆小汽车。就传统而言,人们根据先验知识就能判断许多物体的类别和属性。高光谱成像则受限于探测器的技术瓶颈,当前民用卫星载荷的空间分辨率仍难突破10 m,在此分辨率以内,物质混杂,难以直接提取物体的纯光谱特性,这往往有悖于人们的传统认知习惯。随着技术的进步,借助于芯片技术和光刻技术的发展,这一技术瓶颈总会有突破之日,那时有望实现空间维和光谱维的统一性和同一性。

二是"无源之水"之困。从高光谱遥感技术诞生以来,主要的数据获取方式是依靠有人航空飞机平台,世界上第一颗实用的高光谱遥感器是2000年美国发射的"新千年第一星"EO-1 Hyperion高光谱遥感卫星上的高光谱遥感载荷,目前在轨的高光谱遥感卫星鉴于其地面覆盖范围的限制尚难形成数据的全球性和高频度获取能力。航空,包括无人机遥感覆盖范围小,只适合小规模的应用场合;航天,在轨卫星少且空间分辨率低、重访周期长。航空航天这种高成本、低频度获取数据的能力是高光谱遥感应用需求的重要限制条件和普及应用的瓶颈所在,即"无源之水",这是高光谱遥感技术和应用发展的最大困境之一。

三是"曲高和寡"之忧。高光谱遥感在应用模型方面,过于依靠地面反射率数据。然而从航天或航空高光谱遥感数据到地面反射率数据,需要经历从原始数据到表观反射率,再到地面真实反射率转换的复杂过程，涉及遥感器定标、大气校正等，特别是大气校正有时候还需要同步观测数据，这种处理的复杂性使高光谱遥感显得“曲高和寡”。其空间分辨率低，使得它不可能像高空间分辨率遥感一样，让大众以“看图识字”的方式来解读所获取的影像数据。因此，很多应用部门虽有需求，但高光谱遥感技术的复杂性令其望而却步，这极大地阻碍了高光谱遥感的应用拓展。

“高光谱遥感科学丛书”（共 6 册）瞄准国际前沿和技术难点，围绕高光谱遥感领域的关键技术瓶颈，分别从信息获取、信息处理、目标检测、混合光谱分解、岩矿高光谱遥感、植被高光谱遥感六个方面系统地介绍和阐述了高光谱遥感技术的最新研究成果及其应用前沿。本丛书代表我国目前在高光谱遥感科学领域的最高水平，是全面系统反映我国高光谱遥感科学研究成果和发展动向的专业性论著。本丛书的出版必将对我国高光谱遥感科学的研究发展及推广应用以至对整个遥感科技的发展产生影响，有望成为我国遥感研究领域的经典著作。

十分可喜的是，本丛书的作者们都是多年从事高光谱遥感技术研发及应用的专家和科研人员，他们是我国高光谱遥感发展的亲历者、伴随者和见证者，也正是由于他们锲而不舍、追求卓越的不懈努力，我国高光谱遥感技术才能一直处于国际前沿水平。非宁静无以致远，在本丛书的编写和出版过程中，参与的专家和作者们心无旁骛的自我沉静、自我总结、自我提炼以及自我提升的态度，将会是他们今后长期的精神财富。这一批年轻的专家和作者一定会在历练中得到新的成长，为我国乃至世界高光谱遥感科学的发展做出更大的贡献。我相信他们，更祝贺他们！

2020 年 8 月 30 日

INTRODUCTION 前言

高光谱遥感技术是光学遥感的重要分支，它可以同时获取观测目标的图像和连续光谱，可实现观测目标空间特征和光谱特征的同步探测，即通常所说的图谱合一。高光谱遥感的魅力，不仅在于它可以更准确地分类识别地物，更在于它大大地提高了遥感从定性向定量化发展的速度。在地表参数反演过程中，高光谱遥感技术可以使模型更具鲁棒性，很多依靠多光谱遥感数据无法反演的参数，在高光谱遥感中恰得其解。高光谱数据获取是高光谱遥感从理论到应用的关键一步，若没有有效的高光谱数据获取手段，高光谱遥感就成了无米之炊。因此，高光谱遥感数据的获取工具——高光谱成像仪的发展一直备受关注。近年来，随着焦平面探测器材料和工艺、低噪声模处理电路、高速数字电路技术、光学技术及遥感数据处理技术的发展，高光谱成像仪系统获得了快速的发展。进入 21 世纪，先后涌现出多种性能指标优秀的机载、星载和特殊应用的高光谱成像仪载荷，成像谱段也从传统的可见短波红外谱段拓展到热红外、中波红外及紫外等谱段。它们被广泛应用于农业监测、林业监测、矿产资源勘查、数字城市建设、海洋监测、生态环境监测、防灾减灾、军事侦察等领域。

纵观高光谱成像仪发展历史，高光谱成像仪的发展一般始于试验性的机载高光谱成像仪，如美国的 AVIRIS(airborne visible/infrared imaging spectrometer)、AHI(airborne infrared hyperspectral imager)、MAKO、HyTES 等，欧洲的 APEX(airborne prism experiment)、SIELETERS 等，澳大利亚的 HyMap，中国的 OMIS(operational modular imaging spectrometer)、PHI(pushbroom hyperspectral imager)、ATHIS(airborne thermal infrared hyperspectral imager system)、全谱段多模态成像光谱仪等。除此之外，商用高光谱成像仪的发展也方兴未艾，如芬兰 Specim 公司推出了 AISA 系列机载高光谱成像仪，涵盖从紫外到热红外谱段的一系列高光谱成像仪；加拿大 Itres 公司推出了 CASI、SASI、TASI 系列机载高光谱成像仪。在机载高光谱成像仪的发展基础上，从 20 世纪 90 年代末开始，先后有多台高光谱成像仪随卫星发射升空，如美国的 MightySatII-FTHSI(Fourier transform hyperspectral imager)、LEWIS-HIS(hyperspectral imaging systems)、Hyperion、Warfighter、AR-

TEMIS(advanced responsive tactically effective military imaging spectrometer)等，欧洲的CHRIS(compact high resolution imaging spectrometer)，澳大利亚的AREIS(Australia resource environment imaging spectrometer)，中国的HJ-1A、GF-5等。近些年来，除以上传统的机载和星载高光谱成像仪之外，以轻量化为特征的无人机高光谱成像仪和立方星载高光谱成像仪也获得了飞速的发展。如中国的欧比特宇航公司提出了立方星组网的高光谱卫星星座计划，可大幅度缩短重访周期。对于轻量化的需求，使得在研制高光谱成像仪时不得不对很多部件，尤其是分量占大头的分光部件进行瘦身，进而催生了光谱分光方式的变革。

中国在高光谱成像仪研究领域的发展几乎和世界同步，尤其是我国“高分辨率对地观测系统”重大专项实施之后，取得了很多具有国际先进水平的成果。2018年，高分五号卫星发射成功，标志着空间高光谱成像仪正式迈入国家业务应用体系，服务国民经济主战场建设。目前，我国从事高光谱遥感研究的机构和人员分布广泛，绝大多数机构和人员都专注于高光谱成像理论和数据应用方面的研究工作，从事仪器研制和开发的机构和人员相对较少，对相关仪器的设计原理和方法进行系统性归纳总结的论著也很少。因此，有必要组织该领域的相关研究人员对高光谱信息获取的原理、仪器的系统理论和设计方法、信息的处理方法进行归纳、提炼、整理，让更多的研究机构和工作人员了解和掌握这些技术，推动高光谱遥感信息获取技术，尤其是仪器研制技术的发展，这也是撰写本书的初衷。

《高光谱遥感信息获取》是一本关于高光谱遥感信息获取原理、仪器设计理论和方法以及信息处理方法的著作，围绕高光谱遥感信息获取，系统性归纳总结了相关的理论基础、原理、仪器整体设计、光学系统原理和设计、电子学系统设计、仪器定标和检测、数据压缩、数据定量化处理等内容。本书涵盖的高光谱遥感信息获取的主要原理和技术论述，主要依据是中国科学院上海技术物理研究所第二研究室研究人员多年来的技术积累和仪器研制的实践经验，同时，本书也搜集了国内外该领域的最新研究成果。除了理论基础和仪器总体设计之外，在涉及仪器研制的内容方面，按照仪器组成部件(如光学、电子学)进行章节划分；在涉及信息处理的内容方面，按照信息处理的流程(如压缩、定标、校正)进行章节划分。为了给读者提供可参考的实践案例，本书单独规划了第9章介绍两个典型的星载高光谱遥感系统实例。

本书的撰写力求内容系统、完整且内涵丰富，同时书中也提供了一些可参考的实践案例，使读者对高光谱遥感信息获取尤其是仪器的研制有一个比较系统的了解。全书共9章。第1章介绍了高光谱遥感相关的基本原理和物理基础，并简述了高光谱遥感发展的历史。第2章介绍了高光谱成像仪核心指标分析和系统设计。第3章从成像光谱仪的成像方式(扫描方式)、光学设计方法及评价、前置光学及案例，以及大视场宽幅技术几方面对高光谱遥感系统中的成像光学进行了介绍。第4章对各类常用的分光技术进行了介绍，并对色散型分光技术，如棱镜和光栅做了重点介绍。第5章介绍了不同类型高光谱遥感系统中的信息流和数据采集特点。第6章介绍了常用的高光谱遥感系统及数据的辐射定标、光谱定标、几何校正和大气校正方法。第7章介绍了近些年来高光谱遥感系统中的数据实时压缩技术方法。第8章介绍了高光谱遥感系统的性能评价，包括基于仪器测量和基于数据的光谱分辨能力、辐射分辨能力、几何光学性能的评价方法和案例。第9章详细介绍了两个典型的星载高光谱成像载荷的设计方法及测试情况。

本书的编写得到了薛永祺院士的精心指导，王建宇、李春来对本书进行了全面的策划和统稿，何志平、袁立银、谢峰、刘成玉、张旭东、刘世界、周博等参加了部分章节的撰写。全书内容以中国科学院上海技术物理研究所第二研究室研究人员多年来的研究成果和经验积累为编撰素材。为此，由衷感谢所有参与本书撰写以及为本书撰写打下良好基础的研究人员，感谢为高光谱遥感事业的发展做出重要贡献的老师们。

高光谱遥感信息获取技术，尤其是仪器研制技术是一项正在飞速发展的技术。新需求不断催生了新技术和新式仪器。鉴于笔者的学识水平、理解广度和深度非常有限，在成书时难免存在不足之处，敬请广大读者批评指正。期望大家共同进步，共同促进我国高光谱遥感事业的发展和繁荣。

2020年9月

目　　录

第1章　高光谱遥感的基本原理和物理基础

遥感，泛指一切无接触的远距离探测，包括对电磁场、力场、机械波（声波、地震波）等的探测。高光谱遥感是遥感科学与技术的重要分支。高光谱分辨率遥感是在电磁波谱的可见光、近红外、短波红外、中红外和热红外波段范围内，获取许多非常窄的光谱连续的影像数据的技术（Lillesand et al.，2000）。一般的成像光谱仪可以收集到成百上千个非常窄的光谱波段信息。高光谱遥感始于20世纪80年代，经过30多年的蓬勃发展，已硕果累累，但也存在一些问题。本章介绍了高光谱遥感相关的基本原理和物理基础，并简述了高光谱遥感发展历史及存在的问题。

1.1　高光谱遥感的物理基础

1.1.1　光谱的本质

光谱，顾名思义，可以解释为将光的某些度量（如能量、反射率、发射率等）按波长（或频率）大小而依次排列的图案，全称为光学频谱。通过光谱来研究光与物质之间的相互作用，可以探知物质的物理化学特性。在光谱学领域，按照产生光谱的基本微粒不同，光谱可以分为原子光谱和分子光谱；按照光与物质的作用形式，光谱一般可分为吸收光谱、发射光谱和散射光谱；按照光谱的形式，光谱可以分为线状光谱、带状光谱和连续光谱。线状光谱主要产生于原子，由一些不连续的亮线组成；带状光谱主要产生于分子，由一些密集的某个波长范围内的光组成；连续光谱则主要产生于白炽的固体、液体或高压气体受激发发射电磁辐射，由连续分布的一切波长的光组成。

1.1.1.1　紫外可见吸收光谱

紫外可见吸收光谱（200～800 nm）是由价电子能级的跃迁而产生，一般电子能级的间隔为 1～20 eV，恰好落在紫外和可见光谱段。物质受到紫外可见光谱段光照射的时候，分子中某些价电子吸收一定波长的辐射，从较低能量的基态跃迁到较高能量的激发态，产生紫外可见吸收光谱。分子所吸收的能量不是任意的，而是两能级能量差的整数倍。

除了电子能级的变化之外，分子吸收能量也伴随着分子的振动和转动。也就是说，在电子发生跃迁的同时，发生分子振动能级和转动能级的跃迁。分子的振动和转动跃迁也是量化的或者说是非连续的。此时，分子整体的能量变化（ΔE）为各个变化量之和：

$$\Delta E = \Delta E_e + \Delta E_v + \Delta E_r \tag{1.1}$$

其中，电子跃迁能级变化为 1～20 eV；分子振动跃迁能级变化为 0.05～1 eV；分子转动跃迁能级变化小于 0.05 eV。可见，电子跃迁能级变化要远大于分子振动和转动跃迁能级变化，前者是后者的 1～2 个数量级。这样，在发生电子跃迁时，伴随有分子振动和转动跃迁，就会形成带状光谱。不同物质具有不同的分子能级能量或能量变化各异，这会导致不同分子吸收特征不同，形成不同的光谱。

1.1.1.2　红外吸收光谱

红外吸收光谱（0.75～1 000 μm）主要由分子振动和转动能级的跃迁而产生。而且一般情况下，红外光谱是分子振动与转动的加和表现，因此，红外光谱也称为振转光谱。另外，红外光谱中，不同波长的能级跃迁类型也略有差异（表 1.1）。

表 1.1　红外光谱段能级跃迁类型（柯以侃 等，1998）

波长（μm）	波数（cm^{-1}）	能级跃迁类型
0.75～2.5	13 300～4 000	分子化学键振动的倍频和组合频
2.5～25	4 000～400	化学键振动的基频
25～1 000	400～10	骨架振动、转动

物质分子吸收红外辐射之后，要发生振动和转动能级跃迁需要满足两个条件：①红外辐射光子具有的能量等于分子振动能级的能量差（ΔE）；②分子振动时必须伴随着偶极矩的变化，没有偶极矩变化的分子振动非红外活性振动。

根据量子力学可以得出，双原子分子振动频率的计算方法为

$$\nu = \frac{1}{2\pi}\sqrt{\frac{k}{\mu}} \quad (\mathrm{Hz}) \tag{1.2}$$

$$\sigma = \frac{1}{2\pi c}\sqrt{\frac{k}{\mu}} \quad (\mathrm{cm^{-1}}) \tag{1.3}$$

其中，μ 为折合质量，其大小为 $m_1 m_2/(m_1+m_2)$，m_1 和 m_2 分别为两个原子的质量；k 为键力常数；c 为光速。

为了解释光与物质相互作用产生光谱的物理机制，物理学家建立了多种理论模型，如刚性转子、简谐振子、非刚性转子、非简谐振子、转动模型，及多原子分子振动、转动模型等。关于这些理论模型的详细介绍，读者如有兴趣可参考分子光谱相关书籍。

可以用峰数、峰位、峰形和峰强来描述红外光谱的特征。红外光谱可以更加精细地表征分子结构特征，通过红外光谱的峰位、峰数和峰强可以确定分子基团和分子结构。除了单原子分子及单核分子外，几乎所有有机物均产生红外吸收。因此，红外光谱经常被用于有机物的识别和分子结构的解析。

1.1.1.3 拉曼光谱

拉曼(Raman)光谱是一种散射光谱。1928 年拉曼实验发现，光穿过透明介质时，被分子散射的光发生频率变化，这一现象称为拉曼散射。这种波长发生偏移的光谱就是拉曼光谱。光谱中常常出现一些尖锐的峰，是某些非特定分子的特征。拉曼效应可以用能级表达。如一绿色光子使分子能量从基态跃迁到激发态，激发态是分子的不稳定能态，分子将立即发射一光子从激发态回到基态。如果分子发射的光子具有与入射光子相同的能量、相同的波长，那么，没有能量传递给分子，称之为瑞利(Rayleigh)散射；如果分子回到较高的能级，与入射光相比，发射光的光子就会有较小的能量，波长较长，结果分子的振动能级增加，称之为斯托克斯(Stokes)-拉曼散射；如果分子回到较低的能级，与入射光相比，发射光的光子就会有较大的能量，波长较短，结果分子的振动能级减少，称之为反斯托克斯-拉曼散射。一般来说，拉曼散射常指斯托克斯-拉曼散射。拉曼散射的强度可以表示为

$$I_{\mathrm{R}}=\frac{2^4\pi^3}{4^5\times 3^2c^4}\times\frac{hI_{\mathrm{L}}N(\nu_0-\nu)^4}{\mu\nu(1-\mathrm{e}^{-\frac{h\nu}{kT}})}[45\times(\alpha'_a)^2+7\times(\gamma'_a)^2] \tag{1.4}$$

其中，c 为光速；h 为普朗克常量；I_{L} 为激发光强度；N 为散射分子数；ν 为分子振动频率；ν_0 为激发频率；μ 为折合质量；k 为玻耳兹曼常数；T 为绝对温度；α'_a 为计划率张量的平均值不变量；γ'_a 为极化率张量的有向性不变量。拉曼散射强度正比于被激发光照射到的分子数量，这是拉曼散射用于定量分析的基础，不过，增加入射光强度或使用波长较短的入射光照射分子也可以增强拉曼散射强度。

1.1.1.4 荧光光谱

物体经过较短波长的光照，把能量储存起来，然后缓慢放出波长较长的光，放出的这种光就叫荧光。荧光产生过程包括激发和去活化两个阶段。当物质吸收了一定波长光的辐射之后，分子中的电子由原来的基态跃迁至激发态的不同振动能级，这一过程称为激发。激发态分子处于不稳定状态，可以通过辐射跃迁和非辐射跃迁等分子内的去活化过程失去多余的能量，并返回基态，辐射跃迁去活化过程发生光子的发射。由第一电磁激发态单重态所产生的辐射跃迁称为荧光；而由最低的电子激发态三重态所产生的辐射跃迁称为磷光。

不同激发波长的辐射引起的物质发射某一波长荧光的相对效率称为荧光激发光谱。使激发光的波长和强度保持不变，扫描并检测各种波长下相应的荧光强度得到的光谱称之为荧光发射光谱。荧光光谱特征：①斯托克斯位移，在溶液荧光光谱中，所观察到的荧光的波长总是大于激发光的波长，这种波长的移动称为斯托克斯位移；②荧光发射光谱的形状与激发波长无关；③与吸收光谱的镜像关系，可以用弗兰克-康登(Frank-Condon)原理来解释。荧光发射过程

是光吸收的逆过程，荧光发射光谱与吸收光谱有类似镜像的关系。但是，当激发态的构型与基态的构型相差很大时，荧光发射光谱将明显不同于该物质的吸收光谱。荧光在瞬间激发后的某个时间，荧光强度达到最大值，随后其强度按指数规律下降，可以表示为

$$I_t = I_0 e^{-kt} \tag{1.5}$$

其中，I_0 为激发时最大荧光强度；I_t 为时间 t 时刻的荧光强度；k 为衰减常数。荧光强度衰减为初始轻度的 1/e 所需要的时间称为荧光寿命。

1.1.2 高光谱遥感的基本概念与物理定律

1.1.2.1 基本概念

1. 电磁波谱

变化的电磁场在空间以一定的速度传播，就形成了电磁波。电磁波的传播不依赖任何介质，并且在真空中均以同一速度即光速传播。电磁波的范围很广，但其本质类似，都遵循基本波动定律，由于频率（波长）的不同会展现出独特的性质。电磁波谱主要包括无线电波、红外线、可见光、紫外线、X 射线、γ 射线等。按照电磁波在真空中传播或频率递增或递减顺序排列，就构成了电磁波谱，如图 1.1 所示，一般来说电磁波谱没有严格的界限划分。

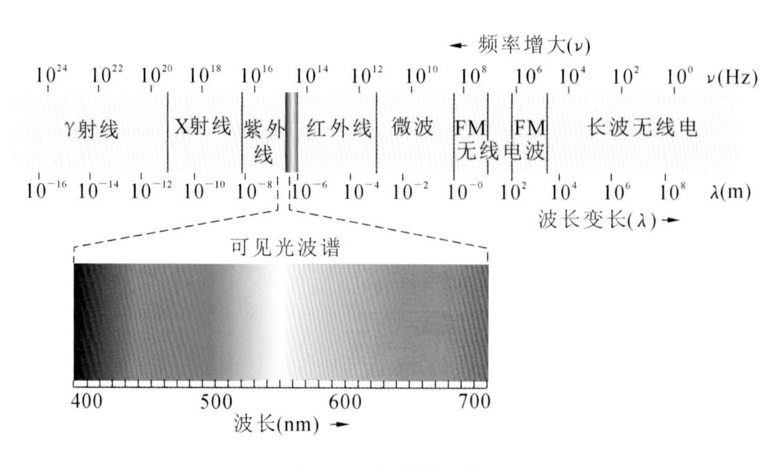

图 1.1 电磁波谱图

人眼所敏感的电磁波频率为 $4.3\times10^{14}\sim7.5\times10^{14}$ Hz，因此这一频带称为电磁波频谱的可见光区。位于频谱中紫光边缘之外的波称为紫外线，比频谱红端的最低可见光频率还低但又高于 3×10^{12} Hz 的波称为红外线。紧接着红外部分的是微波，它的频率范围为 $3\times10^{10}\sim3\times10^{12}$ Hz。与行星大气中辐射能量传输有关的最重要的谱区位于紫外和微波之间。X 射线频率为 $3\times10^{16}\sim3\times10^{18}$ Hz，紧接频谱中的紫外线区；γ 射线频率最高，由 3×10^{19} Hz 向上延伸；无线电波频率最低，由 3×10^{5} Hz 向下延伸。

电磁波波长和频率有如下关系：

$$\lambda = \frac{c}{\tilde{\nu}} \tag{1.6}$$

其中，c 代表真空中的光速；λ 为波长；$\tilde{\nu}$ 为频率。另外，习惯上用波数来描述红外辐射特性，它定义为

$$\nu = \frac{\tilde{\nu}}{c} = \frac{1}{\lambda} \tag{1.7}$$

2. 立体角

立体角定义为锥体所拦截的球面积 A 与半径 r 的平方之比，如图 1.2 所示，它可表示为

$$\Omega = \frac{A}{r^2} \tag{1.8}$$

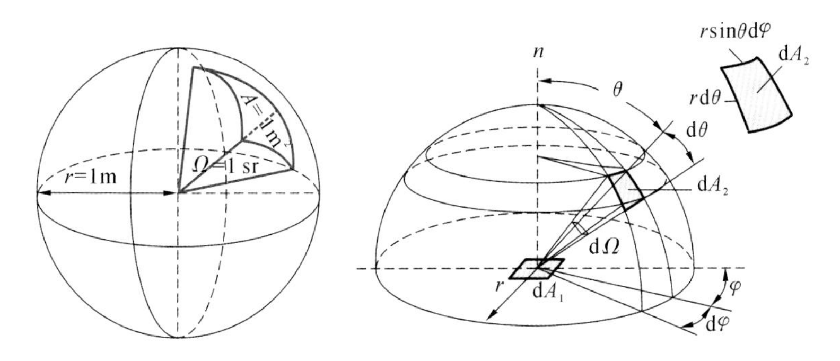

图 1.2 立体角示意图

立体角的单位用球面度(sr)表示。在球坐标系下，微分面元为

$$\mathrm{d}A = (r\mathrm{d}\theta)(r\sin\theta\mathrm{d}\varphi) \tag{1.9}$$

因此，微分立体角元为

$$\mathrm{d}\Omega = \frac{\mathrm{d}A}{r^2}\sin\theta\mathrm{d}\theta\mathrm{d}\varphi \tag{1.10}$$

式中，θ 和 φ 分别表示球坐标中的天顶角和方位角。

3. 辐射能量 Q

电磁场所具有的能量称为辐射能量，一般用尔格、焦耳、卡等度量单位。

4. 辐射通量 Φ

单位时间内通过某一面积的辐射能，称为通过该面积的辐射通量，单位为瓦特(W)，即

$$\Phi = \frac{\mathrm{d}Q}{\mathrm{d}t} \tag{1.11}$$

5. 辐射强度 I

点辐射源在某一方向上的单位立体角所发出的辐射通量称为辐射强度，单位为 W/sr，即

$$I = \frac{d\Phi}{d\Omega} \tag{1.12}$$

6.辐射通量密度(辐射出射度 M、辐照度 E)

辐射通量密度也称为辐射出射度 M 和辐照度 E,单位都是 W/m^2。辐射出射度是指单位面积向半球空间(2π 立体角空间)内发射的辐射通量,即

$$M = \frac{d\Phi}{dA} \tag{1.13}$$

辐照度是指单位面积上接收到的辐射通量,即

$$E = \frac{d\Phi}{dA} \tag{1.14}$$

7.辐亮度 L

辐亮度是单位面积、单位立体角上的辐射通量,单位为 $W/(m^2 \cdot sr)$,即

$$L = \frac{d^2\Phi}{dA\cos\theta d\Omega} \tag{1.15}$$

如果辐射源的面元非常小,可以看作一个点,则在单位立体角 $d\Omega$ 内的辐射通量等于辐射强度 I,其与辐亮度的关系为

$$I = \frac{d\Phi}{d\Omega} = L \cdot dA \cdot \cos\theta \tag{1.16}$$

辐亮度随波长变化,且具有方向性,即 $L = L(\lambda, \varphi, \theta)$,其中 φ 为方位角,θ 为天顶角。辐亮度是遥感中最重要的基本物理量,具有与距离无关的特性。

8.吸收率 α、反射率 ρ、透过率 τ

投射到物体的辐射能 Q_0,一部分被物体吸收(Q_A),一部分被反射(Q_R),还有一部分被透射(Q_T)。物体的吸收率 α 表征该物体吸收辐射能量的能力,等于被吸收的能量除以投射到物体的总能量。物体的反射率 ρ 表征该物体反射辐射能量的能力,等于被反射出去的能量除以投射至物体的总能量。透过率 τ 表征物体投射辐射的能力,等于透射出去的能量除以投射至物体的总能量。

$$\begin{cases} \alpha = \dfrac{Q_A}{Q_0} \\ \rho = \dfrac{Q_R}{Q_0} \\ \tau = \dfrac{Q_T}{Q_0} \\ \alpha + \rho + \tau = 1 \end{cases} \tag{1.17}$$

9.发射率 ε

发射率指物体的辐射能力与相同温度下黑体的辐射能力之比,也称为辐射率、比辐射率。

10. 空间分辨率

空间分辨率是指传感器所能分辨的最小目标的测量值，或是传感器瞬时视场(instantaneous field of view，IFOV)成像的地面面积，或是每个像素所表示的地面直线尺寸。

11. 光谱分辨率

光谱分辨率描述了传感器系统中的光谱波段数量和带宽。许多传感器系统在可见光谱段有一个全色波段，在可见近红外或热红外光谱段有多个光谱波段。高光谱系统通常有数百个窄波段。

12. 时间分辨率

时间分辨率是衡量传感器重访地球表面相同区域的重复观测周期或频率。这一频率取决于卫星传感器的卫星运行轨道的设计。

13. 辐射分辨率

辐射分辨率指每一波段传感器接收辐射数据的动态范围或可输出数值的数量，记录数据的比特位数决定了对辐射数据的量化分级。记录数据所采用的比特位数越高，传感器获取数据的辐射精度也越高。

1.1.2.2 基本物理定律

1. 光的直线传播定律

光在均匀介质中是沿直线方向传播的，可以用几何学上的直线代表光的传播方向，并把这种描述光的传播方向的几何线称为光线。

2. 光的独立传播定律

沿不同方向传播或由不同物体发出的光，即使相交也不相互干涉。

3. 光的反射定律

当光从一种介质传播到另一种介质时，在两种介质的分界面上，光的传播方向发生变化，一部分光又返回到原来的介质。如果分界面是均匀光滑的，则产生镜面反射，即入射角和反射角在同一个平面上，并且相等，即 $\theta_1=\theta'_1$，如图 1.3 所示。

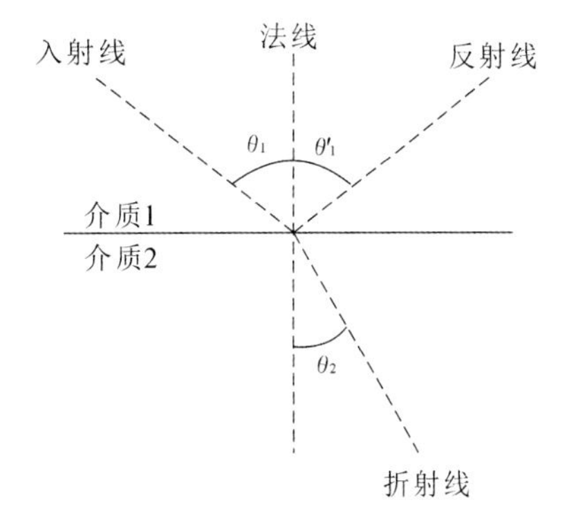

图 1.3 光的折射与反射示意图

4. 光的折射定律

光在两种均匀透明介质的表面，除反射外，透过分界面的光线方向发生了偏折现象，如图 1.3 所示，被折射的光满足折射定律，即服从 $n_1\sin\theta_1=n_2\sin\theta_2$，其中 n_1 和 n_2 分别为入射光线和折射光线所在介质的折射率。

5. 朗伯定律(漫反射)

当两种介质交界面不光滑的时候，可能发生漫反射，或称为朗伯反射。一般来说，当表面粗糙度和波长接近时，可以近似为朗伯表面，但没有严格的定义。通常测量用的“参考板”——

灰板或白板是相对严格的朗伯表面。一般的墙面、公路表面等可以近似为朗伯表面。

6. 黑体辐射定律

任何物体都具有不断辐射、吸收、发射电磁波的现象。辐射出去的电磁波在各个波段是不同的，也就是具有一定的谱分布。这种谱分布与物体本身的特性及温度有关，因而被称为热辐射。为了研究不依赖于物质具体物性的热辐射规律，定义了一种理想物体——黑体，以此作为热辐射研究的标准物体。黑体是指入射的电磁波全部被吸收，既没有反射，也没有透射的物体。黑体表面的辐射特性仅由温度决定且光谱连续，是朗伯表面。黑体辐射主要服从以下四个基本定律。

1)普朗克定律

黑体可以当作一个有小孔的腔体，由外界进入的大部分辐射通量，无论腔壁的材料和表面特性如何，都将被腔壁所捕获，腔壁任意小面积所发射的通量将反复受到反射，每被腔壁捕获一次，通量由于吸收而减弱一些，但又被新的发射所增强。在经过无数次相互作用以后，发射和吸收相对于腔壁温度达到平衡状态，如图 1.4 所示。

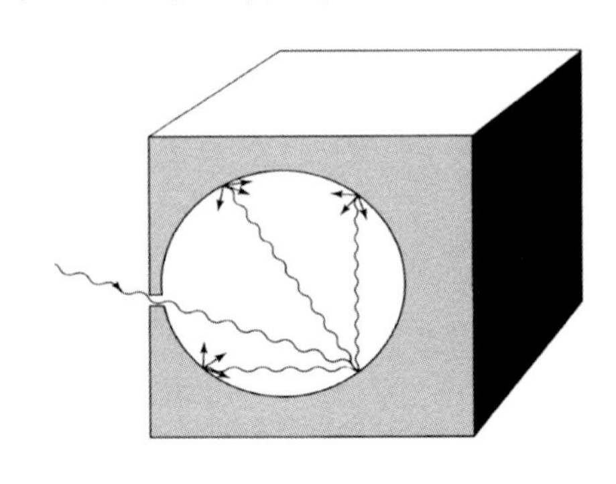

图 1.4　黑体辐射腔

普朗克定律基于两个假设：①假设组成腔壁的原子类似于电磁振子，并且只具有能量，其中 $\tilde{\nu}$ 是振子的频率，h 是普朗克常量，n 为量子数；②假定振子不能连续地辐射能量，而只能以阶跃或量子形式辐射能量。基于上述两个假设，并且每个振子的平均发射能量归一化，得到以能量-面积-时间-球面度-频率为单位的普朗克函数为

$$B(\tilde{\nu},T)=\frac{2h\tilde{\nu}^{3}}{c^{2}\{\exp[h\tilde{\nu}/(kT)]-1\}} \tag{1.18}$$

式中，k 是玻耳兹曼常数，$k=1.38\times10^{-23}\ \mathrm{J/K}$；$c$ 是光速；T 是绝对温度；$h=6.626\times10^{-34}\ \mathrm{J\cdot s}$ 是普朗克常量。如果用波长表示，有

$$B(\lambda,T)=\frac{2hc^{2}}{\lambda^{5}\{\exp[hc/(\lambda kT)]-1\}}=\frac{C_{1}\lambda^{-5}}{\pi\{\exp[C_{2}/(\lambda T)]-1\}} \tag{1.19}$$

式中，$C_1=2\pi hc^2$ 和 $C_2=hc/k$ 分别称为第一和第二辐射常数。黑体在不同温度下 $B(\lambda,T)$ 曲线如图 1.5 所示。黑体辐射强度随温度的升高而增大，而最大强度的波长却随温度的升高而减小。当波长向两端变化时，普朗克函数的性质则会发生改变，当 $\lambda\to\infty$ 时称为瑞利-金斯分布，当 $\lambda\to0$ 时称为维恩分布。

2)斯蒂芬-玻耳兹曼定律

考虑到整个波长域上的黑体辐射，则黑体的总辐射强度可由整个波长域积分得到，即

$$\begin{aligned}B(T)&=\int_{0}^{\infty}B(\lambda,T)\mathrm{d}\lambda=\int_{0}^{\infty}\frac{2hc^{2}\lambda^{-5}}{\exp[hc/(k\lambda T)]-1}\mathrm{d}\lambda\\&=\frac{2k^{4}T^{4}}{h^{3}c^{2}}\int_{0}^{\infty}\frac{x^{3}}{\exp x-1}\mathrm{d}x=\frac{2k^{4}T^{4}}{h^{3}c^{2}}\times\frac{\pi^{4}}{15}=bT^{4}\end{aligned} \tag{1.20}$$

式中，$x=hc/(k\lambda T)$；$b=\dfrac{2\pi^4k^4}{15c^2h^3}$。由于黑体辐射是各向同性的，因此黑体发射的通量密度为

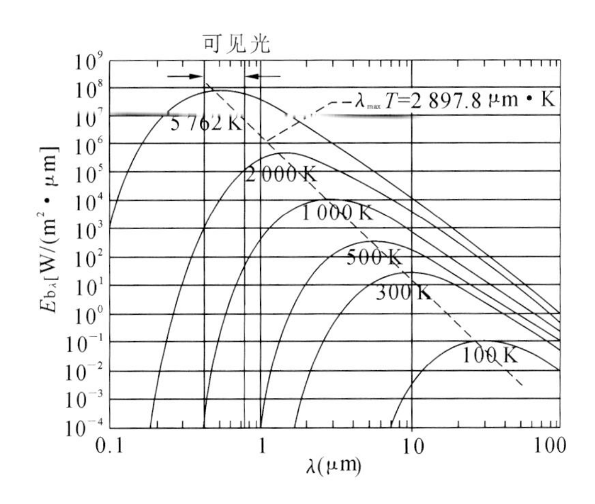

图 1.5 普朗克定律描述的黑体辐射在不同温度下的频谱

$$M=\pi B=\sigma T^4 \tag{1.21}$$

式中，斯蒂芬-玻耳兹曼常数 $\sigma=5.67\times10^{-8}\mathrm{J/(m^2\cdot s\cdot K^4)}$。该公式表明黑体发射的通量密度与它的绝对温度的四次方成正比，如果温度有微小的变化，对应的通量密度会发生很大的变化。

3)维恩位移定律

将普朗克方程对波长进行微分，再令其等于 0，有

$$\frac{\partial B(\lambda,T)}{\partial\lambda}=0\Rightarrow\lambda_m=\frac{a}{T} \tag{1.22}$$

维恩位移定律表明在某一个波长上有最大值，并且黑体辐射最大强度的波长与温度成反比，温度越高，其最大值对应的波段越短，即随着温度的升高，辐射最大值对应的峰值波长向短波方向移动，如图 1.5 所示。

4)基尔霍夫定律

在辐射平衡的条件下，任何物体的辐射通量密度与吸收系数成正比关系，并且该比值只与波长和温度有关，与物体性质无关。

$$\frac{M(\lambda,T)}{\alpha(\lambda,T)}=M_B(\lambda,T) \tag{1.23}$$

对于黑体，由于吸收率为 1，因此该比值就等于黑体的辐射出射度。从发射率定义中可以看出 $\varepsilon_\lambda=\alpha_\lambda$。吸收率为 α_λ 的介质吸收 α_λ 倍的黑体辐射强度，并且发射出 ε_λ 倍的黑体辐射强度。对于黑体来说 $\varepsilon_\lambda=\alpha_\lambda=1$，对于灰体有 $\varepsilon_\lambda=\alpha_\lambda<1$。

1.1.3 高光谱遥感的像元光谱

与以实验室内为主的光谱分析不同，高光谱遥感的观测对象是整个地球。与实验室内的

样本相比，可以说是巨大无比。因此，高光谱遥感中的光谱通常是以像元为基本空间单元，每个像元有一条光谱。这与实验室内光谱分析中每个样品对应一条光谱有很大区别。在目前技术条件下，可以认为高光谱遥感像元的尺度是介于微观尺度(物理、化学)和宏观尺度(天文学)的中观尺度。高光谱遥感中的像元光谱是各种微观尺度光谱时空上的有机混合。这种叠加进了时空因素的混合会导致很多以往的物理、化学规律不适用于像元光谱的分析，如空间上均匀的入射光，由于像元内的多次散射成空间不均一的反射，互易原理在像元尺度上无效。

1.1.3.1 辐射传输模型

辐射传输理论在天文学、大气科学和地球科学中早已具有广泛的应用。最早始于对恒星和行星外大气层的研究。辐射传输理论是诺贝尔奖获得者、著名天体物理学家钱德拉塞卡(Chandrasekhar)在 20 世纪 50 年代的研究。辐射传输方程是辐射传输理论的核心问题，不考虑偏振情况下的辐射传输方程表示为

$$\frac{\partial I(\tau,s)}{\partial \tau}=-I(\tau,s)+\frac{\pi}{4}\int P(s,s')I(\tau,s')\mathrm{d}\omega'+\frac{\varepsilon(r,s)}{\sigma\rho} \tag{1.24}$$

其中，I 为辐亮度，定义为在三维空间中在方向 s 上、位置 r 处的辐亮度；ρ 为单位体积内的粒子数量；σ 为粒子的消光截面；$\mathrm{d}\omega'$ 为立体角微分单元；$P(s,s')$ 相函数，为在 s' 方向上的辐射被散射到 s 方向上的概率。对于可见近红外和短波红外等反射谱段发射项(最后一项)可忽略不计(Ellenson et al.，1982)。相函数的计算是解辐射传输方程的重要一步。对于大气辐射传输、水体辐射传输，已有如米散射、瑞利散射等相关的相函数。对于如植被这样组成复杂(叶、茎、花、枝、干等)的地物，并不能完全归为随机介质，其相函数还没有较好的描述方案。

1.1.3.2 几何光学模型

与辐射传输模型基于微体积内散射方程不同，几何光学模型基于"景合成模型"，即在传感器视场内，一部分是太阳光承照面，一部分在阴影中，而观测的结果是二者亮度的面积加权(李小文 等，2001)。Jackson 等(1972)提出了行作物的四分量模型(承照植被、阴影植被、承照地面、阴影地面)。Li 等(1986，1985)用森林结构参数(株密度、树冠大小和高度等)计算四分量(承照植被、阴影植被、承照地面、阴影地面)随太阳入射角和观测角变化，建立了天然林的双向反射分布函数(bidirectional reflectance distribution function，BRDF)模型。Jupp 等(1986)建立了多层林冠的几何光学(geometrical optical，GO)模型。Strahler 等(1991)用几何光学模型和叶子这两个尺度上解释了不连续植被的 BRDF。据李小文等(1993)的研究，基本颗粒构成的粗糙表面用 BRDF 模型描述为

$$r_{\mathrm{BRDF}}=\frac{1}{\pi}\frac{\iint_A R(s,i,r)\langle s,i\rangle\langle s,r\rangle I(i,r)\mathrm{d}s}{A\cos\theta_i\cos\theta_r} \tag{1.25}$$

其中，A 为像元面积；$\mathrm{d}s$ 可以认为是像元内的基本单元；$R(s,i,r)$ 为基本组成单元 $\mathrm{d}s$ 的半球方向反射率，即 BRDF 在入射方向上的积分；s 为 $\mathrm{d}s$ 的法向向量；i、r 分别为入射和反射方向；I 为基本单元 $\mathrm{d}s$ 相对于传感器的能见函数。为了推进几何光学模型的实用化，发展了半

经验核驱动模型。核驱动模型可以表示为(Wanner et al.,1995)

$$R(\theta_i,\theta_v,\varphi) = f_{iso} + f_{geo}k_{geo}(\theta_i,\theta_v,\varphi) + f_{vol}k_{vol}(\theta_i,\theta_v,\varphi) \tag{1.26}$$

其中,R 为双向反射率;k_{geo} 为几何光学核;k_{vol} 为体散射核;θ_i 为光线入射角;θ_v 为观测角;f_{iso}、f_{geo} 和 f_{vol} 分别为各向同性散射、几何光学散射和体散射这三部分的权重。

1.1.3.3 LSF 概念模型

LSF(Li-Steahler field)概念模型是针对非同温陆地表面像元尺度上在热红外谱段的辐射特征而提出的,LSF 概念模型承认像元内各部分温度、发射率及三维结构的不均匀性。传感器接收到的辐射等于各同温组分以普朗克定律发射的热红外辐射比例混合而成,它是对普朗克定律的尺度修正。LSF 概念模型可以表示为(李小文 等,2001)

$$L(\lambda) = \sum_i a_i \varepsilon_i(\lambda) B(T_i,\lambda) \tag{1.27}$$

其中,$L(\lambda)$ 为像元出射辐射;a_i 为组分 i 所占投影面积比例;ε_i 为组分 i 的发射率;T_i 为组分 i 的温度;B 为普朗克函数。李小文等(2001)通过泰勒展开的方式得到了 LSF 概念模型,进行了尺度效应修正,并将其应用于组分温度反演,取得了较好的效果。而对于发射率稍低一点的像元组分,还应该考虑大气背景辐射,LSF 概念模型应表示为

$$L(\lambda) = \sum_i a_i L_{g,i}(T_i,\lambda) \tag{1.28}$$

其中,$L_{g,i}(T_i,\lambda)$ 为组分出射辐射,可以表示为

$$L_{g,i}(T_i,\lambda) = \varepsilon_i(\lambda) B_i(T_i,\lambda) + [1-\varepsilon_i(\lambda)] L_\downarrow(\lambda) \tag{1.29}$$

其中,$L_\downarrow(\lambda)$ 为大气背景辐射。

1.2 高光谱遥感的基本理论

1.2.1 高光谱遥感成像过程

高光谱遥感获取地面目标信息是通过遥感传感器来实现的。传感器之所以能够获取地表信息,是因为地表任何物体在辐射电磁波的同时也反射入射的电磁波。根据高光谱谱段的不同,高光谱遥感可以划分为反射谱段高光谱遥感和发射谱段高光谱遥感。

1.2.1.1 反射谱段高光谱遥感成像过程

对于可见近红外波段范围内的高光谱遥感,传感器接收到的主要是地表物体反射的入照电磁波,这些电磁波可以是经大气吸收衰减散射的太阳直射光、天空和环境的漫反射光,也可以是有源遥感传感器的“闪光灯”。地表物体因其材料、结构、物理化学特性的不同而对

入照电磁波的反射能力也有所不同，从而会呈现不同的波谱辐亮度。这些不同亮度的辐射，向上穿过大气层，再次经过大气层的吸收衰减和散射，最终被传感器所接收到。遥感传感器可以像相机一样一次记录一帧二维遥感图像；也可以采用推帚式一次只记录一条线的影像，再随着遥感器平台的前进，进行后续成像记录，最后拼成一"轨"影像；或者是扫描式的，一次只记录一个像元的亮度波谱，逐点扫描推进，最后组装为一幅遥感图像。图 1.6 为反射谱段高光谱遥感的成像基本过程。

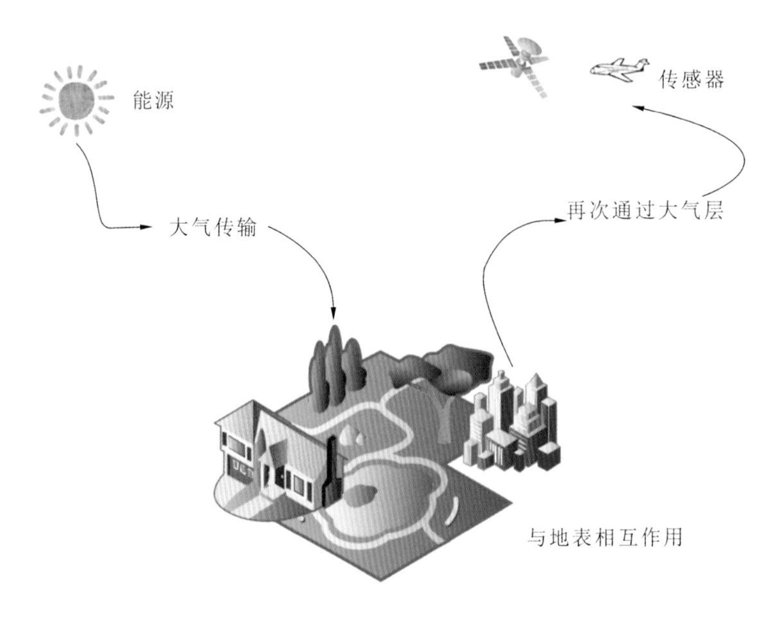

图 1.6　反射谱段高光谱遥感成像过程

从图 1.6 中可以看出，传感器需要从一定高度或距离对地面目标进行探测，这就需要对其提供稳定的对地定向平台，根据平台高度、移动速度等特点大致分为以下三类。

(1)地面遥感平台，如固定的遥感塔、可移动遥感车、舰船等。

(2)航空遥感平台，如各种固定翼和旋翼式飞机、系留气球、自由气球、探空火箭等。

(3)航天遥感平台，如不同高度的人造地球卫星、载人或不载人宇宙飞船、航天站和航天飞机等。

1.2.1.2　发射谱段遥感成像技术

大家都知道，波长为 2.0～1 000 μm 的部分称为热红外波段，自然界中，一切物体都可以辐射红外线，热辐射除了存在普遍性之外，还具有另外两个重要特性：大气、烟云等吸收可见光和近红外线，但是对 3～5 μm 和 8～14 μm 的热红外却是透明的，因此人们在完全无光的夜晚或者烟云密布的战场也能清晰地观察前方情况；另外，物体的热辐射能量的大小直接与物体表面的温度相关，正是由于这个特性，可以直接通过热红外成像仪获得探测物体的热红外影像，来对物体进行无接触温度测量和热状态分析。发射谱段的遥感成像主要是利用传感器接收地表物体辐射的电磁波，其过程如图1.7所示。热红外探测器的遥感平台同样包含地面遥感平台、航空遥感平台和航天遥感平台三类。

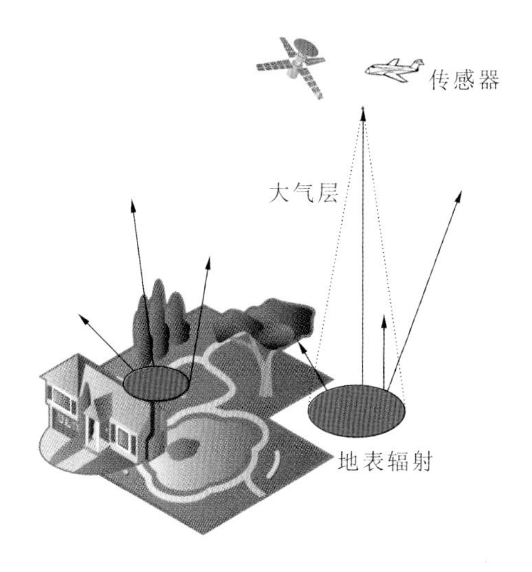

图1.7 发射谱段遥感成像过程

1.2.2 大气辐射传输原理

1.2.2.1 大气结构

由于距地面的高度不同，大气层的物理和化学性质有很大的变化。按气温的垂直变化特点，可将大气层自下而上分为对流层（上界约为12 km）、平流层（上界约为50 km）、中间层（上界约为85 km）、热层（上界约为800 km）和逸散层（没有明显的上界）。

对流层最靠近地面，集中了占大气总质量75%的空气和几乎全部的水蒸气量，是天气变化最复杂的层次。在对流层中气温随着高度的增加而降低，这是由对流层的大气不能直接吸收太阳辐射的能量，但能吸收地面反射的能量所致。另外空气具有强烈的对流运动，近地表的空气接受地面的热辐射后温度升高，与高空的冷空气形成垂直对流。人类活动排入大气的污染物绝大多数在对流层聚集，因此，对流层的状况对人类生活的影响最大，与人类关系最密切。平流层气流相对平衡，而且主要以水平运动为主。平流层下部温度随高度变化很小，上部由于臭氧的存在，吸收太阳紫外辐射使大气温度增加。水汽和杂质含量很少，几乎不出现天气现象。中间层温度随高度为降低，并且是大气中最冷的部分，水汽极少，没有什么天气现象。热层也称为电离层，强紫外辐射造成了热层的高温，但是大气极其稀薄。逸散层也称为外逸层，它是大气的最高层，外逸层温度很高，空气十分稀薄，受地球引力场的约束很弱，一些高速运动着的空气分子可以挣脱地球引力和其他分子的阻力逸散到宇宙空间。

1.2.2.2 大气成分

地球大气由多种气体组成，一般可以分为两类：一类是具有几乎恒定浓度的气体，另一类是浓度随时间和地点变化的气体。表 1.2 列出了主要大气成分的体积。恒定成分占大气总体积的绝大部分，无极性，不吸收电磁波。变化成分中水汽表现出对电磁辐射的某些谱段的强吸收，二氧化碳、臭氧以及悬浮颗粒等气溶胶粒子表现出对电磁波的吸收和散射作用。

表 1.2 大气成分

恒定成分		变化成分	
成分	体积比(%)	成分	体积比(%)
氮(N_2)	78.084	二氧化碳(CO_2)	0.036
氧(O_2)	20.948	水汽(H_2O)	0～0.04
氩(Ar)	0.934	臭氧(O_3)	$0\sim12\times10^{-4}$
氖(Ne)	18.18×10^{-4}	二氧化硫(SO_2)	0.001×10^{-4}
氦(He)	5.24×10^{-4}	二氧化氮(NO_2)	0.001×10^{-4}
氪(Kr)	1.14×10^{-4}	氨(NH_4)	0.004×10^{-4}
氙(Xe)	0.089×10^{-4}	一氧化氮(NO)	0.0005×10^{-4}
氢(H_2)	0.5×10^{-4}	硫化氢(H_2S)	0.0005×10^{-4}
甲烷(CH_4)	1.7×10^{-4}	硝酸(HNO_3)	微量
氧化亚氮(N_2O)	0.3×10^{-4}	氟氯碳化物	微量

1.2.2.3 大气吸收

太阳辐射通过大气层时，约 17% 被大气吸收。其中水汽、二氧化碳和臭氧等对太阳辐射的吸收最显著。大气吸收光谱如图 1.8 所示。

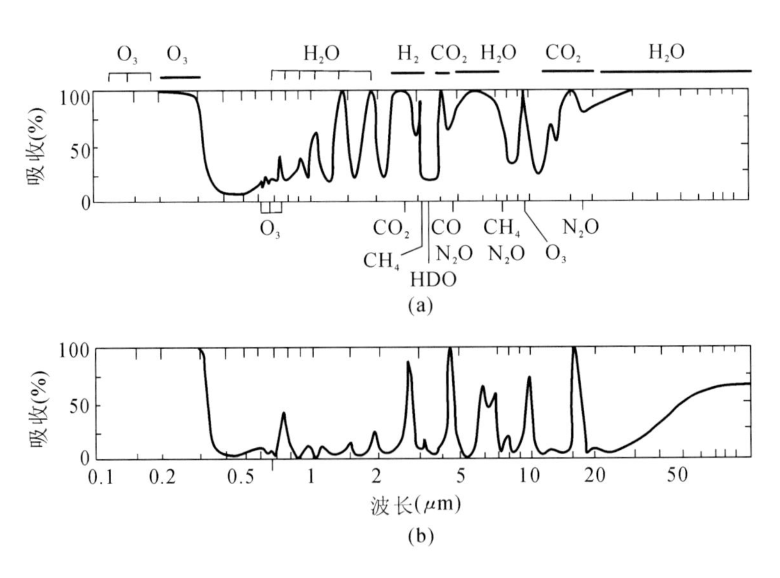

图 1.8 大气吸收光谱

(a)地表测量的太阳辐射吸收谱；(b)11 km 高处测量的太阳辐射吸收谱

水汽一般分布在低空，含量随时间、地点等变化很大，对电磁辐射的吸收最为显著，水汽含量越大，对电磁辐射的吸收也越多。水汽吸收带有很多，多集中在红外区，主要的吸收带在2.5～3.0 μm、5.5～7.0 μm 和 27 μm 以后的波段，另外在 0.94 mm、1.63 mm 以及 1.35cm均有吸收峰。

二氧化碳主要分布于低层大气中，也是一种重要的红外吸收气体，吸收带主要位于大于 2 μm 的红外区域内。其中最强的吸收带位于 13～18 μm 远红外波段内，是一个完全吸收带，吸收该波段内全部的电磁辐射，另外在 2.7 μm 和 4.3 μm 附近有两个窄的强吸收带。

臭氧主要集中在 20～30 km 的平流层中，由紫外辐射与氧分子相互作用生成。臭氧对太阳辐射 0.3 μm 以下的短波全部吸收，在 0.6 μm 附近有一个较宽的弱吸收带，在远红外 9.6 μm 附近还有一个强吸收带。虽然臭氧含量很低，但是对地球能量平衡起到了非常重要的作用。臭氧的吸收阻碍了太阳辐射向低层大气的传输。

氧、氧化亚氮、甲烷等气体对电磁辐射也有一定的吸收，但整体吸收较少。大气吸收作用会造成遥感影像暗淡。

1.2.2.4 大气散射

电磁辐射在受到大气分子或者气溶胶分子等的作用时，会改变原始的传播方向，即发生散射。大气散射的强度取决于微粒的大小、含量、辐射波长和穿过的大气厚度。散射的结果是产生天空散射光，其中一部分上行被空中遥感器接收，另一部分到达地表。大气散射可以分为三类，即瑞利散射、米氏散射和均匀散射。

1. 瑞利散射

当引起散射的大气粒子直径远远小于入射电磁波波长时，称为瑞利散射，是选择性散射中的一种，氧气和氮气等对可见光的散射均为瑞利散射。它的散射强度与波长的四次方成反比，波长越短，散射越强，且前向散射与后向散射强度相同。瑞利散射一般发生在 9～10 km的晴朗高空，95％的辐射衰减几乎都由瑞利散射引起。“蓝天”也正是瑞利散射的一种表现，由于蓝光波长较短，蓝光散射要强于其他可见光，因此呈现出蓝色。日落时，太阳接近地平线，太阳高度角低，太阳光线穿过大气层的路径比较长，蓝光被充分地散射掉，于是呈现出橙红色。

瑞利散射对可见光影响最大，对红外线影响较小，对微波基本没有影响。它也是造成遥感图像辐射畸变、图像模糊的主要原因。它降低了图像的“清晰度”或“对比度”，使彩色图像带蓝灰色，特别是对高空摄影图像的影响分外明显。因此遥感仪器中多利用特制的滤光片，滤掉蓝紫光以消除对图像的影响。

2. 米氏散射

当引起散射的大气粒子的直径约等于入射波长时，出现米氏散射现象，它也是选择性散射的一种，主要由大气中的悬浮颗粒，如水滴、尘埃等气溶胶引起。米氏散射影响的是波长比瑞利散射更长的波段，包括可见光及其以外的波段，散射效果依赖于波长，并且前向散射大于后向散射，更具有方向性。米氏散射与大气中微粒的结构、数量有关，并且受气候影响

较大,因此在低层大气中散射较强。

3.均匀散射

当引起散射的大气粒子的直径远远大于入射波长时,出现均匀散射,它是无选择性散射,散射强度与波长无关。大气中的云、雾等散射属于此类。它们直径为 5～100 μm,并大于同等散射的所有可见近红外波段。

大气散射辐射对遥感影像的影响极大。大气散射降低了太阳光直射的强度,改变了太阳辐射的方向,削弱了到达地面和地面向外的辐射,产生了天空散射光,增强了地面辐照和大气层的"亮度",导致遥感影像变暗,降低了遥感影像反差;并且传感器接收到的能量夹杂了杂散光,增加了噪声,造成影像质量下降。

对于可见光波段,辐射衰减主要由散射引起,但对于波长更长的波段,大气主要的影响是吸收,对于热红外大气自身的发射也是大气效应的一部分。

1.2.2.5 大气折射

大气折射率与大气密度相关,密度越大,折射率越大;离地面越高,空气越稀薄,折射率越小。由于折射作用,电磁波在大气中传播的轨迹是一条曲线,到达地面后,地面接收的电磁波方向与实际太阳辐射的方向偏离了一个角度。

1.2.2.6 大气反射

大气中,气体、尘埃的反射作用很小,反射主要发生在云层顶部,与云量有关,而且每个波段受到的影响各不相同,削弱了电磁波到达地面的强度。因此应该尽量选在无云的天气接收遥感信号。

1.2.2.7 大气窗口

电磁辐射在与大气各种作用后,能通过电磁波段的通道叫作大气窗口(图 1.9),大气窗口的位置、范围及有效性取决于大气中的气体。在遥感中,只有位于大气窗口的波段才能用于生成遥感图像。目前常用的遥感大气窗口主要有以下五个。

(1)0.3～1.3 μm 大气窗口:包括紫外、可见光和近红外波段,透过率均在 70%以上,主要反映了地物对太阳光的反射,是摄影成像的最佳波段,也是许多传感器成像的常用波段。

(2)1.5～1.8 μm 和 2.0～3.5 μm 大气窗口:包括近、中红外波段,透过率为 60%～95%,是白天日照条件好时扫描成像的常用波段,一般用于地质遥感等。

(3)3.5～5.5 μm 大气窗口:包括中、远红外波段,透过率为 60%～70%。该窗口内除了反射外,地面物体也可以自身发射热辐射,可以用来探测高温目标。

(4)8～14 μm 大气窗口:包括远红外波段,透过率约为 80%,主要来自地物热辐射,适用于夜间成像。

(5)0.8～2.5cm 大气窗口:包括微波波段,透过率最高可达到 100%,可穿透云、雨等,适合全天候观测和主动观测。

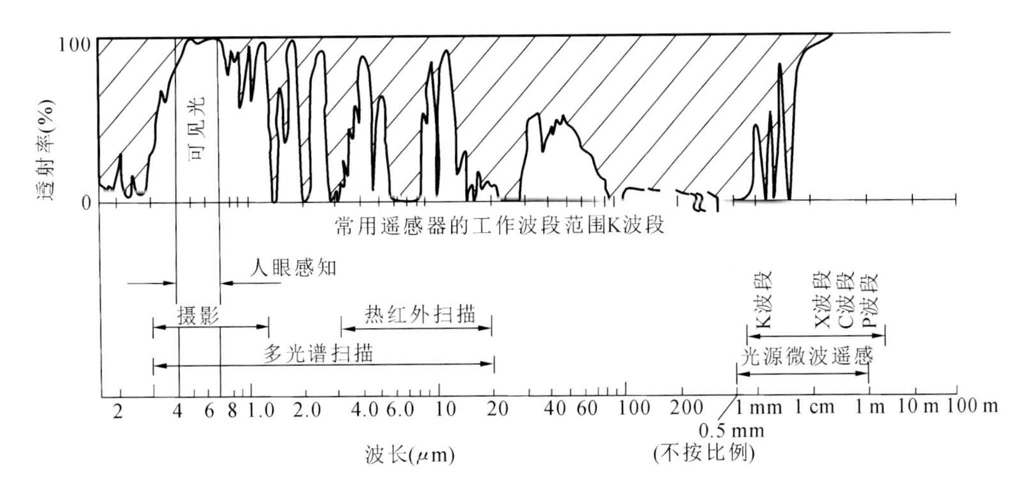

图 1.9　大气窗口

1.2.2.8　辐射传输理论

在可见近红外区域，地球本身的辐射可以忽略，因此只用考虑太阳光的辐射传输。遥感器所能接收的辐射包括太阳直射地表后地表的反射辐射、被大气散射的太阳光（天空光）在地表的反射辐射、大气的上行辐射三部分，因此有

$$L_{\lambda}^{s}=L_{\lambda}^{su}+L_{\lambda}^{sd}+L_{\lambda}^{sp} \tag{1.30}$$

式中，L_{λ}^{s} 表示遥感器处总的上行辐射，L_{λ}^{su} 表示地表对太阳光的反射辐射，L_{λ}^{sd} 表示地表对天空光的反射，L_{λ}^{sp} 表示向上散射的程辐射。

在中红外和热红外区域，遥感器接收的能量主要来源于地球的热辐射，到达遥感器的热辐射也由三个部分组成：地表热发射辐射 L_{λ}^{eu}、大气下行热发射辐射被地表反射后的辐射 L_{λ}^{ed} 和大气上行热发射辐射 L_{λ}^{ep}。因此有

$$L_{\lambda}^{e}=L_{\lambda}^{eu}+L_{\lambda}^{ed}+L_{\lambda}^{ep} \tag{1.31}$$

辐射传输方程是描述电磁辐射在散射、吸收介质中传输的基本方程。在介质中的某特定点，当电磁波沿方向(θ,φ)越过距离 dz 时，强度的变化有以下四种。

(1)由于气体及悬浮粒子吸引引起的衰减，对应电磁波的能量转化为热量，辐射强度损失为

$$\frac{\mathrm{d}I}{\mathrm{d}z}=-\alpha_{\mathrm{a}}I \tag{1.32}$$

式中，α_{a} 是介质所有气体及粒子的吸收系数之和。

(2)部分电磁波的能量被粒子散射，总能量不变，但沿方向有强度损失，即

$$\frac{\mathrm{d}I}{\mathrm{d}z}=-\alpha_{\mathrm{s}}I \tag{1.33}$$

式中，α_{s} 是介质所有气体及粒子的散射系数之和。

(3)由于介质热发射,有能量加到电磁波上,即

$$\frac{\mathrm{d}I}{\mathrm{d}z}=\psi_t(z)=\alpha_{\mathrm{a}}B(\tilde{\nu},T) \tag{1.34}$$

(4)由于其他方向入射波的散射,在(θ,φ)方向上电磁波得到能量(大气程辐射效应):

$$\frac{\mathrm{d}I}{\mathrm{d}z}=\psi_{\mathrm{s}}(z)=\alpha_{\mathrm{s}}J(\theta,\varphi) \tag{1.35}$$

式中,$J(\theta,\varphi)=\frac{1}{4\pi}\int_0^{4\pi}I(\theta',\varphi')p(\theta',\theta,\varphi',\varphi)\mathrm{d}\Omega'$,其中$p$是描述散射场角分布的散射相函数。

辐射传输方程为

$$\frac{\mathrm{d}I}{\mathrm{d}z}=-\alpha_{\mathrm{a}}I-\alpha_{\mathrm{s}}I+\alpha_{\mathrm{a}}B+\alpha_{\mathrm{s}}J=-\alpha I+\psi(z,\theta,\varphi) \tag{1.36}$$

辐射传输方程常用介质光学厚度$\mathrm{d}\tau=-\alpha\mathrm{d}z$为自变量。由于$\alpha=\alpha_{\mathrm{a}}+\alpha_{\mathrm{s}}$,所以有

$$\frac{\mathrm{d}I}{\mathrm{d}\tau}=I-\frac{\alpha_{\mathrm{a}}}{\alpha}B-\frac{\alpha_{\mathrm{s}}}{\alpha}J=I-(1-\omega)B-\omega J \tag{1.37}$$

大气辐射传输模型能较合理地描述大气散射、大气吸收、发射等过程,而且可以产生连续光谱,避免光谱反演的较大定量误差,因而得到了广泛的应用。通常可以从大气辐射传输放射中反演出被探测参数的数值或沿路径的分布,但是它需要对一系列的大气环境参数(如大气光学厚度、温度、气压、湿度、大气分布状况等)进行测量,而且校正模式的准确性决定于输入的大气参数的准确性。

1.2.3 高光谱遥感反演原理

所谓遥感反演,就是从遥感的图像数据中定量提取地表或大气的物理参数。反演的目的是通过对遥感直接获取的信息进行数据处理与计算,反演出人们可以直接应用的基本参量,进一步通过建立的模型,定量地反演地学参量。下面将按照不同遥感应用方向简单介绍高光谱遥感反演的原理与方法。

1.2.3.1 植被参量的高光谱遥感反演

植被生物物理、生物化学参量的精确估算对于生物多样性评价、陆地覆盖表征、生物量建模以及碳通量估算等都具有非常重要的意义(Blackburn et al.,1995)。生物物理参量主要指用于陆地生态系统研究的一些关键变量,包括叶面积指数(leaf area index,LAI)、光合有效辐射吸收率(fraction of absorbed photosynthetically active radiation,FAPAR)、生物量、植被覆盖度等。植被生物化学参量的遥感估算则主要集中于色素(主要是叶绿素)、各种营养元素(特别是氮)以及纤维素、木质素、可溶性糖、淀粉和蛋白质等。植被生物物理与生物化学参量反演的方法可归结为以下三种。

1.传统的多元统计分析法

通常是利用逐步回归分析方法筛选出反射率光谱或其变换形式与某个生物物理或生物化学参量关系密切的若干个波段，建立统计回归方程，然后利用该方程对未知样本的参量进行预测，估算精度。这种方法的优点是简单易行，对实验室可控条件下测得的光谱进行应用时，一般都能取得满意的结果。其缺点是将所测的光谱应用到野外测量数据或遥感图像上时，由于受大气、冠层几何条件、冠层结构、土壤背景等因素影响，所建立的回归方程往往缺乏鲁棒性和普适性(Grossman et al.，1996；Dawson et al.，1999)。

2.基于光谱特征分析的方法

这种方法又可以划分为特征参量法和光谱指数法，主要是基于单个特征参量或两个(或多个)特征波段组合的光谱指数，建立它们与某个生物物理或生物化学参量的经验方程。

特征参量法：将光谱上某个吸收特征(谷)或反射峰特征化参量建立关联方程。应用最广泛的特征是植被所特有的"红边"，定义为反射率光谱在波长680～750 nm的一阶导数最大值对应的波长位置。红边参量对叶绿素、生物量、氮、物候等的变化很敏感(Feng et al.，1991)。

光谱指数法：将两个或者多个特征波段经线性或非线性组合，构成对某个生物物理或生物化学参量敏感的光谱指数。我们所熟知的宽波段归一化差异植被指数(normalized difference vegetation index，NDVI)就属于此类，它是植被光谱所特有的红光吸收谷和近红外反射峰肩部特征经比值归一化得到的，可用于估算植被覆盖度、叶绿素含量、生物量等参数。它的优势在于可以部分消除太阳高度角、遥感器观测角和大气等的影响(Roujean et al.，1995)，但是它对土壤背景的变化较为敏感。

3.物理模型法

前两种方法得到的反演模型均属于经验或半经验的统计模型，对植被反演缺乏普适性和可移植性，针对这一问题，研究者们将更多的目光投向物理模型反演方法。该方法的理论基础是辐射传输理论，对于某一特定时间的植被冠层，一般辐射传输模型可以简化为(宫鹏，1996)

$$S = F(\lambda, \theta_s, \psi_s, \theta_v, \psi_v, C) \tag{1.38}$$

其中，λ 为波长；θ_s、ψ_s 分别为太阳天顶角、方位角；θ_v、ψ_v 分别为观测天顶角、方位角；C 为关于植被冠层的特性参数，包括叶倾角、叶面积指数、叶片层数、叶绿素含量、水和干物质含量等。

物理模型法可以根据用户输入模型的必要参数模拟植被叶片或冠层光谱，此过程称为正演；如果已知植被光谱，通过模型的后向过程得到相应的植被参量，此时称为反演。物理模型又分为叶片模型和冠层模型，前者对叶片的反射率光谱进行模拟和参量反演，可以细致地划分为N流模型、光线追踪模型、随机模型、平板模型和针叶模型等；后者对冠层反射率光谱进行模拟和参量反演，可归纳为四类：辐射传输模型、几何光学模型、混合模型和计算机模拟模型。

1.2.3.2 岩矿的高光谱遥感反演

一般而言，岩矿的吸收特征可用吸收波段位置(λ)、吸收深度(H)、吸收宽度(W)、吸收面积(A)、吸收对称性(d)以及吸收的数目(n)和排序等参数作完整地表征。这些光谱吸收参数尤其是吸收深度与岩石重矿物成分的含量具有定量关系。Mustard(1992)发现矿物中 Fe^{2+} 含量与 0.9 μm、1.03 μm、1.04 μm 和 1.39 μm 四个吸收面积之间具有线性关系：

$$[Fe^{2+}] = 3.19\times10^{-3}A_{0.9} + 1.45\times10^{-3}A_{1.03} + 10\times10^{-3}A_{1.04} + 7.20\times10^{-3}A_{1.39} - 4.69\times10^{-3} \tag{1.39}$$

式中，A 为各波长附近的吸收面积。

Felzer 等(1990)研究了铵长石中 NH_4^+ 的浓度与 2.11 μm 波段深度之间的定量关系，即 NH_4^+ 的浓度为

$$Y = 1\,472.8 + 48\,006H_{2.11} \tag{1.40}$$

式中，Y 为 NH_4^+ 的浓度；$H_{2.11}$ 为 2.11 μm 时的波段深度。

由上述关系可知，矿物光谱遥感识别主要依赖于光谱吸收特征。光谱吸收波长位置(λ)信息可以确定矿物类型；光谱吸收深度(H)则可以获得矿物含量等定量信息，同时可以作为光谱吸收识别的指标。下面简单介绍三种矿物定量反演的模型，包括哈普克(Hapke)光谱理论模型、基于概率统计的混合光谱模型和矿物吸收指数模型。

1. Hapke 光谱理论模型

Hapke(1981)光谱理论成功地描述了岩石矿物光谱过程，即

$$\rho = \frac{\overline{\omega}}{4\pi}\frac{\mu_0}{\mu_0+\mu}\left|[1+\beta(g)]P(g) + H(\mu_0)H(\mu) - 1\right| \tag{1.41}$$

其中，ρ 为反射率；$\overline{\omega}$ 为平均单散射反射率；μ_0 为入射率；μ 为反射余角；$\beta(g)$ 为后向散射；$P(g)$ 为相位函数；$H(\mu)$ 为 Chandrasekhar(1960)的 H 函数。

单散射反射率 $\overline{\omega}$ 是一个重要参数：

$$\overline{\omega} = S_E + \frac{|(1-S_E)(1+S_L)[r_1 + \exp(-2k(k+s)d/3)]|}{|1 - r_1S_L + (r_1 - S_L)\exp[-2k(k+s)d/3]|} \tag{1.42}$$

其中，s、S_E、S_L 为散射系数；d 为颗粒直径；k 为吸收系数；r_1 为算子。则

$$r_1 = [1 - k/(k+s)]/[1 + k/(k+s)] \tag{1.43}$$

按照 Hapke 光谱理论，反射率光谱混合是非线性的，而矿物的单散射反照率 $\overline{\omega}$ 是线性混合。利用 Hapke 理论可以定量计算矿物中各组分含量。

2. 基于概率统计的混合光谱模型

概率混合模型的基础是最大似然法，该方法假设：混合像元的光谱响应在特征空间中与各种单一类中心的相对位置给出了其百分含量的一个最大似然估计。设混合的两类分别表示为 a、b，它们的百分含量分别为 P_a、P_b，则有 $P_a + P_b = 1$；而估计 P_a 或 P_b 的关系式可以写

为

$$P_a = 0.5 + 0.5\frac{D(b,\boldsymbol{x}) - D(a,\boldsymbol{x})}{D(a,b)} \tag{1.44}$$

其中，$D(b,\boldsymbol{x})$为特征空间中两个点a、b之间的马氏距离；a、b为该两个类的类中心，即算术平均；$\boldsymbol{x}$为带分解的混合像元光谱响应矢量。

3. 矿物吸收指数模型

光谱吸收指数(sprectral absorption index，SAI)从光谱本质上表达了地物光谱吸收系数的变化特征。在粒度D一定的情况下，SAI实质上表达的是吸收系数曲线在波长的相对峰值。根据线性混合模型，获得一系列典型吸收特征的SAI图像矢量，可用最小二乘法线性反演各种地物光谱混合成分的含量。

针对矿物识别而言，可诊断的吸收特征主要在短波红外区(short-wave infraed region，SWIR)，而在1200 nm后的SWIR光谱域，程辐射一般可忽略(Conel，1988)。因此，在SWIR域图像分析中，β_i值实际上主要包含仪器的参数，即成像光谱仪的光谱响应C和放大增益系数a_i、b_i。经过仪器的辐射定标可以获得C、a_i、b_i，但在实际处理中，C、a_i、b_i往往由于各种原因难以获得，可通过“零”响应值获得β_i纠正。

从DN_i中剔除β_i因素获得新的图像：

$$\mathrm{DN}_i = \pi^{-1} a_i E_i T \tau_i C_i \rho_i \tag{1.45}$$

获得的光谱吸收指数图像：

$$\mathrm{SAI}' = \frac{d a_{s_1} E_{s_1} \tau_{s_1} C_{s_1} \rho_{s_1} + (1-d) a_{s_2} E_{s_2} \tau_{s_2} C_{s_2} \rho_{s_2}}{a_{\mathrm{m}} E_{\mathrm{m}} \tau_{\mathrm{m}} C_{\mathrm{m}} \rho_{\mathrm{m}}} = d\varepsilon_{s_1}\frac{\rho_{s_1}}{\rho_{\mathrm{m}}} + (1-d)\varepsilon_{s_2}\frac{\rho_{s_2}}{\rho_{\mathrm{m}}} \tag{1.46}$$

可知，光谱吸收指数图像SAI与地物反射率光谱比值呈线性关系，同时与光谱吸收深度具有线性关系。

1.2.3.3 水体参量的高光谱遥感反演

在水色遥感中，水质参数反演模型经历了经验、半经验到半分析算法的发展。其中经验模型基于传统的数理统计，通过一定的数学方法或数据处理手段，如相关分析、主成分分析(principal component analysis，PCA)等，选择最优波段或波段组合，直接建立遥感数据与实时或准实时实测水质参数间的经验统计关系，从而外推水质参数含量。经验模型方法应用简单，运算快捷，但是由于缺乏一定的物理基础，往往依赖于实测数据，受时间、地区的限制较大，通用性差。半经验方法在同样利用简单代数表达式建立遥感数据与水质参数间的函数关系时，以部分水色物质的光谱特征作为先验已知条件。由于半经验方法最终也是通过统计回归等方法阐述遥感数据与水质参数间的函数关系，因此该方法也存在依赖性大、通用性差等特点。经验/半经验反演方法主要有单波段模型、一阶微分模型、波段比值模型、连续/反连续去除法、偏最小二乘法等。

单波段模型表示为

$$C = A + B \times R(\lambda) \tag{1.47}$$

其中,C 为要反演的物质浓度;A 和 B 为统计回归系数;R 为模型的自变量,可以是某一波段的反射比,可以是离水辐射率、漫反射率等,也可以是这些参数的对数形式、指数形式等,甚至是表征某特殊水色物质的光谱特征。

波段比值模型表示为

$$C = A + B \times \frac{R_{rs}(\lambda_1)}{R_{rs}(\lambda_2)} \tag{1.48}$$

比值模型可以部分消除水表面光滑度和微波等环境因素的干扰,减少其他非目标物质的影响,在一定程度上可以有效提高水质参数反演精度。

半分析算法以水色机制为基础,利用生物光学模型解译或模拟遥感数据,将水色物质的吸收、散射特性结合起来,从水体辐射传输原理入手解决水色遥感问题。生物光学模型如式1.49所示,其中总吸收和总散射又可分别表示为各种水色物质的贡献和。

$$R_{rs} = \frac{ft}{Qn^2} \frac{(b_{bw} + b_{bp})}{(a_w + a_d + a_{ph} + a_g + b_{bw} + b_{bp})} \tag{1.49}$$

其中,f 为受水体属性和光照条件影响;t 为水-气界面的透过率;Q 为广场分布参数;n 为水体折射率;b_{bw} 为纯水后向散射系数;b_{bp} 为粒子的后向散射系数;a_w 为纯水吸收系数;a_d 为非色素颗粒吸收系数;a_{ph} 为浮游植物色素吸收系数;a_g 为可溶性有机物(colored dissolved organic matter,CDOM)吸收系数。

CDOM 吸收系数一般随波长的增加呈指数衰减,即

$$a_g(\lambda) = a_g(\lambda_0)\exp[-S_g(\lambda - \lambda_0)] \tag{1.50}$$

其中,λ_0 为参考波长,可以选择 440 nm。非色素颗粒物随波长的增加迅速见效,在蓝光波段吸收较强,在近红外波段接近于 0,曲线函数与 CDOM 吸收系数类似:

$$a_d(\lambda) = a_d(\lambda_0)\exp[-S_d(\lambda - \lambda_0)] \tag{1.51}$$

参考波段一般也取在 440 nm 处。

浮游植物色素吸收系数很难用函数表示,一般来说有两个特征值:位于 430~550 nm 蓝光范围内 440 nm 附近的峰值和在 676 nm 附近的峰值,并且前峰一般大于后峰。

粒子的后向散射系数一般可以表示为波长的幂函数,即

$$b_{bp}(\lambda) = b_{bp}(\lambda_0)\left(\frac{\lambda_0}{\lambda}\right)^n \tag{1.52}$$

其中,n 为波形指数;λ_0 为参考波长,一般为 550 nm。

半分析方法能够独立于遥感图像的野外数据进行校正,降低了对地面实测数据的依赖度,并且它对于水色物质反演过程及结果均具有较好的解释,可从理论上达到较高的反演精度。

1.2.3.4 热红外高光谱遥感反演

1. 热红外遥感的基本原理过程

绝对黑体辐射出射度 $E_{\lambda,T}$ 是波长 λ 和黑体温度 T 的函数,即

$$E_{\lambda,T} = \frac{2\pi c^2 h}{\lambda^5}(e^{\frac{ch}{k\lambda T}} - 1)^{-1} = \frac{c_1}{\lambda^5}(e^{\frac{c_2}{\lambda T}} - 1)^{-1} \tag{1.53}$$

其中，c 为光速，$c=2.997\ 93\times10^8$ m/s；h 为普朗克常量，$h=6.626\times10^{-34}$ J·s；k 为玻耳兹曼常数，$k=1.380\ 6\times10^{-23}$ J/K；$c_1=2\pi hc^2=3.741\ 8\times10^{-16}$ W·m²；$c_2=\frac{hc}{k}=14\ 388$ μm·K。

与之对应的暗黑体辐亮度表达公式为

$$B(\lambda,T) = \frac{c_1}{\pi\lambda^5(e^{\frac{c_2}{\lambda T}} - 1)} \tag{1.54}$$

对于非黑体，假设发射率为 $\varepsilon(\lambda)$，不考虑发射率的方向性，其自身热发射的辐亮度为

$$L(\lambda,T) = \varepsilon(\lambda)B(\lambda,T) = \frac{c_1\varepsilon(\lambda)}{\pi\lambda^5(e^{\frac{c_2}{\lambda T}} - 1)} \tag{1.55}$$

如果不考虑环境辐射，假设大气下行辐射通量是 $L_{atm\downarrow}$，则在地面观测到目标的辐亮度是目标自身的热辐射加上目标反射的大气下行辐射，式(1.55)扩展为

$$L_{grd}(\lambda) = \varepsilon(\lambda)B(\lambda,T) + [1-\varepsilon(\lambda)]L_{atm\downarrow}(\lambda) \tag{1.56}$$

经过大气辐射传输，在传感器高度上观测到的目标的辐亮度为

$$\begin{aligned} L_{toa}(\lambda) &= \tau(\lambda)L_{grd}(\lambda) + L_{atm\uparrow}(\lambda) \\ &= \tau(\lambda)\{\varepsilon(\lambda)B(\lambda,T) + [1-\varepsilon(\lambda)]L_{atm\downarrow}(\lambda)\} + L_{atm\uparrow}(\lambda) \end{aligned} \tag{1.57}$$

式中，$\tau(\lambda)$ 为大气透过率；$L_{atm\uparrow}(\lambda)$ 为大气上行辐射通量。

2. 热红外遥感定量反演的影响因素

热红外遥感定量反演的过程中，存在着一些需要解决的问题，后面的各种反演方法，都是为了解决这些基本问题而提出的，这些问题主要包括发射率、环境辐射、大气影响等。

(1)发射率问题。绝对黑体在自然界中是不存在的，自然界中的任何物体其辐射能量除了是温度的函数，还是其发射率的函数。观测值通常是辐亮度，假设不考虑大气、环境辐射、目标不同温度、发射率的方向性等复杂因素，根据普朗克定律，目标发射率和目标温度存在如下函数关系：

$$\varepsilon(\lambda) = \frac{L(\lambda,T)}{B(\lambda,T)} = \frac{\pi\lambda^5(e^{\frac{c_2}{\lambda T}} - 1)L(\lambda,T)}{c_1} \tag{1.58}$$

其中，λ 为测量的波长；$L(\lambda,T)$ 为测量值；c_1、c_2、π 为常数。

然而，在实际应用中，温度和发射率两者都是未知的，这就使得反演成为一个不确定问题，因此热红外遥感反演第一个问题就是温度和发射率的分离(temperature emmisivity separation，TES)。

(2)环境辐射问题。直接观测到的辐亮度不完全是目标的热辐射，还包括目标反射的环境辐射，这就是热红外遥感反演需要解决的第二个问题。现有的热红外遥感反演算法都需要假设环境辐射已知或为0。

$$L(\lambda,T) = \varepsilon(\lambda)B(\lambda,T) + [1-\varepsilon(\lambda)]L_{atm\downarrow}(\lambda,T) \tag{1.59}$$

(3)大气影响问题。遥感观测的一个重要特点就是大气对辐射信号的影响，虽然常用的热红外波段是大气窗口波段，但是整层大气的透过率仍然小于0.8，因此大气吸收的因素是不容忽视的。另外，大气自身热辐射以及被地表发射的大气下行辐射也需要校正。

3.热红外遥感反演算法总结

表1.3总结了部分具有代表性的热红外遥感反演算法。

表1.3 热红外遥感反演算法一览表(田国良 等，2006)

算法名称	数据源	主要解决的科学问题	反演的目标参数	算法类别
TES-包络线	实验室测量的热红外高光谱数据	温度和发射率分离	发射率	推导反演公式
TES-光谱平滑迭代	野外实验测量的热红外高光谱数据(包括目标辐射和环境辐射)	温度和发射率分离	发射率	迭代优化
TES-ASTER	经大气校正的ASTER的热红外5个通道地表辐亮度和大气下行辐射数据	温度和发射率分离	发射率	推导反演公式＋迭代优化
劈窗算法	热红外2个或多个不同通道的卫星遥感数据	去除大气影响	海面温度	推导反演公式
局地劈窗算法	热红外2个或多个不同通道的卫星遥感数据，还需要植被指数、分类信息等用于估算地表发射率	去除大气影响	陆面温度	推导反演公式
TISI昼夜算法	热红外2个通道、中红外1个通道、昼夜2个时相的卫星遥感数据	温度和发射率分离，并结合劈窗算法去除大气影响	陆面发射率和温度	推导反演公式
MODIS陆面温度产品的算法	MODIS中红外和热红外大气窗口的7个通道，昼夜2个时相。另外需要MODIS探空通道反演的大气廓线	去除大气影像、温度和发射率分离；地表和大气参数一起反演	陆面温度和大气参数	查找表简化模型＋迭代优化
一体化反演方法	1个时相多个通道的热红外遥感数据	解决地表参数与大气参数耦合的问题；多参数反演中充分利用对地表和参数的先验知识	陆面温度、发射率和大气廓线	简化模型＋迭代优化
ATSR-2分离植被和土壤温度的算法	ATST-2的2个热红外通道，准同时的2个观测角度的数据，另外需要2个角度的可见近红外观测，并且已知叶片和土壤发射率	去除大气影响，解决植被层和土壤层不同温的问题	植被和土壤的温度	推导反演公式
AMTIS数据反演叶片和土壤温度的算法	经过大气校正的AMTIS传感器9个角度的热红外1个通道数据，以及相同角度的可见近红外观测，并已知叶片和土壤发射率	解决植被层和土壤层不同温的问题	植被和土壤的温度	推导反演公式

1.3 高光谱遥感简史

20世纪80年代兴起的新型对地观测技术——高光谱遥感技术，始于成像光谱仪的研究计划。1983年，在美国国家航空航天局(National Aeronautics and Space Administration, NASA)的支持下，由美国加州理工学院喷气推进实验室(Jet Propulsion Laboratory, JPL)研制出世界上第一台机载航空成像光谱仪(airborne imaging spectrometer, AIS)，被称为AIS-1号(Vane et al., 1984)。之后，伴随光学、计算机和焦平面探测器等基础科学的不断发展，成像光谱技术的研究获得了巨大的进步。各国纷纷投入资金，加大对高光谱成像光谱仪的研究。加拿大、日本、澳大利亚和中国等相继研制出了不同应用目的的高光谱成像光谱仪，所得数据广泛应用于环境和资源领域的各个部门。目前，国内外比较具有代表性的高光谱成像仪归纳如表1.4所示。

表1.4 国内外典型的高光谱成像仪

	名称	国家	年份	光谱范围	波段数	分光方式
航空	AVIRIS	美国	1987	0.4～2.45 μm	224	平面光栅
	HyMap	澳大利亚	1997	0.45～2.48 μm	128	平面光栅
	AHI	美国	1998	7.5～12.5 μm	32/128	平面光栅
	OMIS	中国	2000	0.4～12.5 μm	128	平面光栅
	PHI	中国	2001	0.4～2.5 μm	256	平面光栅
	CASI/SASI/MASI/TASI	加拿大	2007	380～1 050 nm/950～2 450 nm/3 000～5 000 nm/8 000～11 500 nm	288/100/64/64	棱镜-光栅-棱镜
	Hyper-Cam	加拿大	2009	热红外	256	干涉型
	MAKO	美国	2010	热红外	256	凹面光栅
	MAGI	美国	2011	7.1～12.7 μm	32	凹面光栅
	SIELETERS	法国	2013	8～11.5 μm	38	干涉型
	HyTES	美国	2016	7.5～12.0 μm	256	凹面光栅
	AISA-OWL	芬兰	2014	7.7～12.3 μm	96	干涉型
	ATHIS	中国	2016	0.2～0.5 μm/0.4～0.95 μm/0.95～2.5 μm/8～12.5 μm	512/256/512/140	凹面光栅 平面光栅

续表

	名称	国家	年份	光谱范围	波段数	分光方式
航天	Hyperion	美国	2001	0.4～2.5 nm	220	光栅分光
	CHRIS	欧洲	2001	0.41～1.05 nm	18/63	干涉型
	MERIS	欧洲	2002	0.39～1.04 μm	576	棱镜-光栅-棱镜
	CRISM	美国	2005	383～3 960 nm	544	平面光栅
	HJ-1A	中国	2008	450～950 nm	115	干涉型
	Tacsat-3	美国	2009	400～2 500 nm	>400	光栅分光
	TG-1	中国	2011	400～2 500 nm	130	棱镜
	TG-2	中国	2016	可见近热红外	19	棱镜-光栅-棱镜
	珠海一号 OHS	中国	2017	400～1 000 nm	256	光栅分光
	GF-5	中国	2018	0.4～2.5 μm	330	凸面光栅
	PRISMA	意大利	2019	400～2 500 nm	250	光栅分光
	吉林一号光谱星	中国	2019	400～900 nm	26	平面光栅
	TW-1	中国	2020	450～3 400 nm	378	平面光栅
	HyspIRI	美国	研制中	380～2 500 nm	220	平面光栅
	ENMAP	德国	研制中	420～2 450 nm	244	平面光栅

1.3.1 国内高光谱遥感的发展

国内成像光谱仪的发展从 20 世纪 90 年代初起步，研制单位集中在中国科学院，如上海技术物理研究所、长春光学精密机械与物理研究所、西安光学精密机械研究所、光电研究院、安徽光学精密机械研究所等。比较各个研制单位，上海技术物理研究所的工作研究相对最为全面，仪器应用最广，主要特点体现在仪器谱段覆盖可见近热红外范围，分光方式主要为光栅分光，成像方式包括光机扫描、推帚、面阵凝视等；长春光学精密机械与物理研究所以棱镜分光见长，近年也开始研究光栅分光成像光谱仪；西安光学精密机械研究所和光电研究院主要研究干涉式成像光谱仪；安徽光学精密机械与物理研究所主要研究紫外大气探测成像光谱和空间外差干涉成像光谱。

中国科学院上海技术物理研究所具有代表性的成果是 20 世纪 90 年代的两款机载成像光谱仪是实用模块化成像光谱仪（operational modular imaging spectrometer，OMIS）（刘银

年 等,2002)和推帚式高光谱成像仪(pushbroom hyperspectral imager,PHI)(董广军 等,2006)。OMIS 使用平面光栅结合线列探测器通过光机扫描式覆盖了 0.4～12.5 μm 的光谱范围,获得可见近红外到长波红外波段 128 个通道的光谱图像数据。PHI 的研制则采用了面阵电荷耦合器件(charge coupled device,CCD)推帚扫描方式,在 0.4～0.85 μm 的光谱范围内获得光谱分辨率为 5 nm 以内的精度。并且 PHI 在 2002 年成功运用于我国的气象卫星——风云三号,成为机载和星载两用成像光谱仪的范例。高分五号卫星于 2018 年 5 月 9 日成功发射,其中的可见短波红外高光谱相机由中国科学院上海技术物理研究所研制,从某种意义上说,这是我国空间高光谱成像技术发展的里程碑产品,也是一台最为经典的对地观测高光谱成像载荷。可见短波红外高光谱相机基于凸面光栅分光,仪器光谱范围为 0.4～2.5 μm,可见近红外光谱分辨率为 5 nm,短波红外光谱分辨率为 10 nm,地面空间分辨率为30 m。具有幅宽大(60 km)、波段多(约 330)、灵敏度高的特点。通过采用 2 个超大面阵焦平面视场内拼接实现宽幅探测,仪器同时也具备运动凝视补偿能力。

中国科学院长春光学精密机械与物理研究所在高光谱成像光谱仪研制方面拥有丰富的基础和经验,先后承担多项高光谱成像光谱仪的研发,包括了机载以棱镜分光技术的海洋水色 CCD 相机原型样机,在 0.43～1.0 μm 的可见近红外波段获取光谱分辨率为 10 nm 的 64 个光谱通道图像,在 1.0～2.4 μm 的短波红外波段获取光谱分辨率为 20 nm 的 64 个光谱通道图像;863-2 军民两用高分辨率成像光谱仪原型样机在 0.4～1.1 μm 的光谱范围内分辨率为 20 nm;机载宽幅高光谱成像仪;天宫一号高光谱成像仪等先进高光谱载荷。

近些年来,国内在高光谱成像仪方面不断向中长波红外谱段拓展。如国内首台机载热红外高光谱成像仪 ATHIS(airborne thermal infrared hyperspectral imager system)和全谱段成像光谱仪都可实现热红外谱段 200 多个波段的成像。与此同时,商业化运营的高光谱微小卫星星座组网也正全面铺开,如 Spark、珠海一号 OHS(Orbita hyperspectral satellites)、吉林一号光谱 01/02 星。以小卫星星座组网的形式可以克服高光谱卫星幅宽小、重访周期长的缺点,而又可实现较低成本商业运营。除此之外,向以行星和月球探测为主的深空探测领域的拓展也是我国高光谱遥感技术发展的又一大亮点。

1.3.2 国外高光谱遥感的发展

目前,国外高光谱成像仪已经逐步商用化,生产高光谱成像仪的厂家很多,特别是机载成像光谱仪已到了商业运营阶段。典型产品包括美国 JPL 的 AVIRIS(airborne visible/infrared imaging spectrometer)(Vane et al., 1993),美国 Headwall 公司 G 系列成像光谱仪(Yuen et al., 2010),芬兰 Specim 公司的 AISA(airborne imaging spectroradiometer for applications)(Jan et al., 2008)以及加拿大 Itres 公司的 CASI(compact airborne spectrographic imager)、SASI(short wave infrared airborne spectrographic imager)、MASI(middle wave infrared airborne spectrographic imager)、TASI(thermal infrared airborne spectrographic imager)(McFee et al., 1997;Achal et al., 2007)。

AVIRIS 光谱采样间隔约 9.6 nm,在 0.4～2.45 μm 的波长范围中获取到 224 个连续的光谱波段数据,它采用制冷型 32 元线阵列硅光电二极管和 64 元线阵列锑化铟探测器。AVIRIS 于 1987 年安装在 NASA ER-2(Earth resources 2)飞行平台上,飞行高度 20 km,垂直航迹扫描仪的刈幅约为 10 km,地面分辨率为 20 m,首次飞行获得了巨大的成功,后续 NASA 还发展了其升级版本 AVIRIS-NG(AVIRIS next generation)(Chapman et al., 2019),光谱采样间隔为 5 nm。美国 Headwall 公司在军民两用机载成像光谱仪,特别在无人机机载成像光谱仪研发和市场推广特别成功,其机载成像光谱设备已形成系列,分别针对不同应用场合或领域。Headwall 公司的成像光谱仪的技术特点是凸面光栅分光。其中 G 系列的可见光波段成像光谱仪的光谱波段数达到了 325 个波段。芬兰 Specim 公司的技术特点是采用透射式光栅分光,利用棱镜进行光谱弯曲矫正,研制了多款各具特色的成像光谱仪。AISA 的波段范围为 0.4～0.97 μm,光谱的分辨率为 3.3 nm。加拿大 Itres 公司其成像光谱仪设备包括可见近红外(CASI)、短波(SASI)、中波(MASI)、热红外(TASI)等不同型号,CASI 是第一种商业上使用的机载高光谱扫描仪。该系统采样间隔为 1.8 km,波段范围为 0.4～0.9 μm,波段数为 288 个,瞬时视场为 1.2 mrad,使用 512 元×288 元的面阵 CCD 探测器,该仪器光谱波段个数、位置和宽度在飞行中可编程,还可以结合陀螺仪和 GPS (global positioning system)对图像数据进行几何校正。

在航天航空领域,从 20 世纪 90 年代开始,国际上就致力于星载成像光谱仪的研究,世界上第一个颗载有高光谱成像仪的卫星是 NASA 的 LEWIS 卫星于 1997 年发射,装有两台高光谱成像仪 HSI(hyperspectral imager)(Marmo et al., 1996)和 LEISA(linear etalon imaging spectral array)(Willoughby et al., 1996),分别采用光栅和楔形滤光片分光技术。HSI 由美国 TRW 公司研制,在 0.4～2.5 μm 的光谱范围为 384 个通道。在航天高光谱成像仪发展过程中,最为成功的是搭载于地球观测 1 号(Earth observing 1,EO-1)上的 Hyperion 可见短波推帚式高光谱成像仪,该仪器光谱范围为 0.4～1.0 μm 和 0.9～2.5 μm,是一个典型的色散型的高光谱仪,采用光栅分光,设计刈幅为 7.5 km,空间分辨率达到 20 m,共包括 220 个成像波段,光谱分辨率达到 10 nm。Hyperion 能够提供经过定标的高质量对地观测高光谱数据立方体,利用这些数据可进行高光谱对地观测技术的应用效果评估,该项目为各国发展空间高光谱成像及应用技术打下了坚实基础。

美国军方在 NEMO(naval Earth map observer)卫星上搭载一台高性能的高光谱成像仪 COIS(coastal ocean imaging spectrometer)用于环境监测,重点用于海岸带海水监测、农业遥感、资源调查和灾害评估等。COIS 采用了像移补偿技术,可以实现较高的空间分辨率,刈幅设计为 30 km,光谱范围为 0.4～2.5 μm,具有 210 个通道,光谱分辨率为 10 nm。美国空军研究实验室(Air Force Research Laboratory,AFRL)的 MightySat-II(Mighty satellite II)

卫星搭载的 FTHSI(Fourier transform hyperspectral imager)是世界上第一台基于傅里叶干涉分光技术的高光谱成像仪(Yarbrough et al.，2002)，轨道高度为 547 km，每次成像可以获取地面 15 km×20 km 的高光谱图像，在 0.45～1.05 μm 的光谱范围提供 150 个光谱通道，光谱分辨率约为 4 nm。

欧洲航天局(European Space Agency，ESA，亦简称欧空局)研制的 MERIS(medium resolution imaging spectrometer)的光谱范围为 0.39～1.04 μm，光谱位置和分辨率可编程，最高可以达到 576 个光谱通道，光谱分辨率高达 1.8 nm，信噪比(signal-noise-ratio，SNR)高达 1 500。ESA 资助的 CHRIS(compact high resolution imaging spectrometer)是为 EnviSat(environmental satellite)卫星设计的，由德国 DASA(Daimlerdaimlerchrysler Aerospace AG)负责研制，主要目的是配合全球观测系统中的 MERIS 和 MODIS(moderate-resolution imaging spectroradiometer)等中等分辨率仪器，以高的地面分辨率精细采样，重点研究那些对全球有重要影响的地表过程、能量和水流通量、碳循环、气流对流踪迹、植被覆盖、土地利用、岩矿分布等。HRIS(high resolution imaging spectrometer)覆盖 0.45～2.35 μm 的光谱范围，具有 205 个光谱通道数，轨道高度为 600 km，地面分辨率在 30 m。

尚在规划中的 NASA 下一代陆地观测高光谱卫星设计有一台覆盖波段拓展之中长波红外的光谱成像仪 HyspIRI(hyperspectral infrared imager)(Lee et al.，2015)，该仪器在可见短波设置为高光谱相机模式，中长波红外设置为多光谱(8 通道)观测模式，仪器设计空间分辨率为 60 m，刈幅达到 150 km。由于在中长波红外的高光谱成像应用效果尚未明确，目前 NASA 正利用其研制的机载热红外高光谱成像仪 HyTES(hyperspectral thermal emission spectrometer)(Johnson et al.，2008)开展飞行以验证热红外光谱成像的应用前景，为未来的空间任务波段选择奠定基础。国外近些年来新发射的高光谱卫星总体来说并不多，但在航空这块，特别是无人机载仪器方面，高光谱成像技术发展迅速，以 AISA 和 HeadWall 为代表的一大批无人机高光谱成像仪商用设备相继问世，其中 Headwall 覆盖可见近短波红外谱段的无人机高光谱成像仪起重量仅为 10 余 kg。另外，在深空探测领域，高光谱成像仪也发展较快，几乎每个深空探测任务均会装载高光谱成像仪，主要用于天地表面的物质成分探测，其中最为著名的是美国的火星专用小型侦察影像频谱仪(compact reconnaissance imaging spectrometer for Mars，CRISM)(Murchie et al.，2007)。

参考文献

宫鹏，1996. 对地观测技术与地球系统科学[M]. 北京：科学出版社.

柯以侃，董慧茹，1998. 分析化学手册(第三分册)：光谱分析[M]. 北京：化学工业出版社.

李小文，王骏发，王锦地，等，2001.多角度与热红外对地遥感[M].北京：科学出版社.

李小文,STRAHLER A H，朱启疆，等，1993.基本颗粒构成的粗糙表面二向性反射——相互遮蔽效应的几何光学模型[J].科学通报，38(1)：86-89.

田国良，2006.热红外遥感[M].北京：电子工业出版社.

ACHAL S，MCFEE J E，IVANCO T，et al.，2007. A thermal infrared hyperspectral imager (tasi) for buried landmine detection[C]//Detection and Remediation Technologies for Mines and Minelike Targets XII. International Society for Optics and Photonics，6553：655316.

BLACKBURN G A，MILTON E J，1995. Seasonal variations in the spectral reflectance of deciduous tree canopies[J]. International Journal of Remote Sensing，16(4):709-720.

CHANDRASEKHAR S，1960. Plasma physics[M]. Chicago：The University of Chicago Press.

CHAPMAN J W，THOMPSON D R，HELMLINGER M C，et al.，2019. Spectral and radiometric calibration of the next generation airborne visible infrared spectrometer (AVIRIS-NG)[J]. Remote Sensing，11：2129-1-2129-18.

CONEL J E，GREEN R O，ALLEY R E，et al.，1988. In-flight radiometric calibration of the Airborne Visible/Infrared Imaging Spectrometer(AVIRIS)[C]//Recent Advances in Sensors，Radiometry，and Data Processing for Remote Sensing. International Society for Optics and Photonics，924：179-195.

DAWSON T P，CURRAN P J，NORTH P R J，et al.，1999. The propagation of foliar biochemical absorption features in forest canopy reflectance：A theoretical analysis[J]. Remote Sensing of Environment，67(2)：147-159.

ELLENSON J L，AMUNDSON R G，1982. Delayed light imaging for the early detection of plant stress[J]. Science，215(4536)：1104-1106.

FELZER B S，1990. Quantitative reflectance spectroscopy of buddingtonite from the Cuprite Mining District，Nevada[D]. M. S. thesis，University of Colorado，Boulder，137：unpublished.

FENG M，LASKAR J，MILLER W，et al.，1991. Characterization of ion-implanted InxGa1-xAs/GaAs 0. 25μm gate metal semiconductor field-effect transistors with Ft100GHz[J]. Applied Physics Letters，58(23)：2690-2691.

GROSSMAN Y L，USTIN S L，JACQUEMOUD S，et al.，1996. Critique of stepwise multiple linear regression for the extraction of leaf biochemistry information from leaf reflectance data[J]. Remote Sensing of Environment，56(3)：182-193.

HAPKE B，1981. Bidirectional reflectance spectroscopy：1. theory[J]. Journal of Geophysical Research Solid Earth，86(B4)：3039-3054.

JACKSON J E，PALMER J W，1972. Interception of light by model hedgerow orchards in relation to latitude，time of year and hedgerow configuration and orientation[J]. Journal of Applied Ecology，9

(2): 341.

JAN H, ZBYNEK M, LUCIE H, et al., 2008. Potentials of the VNIR airborne hyperspectral system AISA Eagle[J]. GIS Ostrava, 27: 1-6.

JOHNSON W R, HOOK S J, MOUROULIS P Z, et al., 2008. QWEST: Quantum well infrared earth science testbed [C]//Imaging Spectrometry XIII. International Society for Optics and Photonics, 7086: 708606.

JUPP D L B, WALKER J, PENRIDGE L K, 1986. Interpretation of vegetation structure in Landsat MSS imagery: A case study in disturbed semi-arid eucalypt woodlands. Part 2. Model-based analysis[J]. Journal of Environmental Management, 23(1): 35-57.

LI X, STRAHLER A H, 1985. Geometric-optical modeling of a conifer forest canopy[J]. IEEE Transactions on Geoscience and Remote Sensing, 23(5): 705-721.

LI X, STRAHLER A H, 1986. Geometric-optical bidirectional reflectance modeling of a conifer forest canopy[J]. IEEE Transactions on Geoscience and Remote Sensing, 24(6): 906-919.

LILLESAND T M, KIEFER R W, 2000. Remote sensing and image interpretation[M]. Hoboken: John Wiley & Sons Inc.

MARMO J, FOLKMAN M A, KUWAHARA C Y, et al., 1996. Lewis hyperspectral imager payload development[C]//Imaging Spectrometry II. International Society for Optics and Photonics, 2819: 80-90.

MCFEE J E, RIPLEY H T, 1997. Detection of buried land mines using a CASI hyperspectral imager[C]//Detection and Remediation Technologies for Mines and Minelike Targets II. International Society for Optics and Photonics, 3079: 738-749.

MUSTARD J F, 1992. Chemical composition of actinolite from reflectance spectra[J]. American Mineralogist, 77: 345-358.

ROUJEAN J L, BREON F M, 1995. Estimating PAR absorbed by vegetation from bidirectional reflectance measurements[J]. Remote Sensing of Environment, 51(3): 375-384.

VANE G, GREEN R O, CHRIEN T G, et al., 1993. The airborne visible/infrared imaging spectrometer (AVIRIS)[J]. Remote sensing of environment, 44(2-3): 127-143.

VANE G, GOETZ A F H, WELLMAN J, 1984. Airborne imaging spectrometer: A new tool for remote sensing[J]. IEEE Transactions on International Geoscience and Remote Sensing, 22(6):546-549.

WANNER W, LI X, STRAHLER A H, et al., 1995. On the derivation of kernels for kernel-driven models of bidirectional reflectance[J]. Journal of Geophysical Research: 21077-21089.

WILLOUGHBY C T, MARMO J, FOLKMAN M A, 1996. Hyperspectral imaging payload for the NASA small satellite technology initiative program[C]//1996 IEEE Aerospace Applications Conference Proceedings. IEEE, 2: 67-79.

YARBROUGH S, CAUDILL T R, KOUBA E T, et al., 2002. MightySat II. 1 hyperspectral imager: summary of on-orbit performance[C]//Imaging Spectrometry VII. International Society for Optics and Photonics, 4480: 186-197.

YUEN P W T, RICHARDSON M, 2010. An introduction to hyperspectral imaging and its application for security, surveillance and target acquisition[J]. The Imaging Science Journal, 58(5): 241-253.

第2章　高光谱遥感的核心指标分析和系统设计

高光谱成像仪是在成像光谱技术的基础上发展起来的，和成像光谱仪技术一脉相承（刘银年 等，2002）。成像光谱仪起源于20世纪80年代中期的红外行扫描仪和多光谱扫描仪等遥感仪，它将扫描成像和精细分光两种功能有机结合。成像光谱仪的基本原理是将成像辐射的波段划分成更狭窄的多个波段同时成像，对图像上的每个像元都能得到一条光谱曲线（图2.1），从而获得同一景物几十个到几百个光谱波段的光谱图像。当细分的光谱数多达数百个时，可以认为就是高光谱成像仪了（童庆禧 等，2006）。本章主要针对高光谱成像仪而展开论述，重点对其核心指标体系和系统设计方法作介绍。

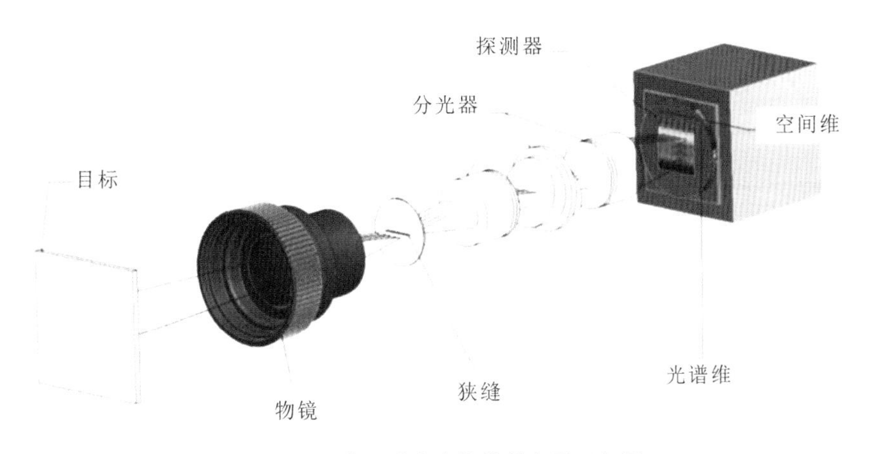

图2.1　高光谱成像仪的基本原理框图

2.1　高光谱成像仪的成像方式和工作原理

高光谱成像仪的光学系统一般由成像光学和光谱分光两部分组成，前者完成对目标的空间几何成像，后者完成光谱维扫描或光谱波段分割，实现光谱的细分。例如，一个 $M \times N$

二维传感器安装在高光谱成像仪的色散维度焦平面上，其中一维 M 元探测器对应于成像系统的空间狭缝，形成空间维 M 个像点的成像，另一维 N 元探测器就形成了 N 个光谱波段的探测，合起来就是一个 M 个成像像素、N 个波段的成像光谱仪。

下面针对高光谱成像仪的技术特点从其分光方式、成像扫描方式以及信息获取方式等方面加以分类展开介绍。

2.1.1 高光谱成像仪的基本分光方式

相比于其他类型的光电系统，高光谱成像仪的最大特色在于它的光谱分光系统，各种类型的成像光谱仪也因分光方式的不同而特点各异。本书将在第 4 章中详细介绍高光谱成像仪的分光技术，这里只是简单介绍一下目前较为常用的几类分光方式。

2.1.1.1 棱镜分光

棱镜分光主要利用棱镜的色散原理，单色光经光楔折射后将发生偏转，不同的波长会产生不同的偏转角，从而达到分光的要求。其优点是结构简单，所有光学能量都通过棱镜，形成唯一的光谱色散谱线，光能利用效率高；缺点是不同波长的光线经过棱镜后，色散是非线性的，使得不同波长波段间的空间位置和信号不均衡，且用来做长波红外色散棱镜的材料并不多，棱镜分光一般用于可见、近红外和短波红外波段的光谱分光。

2.1.1.2 光栅分光

光栅分光是利用了光学衍射的基本原理。最基本的透射型衍射光栅由大量相等大小、相等间隔的小狭缝组成，单个狭缝引起一个衍射条纹，并且从各个狭缝来的波还发生干涉。因而，在透镜的焦面上形成一种组合的干涉-衍射条纹，条纹极大位置与波长有关，从而获得我们所需要的色散谱线。一般的光栅光信号的最大能量在不色散“零级”的位置上，为了获得特定位置的光谱分布，通过平面闪耀光栅实现。光栅作为高光谱成像仪的分光组件，其最大的优点是光谱色散呈线性，最大衍射能量的波长位置可以通过改变闪耀光栅的闪耀角进行调整，在全光谱波段均可使用，结构相对也比较简单。其缺点是高阶光谱的存在不仅分散了一部分能量，还会对工作的光谱形成干扰。在目前成熟的高光谱成像仪中，光栅分光还是最为普遍的选择。

为了提高光栅分光系统的光学质量和效率，简化结构，在平面光栅的基础上，又发展了曲面光栅，包括凹面光栅和凸面光栅，特别是在发散光束中使用凸面光栅的方法，不但结构简单、体积小、重量轻，而且可以通过选择光栅常数和成像系统的变焦来满足空间和光谱分辨率的要求，并且可以克服准直光束应用方法中像面弯曲的问题。凸面光栅和离轴反射系统在视场、光学效率、像质等方面具有优势，另外跟凹面光栅相比，它具有更好的成像平场度。凸面光栅已成为光栅式成像光谱仪的首选，特别是应用于星载高分辨率高光谱成像载荷。把光栅和棱镜相结合，保留各自的优点，就出现了棱镜-光栅-棱镜结构的分光系统，这类分光系统也在多种成像光谱仪中得到应用。

2.1.1.3 滤光片式分光

使某些波长的光高透射而另一些波长的光高反射的元件称为滤光片。滤光片式高光谱成像仪有很多种类，如旋转滤光片式、劈形滤光片式、可调谐滤光片式等。旋转滤光片式高光谱成像仪是由一组不同波长的窄带滤光片组成滤光片轮，通过轮子的转动获得不同波长的高光谱分辨率的图像。劈形滤光片式高光谱成像仪把透过波长渐变的劈形滤光片耦合在焦平面探测器的前面。它采用面阵探测器，在一次曝光时间里可以获得一组不同波长和不同位置的高光谱图像，通过推扫可获得整个成像光谱的数据立方体。滤光片式高光谱成像仪的特点是设计简单，实现也相对容易，但一景图像的每一行分别对应不同的地面目标和不同的光谱波段，给图像的配准和数据的后处理带来许多困难。可调谐滤光片式是通过某种特殊的物理材料，在电性能的控制下，使其成为不同波长的窄带滤光片，典型的有声光可调谐器件和液晶可调谐器件。声光可调谐滤光器(acousto-optic tunable filter，AOTF)是根据声光衍射原理制成的新型分光器件，而液晶可调谐滤光片是利用液晶双折射原理来形成的一个窄带滤光片，中国探月工程二期中嫦娥三号(CE-3)卫星巡视器上装载的红外成像光谱仪就采用了 AOTF 的分光技术，在本书的第 8、第 9 章将针对该仪器展开详细介绍。

2.1.1.4 傅里叶变换分光

傅里叶变换分光主要利用了迈克尔逊(Michelson)干涉原理，从原理上可以分为时间调制(动态)型和空间调制(静态)型。时间调制型傅里叶分光的核心就是一台迈克尔逊干涉型成像光谱仪，通过动镜的运动产生光程差，而形成干涉图像。记录该干涉图像，通过傅里叶变换反演就可以获取目标点的光谱图像。空间调制型傅里叶高光谱成像仪又称静止型傅里叶高光谱成像仪，地面上的目标点发出的光束通过分束片和反射镜，产生光程差，在像面上产生空间相干的干涉条纹，同样记录该干涉图像，通过傅里叶变换反演获取目标的光谱图像，我国于 2008 年发射的环境一号卫星上装载的高光谱成像仪就采用了该分光方法。

2.1.2 两类典型的几何扫描成像的高光谱成像仪原理

2.1.2.1 点成像摇扫型高光谱成像仪原理

高光谱成像仪所对应的系统瞬时视场通常为毫弧度(mrad)量级，而仪器的总视场(total field of view，TFOV)往往要求几度甚至几十度，为了扩大视场，需要实行扫描成像。根据扫描成像的方式和光电探测器种类，高光谱成像仪系统大致可划分成两大类：一类是摇扫方式，或称机械扫描方式，采用机械扫描成像和线阵列探测器接收各波段像元辐射；另一类为推帚式扫描方式(即推扫型)，采用大型面阵探测器件。

最早的高光谱成像仪是在多光谱扫描仪的基础上发展起来的，原理上是把多光谱扫描仪中的几个波段的探测器置换成一个带线阵列探测器的光谱仪，每次可以获得一个地物像元的光谱曲线，并通过机械扫描获得一条地物的光谱数据，所以也称为点成像摇扫型成像光谱仪(图 2.2)。摇扫型成像光谱仪结构，包括机械扫描成像和分光探测两部分。与红外行扫描仪相似的光学-机械扫描(光机扫描)结构，在平台飞行中按穿轨方向实行行扫描。每个地面分辨元的辐射依次进入仪器的分光探测部分。分光部件首先将像元辐射按特定光谱间隔实行色散(分光)，然后让它们落在线阵列探测器的每个光敏元上。线阵列探测器像元数，即像元分光光谱波段的个数。每个探测器的输出便是特定波段地面景物的图像数据。如果探测器光敏元是方形，每行扫描时间 T 等于地面瞬时视场与飞行平台轨道方向的地面速度之比。当每行扫描取样(读出)m 次，则摇扫方式在穿轨方向每个分辨元的大小为扫描总视场与取样数的比值，每个分辨元上积分时间为 T/m(s)。

光机扫描的方式有两种，即物面扫描和像面扫描。物面扫描时，一般在小视场物镜前的光路中加入扫描部件，使物方瞬时视场扫过物面的不同部位，获得较大的空间覆盖。物面扫描的优点是由于系统的光学视场即瞬时视场，物镜视场小，容易获得高像质；缺点是由于物镜口径一般较大，要实现大范围扫描，特别是二维扫描，机械装置比较复杂笨重。像面扫描一般在一个大视场物镜后的会聚光路中加入扫描部件，探测器在每一瞬间，只能“看到”物镜光学视场的一小部分，相当于一个瞬时视场，需要通过二维扫描，才能完整采集一帧图像。

由于像面扫描部件是对经物镜会聚的光束进行偏折，可以做得小巧。像面扫描的中继光学系统视场较小，但是物镜视场很大，要得到高像质，设计、制作都有难度。目前用得较多的还是物面扫描。值得注意的是，光机扫描在某些场合下，会产生像面的旋转，称为像旋。当扫描镜的法线在转动时不在一个平面内，采用多元探测器就会产生像旋。可以用旋转 K 镜、棱镜等方法消除像旋，如果像旋较小，也可直接用数字方法校正。

2.1.2.2 线成像推扫型高光谱成像仪原理

高光谱成像仪要进一步提高其空间分辨率和光谱分辨率，摇扫的成像方式已不能胜任，而面阵 CCD 的应用使得高光谱分辨力和高空间分辨力、超多波段化成为可能。随着高性能硅光电材料的获得和微电子技术的发展，各种新型的大面阵高帧频 CCD 和红外焦平面器件纷纷问世，基于面阵 CCD 和红外焦平面器件的高光谱成像仪成了高光谱遥感技术发展的主流。它采用面阵 CCD 作为凝视器件，不必建造既昂贵又复杂的扫描镜就可以达到高空间分辨率，而且成像器件的固定构形也使图像的几何保真度很高，不同波长的波段能更加准确地配准。因而有体积小、机构简单、积分时间长、信噪比高、光谱分辨率高(可达 1～2 nm)等优点。它工作时由面阵器件的固体扫描和飞行平台向前运动来组成二维空间扫描，即面阵器件的一维完成空间成像，另一维完成光谱的扫描。在穿轨迹方向上，面阵探测器在行方向的一维探测器元数，接收相应数目的一行地面分辨元的辐射。经由探测器件内部电子学扫描，也称固体自扫描，产生该行的图像信号。每个地面分辨元的辐射被分光(色散)之后在焦平面的列方向散开，落在焦平面阵列的列方向的一维探测器光敏元上。像元中各光谱波段的辐射，按特定光谱宽度和顺序在列方向分布。例如，推扫型高光谱成像仪采用 m 元 $\times n$ 元的焦平面阵列探测器，行方向探测器元数(m)即成像一行地面的像元数，列方向探测器元数(n)即分光光谱波段的数目(图 2.3)。

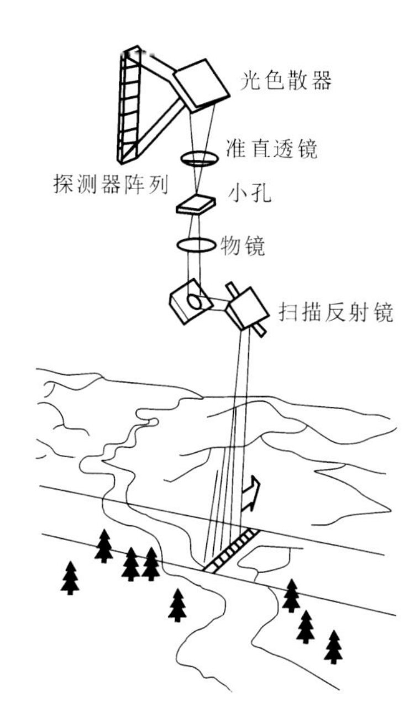

图 2.2 摇扫型高光谱成像仪原理

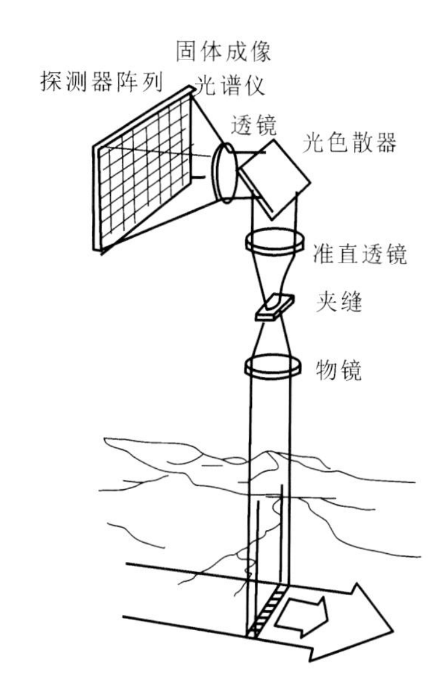

图 2.3 推扫型高光谱成像仪原理

从理论上，推扫型高光谱成像仪因空间扫描由探测器的固体自扫描完成，像元的凝视时间大大增加，每个像元上的光积分时间，是摇扫方式的 m 倍，这样可以提高系统的灵敏度，或者提高系统的空间分辨率，由于没有光谱扫描机构，仪器的体积能设计得比较小。但是，受现有红外探测器技术的限制，大面阵的长波红外探测器还不能应用于工程实践。且由于光学设计的困难，推扫型高光谱成像仪的视场一般不大。为了加大视场，常常要在光学系统上加上指向镜或补偿镜，增加了系统的复杂度，并可能带来像旋等问题。

随着面阵 CCD 和红外焦平面器件的进一步发展和成熟，推扫型高光谱成像仪所占的使用比例将会越来越高。为了克服线阵列高光谱成像仪对像元凝视时间少，而面阵推扫型高光谱成像仪的总视场又不够大的缺陷，有时也采用小面阵并扫型高光谱成像仪，如欧空局研制的 MERIS 推扫型高光成像谱仪，由 5 个相同的相机模块扇形分布安装构成大观测视场。我国高分辨率对地观测航空系统全谱段多模态成像光谱仪载荷也采用了类似的方法扩大系统的观测视场。

2.2 高光谱成像仪的核心指标体系

高光谱成像仪是一类典型的光电仪器，除了部分核心技术指标参数与成像系统类似外，还由于其对光谱的精细细分能力而有着一些独特的核心指标（禹秉熙，1995），下面就高光谱成像仪的核心指标分别展开论述。

2.2.1 光谱波段的覆盖和光谱分辨率

高光谱成像仪的光谱分辨能力是指高光谱成像仪各波段光谱带宽，表示仪器对地物光谱的探测能力，它由多个仪器技术指标决定，包括遥感器总的探测波谱的宽度、波段数、各波段的波长范围和间隔等。若高光谱成像仪的探测波段越多，每个波段的波长范围越小，波段间的间隔越小，则它的光谱分辨能力越强。遥感器的光谱分辨能力越强，它采集的图像就能很好地反映出地物的光谱特性，不同地物间差别在图像上就能很好地体现出来，遥感器探测地物的能力就越强。下面就光谱覆盖范围、光谱分辨率和光谱采样间隔几个指标定义展开介绍。

光谱覆盖范围是指高光谱成像仪能够对哪些波长的电磁波信号进行探测。在高光谱遥感中，光谱波长可以从紫外、可见、短波红外、中红外一直到热红外。一般一台高光谱成像仪往往只能覆盖其中几个光谱波长范围。例如最常用的高光谱成像仪可覆盖可见到短波红外波段（0.4～2.5 μm）。要覆盖从紫外到热红外的全部波长范围，一般可由多台不同波长响应的高光谱成像仪组合使用。

光谱分辨率表示为探测光谱辐射能量的最小波长间隔，是描述高光谱成像仪光谱探测能力的指标。光谱分辨率是指高光谱成像仪中单个波段探测器在光谱波长方向上的响应宽度，又称波段带宽，被定义为仪器达到光谱响应最大值的50%时的波长宽度。

光谱采样间隔一般是指两个相邻波段间中心波长的光谱距离，系统的平均波长采样间隔等于波长范围除波段数，值得留意的是对高光谱成像仪而言，光谱分辨率往往与光谱采样间隔不完全一致，在同一系统中，由于探测器的线度、光学像差等的存在，一般光谱采样间隔小于光谱分辨率。

目前的高光谱成像仪的光谱波段数一般覆盖数百个波段，而光谱分辨率则和波长相关。波长越短，光谱分辨率越高（如可见波段，光谱分辨率可以达到纳米量级）；波长越长，则光谱分辨率就越低（如热红外波段，光谱分辨率为几十纳米到上百纳米量级）。

2.2.2 像元空间分辨率和空间覆盖

高光谱成像仪的空间分辨率是指仪器获得图像的每个像元对应的地面尺寸，是描述高光谱成像仪对地物目标几何特性的分辨能力，该指标与成像系统的定义类似。下面就像元空间分辨率和瞬时视场展开介绍。

像元空间分辨率是指组成遥感图像的最小单元，亦指每个像元对应的地物尺寸的大小，或者说地面物体能分辨的最小单元，图像像元对应的地面尺寸越小，仪器的空间分辨率就越高，对地物的空间特征就识别得越清楚，仪器对地物的探测能力就越强。目前星载高光谱成像仪的像元空间分辨率为 10～100 m 的量级，但米级分辨率的仪器也正在发展之中。

瞬时视场是指一个像元所对应的地面范围，也是像元空间分辨率的另一种表述，是遥感仪器本身固有的技术指标，像元空间分辨率的大小由平台高度和系统瞬时视场角的乘积决定。同一台遥感仪器，其瞬时视场是固定不变的，而像元空间分辨率会随遥感平台的高度发生变化。因此，对于固定飞行高度的遥感器（如卫星）多用像元空间分辨率来表示，而对用于飞行高度不确定的仪器（如机载高光谱成像仪）则更多用瞬时视场来描述。值得注意的是对光机扫描图像来讲，地面分辨率随像点的位置不同而变化，在星下点最高，其他位置的地面分辨率从中间向两边逐渐降低。

2.2.3 系统总视场和时间分辨率

高光谱成像仪的总视场是仪器成像幅宽（指遥感器在一次飞行中能够成像的宽度，通常是像元空间分辨率和成像像元数的乘积）的另一种表达方式，高光谱成像仪成像过程中图像覆盖的总角度被称为系统的总视场，也是表示系统能够覆盖地面的总范围，系统的总视场越大，能够覆盖的地面范围也就越大，系统的工作效率就越高，这也是高光谱成像仪的重要指标之一。

高光谱成像仪的总视场与探测的时间分辨率相关，时间分辨率是指在同一区域进行的相邻两次遥感观测的最小时间间隔。对轨道卫星，亦称覆盖周期。时间间隔大，时间分辨率低；反之，时间分辨率高。对卫星载的仪器来说，时间分辨率与仪器的总视场有关，总视场大，重访周期就短；而对航空的仪器来说，总视场大，其作业的效率就高。

2.2.4 辐射分辨率和系统信噪比

对于光电设备而言，其系统信噪比是最为重要的指标，它反映了系统接收到的有效信号与系统噪声之比，是系统探测能力的反映。在物理学中，为了进一步定义不同光电设备的信号探测性能，提出了辐射分辨率的概念。辐射分辨率是指传感器能分辨的目标反射或辐射的电磁辐射强度的最小变化量。传感器接收波谱信号时，辐射分辨率高的图像的对比度就高，可测量微小的辐射能变化，它与传感器灵敏度、动态范围（采样数据的量化等级）和信噪比等有关。

对于高光谱成像仪而言，其辐射分辨率在可见、近红外波段用噪声等效反射率差（用 $NE\Delta\rho$ 表示）表示，在中长波红外波段可用噪声等效温差（noise equivalent temperature difference，NETD，$NE\Delta T$）来表示（国家市场监督管理总局，2013）。

噪声等效反射率差可以理解为地物上两个相邻单元之间给出等于系统噪声的信号时的等效反射率差，也是系统在可见近红外波段可以分辨的最小信号（Holst，1998）。噪声等效温差可以理解为地物上两个相邻单元之间给出等于系统噪声的信号时的温差，也就是系统能够识别的最小信号值，是热成像系统灵敏度的客观评价指标。

2.3 高光谱成像仪的多源噪声理论和模型

上面已经提到对于高光谱成像仪而言，其辐射分辨率（或者系统信噪比）是最为重要的系统指标，而当仪器主要参数设计确定后，针对特定的目标场景系统能够获取的有效信号的大小是固定的，如果要提升系统探测能力，必须设法降低系统的噪声，这样就必须深入开展噪声的特性和机制研究，这也是推动高光谱成像技术发展的原动力之一，故本节结合高光谱成像仪的噪声特性开展详细论述。

高光谱成像系统的总噪声一般包括时域噪声和空域噪声两部分。时域噪声是和探测器每个像元相关的噪声，主要包括探测器内部固有的噪声、信号电子涨落引起的噪声和电子噪声。空域噪声主要是由高光谱成像系统中多元探测器和焦平面探测器的应用以及光谱维信息的出现引起，不同探测器之间和不同波段之间的不均匀和相互的混叠等空间因素都会引入空域噪声。在传统遥感系统的分析中，由于仪器大部分采用单元器件，对时域噪声的分析比较清楚，对空域噪声的分析相对较少，随着新一代高光谱成像系统中大量使用面阵焦平面器件，空域噪声对系统性能的影响变得显著起来。

时域噪声和空域噪声是不相关的，高光谱成像系统的总噪声功率等于两类噪声功率的均方和。关于高光谱成像仪的噪声机制有着广泛的研究基础，本书从高光谱成像系统设计、研制和应用角度出发，以以下几个出发点开展高光谱成像仪的噪声特性分析。

2.3.1 基于辐射理论的时域噪声

高光谱成像仪的时域噪声包括散粒噪声、读出噪声、热噪声和放大器噪声等。从本质上讲，这类噪声都是由微观粒子的无规则运动引起的，随时间的变化是随机的。对于采用焦平面阵列探测器的高光谱成像系统而言，影响系统性能的主要是散粒噪声和读出噪声。

2.3.1.1 散粒噪声

照射在光电探测器上的光子起伏及光生载流子流动的不连续性和随机性会形成载流子起伏变化，引起散粒噪声。在高光谱成像系统中散粒噪声主要包括由入射的目标辐射产生的光电流 I_s 引起的光子散粒噪声、由系统接收到的其他辐射(非目标辐射)产生的光电流 I_p 引起的光子噪声和由探测器器件暗电流 I_{dark} 引起的散粒噪声，这几类散粒噪声的频谱特性近似符合白噪声特性。在高光谱成像系统中总的散粒噪声可以表示为

$$i_n^2 = 2eI_d\Delta f = 2e[I_s + I_p + I_{dark}]\Delta f \tag{2.1}$$

式中，I_d 为探测器产生的光电流总和；e 表示电子电荷电量；Δf 表示系统的噪声等效带宽。对于待读出电路的焦平面探测器而言，其系统带宽 Δf 与探测器的积分时间 T_{int} 符合如下关系：

$$\Delta f = \frac{1}{2T_{int}} \tag{2.2}$$

将式(2.2)带入式(2.1)可以得到系统总的散粒噪声 N_{shot} 的电子数为

$$\begin{aligned} N_{shot} &= \frac{i_n \times T_{int}}{e} = \frac{1}{e} \times \sqrt{2eI_d\Delta f} \times T_{int} \\ &= \sqrt{N_s + N_p + N_{dark}} = \sqrt{N_d} \end{aligned} \tag{2.3}$$

式中，N_d 表示探测器在积分时间 T_{int} 内产生的总信号电子数，它包括由入射目标辐射产生的光电流引起的电子数 N_s、由其他辐射产生的光电流引起的电子数 N_p 和由探测器暗电流产生的电子数 N_{dark}。根据目前高光谱成像系统的研制水平，这里的由其他辐射产生的电子数 N_p 至少受系统的杂散光、仪器的背景辐射、器件的响应非均匀性和串音以及各波段光谱响应函数的混叠等因素的影响。

2.3.1.2 读出噪声

对高光谱成像系统来说，读出噪声主要是指探测器组件(如红外焦平面探测器组件或CCD探测器)的读出噪声 N_{read} 主要来源于读出电路中所用器件的固有噪声和由电路结构、工作方式引入的附加噪声。读出噪声主要包含 MOS 管的固有噪声、MOS 管的开关噪声和 KTC 噪声，近年来随着焦平面探测器设计水平和制造工艺的提高，读出噪声水平得到了很大程度的改善。

在可见光近红外波段，国外部分厂家的高端 CCD 的读出噪声低至几十个电子，在短波红外波段，HgCdTe 焦平面器件的读出噪声也低至数百个电子。

2.3.1.3 系统信噪比

对于采用焦平面探测器的高光谱成像系统，时域噪声主要是散粒噪声和读出噪声的总和，由于这两类噪声是不相关的，系统总的噪声电子数 N_{total} 可以表示为

$$N_{\text{total}} = \sqrt{N_{\text{shot}}^2 + N_{\text{read}}^2} \tag{2.4}$$

将式(2.3)代入式(2.4)，在剔除探测器组件的坏点后，可以得到基于量子效率的高光谱成像系统的信噪比计算公式为

$$\text{SNR} = \frac{N_s}{N_{\text{total}}} = \frac{N_s}{\sqrt{N_s + N_p + N_{\text{dark}} + N_{\text{read}}^2}} \tag{2.5}$$

其中，N_s 表示高光谱成像系统获取的有效目标信号产生的电子数，从上式可以看出系统的信噪比受限于读出噪声电子数的大小和焦平面激发的电子数大小，由于信号电子数 N_s 只是 N_d 的一部分，所以有

$$\text{SNR} < \sqrt{N_s} \tag{2.6}$$

式(2.6)表明高光谱成像系统单个像元的信噪比受限于它所收集到的总电子数的开方，由于系统的信噪比并不随着信号的增加呈线性关系，所以在不同的反射率 ρ 下 NE$\Delta\rho$ 也会随之变化，当 ρ 比较小的时候，相对灵敏度较高。图 2.4 给出了实际测量得到的某短波红外焦平面器件中单个像元的信号 DN(digital number)和噪声 DN 的关系。从图 2.4 中可以看出，当信号较小时，系统噪声主要由读出噪声决定；当信号逐渐增加，系统噪声中散粒噪声占主要成分；当信号处于饱和区时，噪声又开始下降。

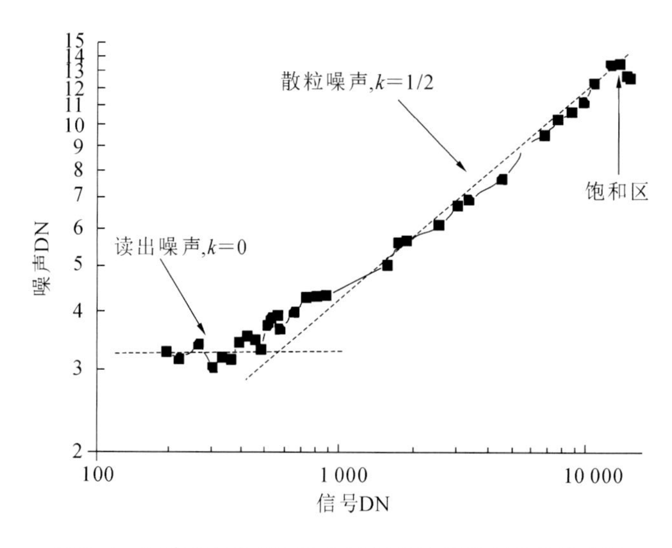

图 2.4 短波红外焦平面器件噪声 DN 与信号 DN 的关系

2.3.2 基于探测器探测率的噪声模型

对于高光谱成像系统而言，还有另外一种基于探测器探测率 D^* 的噪声分析和信噪比计算方法，基于 D^* 的信噪比计算是通过探测器的比探测率来计算系统信噪比，这种方法比较合适于传统的基于单元和多元光导型探测器的高光谱成像系统，对于系统中心波长为 λ，窄带光谱带宽为 $\Delta\lambda$ 的波段，信噪比可以表示为

$$\begin{aligned}\mathrm{SNR}(\lambda) &= \frac{V_{\mathrm{s}}(\lambda)}{V_{\mathrm{n}}(\lambda)} \\ &= \frac{D_0^2\beta^2\delta_{\mathrm{e}}}{4\sqrt{A_{\mathrm{d}}\Delta f}} \times \tau_{\mathrm{a}}(\lambda)\tau_0(\lambda)D^*(\lambda)E(\lambda)\sin\theta\rho(\lambda)\Delta\lambda\end{aligned} \tag{2.7}$$

式中，$\tau_0(\lambda)$、$\tau_{\mathrm{a}}(\lambda)$、$D^*(\lambda)$、$E(\lambda)$、$\rho(\lambda)$都是取光谱带宽为 $\Delta\lambda$ 内的平均值；δ_{e} 表示信号过程因子；V_{n} 为探测器响应的噪声电压；$D^*(\lambda)$为探测器的归一化光谱探测率或比探测率；A_{d} 为探测器像元的面积；Δf 为探测器电子学噪声带宽。随着高光谱成像系统逐步应用焦平面阵列探测器，该方法的应用越来越少。

2.3.3 基于成像非均匀性的空域噪声

2.3.3.1 多元器件非均匀性噪声

目前，主流的高光谱成像系统多采用焦平面阵列探测器，此时器件的响应非均匀性对系统的影响不可忽视，根据中华人民共和国国家标准《红外焦平面阵列特性参数测试技术规范》(GB/T 17444—1998)，红外焦平面器件响应的不均匀性 U_R 的定义为

$$U_{\mathrm{R}} = \frac{1}{\overline{R}}\sqrt{\frac{1}{M\times N-(d+h)}\sum_{i=1}^{M}\sum_{j=1}^{N}[R(i,j)-\overline{R}]^2} \tag{2.8}$$

式中，$R(i,j)$表示焦平面像元的响应率；M 和 N 表示焦平面器件的行数和列数；d 和 h 分别为死像元数和过热像元数；$\overline{R}$ 表示器件剔除坏点(包括死像元与过热像元)后的平均响应率。根据目前焦平面器件制造水平，CCD 的响应非均匀性一般优于 2%，红外焦平面器件的响应非均匀性约为 5%。由于高光谱系统的焦平面器件的一维是空间成像，另一维是光谱成像，所以在空间图像上的非均匀性可简化为

$$U_{\mathrm{R}}' = \frac{1}{\overline{R}}\sqrt{\frac{1}{N-p}\sum_{i=1}^{N-d}[R(i)-\overline{R}]^2} \tag{2.9}$$

式中，N 表示焦平面在光谱维上的像元数；$\overline{R}$ 表示器件光谱维剔除坏点后的平均响应率；p 表示光谱维上的坏点个数。焦平面器件的非均匀性可以通过校正得到改善，非均匀性校正的方法很多，这里不作介绍。一般来说，校正后的高光谱图像的非均匀性可小于 1%。

图 2.5是中国科学院上海技术物理研究所研制的一套热红外高光谱成像系统中某一波段光谱图像非均匀性校正前后的每个像元 DN 平均值分布。该光谱通道校正前响应的非均匀性约9.56%，校正后响应的非均匀性降低到约 0.24%。器件的响应非均匀性对单个像元，只不过是不同像元的响应率有所不同而已，但对整个遥感图像，就是引入了一个噪声，只不过该噪声是以空域的形式存在。对于高光谱成像系统，器件的响应非均匀性引入的空域噪声为非均匀性和图像平均值的乘积，如果用噪声电子数 N_R 来表示，则由器件的响应非均匀性引入的空域噪声电子数 N_R 可以表示为

$$N_R = U_R' \times N_d \tag{2.10}$$

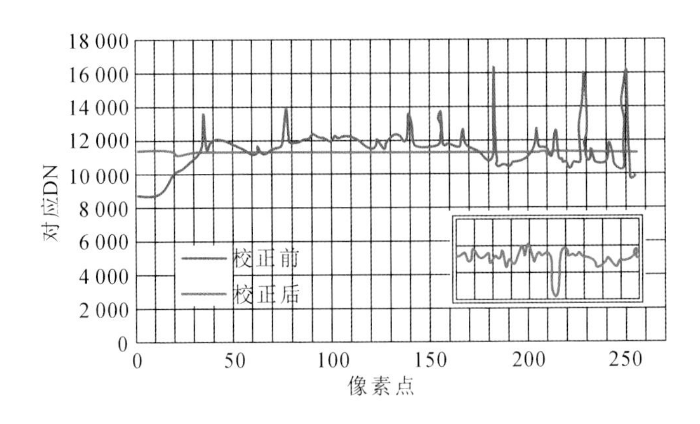

图 2.5　某热红外高光谱成像系统单通道校正前后的非均匀性对比

由器件响应的非均匀性引起的空域噪声将随着图像信号的变化而变化，但对于线性响应系统，其比例保持不变，因此图像非均匀性构成了图像信噪比的上限。如果非均匀性为1%，图像的信噪比最大不可能超过 100。降低系统的响应非均匀性，对提高高光谱成像系统的辐射灵敏度十分重要。

2.3.3.2　空间背景热辐射噪声

对于空域噪声，除了上述提到的由于探测器多元器件非均匀性外，高光谱成像系统的光学系统和内部结构的杂散光以及自身的热辐射也会给系统引入空域噪声，降低系统的辐射灵敏度。对于中、长波红外波段和短波红外波段需要较长积分时间的高光谱成像系统，主要受到背景红外辐射的影响。特别是对于热红外的高光谱成像系统，探测器对室温下仪器光机系统背景辐射产生的信号将大大超过地物目标产生的信号，成为限制系统辐射灵敏度提高的主要因素。为了清晰描述这一模型，分析高光谱成像系统各部件的背景辐射对系统的性能影响，可以建立如图 2.6 所示的镜筒热辐射模型，图中 ω_1 表示探测器杜瓦冷屏对焦面中心的半张角，ω_2 表示光学口径对焦面中心的半张角。背景热辐射主要可分为杜瓦腔体热辐射、光学系统热辐射和结构背景热辐射三部分。

1. 杜瓦腔体热辐射

对于高光谱成像系统，特别是红外谱段的高光谱成像仪，为了减少红外探测器杜瓦腔体

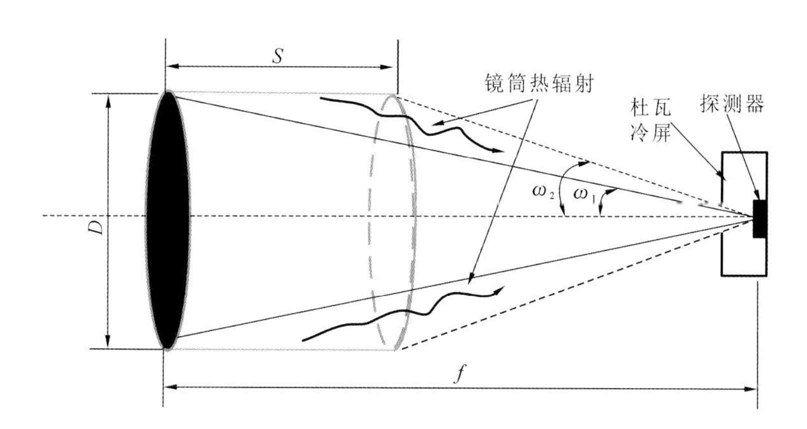

图 2.6 高光谱成像仪镜筒背景热辐射模型

热辐射的影响,一般通过设置冷屏来减少背景热辐射。当冷屏的窗口和光学系统的入瞳完全重合(图 2.6 中 $\omega_1=\omega_2$),即杜瓦冷屏 F 数与光学系统完全匹配时热辐射对系统的影响最小,使得杜瓦腔体的热辐射基本可以忽略。有时为了简化系统,对短波红外系统探测器并不设计冷屏。由于没有冷屏设计,杜瓦腔体的热辐射将直接被探测器接收,常温下,短波红外波段杜瓦腔体热辐射所产生的光电流也接近 pA 量级,与探测器暗电流相当,此时就不能忽略。

2. 光学系统热辐射

对于光学系统热辐射的影响,探测器所接收到的除目标信号外,还有光学透镜或反射镜本身产生的背景热辐射影响。在常温下,光学系统在中、短波红外波段所产生的背景热辐射相较于其他背景可以忽略,但到中、长波红外波段,特别是在探测器的冷光阑和光学系统很好匹配的时候,光学系统本身的背景热辐射就不能再忽略了。

3. 结构背景热辐射

从图 2.6 的几何关系可以看出:当 $\omega_1>\omega_2$ 时,仪器结构镜筒的背景热辐射是不可能直接到达探测器像元的,则此时它的热辐射不会通过其他反射路径到达探测器像元;当 $\omega_1<\omega_2$ 时,仪器镜筒热辐射就能到达探测器像元,由于仪器镜筒内壁一般都经过发黑处理,这时仪器镜筒产生的背景热辐射就必须考虑了。如果用 P_{b} 表示背景热辐射到达探测器像元的功率,那么类似式(2.3)可以得到由背景热辐射产生的光电流引起的信号电子数 N_{black} 为

$$N_{\mathrm{black}}=N_{\mathrm{black}}\eta=\frac{P_{\mathrm{b}}T_{\mathrm{int}}\lambda}{hc}\eta \tag{2.11}$$

由于背景热辐射是随仪器的温度变化而变化的缓变过程,这类变化可以通过定标加以去除,但背景热辐射产生的电子数引入散粒噪声并无法消除,所以背景热辐射产生的噪声和探测器的暗电流引入的噪声类似。除发射率以外,物体的背景热辐射与温度也密切相关。图 2.7 给出了中国科学院上海技术物理研究所为某项目研制的一套热红外高光谱成像系统在不同环境温度下探测器接收的背景热辐射曲线。在仪器光机系统降温的过程中,探测器光敏面上的

平均辐照度由 300 K 时的7.24×10^{-4} W/cm^2 降到 150 K 时的 0.06×10^{-4} W/cm^2，约降至 300 K 时的 1/120。温度对背景热辐射的影响很大，所以对光机系统进行制冷是抑制系统背景热辐射的最有效方法。

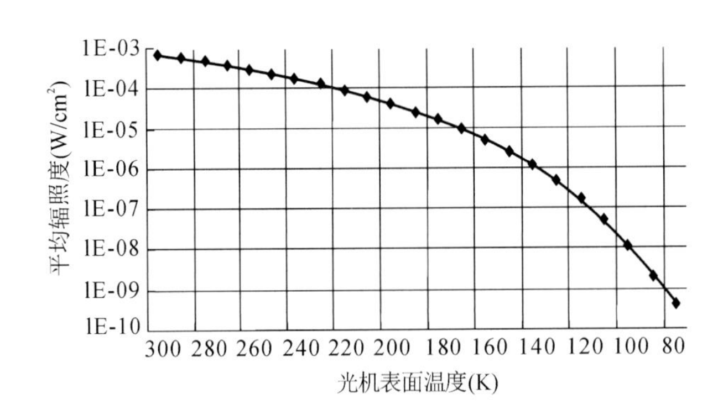

图 2.7　某光机系统不同温度对应的背景热辐射

2.3.3.3　红外背景热辐射特性

在可见近红外波段，仪器接收到的主要是地物对太阳光的反射能量，而中、长波红外波段，仪器接收的主要是地物本身的热辐射能量，短波红外波段则两者兼而有之。所以对于中、长波红外波段和短波红外波段的积分时间较长时需要考虑背景的红外辐射，某些场合这些背景辐射产生的信号相对于目标信号来说已大致相当，成为限制系统性能的重要因素。因此，必须加以考虑，并采取相应的措施进行有效抑制，提高系统信噪比。下面分析光机结构及杜瓦腔体的红外背景辐射对成像光谱仪系统性能的影响。

1. 光学系统热辐射计算

首先来分析光学系统所产生的背景热辐射。为简化分析过程，假设光学系统为一理想的单透镜，如图 2.8 所示，镜片的温度为 T，发射率为 ε，则其产生的辐亮度可以表示成 $\varepsilon L(T)$，Ω 表示透镜对探测器所张的空间立体角，此时探测器所接收的光学透镜本身产生的背景热辐射的辐照度可表示为

$$E_{\text{opt}}=\varepsilon\times L(T)\times\Omega \tag{2.12}$$

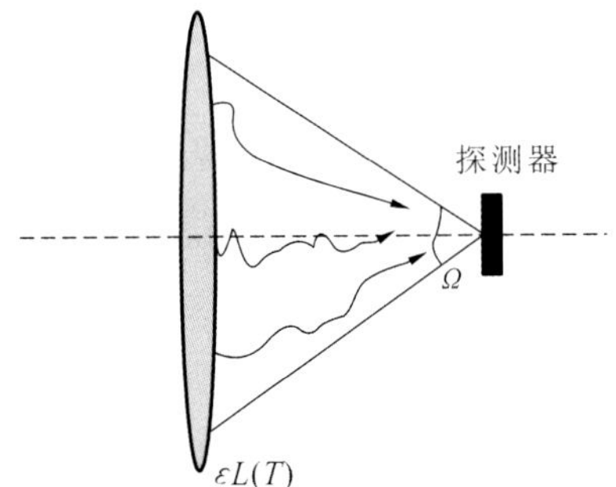

图 2.8　光学系统辐射特性计算模型

对于反射式光学系统，其发射率 ε 与反射率 ρ 满足：$\rho+\varepsilon=1$，故式(2.12)也可表示为

$$E_{\text{opt}}=(1-\rho)\times L(T)\times\Omega \tag{2.13}$$

由式(2.13)可见，光学系统的辐照度与镜面的反射率、镜子的温度和立体角有关，立体角与系统 F 数有关，可表示为

$$\Omega \approx \frac{A}{f^2} = \frac{\pi}{4} \times \frac{D^2}{f^2} = \frac{\pi}{4F^2} \tag{2.14}$$

因此，光学系统的背景热辐射的辐照度可最终表示为

$$E_{\text{opt}} = \frac{\pi}{4F^2} \times (1-\rho) \times L(T) \tag{2.15}$$

探测器像元面积为 A_d，电流响应率为 R，则光学系统背景热辐射所产生的电流为

$$I_{\text{opt}} = R \times E_{\text{opt}} \times A_d = \frac{\pi}{4F^2} \times (1-\rho) \times R \times L(T) \times A_d \tag{2.16}$$

可见，在常温下，光学系统在短波红外波段所产生的背景热辐射很微弱，背景光电流为 fA 量级，远小于探测器的暗电流 pA 量级。因此，光学系统的短波红外背景热辐射可以忽略。

2. 结构背景热辐射计算

为了分析结构的背景热辐射对系统的性能影响，在图 2.6 的基础上进一步建立如图 2.9 和图 2.10 所示的仪器镜筒热辐射模型。从图 2.6 中的几何关系可以看出，当 ω 从 ω_1 增加到 ω_2 时，仪器结构镜筒的背景热辐射是不可能直接到达探测器像元的，则此时它的热辐射不会通过其他反射路径到达探测器像元。只有当图 2.6 中 $\omega_1 < \omega_2$（也可称为杜瓦冷屏 F 数与光学系统不匹配）时，仪器镜筒热辐射才有可能到达探测器像元，由于仪器镜筒内壁一般都经过发黑处理，在分析时可以假设镜筒结构的发射率 ε 为 1。

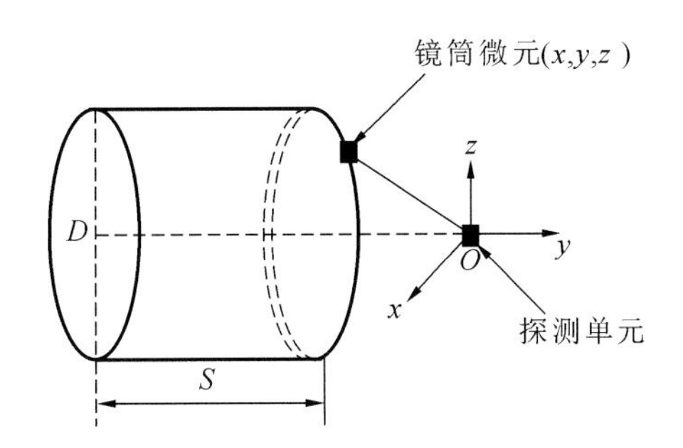

图 2.9　镜筒热辐射简化模型

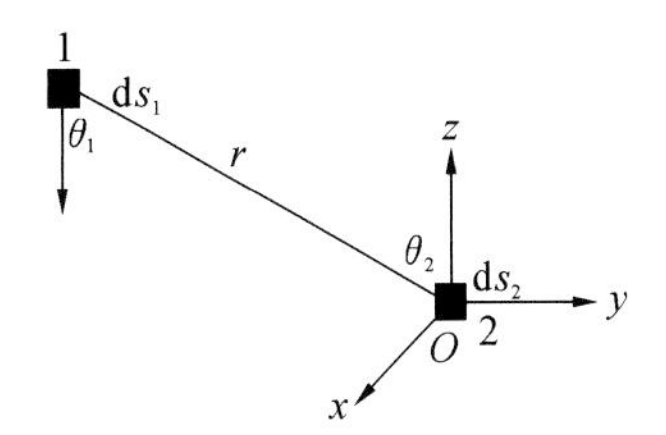

图 2.10　微元辐射功率传递示意图

图 2.9 是在图 2.6 基础上进一步简化成的一个圆柱形辐射体，由它产生的背景热辐射达到探测器像元的功率可以分解为圆柱体上所有微元背景热辐射的累积量。根据普朗克辐射定律，对于图 2.10 所示的两个朗伯微元之间的辐射功率传递量可以表示为

$$P = \frac{M(T)}{2\tau} \varepsilon_1 \varepsilon_2 \iint\limits_{s_1 s_2} \frac{\cos\theta_1 \cos\theta_2}{r^2} \mathrm{d}s_1 \mathrm{d}s_2 \tag{2.17}$$

式中，$M(T)$表示在探测波段内的辐射出射度；ε_1、ε_2 表示微元的辐射系数；$\mathrm{d}s_1$、$\mathrm{d}s_2$ 表示两个微元的面积；θ_1、θ_2 为微 1 到微 2 的方向矢量夹角；r 表示两微元之间的距离。图 2.10 中以 $\mathrm{d}s_2$ 为圆心建立坐标，如果 $\mathrm{d}s_1$ 的坐标为(x, y, z)，那么 r 可以表示为

$$r^2 = x^2 + y^2 + z^2 \tag{2.18}$$

图 2.9 中镜筒的长度和直径分别用 S 和 D 表示，用 A_d 表示探测器像元的面积，参考式(2.17)可以得到镜筒背景辐射到达探测单元的功率为

$$P = \frac{M(T)}{2\pi}\int_{f-z}^{f}\int_{0}^{\pi D/2}\frac{y \times D \times A_d}{2r^4}\mathrm{d}l\mathrm{d}y \tag{2.19}$$

式中，f 表示光学系统的焦距，l 表示沿镜筒圆周的坐标，能够辐射到探测器的镜筒长度 S 可以表示为

$$S = f - \frac{D}{2} \times \arctan\omega_1 \tag{2.20}$$

在具体计算镜筒辐射时，可以利用 MATLAB 软件的二维积分函数求解。根据初步计算的结果得出，在相同温度下，结构背景热辐射所产生的光电流比光学系统大得多。特别值得注意的是，在室温 300 K 下，结构背景热辐射所产生的光电流已经达到 pA 量级，与探测器的暗电流及微弱信号的光电流相当，因此不能忽略其影响，系统设计中必须采取措施对其进行抑制。

3. 杜瓦腔体热辐射计算

对于未设置冷屏的红外探测器，杜瓦腔体的热辐射也将直接被探测器所接收，从而影响系统性能，下面来对杜瓦腔体的热辐射进行简单分析。

由于没有设置冷屏，杜瓦腔体的热辐射将直接被探测器接收，且由于腔体辐射效应，腔体的有效发射率较大。常温下，杜瓦腔体所产生的光电流达到了 pA 量级，与探测器暗电流与弱信号光电流基本相当，不能忽略。

因此，必须对杜瓦腔体的热端面采取良好的散热及降温措施，使之保持较低的温度，尽量减小因其升温所产生的光电流。在微弱信号探测中，短波红外的背景热辐射已经不能忽略，特别是由结构部件、杜瓦腔体产生的背景热辐射与微弱入射信号相当，强背景热辐射的存在将严重限制系统的积分时间，进而限制了系统信噪比的提高。

设计中必须考虑长积分时间下短波红外的背景热辐射抑制问题，比如在系统光路中的合适位置加入孔径光阑，抑制结构部件的背景热辐射；在探测器杜瓦腔体内部设计单独的冷屏，而且考虑与光学系统的 F 数匹配，抑制杜瓦腔体热辐射以及结构的背景热辐射；同时，降低系统的环境温度也可以有效降低背景热辐射，特别是杜瓦腔体，必须采取良好的散热设计，保证杜瓦腔体维持较低的温度，从而有效抑制杜瓦腔体热辐射。

2.3.3.4 杂散光噪声

对于可见近红外和短波红外这些以反射太阳信号为主的波段，杂散光也是影响高光谱成像系统辐射灵敏度的一个重要因素。尽管在系统设计中，非目标视场的信号不会进入探测器，但由于系统的结构对光学信号的反射率不可能绝对为零，这样对于视场以外的信号就会以杂散光的形式出现在图像中，特别当出现强光时，杂散光的影响会变得相当严重。由于杂散光的产生随目标及其周边的情况而变化，是一个无法预测的随机过程，因此在图像中的直接表现就是噪声。一般情况下，杂散光和目标环境相关，当目标背景辐亮度大的时候，杂散光的影响也会增加，对于一些特别亮的干扰信号(如直射的太阳光)，则系统必须采用专门

的措施来防护。

2.3.3.5 多元器件的串音噪声

多元探测器像元之间的串音也会影响高光谱图像的质量。对高光谱成像系统来说，焦平面器件空间维像元之间的串音会影响空间图像的质量，主要表现为邻近像元的信号进入被测像元的探测器中。串音对系统的影响效果与光学系统像差使系统空间分辨率下降的效果类似，所以像元之间串音引起的图像质量退化，用系统的调制传递函数(modulation transfer function，MTF)特征来描述更为合适。光谱维像元之间的串音，会让不同波段的信号混叠，使得波段的光谱分辨率下降，该问题将与后面的光谱混叠对系统辐射灵敏度的影响一并讨论。

2.3.4 基于波段光谱混叠的谱域噪声

2.3.4.1 光谱混叠的影响

在高光谱成像系统中，理想的波段光谱响应函数 $R(\lambda)$ 应该是一个中心波长为 λ_i，波长带宽为 $\Delta\lambda$ 的矩形函数。但实际的系统由于成像狭缝的宽度、光学系统的像差以及多元探测器像元之间的串音会使得仪器光谱响应函数的矩形系数变差。在实际应用中，对于中心波长为 λ_i、波长带宽为 $\Delta\lambda$ 的光谱响应函数可用高斯函数表示为

$$R(\lambda)=\frac{1}{\sqrt{2\pi}\sigma}\mathrm{e}^{-\frac{(\lambda-\lambda_i)^2}{2\sigma^2}} \tag{2.21}$$

从图 2.11 的光谱响应函数曲线可以看到，不仅光谱波段 $\Delta\lambda$ 内的目标信号被对应该波段的探测器像元接收，波长小于 $\lambda_i-1/2\Delta\lambda$ 和波长大于 $\lambda_i+1/2\Delta\lambda$ 的部分信号同样会进入该波段的探测器像元，这些波段外的信号使得系统对光谱维探测的辐射灵敏度下降。

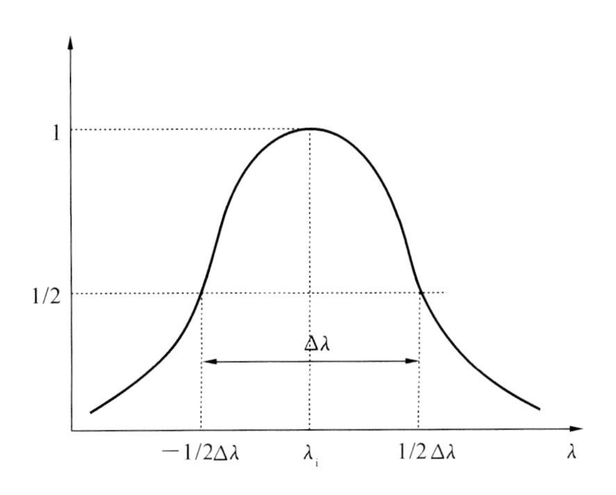

图 2.11 高斯函数模拟的光谱响应函数

设地物的波长光辐射功率为 $P(\lambda)$，用 P_{λ_i} 表示地物在系统探测第 i 波段[$\lambda_i-1/2\Delta\lambda$，$\lambda_i$

$+1/2\Delta\lambda$] 内波长光辐射功率的平均值，结合图 2.11，该波段的探测器像元的响应信号 V_s，可近似表示为

$$V_s = \int_0^{\infty} R(\lambda)P(\lambda)\mathrm{d}\lambda = \int_0^{\lambda_i - \frac{1}{2}\Delta\lambda} R(\lambda)P(\lambda)\mathrm{d}\lambda + \int_{\lambda_i + \frac{1}{2}\Delta\lambda}^{\infty} R(\lambda)P(\lambda)\mathrm{d}\lambda + P_{\lambda_i}\int_{\lambda_i - \frac{1}{2}\Delta\lambda}^{\lambda_i + \frac{1}{2}\Delta\lambda} R(\lambda)\mathrm{d}\lambda$$

$$= \int_0^{\lambda_i - \frac{1}{2}\Delta\lambda} R(\lambda)[P(\lambda) - P_{\lambda_i}]\mathrm{d}\lambda + \int_{\lambda_i + \frac{1}{2}\Delta\lambda}^{\infty} R(\lambda)[P(\lambda) - P_{\lambda_i}]\mathrm{d}\lambda + P_{\lambda_i}\int_0^{\infty} R(\lambda)\mathrm{d}\lambda \quad (2.22)$$

对于不同的地物，式(2.22)中的 $P(\lambda)-P_{\lambda_i}$ 是个随机数，第 1 项和第 2 项为波长带外的响应，相当于噪声，第 3 项才是和 P_{λ_i} 成正比的信号部分。对于高斯函数，信号的混叠主要来源于相邻的前后波段，如果地物信号相邻波段之间的反射率差小于 5%，经计算由该混叠引入的噪声约为信号的 1.2%。以上分析的前提是相邻波段的光谱响应函数交叠在理想的 50%处，如因光学像差等原因引起交叠处变大，则引入的噪声会更大。这种光谱混叠引起的噪声是系统特性引入的一种空域噪声，相对于器件的非均匀性和系统的背景辐射等空域噪声，该噪声的机制和测试都更加复杂，但这也是高光谱成像系统所特有的，在高光谱成像系统的设计和研制中必须给予足够重视。

2.3.4.2 波段间辐射灵敏度一致性的影响

高光谱成像系统的最大特点是能够同时获取几何信息和光谱信息。但由于太阳辐射或目标光谱辐亮度、光学系统光谱透过率、探测器光谱响应等参数的不均匀性影响，特别是不同的分光方法，使得不同波长的波段带宽有很大不同，很多系统为了确保原始数据不发生饱和失真，通常需要限制系统的孔径或积分时间，使得探测器接收的部分光谱波段信号很弱，信噪比较低，最终导致高光谱成像仪各波段图像数据的信噪比存在较大差别。这种差别在信息获取系统动态范围有限的条件下，直接影响系统的应用效果，使得很多波段不能够满足应用需求，这也是遥感用户十分关心的问题。波段间辐射灵敏度的一致性也是系统设计中需要十分关注的一个问题，一般可以通过选择均匀的色散元件、对不同波段选择不同的光谱分辨率以及对不同的波段选用不同的增益使波段间辐射灵敏度最终达到一致。

2.4 高光谱成像仪的系统设计方法

2.4.1 高光谱成像仪的运行平台与设计参数

总体指标是从系统设计的角度考虑应有的全面技术要求，对用户提出的使用要求进行综合分析时，应首先根据工作任务的要求确定所设计系统的性质；其次应在分析工作对象(目标)和背景的辐射特性的基础上对系统的工作波段做出初步选择。高光谱成像仪在设计

之初需要明确系统运行的工作平台，一般而言高光谱成像仪的工作平台包括星载和机载两类。在工作平台确定的基础上，根据用户需求进行有关系统总体参数的分析和计算，拟定出系统的总体指标，在确定系统总体指标时除考虑使用要求外，还应顾及系统设计条件可能达到的程度做综合处理。

表 2.1 列出了一个典型的需要设计星载成像光谱仪的主要技术指标，设定为星载工作平台，运行在 500 km 高度上的太阳同步圆轨道，波段连续分布在可见近红外范围，光谱通道 128 个，光谱分辨率优于 10 nm，空间分辨率为 20 m，幅宽为 20 km，并具有±30°的侧视范围，并要求在指定太阳高度角和地物反射率的条件下满足探测灵敏度要求。

表 2.1　星载成像光谱仪主要技术指标

项目	指标
轨道高度	500 km
侧视范围	−30°～+30°
幅宽	20 km
光谱范围	0.4～1.04 μm
星下点地面像元分辨率	20 m
波段数	128 个
光谱分辨率	优于 5 nm
信噪比	≥100@550 nm；≥100@650 nm；≥100@700 nm
量化比特数	12 bit

注：60°太阳高度角，30%反照率。

下面首先针对高光谱成像仪的两类工作平台展开介绍。

2.4.1.1　星载平台的参数和系统设计分析

星载平台就是指高光谱成像仪搭载于卫星平台，依托卫星的运行完成扫描。一般而言，人造卫星的运行轨道(除近地轨道外)通常有三种：地球同步轨道、太阳同步轨道和极轨轨道。

地球同步轨道是运行周期与地球自转周期相同的顺行轨道，其中有一种十分特殊的轨道，叫地球静止轨道，这种轨道的倾角为 0，在地球赤道上空 35 786 km。从地球上某点向上看，在这条轨道上运行的卫星是静止不动的，一般通信卫星、广播卫星、气象卫星选用这种轨道比较有利。地球同步轨道有无数条，而地球静止轨道只有一条，我国的风云二号系列卫星采用的就是地球同步轨道。

太阳同步轨道是轨道平面绕地球自转轴旋转的，方向与地球公转方向相同，旋转角速度等于地球公转的平均角速度(360°/年)的轨道，它距地球的高度不超过 6 000 km。在这条轨道上运行的卫星以相同的方向经过同一纬度的当地时间是相同的。气象卫星、地球资源卫星一般采用这种轨道，我国的风云一号系列卫星采用的就是太阳同步轨道。

极轨轨道是倾角为90°的轨道，在这条轨道上运行的卫星每圈都要经过地球两极上空，可以俯视整个地球表面。气象卫星、地球资源卫星、侦察卫星常采用此轨道。

卫星绕地球以椭圆(或圆)轨道旋转，地心是椭圆的两个焦点之一，因此产生近地点 P 和远地点 A，如图 2.12 所示。圆轨道可以认为是椭圆轨道的一种特殊形式，即两个焦点与地心重合。通常，开普勒的经典轨道要素被用来描述航天器的轨道，利用一组具有几何意义的6个参数描述航天器在惯性空间的运行轨道，确定某一时刻航天器在赤道地心惯性坐标系中的位置，这6个轨道参数被称为轨道六要素，下面分别介绍。①轨道半长轴 a。半长轴为椭圆轨道长轴的一半，即远地点与近地点距离的一半，它描述了椭圆轨道的大小。②椭圆偏心率 e。对于一般的圆锥曲线，偏心率定义为圆锥曲线上一点的向径 r 与该点到准线距离 x 之比，即 $e=c/a=r/x$。对于椭圆，偏心率为两焦点之间的距离与椭圆长轴之比。③轨道倾角 i。轨道平面和地球赤道面的夹角，或表示为轨道的角动量矢量与北极方向的夹角。④升交点赤经 Ω。首先定义卫星轨道和赤道面的交点为 N_a 和 N_b，其中卫星从南到北通过赤道面的交点称升交点，用 N_a 表示，从北到南通过赤道面的交点称降交点，用 N_d 表示。这样在赤道面上从春分点 r 到升交点 N_a 对地心 O 的张角就是升交点赤经 Ω，轨道倾角 i 和升交点赤经 Ω 共同确定了轨道平面在惯性空间的取向。⑤近地点辐角 ω。升交点 N_a 与近地点 P 对地心 O 的张角，它描述了轨道平面内椭圆轨道的取向。⑥真近点角 f 或经过近地点时刻 τ。真近点角 f 是指在某一时刻(t_0)，航天器与近地点对地心的张角，在轨道平面内从近地点沿航天器运动方向度量，这一参数建立了航天器在轨道上的位置与时间的关系。

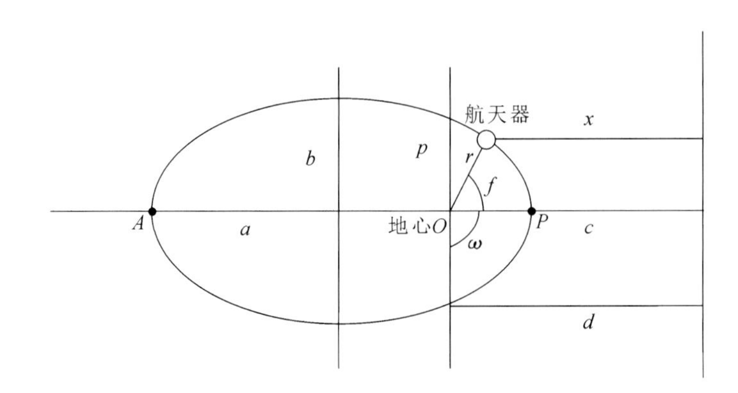

图 2.12　卫星运行轨道示意图

上述轨道六要素决定卫星轨道的基本参数，其中半长轴 a 和偏心率 e 决定轨道形状；轨道倾角 i 和升交点赤经 Ω 决定轨道平面在空间的位置；近地点辐角 ω 决定长轴方位(即椭圆在轨道面上的方位)；经过近地点时刻 τ 决定卫星在轨道上的时间关系。图 2.12 的椭圆中各参数满足以下基本关系：

$$e = r/x = p/d \tag{2.23}$$

$$x = d - r\cos f \tag{2.24}$$

$$b = a \times \sqrt{1-e} \tag{2.25}$$

$$p = a(1-e^2) = b\sqrt{1-e^2} \tag{2.26}$$

$$c = a\left(\frac{1-e}{e}\right) \tag{2.27}$$

$$e = \sqrt{1-\left(\frac{b}{a}\right)^2} = \sqrt{1-\frac{p}{a}} = \sqrt{1-\left(\frac{p}{b}\right)^2} \tag{2.28}$$

下面针对星载平台的高光谱成像系统开展一个典型的扫描和成像模式分析(图 2.13)，对于太阳同步圆轨道，其绕地球 1 周周期 $T=0.009\,95a^{1.5}$，其中 a 是地球半径 R 和卫星高度 H 之和，即 $a=6\,878.14$ km，代入式(2.29)可得到轨道周期 $T=5\,675.8$ s。

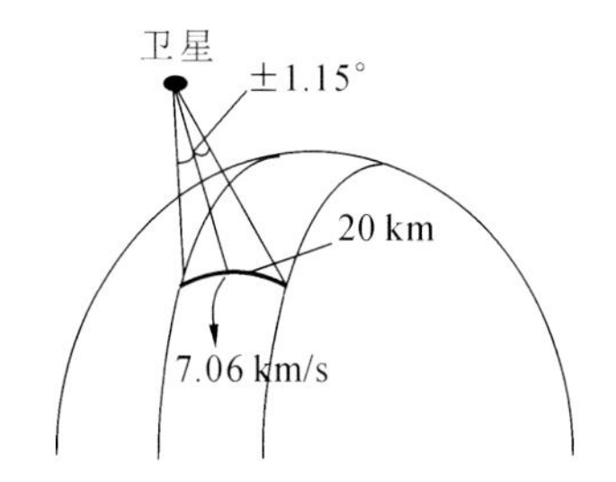

图 2.13 基于星载平台的高光谱成像仪扫描速率及视场示意图

则卫星绕过地球表面的地速：

$$v = \frac{2\pi R}{T} \tag{2.29}$$

式中，R 是地球半径，取值为 6 378.14 km，代入式(2.29)得到 $v=7.6$ km/s。扫描速率是卫星地速和空间分辨率的比值：

$$S = \frac{v}{\mathrm{GSD}} \tag{2.30}$$

式中，GSD 表示地面采样距离，即高光谱成像仪的空间分辨率。如果设计 GSD=20 m，那么通过计算可得系统的采样速率 $S=353$ l/s。对于推帚式高光谱成像仪，每个扫描行最大像元驻留时间基本上等于采样速率的倒数：

$$\tau = \frac{1}{S} \tag{2.31}$$

故系统的像元驻留时间 $\tau=2.8$ ms。系统的瞬时视场指空间最小分辨单位线度对应观测距离所张的角度，该角度与探测器的线度对应于光学系统焦距所张的角度等价，因此有

$$\beta = \frac{\mathrm{GSD}}{H} = \frac{d}{f} \tag{2.32}$$

其中，H 是卫星高度，d 是高光谱成像仪的探测器线度，f 是光学系统的焦距。系统中 GSD=20 m，卫星轨道高度 $H=500$ km，因此 $\beta=40$ μrad。那么系统的总视场 TFOV 是空间最大成像幅宽对应观测距离所张的角度，即

$$\mathrm{TFOV} = 2ac\tan\left(\frac{W/2}{H}\right) \tag{2.33}$$

2.4.1.2 机载平台的参数和系统设计分析

机载平台就是指高光谱成像仪搭载于飞机平台，依托飞机运行完成扫描。由于目前航空产业的快速发展，各类飞机(包括无人直升机)层出不穷，所以搭载于飞机平台的高光谱成像仪的扫描特性基本由飞机平台自身的运行确定，当开展高光谱成像系统设计时，必须结合机载平

台的特性开展。图 2.14 为机载高光谱成像仪的工作示意图，其中 L 为地面扫描刈幅，2α 是仪器的总扫描视场，β 是瞬时视场，a 为瞬时视场在垂直天底所对应的地面像元宽度。

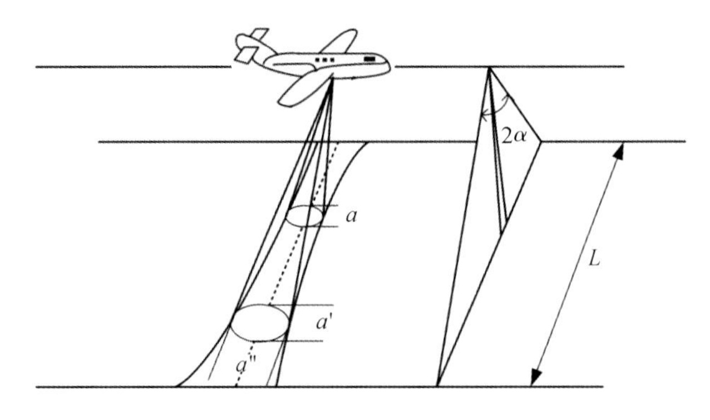

图 2.14　机载高光谱成像仪的工作示意图

图 2.15 为一款典型无人直升机照片及参数，该无人直升机搭载有轻小型高光谱成像仪，可广泛应用于电力、农林、应急减灾、海洋海事、地质勘探、影视拍摄等领域。

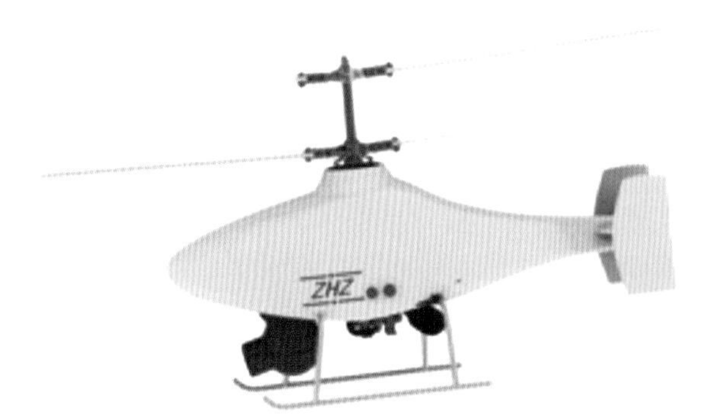

- 全机长：4 m
- 最大起飞重量：300 kg
- 机重：150 kg
- 有效载荷：50～100 kg
- 续航时间：3～6 h
- 最大升限：4 000 m
- 抗风能力：7级
- 巡航速度：100 km/h

图 2.15　TD220 无人直升机照片及参数

对于传统的机载高光谱成像仪而言，采用运 12 飞机平台是一种经典选择，运 12 飞机作为飞行平台时，利用 Leica PAV30 或者 Leica PAV80 作为稳定平台搭载高光谱成像仪进行中低空作业飞行(图 2.16)。

图 2.16　运 12 飞机照片及观测窗口示意图

高光谱成像仪的空间分辨率主要由仪器的瞬时视场和飞行高度决定，但也与系统的传递函数有关，设计时应妥善选定这些参量以保证足够的空间分辨率。机载高光谱成像仪的瞬时视场 β 与式(2.32)给出的星载成像光谱仪一致，即

$$\beta = \frac{d}{f} \tag{2.34}$$

式中，d 为探测器单元的尺寸；f 为光学系统的焦距。在光谱仪设计中，瞬时视场可以由不同的 d、f 组合数据来获得。典型的实用型模块化成像光谱仪 OMIS-II 的视场光阑大小为 Φ1.11 mm，主镜焦距 $f=370$ mm，所以它的瞬时视场 $\beta=3$ mrad。机载高光谱成像仪的系统等效噪声带宽计算如下：

$$\Delta f = \frac{\pi}{2} \cdot \frac{1}{2\tau} = \frac{\pi^2 S}{2\beta} \tag{2.35}$$

式中，S 为扫描速率(l/s)；τ 为像元驻留时间，计算公式为 $\tau=\beta/2\pi S$。系统角分辨率是当扫描镜处在某一瞬时位置时，入射光束能通过光学系统聚集到接收元件上所包含的立体角，也叫瞬时视场。当飞机飞行高度为 H_0 时，对应一个瞬时视场的地面分辨率 a 为

$$a = \beta H_0 \tag{2.36}$$

由图 2.14 可知，扫描镜与地物目标的距离在垂直机下点的天底最小，随扫描角的增大而增大，在角位置 θ 处对应的目标元与飞机平台的距离为

$$H_\theta = H_0 \sec\theta \tag{2.37}$$

这样和扫描垂直方向的横向地面分辨率 a' 和纵向地面分辨率 a'' 分别为

$$a' = a\sec\theta = \beta H_0 \sec\theta \tag{2.38}$$

$$a'' = a\sec\theta = \beta H_0 \sec\theta \tag{2.39}$$

由此可知，扫描条带的空间分辨率不是恒定的，即扫描条带不是等宽度的，它由中心位置向两边弯曲，逐渐变宽，这种弯曲会引起扫描图像畸变。其实，在星载高光谱成像仪设计中也存在这里分析到的空间分辨率变化，如果一台星载宽幅高光谱成像仪的总视场只有 4.8°，由它所引起的空间分辨率变化是可以忽略的，而这里的机载高光谱成像仪的总视场达到 70°，故此时的空间分辨率变化就不能忽略了。

图 2.14 给出机载高光谱成像仪的总扫描视场为 2α，那么扫描刈幅 L 可以表示为

$$L = 2H_0 \tan\alpha \tag{2.40}$$

飞机飞行时，扫描图像随飞行方向向前推进。当飞机的飞行速度为 V(m/s)，仪器的扫描速率为 S(l/s)，为保证地物目标不被漏扫，要求相邻扫描行必须有一定的重叠率，即满足：

$$V \leqslant S\beta H_0 \tag{2.41}$$

这里我们定义扫描重叠率 $\rho=1-(V/S\beta H_0)$，则当 $\rho=0$ 时，速高比最大为

$$\left(\frac{V}{H_0}\right)_{\max} = S\beta \tag{2.42}$$

机载高光谱成像仪采用45°镜旋转扫描,扫描镜旋转1周,完成对地1个条带行的扫描。考虑到高光谱成像仪安装在运12等轻型飞机上,飞机经济巡航速率为180 km/h,航高一般在800 m以上。由于飞机飞行速高比由系统的瞬时视场和扫描速率决定,系统扫描速率设计为5～20 l/s,仪器的瞬时视场为3 mrad,可以适应不同速高比的飞行平台和遥感作业。

表2.2给出了基于某地质勘探需求而设计的一款机载高光谱成像仪的主要技术指标,表2.3是其波段配置表,如这两个表所示,高光谱成像仪波段范围覆盖可见近红外、短波红外、中红外和热红外,其中可见近红外波段光谱分辨率优于10 nm。成像光谱仪应有大于70°的总视场和3 mrad的瞬时视场,并希望仪器能同步采集定位数据,再进行相应的光学、探测器、电路设计,并确定仪器的扫描速率、像元驻留时间、分光光栅参数及光学成像参数等。值得注意的是,与星载平台的约束不同(往往是卫星作为主要约束条件,需要满足卫星运行参数),基于机载平台的高光谱成像仪往往需要仪器研制方的自主性更大,往往由载荷研制方根据用户实际需求,并结合研制的高光谱成像仪自行确认飞行的选型。

表2.2　机载高光谱成像仪的主要技术指标

项目		指标
波段数		64个
总视场		73°
瞬时视场		3 mrad
系统灵敏度	可见近红外	$NE\Delta\rho<0.5\%$(85%以上波段达到)
	短波红外	$NE\Delta\rho<0.5\%$
	中红外、热红外	$NE\Delta T<0.2$ K
采样像元数		512个
数据编码		12 bit
定位要求		实时采集定位数据

表2.3　机载高光谱成像仪波段配置表

	光谱范围(m)	取样间隔(nm)	波段数(个)
VIS/NIR	0.46～1.06	10	60
SWIR-I	1.55～1.75	200	1
SWIR-II	2.08～2.35	270	1
TIR	8.0～12.5	4 500	1

2.4.2 高光谱成像仪的探测灵敏度设计与分析

在2.2节的分析中，已经说明系统的探测灵敏度是高光谱成像仪的最核心技术指标，对于系统设计而言，需要综合考虑权衡。在分析系统的探测灵敏度之前，首先分析可以进入探测器的目标光谱辐射通量 $\varphi(\lambda)$ 和光辐射功率 $P(\lambda)$，考虑到地物目标反射太阳辐射的光谱范围为0.4～2.5 μm时，地物目标本身的热辐射可以忽略。设地物目标的反射率为 $\rho(\lambda)$，并假设它具有朗伯反射体特性。太阳辐射在地面的光谱辐照度为 $E(\lambda)$，严格地讲，这个辐照度 $E(\lambda)$ 包括了太阳直射光的辐照度 $E_s(\lambda)$ 和天空散射光的辐照度 $E_d(\lambda)$，即 $E(\lambda)=E_s(\lambda)+E_d(\lambda)$。根据辐射学原理，地物目标反射辐照度 $E(\lambda)$ 后产生的光谱辐亮度为

$$B(\lambda)=\frac{1}{\pi}E(\lambda)\sin\theta \tag{2.43}$$

设高光谱成像仪的光学有效口径为 D_0，焦距为 f'，探测器的线度为 d，地物目标到高光谱成像仪入瞳处的距离为 H，这样仪器的瞬时视场可以表示为 $\beta=d/f'$，那么瞬时视场对应的地面面积为

$$A=\beta^2H^2 \tag{2.44}$$

高光谱成像仪入瞳上接收的光谱辐射通量 $\varphi(\lambda)$ 为

$$\varphi(\lambda)=\pi\left(\frac{D_0}{2}\right)^2\times\frac{A}{H^2}\times\left[\frac{1}{\pi}E(\lambda)\sin\theta\rho(\lambda)\tau_a(\lambda)+L_a(\lambda)\right] \tag{2.45}$$

式中，$\tau_a(\lambda)$ 为大气光谱透过率；$L_a(\lambda)$ 为由大气散射引起的程辐射度。$\tau_0(\lambda)$ 为仪器光学系统的总透过率（包括全部反射、透射镜、色散元件的效率，遮拦损失在内的总的透过效率），那么经过光学系统后在到达探测器像元上的光谱辐射功率可以表示为 $P(\lambda)=\varphi(\lambda)\tau_0(\lambda)$，将式(2.44)代入式(2.45)中整理，则有

$$P(\lambda)=\frac{\pi D_0^2}{4}\times\beta^2\times\tau_0(\lambda)\times\left[\frac{1}{\pi}E(\lambda)\sin\theta\rho(\lambda)\tau_a(\lambda)+L_a(\lambda)\right] \tag{2.46}$$

简单起见，不考虑大气散射引起的程辐射度，令 $L_a(\lambda)=0$，则有

$$P(\lambda)=\frac{D_0^2}{4}\times\beta^2\tau_0(\lambda)\tau_a(\lambda)E(\lambda)\sin\theta\rho(\lambda) \tag{2.47}$$

如果用 F 表示光学系统的 F 数，那么将 $F=f'/D_0$ 代入式(2.46)中，可以得到：

$$P(\lambda)=\frac{d^2}{4F^2}\tau_0(\lambda)\tau_a(\lambda)E(\lambda)\sin\theta\rho(\lambda) \tag{2.48}$$

高光谱成像仪的探测灵敏度可以由一定边界下的信噪比来表示，信噪比的大小直接影响了图像的分类和目标的识别等高光谱图像应用。目前，常用的系统信噪比估算方法主要有比探测率法、电流法和等效电子法三种。但在实际的应用中，这3种估算方法得到的信噪比往往有一定差别，给设计者对系统性能的评估带来了误差。因此，根据系统实际应用选择合理的信噪比估算方法对系统的设计和方案的选择具有重要意义。下面将对这3种估算方

法进行深入的比较和分析。

2.4.2.1 基于 D^* 的信噪比计算——比探测率法

比探测率法是目前比较常用的一种信噪比计算方法，是通过已知探测器的比探测率 D^* 计算探测器的信噪比，这种方法比较适合于传统的基于单元和多元的光导型探测器的成像光谱仪系统的信噪比计算。根据探测器比探测率的定义，可以得到探测器的光谱响应度 $R(\lambda)$ 为

$$R(\lambda) = \frac{V_{\mathrm{n}} D^*(\lambda)}{\sqrt{A_{\mathrm{d}} \Delta f}} \tag{2.49}$$

式中，V_{n} 为探测器响应的噪声电压；$D^*(\lambda)$ 为探测器的归一化光谱探测率或比探测率；A_{d} 为探测器像元的面积，可以表示成 $A_{\mathrm{d}} = d^2$；Δf 为探测器电子学噪声带宽。如果用 $P(\lambda)$ 表示入射到探测器像元的辐射功率，用 δ_{e} 表示信号过程因子，那么在波段 $\lambda_1 \sim \lambda_2$ 内系统的输出信号电压 V_{s} 可以表示为

$$V_{\mathrm{s}}(\lambda) = \int_{\lambda_1}^{\lambda_2} P(\lambda) R(\lambda) \mathrm{d}\lambda = \frac{A_{\mathrm{d}} V_{\mathrm{n}} \delta_{\mathrm{e}}}{4F^2 \sqrt{A_{\mathrm{d}} \Delta f}} \int_{\lambda_1}^{\lambda_2} \tau_{\mathrm{a}}(\lambda) \tau_0(\lambda) D^*(\lambda) E(\lambda) \sin\theta \rho(\lambda) \mathrm{d}\lambda \tag{2.50}$$

式中，当 $\lambda_2 - \lambda_1$ 为高光谱成像仪的窄带光谱带宽 $\Delta\lambda$ 时，$\tau_0(\lambda)$、$\tau_{\mathrm{a}}(\lambda)$、$D^*(\lambda)$、$E(\lambda)$、$\rho(\lambda)$ 等都取其中心波长的平均值，那么高光谱成像仪系统的信噪比可以表示为

$$\mathrm{SNR} = \frac{V_{\mathrm{s}}}{V_{\mathrm{n}}} = \frac{\sqrt{A_{\mathrm{d}}} \delta_{\mathrm{e}}}{4F^2 \sqrt{\Delta f}} \tau_{\mathrm{a}}(\lambda) \tau_0(\lambda) D^*(\lambda) E(\lambda) \sin\theta \rho(\lambda) \Delta\lambda \tag{2.51}$$

2.4.2.2 基于电流的信噪比计算——电流法

电流法是通过探测器的信号电流和噪声电流来计算信噪比，这种方法比较适合于传统的基于单元和多元光伏型探测器（如光电二极管）的高光谱成像仪系统的信噪比计算。参考式(2.46)给出的到达探测器像元的光谱辐射功率，可以得到探测器产生的信号电流 I_{s}：

$$I_{\mathrm{s}}(\lambda) = \frac{1}{4} D_0^2 \times \beta^2 \tau_0(\lambda) \tau_{\mathrm{a}}(\lambda) E(\lambda) \sin\theta \rho(\lambda) R_i(\lambda) \tag{2.52}$$

光伏型探测器噪声电流 I_{n} 一般由 3 个部分组成：光电流引起的电流散粒噪声电流 I_{ns}、电流-电压转换中反馈电阻引起的热噪声电流 I_{nt} 和电流-电压转换放大器的噪声电流 I_{na}。噪声电流与三者之间的关系可以表示为

$$I_{\mathrm{n}} = \sqrt{I_{\mathrm{ns}}^2 + I_{\mathrm{nt}}^2 + I_{\mathrm{na}}^2} \tag{2.53}$$

其中，电流散粒噪声电流 I_{ns} 可以表示为

$$I_{\mathrm{ns}} = \sqrt{2 \mathrm{e} I_{\mathrm{s}} \Delta f} \tag{2.54}$$

热噪声电流 I_{nt} 可以表示为

$$I_{\mathrm{nt}} = \sqrt{\frac{4kT\Delta f}{R_{\mathrm{f}}}} \tag{2.55}$$

式中，e 为电子电荷常数；Δf 为系统噪声带宽；k 为玻耳兹曼常数；T 为工作环境的温度；R_{f}

为反馈电阻的阻值。放大器产生的噪声电流 I_{na} 由其放大器本身的性能决定，将式(2.54)和式(2.55)代入式(2.53)整理，结合式(2.52)给出的信号电流即可以得到系统的信噪比为

$$\mathrm{SNR}=\frac{I_s}{I_n}=\frac{D_0^2\beta^2\tau_0(\lambda)\tau_a(\lambda)E(\lambda)\sin\theta\rho(\lambda)R_i(\lambda)}{4\sqrt{2eI_s\Delta f+\frac{4kT\Delta f}{R_f}+I_{na}^2}} \tag{2.56}$$

2.4.2.3 基于量子效率的信噪比计算——等效电子法

等效电子法是通过计算探测器所产生的信号电子数和噪声电子数来计算信噪比，比较适用于目前在高光谱成像系统中大量采用的 CCD 探测器和红外焦平面探测器。这种方法将目标入射到探测器像元上的辐射功率转化成光子数，再由探测器的光谱量子效率得到探测器激发的信号电子数 N_s：

$$N_s(\lambda)=\frac{P(\lambda)T_{int}\lambda}{hc}\eta(\lambda) \tag{2.57}$$

式中，$\eta(\lambda)$ 表示探测器的光谱量子效率；h 为普朗克常量；c 为光速；T_{int} 表示探测器的积分时间。将式(2.47)代入式(2.57)可以得到：

$$N_s(\lambda)=\frac{D_0^2\beta^2\sin\theta T_{int}}{4hc}\int_{\lambda_1}^{\lambda_2}E(\lambda)\tau_a(\lambda)\tau_a(\lambda)\rho(\lambda)\eta(\lambda)\lambda d\lambda \tag{2.58}$$

探测器的噪声为瞬态噪声 N_{tem} 和固定图形噪声 N_{spa} 之和，由于这两类噪声是不相关的，所以探测器的总噪声功率等于这两类噪声的均方和，在信噪比估算中主要考虑前者瞬态噪声 N_{tem} 的影响，它主要包括散粒噪声 N_{shot} 和读出噪声 N_{read} 两部分，由于这两类噪声是不相关的，故探测器总噪声电子数可以表示为两类噪声产生的电子数的均方和：

$$N_{total}=\sqrt{N_{tem}^2+N_{spa}^2}=\sqrt{N_{shot}^2+N_{read}^2} \tag{2.59}$$

散粒噪声是由照射在光电探测器上的光子起伏及光生载流子流动的不连续性和随机性而形成载流子起伏变化引起的，其统计过程服从泊松分布，它一般包括目标信号光的光子噪声、背景光的光子噪声和暗电流的散粒噪声，故总的散粒噪声电流 i_n 可表示为

$$i_n^2=2qI_d=2q[\eta(\Phi_s+\Phi_b)A_d+I_{dark}] \tag{2.60}$$

式中，I_d 表示探测器响应的总的光电流；Φ_s、Φ_b 分别表示信号光通量和背景辐射光通量；A_d 表示探测元的尺寸；I_{dark} 表示探测器的暗电流数值。一般情况下可以认为散粒噪声为白噪声特性，考虑探测器的工作频带为 Δf，此时的散粒噪声可以表示为

$$i_n=\sqrt{2qI_d\Delta f} \tag{2.61}$$

对于带读出电路的探测器，其带宽 Δf 与积分时间 T_{int} 之间存在如下关系：

$$\Delta f=\frac{1}{2\tau_d} \tag{2.62}$$

将式(2.62)代入式(2.61)，并计算积分时间内总的散粒噪声电子数 N_{shot}，可以表示为

$$N_{shot}=i_nT_{int}/q=\sqrt{2qI_d\Delta f}\times T_{int}/q=\sqrt{I_dT_{int}/q}=\sqrt{N_{signal}} \tag{2.63}$$

式中，N_{signal} 表示由光电流 I_d 产生的所有电子数，同式(2.63)一样，它可以表示成信号光产生

的电子数 N_s、背景光产生的电子数 N_b 和暗电流产生的电子数 N_{dark} 之和：

$$N_{signal} = \sqrt{N_s + N_b + N_{dark}} \tag{2.64}$$

式中，背景光产生的电子数 N_b 可以由类似式(2.64)的表达式给出，只是 $P(\lambda)$ 须改成由背景辐射产生的光辐射功率 $P_b(\lambda)$，而由暗电流产生的电子数 N_{dark} 可以表示为

$$N_{dark} = \frac{I_{dark} \cdot T_{int}}{q} \tag{2.65}$$

这样就得到了基于量子效率计算方法的信噪比公式：

$$\text{SNR} = \frac{N_s}{N_{total}} = \frac{N_s}{\sqrt{N_s + N_b + N_{dark} + N_{read}^2}} \tag{2.66}$$

该方法由信号电子数和噪声电子数之比得到系统的信噪比。系统的信噪比受限于读出噪声电子数的大小和焦平面激发的电子数大小，由式(2.66)还可以得出：

$$\text{SNR} < \sqrt{N_s} \tag{2.67}$$

这也就是说，一个像元的信噪比受限于它所收集的总电子数的开方。这也给出了系统设计时的信噪比理论限制。在评价高光谱成像仪系统的时候，更为有效的是计算系统的 $\text{NE}\Delta\rho$，它反映了系统能够辨认的目标最小的反射率差异，$\text{NE}\Delta\rho$ 可以表示为

$$\text{NE}\Delta\rho = \frac{1}{\text{SNR}_{\rho=1}} \tag{2.68}$$

上面分析了在可见近红外波段和短波红外系统探测灵敏度的计算方法，对于在中、长波红外波段以探测地物自身热辐射为主的系统来说，通常用 $\text{NE}\Delta T$ 来表示系统的探测灵敏度。物体的温度、比辐射率的变化都可以引起辐射的变化，假设目标和背景都是黑体，当两者的温差等于噪声等效温差时，探测器输出温差信号的信噪比正好为 1。$\text{NE}\Delta T$ 就是系统能够正确分辨的最小温度差异，下面以比探测率法简单推导 $\text{NE}\Delta T$。

成像系统的目标和背景往往是相互的，对辐射图像起作用的是景物像元的温度 T、比辐射率 ε、反射率 ρ，与相邻像元的温度差 ΔT、比辐射率差 $\Delta\varepsilon$、反射率差 $\Delta\rho$，相邻像元的分谱辐射功率差可以表示为

$$\Delta P_\lambda = \frac{1}{4} D_0^2 \omega \tau_{a\lambda} \tau_{0\lambda} (\varepsilon_\lambda \frac{\partial L_{\lambda T}}{\partial T} \Delta T + L_{\lambda T} \Delta\varepsilon_\lambda + E_\lambda \Delta\rho\lambda) \tag{2.69}$$

式中，D_0 表示成像系统的光学有效口径；ω 是瞬时视场立体角；$\tau_{a\lambda}$ 表示大气的单色透过率，$\tau_{0\lambda}$ 是光学系统的单色透过率，$L_{\lambda T}$ 是景物的光谱辐射率，E_λ 是太阳在地面的光谱辐照度。地球距离太阳很远，太阳对地球张角很小，在大于 3 μm 的光谱范围内地球漫反射的太阳辐射远小于地球自身的热辐射，所以该系统中仪器接收到的地物在 3.0～5.0 μm 和 8.0～12.5 μm波段的辐射主要是地物自身的热辐射，太阳的反射影响基本可以忽略。这样式(2.69)括号内的第 3 项就可以忽略，根据探测器的单色响应率可得

$$R_\lambda = V_n D_\lambda^* \sqrt{A_d \Delta f} \tag{2.70}$$

如果用 τ_a、τ_0、D^*、ε_λ、$\Delta\varepsilon_\lambda$ 表示式(2.69)中 $\tau_{a\lambda}$、$\tau_{0\lambda}$、D_λ^*、ε、$\Delta\varepsilon$ 的平均值，则可以得到仪器

的输出信号电压 V_s 和噪声电压 V_n 的比值：

$$\frac{V_s}{V_n}=\frac{D_0^2\omega\eta_e\tau_a\tau_0D^*}{44\sqrt{A_d\Delta f}}\left(\varepsilon\Delta T\int_{\lambda_1}^{\lambda_2}\frac{\partial l_{\lambda T}}{\partial T}\mathrm{d}\lambda+\Delta\varepsilon\int_{\lambda_1}^{\lambda_2}L_{\lambda T}\mathrm{d}\lambda\right) \tag{2.71}$$

在实验室条件下用黑体评价系统性能，当 $\varepsilon=1$、$\Delta\varepsilon=0$、$V_s=V_n$ 时的 ΔT 就是 $\mathrm{NE}\Delta T$，考虑到信号处理系统中的过程因子，可以得到 $\mathrm{NE}\Delta T$ 的公式为

$$\mathrm{NE}\Delta T=4\frac{\sqrt{A_D\Delta f}}{D_0^2\omega\eta_e\tau_a\tau_0D^*X_T} \tag{2.72}$$

式中，X_T 表示目标的微分辐射出射度，由下式计算：

$$X_T=\int_{\lambda_1}^{\lambda_2}\frac{\partial L_{\lambda T}}{\partial T}\mathrm{d}\lambda=\int_{\lambda_1}^{\lambda_2}\frac{\partial\left(\frac{c_1}{\lambda^5}\cdot\frac{1}{c_1/\pi-1}\right)}{\partial T}\mathrm{d}\lambda=\int_{\lambda_1}^{\lambda_2}(c_2/\lambda T_3^2)L_{\lambda T}\mathrm{d}\lambda \tag{2.73}$$

2.4.3 系统的电子学噪声带宽

下面讨论电子学等效噪声带宽。电子学电路可以认为是一阶低通滤波电路，如图 2.17 所示，其频率响应为 $H_e(f)$，特征频率为 f_0，则

$$f_0=\frac{1}{2\pi RC}=\frac{1}{2\pi\tau} \tag{2.74}$$

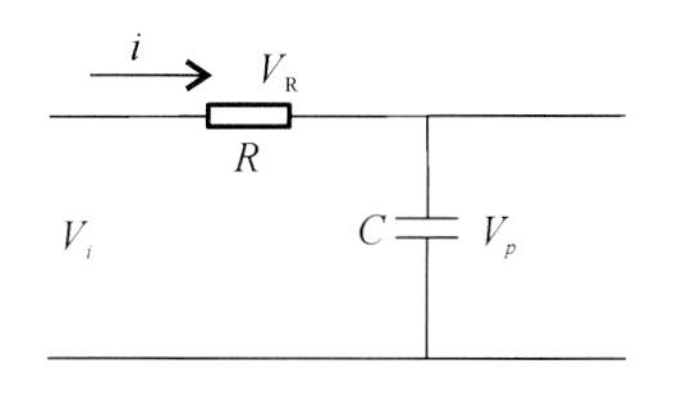

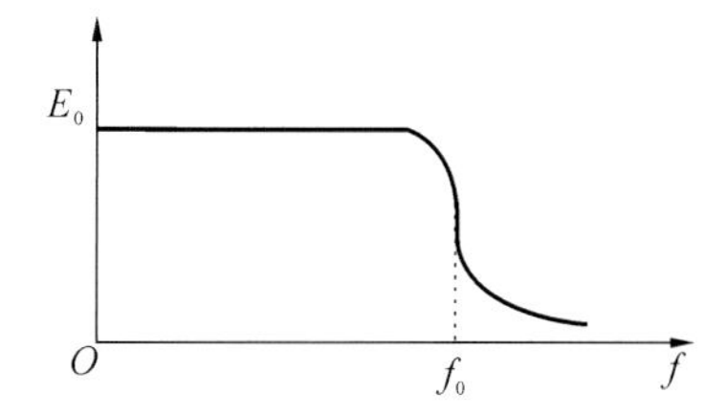

图 2.17 一阶低通滤波电路及其频率响应

其中，$\tau=RC$，表示电路的时间常数。特征频率定义的带宽为 3 dB 带宽，实际上大于特征频率 f_0 的噪声仍然对系统性能是有影响，低通电路的等效噪声带宽可以表示为

$$\Delta f=\int_0^\infty D(f)H_e^2(f)\mathrm{d}f \tag{2.75}$$

其中，

$$H_e^2(f)=\frac{1}{1+(f/f_0)^2} \tag{2.76}$$

$D(f)$是探测器归一化的噪声功率谱，探测器噪声为白噪声时，即 $D(f)=1$ 时，将式(2.76)代入式(2.75)可以计算得到：

$$\Delta f=\frac{\pi}{2}f_0=\frac{\pi}{2}\cdot\frac{1}{2\pi RC}=\frac{1}{4RC} \tag{2.77}$$

比较式(2.77)和式(2.74)可知，低通电路的等效噪声带宽 Δf 约为 3 dB 带宽 f_0 的1.57倍，在计算系统信噪比时，噪声带宽应按等效噪声带宽计。

扫描成像和凝视成像系统成像过程的传递环节不尽相同，系统噪声带宽的取法也不同。

2.4.3.1 扫描成像系统的等效噪声带宽

对扫描成像系统，当视轴扫过景物时，物方瞬时视场对景物空间采样，可以认为是一个空间低通滤波的过程。设计时，当选择的探测器通常有足够快的响应速度，电子学设计有足够的带宽时，系统带宽主要取决于空间低通滤波的带宽。图 2.18 给出了扫描成像系统的空间采样的处理流程。

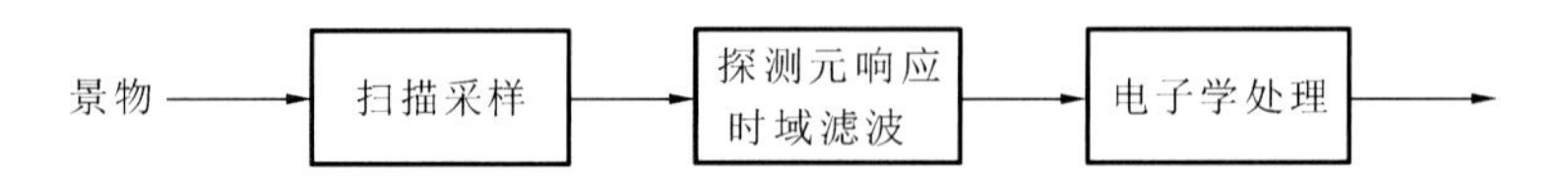

图 2.18 扫描成像系统的空间采样处理流程

假设景物由辐射强弱相间，大小等于成像系统物方瞬时视场的许多单元组成。当瞬时视场扫过一对景物单元时，探测器将产生一个三角波信号，如图 2.19 所示，表达如下：

$$v(t)=\begin{cases}0(t<0,t>2\tau_{\mathrm{d}})\\ \dfrac{A}{\tau_{\mathrm{d}}}t(0\leqslant t\leqslant\tau_{\mathrm{d}})\\ A\left[1-\dfrac{1}{\tau_{\mathrm{d}}}(\tau_{\mathrm{d}}-t)\right](\tau_{\mathrm{d}}\leqslant t\leqslant 2\tau_{\mathrm{d}})\end{cases}\tag{2.78}$$

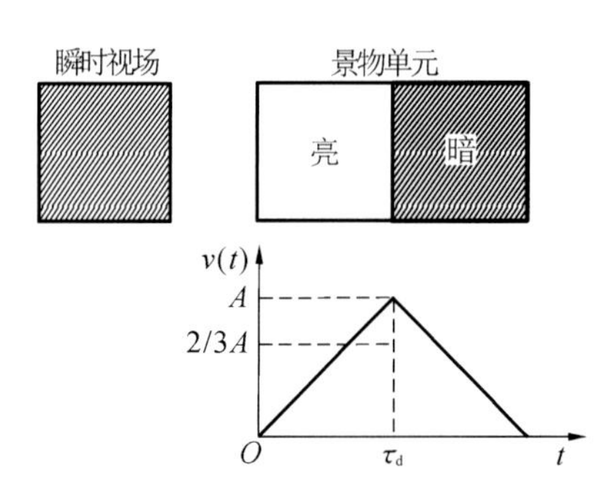

图 2.19 瞬时视场扫过景物产生的三角波信号

当 t 扫描到 τ_{d} 时，信号应达到峰值 A。如果电子频带不够宽，检测到的信号必定小于峰值，检测值与峰值 A 之比即信号过程因子。解微分方程求得上述三角波信号通过 RC 低通网络后的输出为

$$v_0(t)=\frac{A}{\tau_{\mathrm{d}}}t-\frac{ARC}{\tau_{\mathrm{d}}}(1-\mathrm{e}^{-\frac{t}{RC}})\tag{2.79}$$

那么信号过程因子 δ_{e} 可以表示为

$$\delta_e = \frac{v_0(\tau_d)}{A} = 1 - \frac{RC}{\tau_d}(1 - e^{-\frac{\tau_d}{RC}}) \tag{2.80}$$

如果电路的时间常数 RC 远小于像元的驻留时间 τ_d，则可以忽略含指数的项，式(2.80)可以表示为

$$\delta_e = \frac{\tau_d - RC}{\tau_d} = \frac{4\tau_d \Delta f - 1}{4\tau_d \Delta f} \tag{2.81}$$

过程因子太小，采集到的信号值远小于峰值；过程因子过大，又会增加噪声带宽。我们可以求出一个最佳值，一般过程因子可取 2/3，代入式(2.81)，可得系统信号噪声带宽为

$$\Delta f = \frac{3}{4\tau_d} \tag{2.82}$$

此时电路的 3 dB 带宽为

$$f_0 = \frac{2}{\pi}\Delta f = \frac{3}{\pi} \cdot \frac{1}{2\tau_d} \approx \frac{1}{2\tau_d} \tag{2.83}$$

由式(2.83)确定的系统等效噪声带宽，可用于系统信噪比计算。电子学 3 dB 带宽取 $1/2\tau_d$，即等于空间采样的奈奎斯特(Nyquist)频率。

2.4.3.2 凝视成像系统的等效噪声带宽

对选用焦平面器件的凝视系统(图 2.20)，通过片上积分电路，探测器输出具有低通滤波特性，此时的系统带宽主要由器件的积分时间决定。

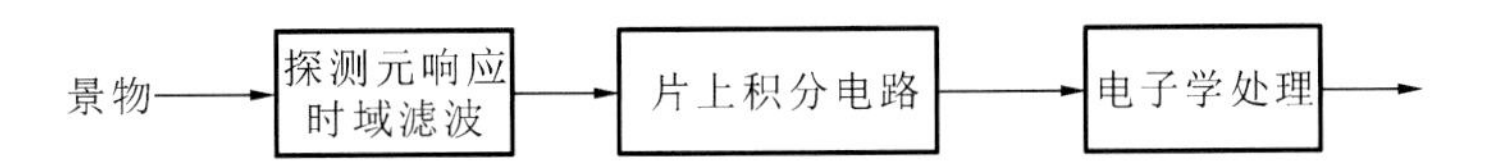

图 2.20 凝视成像系统的空间采样处理流程

复位积分电路为大多数焦平面探测器所采用，它的基本原理如图 2.21(a)所示，探测器的输出电流 $x(t)$ 被探测器的积分电容 C_{int} 积分，输出锯齿状电压 $y(t)$ 可以表示成输入电流 $x(t)$ 和脉冲响应 $h(t)$ 的乘积，即

$$y(t) = x(t) \cdot h(t) \tag{2.84}$$

对于复位积分电流，式(2.83)中脉冲响应 $h(t)$ 实际上就是一个如图 2.21 所示的宽度等于积分周期 T_{int} 的矩形波，表达式如下：

$$h(t) = \frac{1}{C_{int}}\int_t^{t+T_{int}} \delta(x)\mathrm{d}x \tag{2.85}$$

这个积分的 δ 函数通常也称为窗函数，因为它所代表的仅仅是一个单一的积分时间，在积分开始时刻 t 之前和积分结束 $t+T_{int}$ 之后都为 0。对式(2.85)进行拉普拉斯变换得到：

$$Y(f) = X(f) \cdot H(f) \tag{2.86}$$

其中，脉冲响应 $h(t)$ 的拉普拉斯变换为

$$H(f) = \frac{T_{int}}{C_{int}} \cdot \frac{\sin(\pi f t)}{\pi f t} \tag{2.87}$$

在实际工程设计中，对于凝视成像系统，其系统等效噪声带宽一般认为

$$\Delta f = \frac{1}{2T_{\text{int}}} \tag{2.88}$$

如果积分时间 T_{int} 近似等于帧时（像元驻留时间），则当噪声频率大于 Nyquist 频率（1/2 帧频）便开始衰减，当噪声频率大于帧频时，噪声影响可以忽略。对于积分时间小于帧时，则截止频率为 $1/2T_{\text{int}}$。

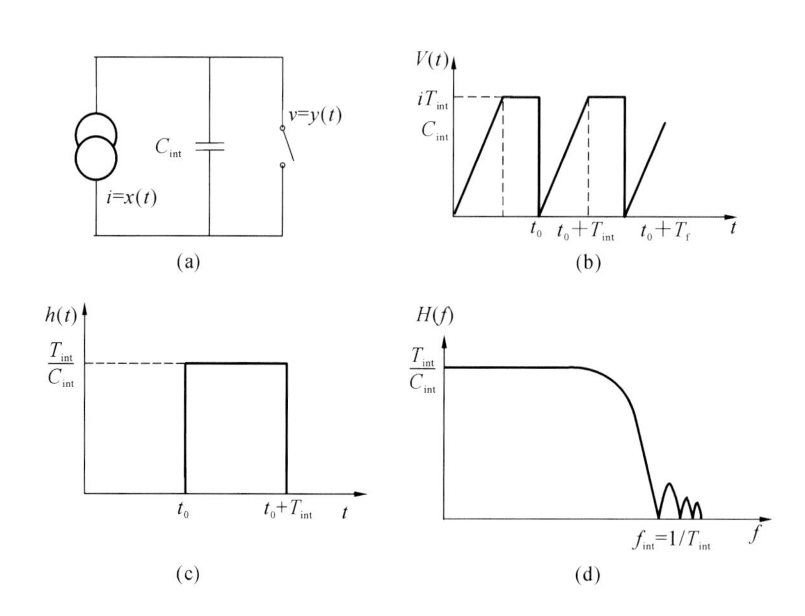

图 2.21　凝视成像系统焦平面器件的频响特性

2.4.4　高光谱成像仪的空间分辨能力设计与分析

高光谱成像仪的空间分辨率是指仪器获得的图像的每个像元对应的地面尺寸，图像像元对应的地面尺寸越小，仪器的空间分辨率就越高，对地物的空间特征就识别得越清楚。对系统设计来说，空间分辨率的大小由平台高度和瞬时视场角的乘积决定，空间分辨率越高，设计就越困难，但由于系统的设计和制造都不理想，光学系统的像差、平台的运动、机械加工的误差等都会使仪器的空间分辨能力下降。所以，衡量一台仪器对地物的空间分辨能力，除了像元的地面尺寸大小之外，还要用 MTF 这一指标来表示（Folkman et al.，2001；Otten et al.，1997）。

2.4.4.1　MTF 的原理

具有某一空间频率而亮度为正弦分布的物，经过光学系统成像后，像的亮度仍为相同空间频率的正弦分布，只是像的对比度减弱。我们用 $T(N)$ 来表示这种对比度减弱的程度，其中 N 是空间频率。一般来说 $T(N)$ 随空间频率 N 的变化而变化，故光学系统对不同空间频

率的调制度(或对比度)的传递能力是不一样的,$T(N)$在0频时为最大,等于1。一般来讲,随着空间频率 N 的增加,$T(N)$将变小,或者说像的对比度将减弱,这一过程可以参考图2.22。MTF值是像的调制度与物的调制度之比,实际上也就是前面提到的 $T(N)$,它代表了光学成像系统对调制度传递的能力,可以表示为

$$T(N) = M_I/M_O \tag{2.89}$$

其中,M_I 是像的对比度;M_O 是物的对比度,是光信号起伏幅值和光信号幅度平均值的比值:

$$M_O = E_A/E_O \tag{2.90}$$

其中,E_A 是光信号起伏幅值,E_O 是光信号幅度平均值。光信号最大幅值 $E_{max}=E_O+E_A$,光信号最小幅值 $E_{min}=E_O-E_A$。

对于成像系统,随空间分辨率的提高,物的最大空间频率会相应地增大。因此,对于一般的成像系统,随着系统空间分辨率的提高,系统的MTF值会变小。

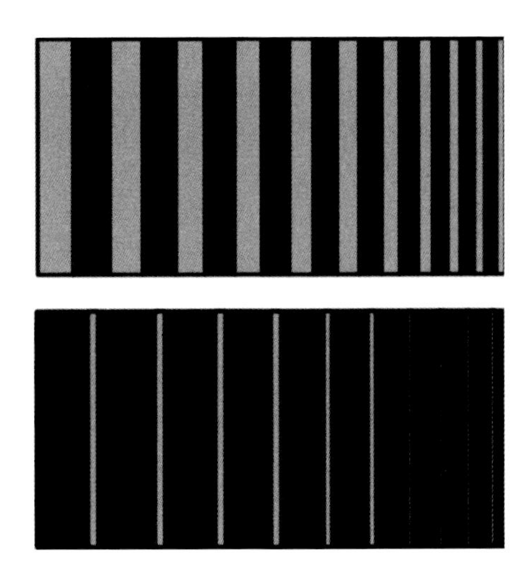

图2.22 像的明暗与物空间频率的关系

2.4.4.2 光电成像系统的MTF

光电成像系统的MTF由下面几部分的乘积组成:光学子系统的MTF、视场光阑空间滤波的MTF、探测器的MTF、电子学子系统的MTF。

1. 光学子系统的MTF

光学子系统的MTF主要由两部分组成:①光线通过任何一个有限孔径都会产生衍射,衍射会导致像的弥散,在光学上称为瑞利斑;②光线通过光学部件会产生诸如球差、彗差、色差等像差,光学各部件在组装时会产生装配误差,光学成像时环境条件如温度变化等引入光学参数的改变,包括杂光对成像的影响等。上述诸多因素导致的像的弥散,实际上就是光学系统对成像光信号经过光学系统的一个调制作用。

在光学设计时,一般的光学软件如ZEMAX和CODE5等,都会给出光学系统成像的

MTF,系统实际的 MTF 由于材料、加工、装校等设计时的偏差,会降低约 15%。

2. 视场光阑空间滤波的 MTF

多光谱成像系统视场光阑可以看作探测器的各个光敏元。探测器作为矩形采样孔径,其归一化后的传递函数为

$$\mathrm{MTF_d}(f)=\mathrm{sinc}^2(\pi d f) \tag{2.91}$$

由于探测器是采样孔径,完成一个周期需要两个像元,所以 $f=(1/2d)$,在一个检测方向:

$$\mathrm{MTF_d}=\mathrm{sinc}\left(\frac{\pi}{2}\right)=0.637 \tag{2.92}$$

3. 探测器的 MTF

探测器的 MTF 主要由串音的 MTF 和时间滤波的 MTF 构成。由于探测器的时间常数一般均小于 1 μs,探测器时间滤波的 MTF 值可以近似看作 1。如果探测器的串音一般优于 5%,国外的研究资料表明其 MTF 值可以达到 0.83 以上。

4. 电子学子系统的 MTF

一个电路网络的传递函数定义为输出端电压的拉普拉斯变换,与输入端电压的拉普拉斯变换之比,具体的值要随电路网络而定。在红外成像系统中,电子学系统可以等效成一个 RC 低通滤波器。对于低通滤波器,其传递函数为

$$\mathrm{MTF_e}=\left[1+\left(\frac{f}{f_0}\right)^2\right]^{-1/2} \tag{2.93}$$

式中,f_0 为 3 dB 的特征频率;f 为时间频率,是电子学带宽,等于像元驻留时间 2 倍的倒数。根据信噪比最大原则,一般在电子学设计时取 $f=f_0$。各个波段在特征频率处的电子系统 MTF 值均为 0.707。一般为了改善电子学在高频时的响应,可以适当提高滤波电路的 Q 值。这样成像光谱仪电子学的 $\mathrm{MTF_e}$ 值可以接近 0.8。

2.4.5 高光谱成像仪的光谱分辨能力设计与分析

2.4.5.1 系统的光谱分辨率设计分析

高光谱成像仪对地物光谱辐射的响应,一般简化成以中心波长为 λ,光谱带宽为 Δλ,取其平均值来考虑的。光谱带宽越窄,成像光谱仪对地物的光谱特征的探测能力越强,测到光谱特性越接近地面固有的光谱特征。随着光谱带宽的加宽,会产生平滑吸收或反射光谱特征峰谷的效应,这将限制判明和识别地物的能力(Richard et al.,1968)。所以要研究光谱分辨率、光谱相应函数和仪器响应的光谱信号同地物固有光谱特征关系。

2.4.5.2 光谱分辨率

对于以光栅为色散元件的成像光谱系统,光栅方程为

$$a(\sin\varphi + \sin\varphi') = m\lambda \tag{2.94}$$

式中，φ 为入射角；φ' 为衍射角；a 为光栅条纹间距；m 为衍射级数。光栅的光谱分辨率为

$$\frac{\Delta\lambda}{\lambda} = \frac{1}{mN} \tag{2.95}$$

式中，N 为光栅的刻线总数；f' 为色散系统会聚镜的焦距。光栅的角色散率和线色散率可以分别表示为

$$\frac{\mathrm{d}\varphi'}{\mathrm{d}\lambda} = \frac{m}{a\cos\varphi'} \tag{2.96}$$

$$\frac{\mathrm{d}l}{\mathrm{d}\lambda} = mf'\frac{\mathrm{d}\varphi'}{\mathrm{d}\lambda} = \frac{mf'}{a\cos\varphi'} \tag{2.97}$$

一般来说设计高光谱成像仪时，其光栅的光谱分辨率远高于仪器所需要的光谱分辨率，这样仪器的光谱分辨率则由光栅的线色散率和光谱仪的入出狭缝决定。在高光谱成像仪的情况下由入射狭缝宽度和阵列探测器阵元光谱方向的线度 d_1 决定。高光谱成像仪的光谱仪单元的准直镜焦距为 f_1，会聚成像镜焦距为 f_2，入射狭缝宽度为 a，那么成像焦平面上探测器阵元的宽度 a 为

$$a' = \frac{f_1}{f_2}a \tag{2.98}$$

以中心波长为 λ_i 的 a' 所对应的像的波长宽度为 $\Delta\lambda_1$，出射狭缝或阵列探测器中心波长为 λ_i 的阵元宽度 d_1 对应的波长宽度为 $\Delta\lambda_2$。焦平面上的光谱坐标为 λ'，那么入射狭缝函数 $A(\lambda'-\lambda)$ 是宽度为 $\Delta\lambda_1$ 的矩形门函数：

$$\begin{cases} A(\lambda'-\lambda) = 1, -\Delta\lambda_1/2 \leqslant (\lambda'-\lambda) \leqslant \Delta\lambda_1/2 \\ A(\lambda'-\lambda) = 0, \text{其他} \end{cases} \tag{2.99}$$

出射狭缝（或阵元）函数 $D(\lambda'-\lambda_i)$ 是宽度为 $\Delta\lambda_2$ 的矩形门函数为

$$\begin{cases} D(\lambda'-\lambda) = 1, -\Delta\lambda_2/2 \leqslant (\lambda'-\lambda) \leqslant \Delta\lambda_2/2 \\ D(\lambda'-\lambda) = 0, \text{其他} \end{cases} \tag{2.100}$$

设入射的光谱仪辐射功率分布为 $E(\lambda)$，通过高光谱成像仪时，波长为 λ 的狭缝单色像在探测器焦平面上的辐射功率为 $A(\lambda'-\lambda)E(\lambda)$，探测器焦平面上光谱功率分布为狭缝各单色像的叠加，第 i 谱带的探测器狭缝（阵元）函数为 $D(\lambda'-\lambda_i)$ 时，其光谱输出函数可表示为

$$\begin{aligned} P(\lambda_i) &= \int_{-\infty}^{\infty} D(\lambda'-\lambda_i)\left[\int A(\lambda'-\lambda)E(\lambda)\mathrm{d}\lambda\right]\mathrm{d}\lambda' \\ &= \int_{-\infty}^{\infty} E(\lambda)\left[\int D(\lambda'-\lambda_i)A(\lambda'-\lambda)\mathrm{d}\lambda\right]\mathrm{d}\lambda' \end{aligned} \tag{2.101}$$

定义狭缝函数为 $S(\lambda-\lambda_i)$，令 $X=\lambda'-\lambda_i$，则有

$$\begin{aligned} S(\lambda-\lambda_i) &= \int D(\lambda'-\lambda_i)A(\lambda'-\lambda)\mathrm{d}\lambda' = \int D(X)A[X-(\lambda-\lambda_i)]\mathrm{d}\lambda' \\ &= D(X_i-\lambda)\otimes A(\lambda_i-\lambda) = A(\lambda-\lambda_i)\otimes D(\lambda-\lambda_i) \end{aligned} \tag{2.102}$$

从式(2.102)可以看出，狭缝函数 $S(\lambda-\lambda_i)$ 是入射狭缝 $A(X)$ 与出射狭缝函数 $D(X)$ 的

相关函数，图 2.23 给出了这一相关过程的示意图。

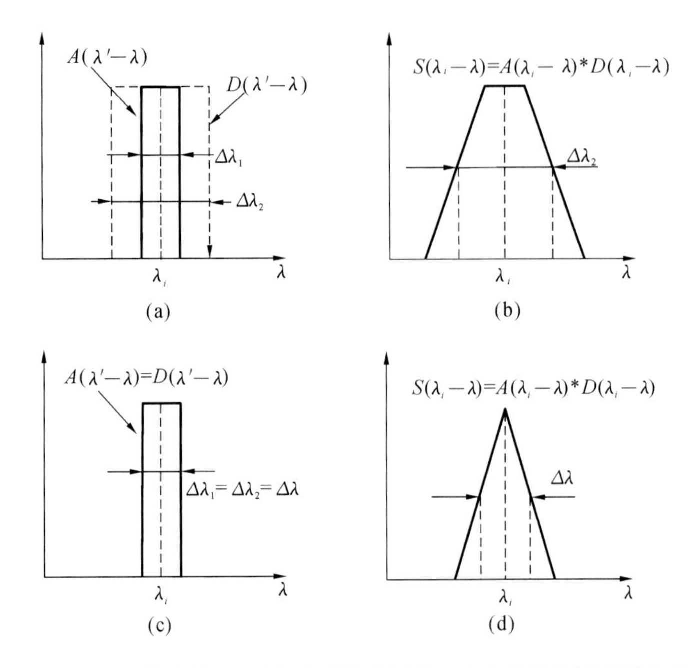

图 2.23　入射狭缝 $A(X)$ 与出射狭缝函数 $D(X)$ 的相关过程及结果

从图 2.23 可以看出，当 $\Delta\lambda_1 < \Delta\lambda_2$（或 $\Delta\lambda_1 > \Delta\lambda_2$）时 $S(\lambda_i - \lambda)$ 为梯形函数，当 $\Delta\lambda_1 = \Delta\lambda_2 = \Delta\lambda$ 时，$S(\lambda_i - \lambda)$ 为三角形函数。当 $A(X)$ 和 $D(X)$ 是轴对称函数，式(2.102)中的相关运算可换成卷积运算，即

$$S(\lambda_i - \lambda) = A(\lambda_i - \lambda) * D(\lambda_i - \lambda) \tag{2.103}$$

此时式(2.101)可以写成如下形式：

$$P(\lambda_i) = \int_{-\infty}^{\infty} E(\lambda) S(\lambda_i - \lambda) \mathrm{d}\lambda = E(\lambda_i) * S(\lambda_i) \tag{2.104}$$

以上是在光谱仪理想的无像差、无扩散的情况下，只考虑了狭缝函数的影响，在实际的光学系统中具有点扩散函数的情况。设分光系统的点扩散函数（即只考虑光谱方向的点扩散函数）为 $H(\lambda' - \lambda_i)$，那么式(2.104)可以改写为

$$P(\lambda_i) = E(\lambda_i) * A(\lambda_i) * H(\lambda_i) * D(\lambda_i) = E(\lambda_i) * S(\lambda_i) * H(\lambda_i) \tag{2.105}$$

定义仪器的光谱函数 $I(\lambda_i) = S(\lambda_i) * H(\lambda_i)$，那么式(2.105)可以表示为

$$P(\lambda_i) = E(\lambda_i) * I(\lambda_i) \tag{2.106}$$

狭缝函数虽然是三角形或梯形函数，但由于分光光学系统的点扩散函数的影响，其仪器的光谱函数 $I(\lambda)$ 一般为高斯分布（图 2.24），设高斯函数的半峰值宽度为 $\Delta\lambda$，那么光谱函数 $I(\lambda)$ 可以表示为

$$I(\lambda) = \frac{1}{\sqrt{2\pi}\sigma} \mathrm{e}^{-\frac{(\lambda - \lambda_i)^2}{2\sigma^2}} \tag{2.107}$$

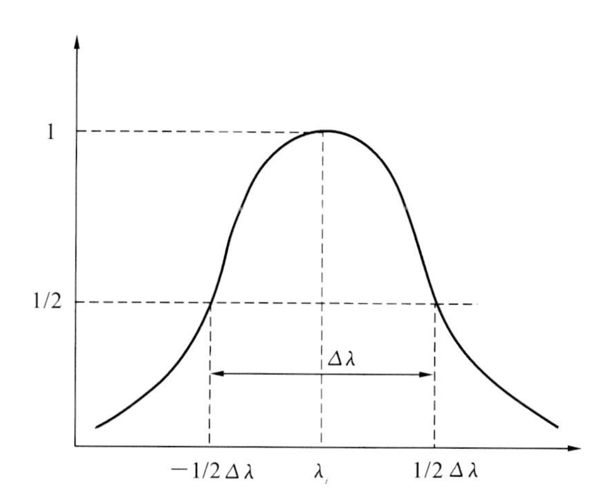

图 2.24 高光谱成像仪的光谱响应函数

当波长满足如下关系：

$$\lambda - \lambda_i = \pm \sigma \sqrt{2\ln 2} \tag{2.108}$$

将此时的波长 λ 代入式(2.107)可以得到 $I(\lambda)=(1/2)I(\lambda_i)$。利用 MATLAB 软件的数值积分功能可得 λ_i 的光谱辐射函数 $I(\lambda_i)$ 在 $\Delta\lambda$ 半值宽带内占全部 $I(\lambda_i)$ 光谱辐射能量的 76%，$\Delta\lambda$ 为 σ 的 2.354 倍。当 $\Delta\lambda$ 即入射狭缝的波长宽度大于出射或像元光谱宽度时，$\Delta\lambda=\Delta\lambda_1$，即由入射狭缝决定；$\Delta\lambda$ 由入射狭缝决定时，$\Delta\lambda=\Delta\lambda_2$ 即由出射狭缝或像元决定。一般 $\Delta\lambda=\Delta\lambda_1=\Delta\lambda_2$ 时能量利用最好，所以高光谱成像仪一般都设计成满足 $\Delta\lambda_1=\Delta\lambda_2=\Delta\lambda$。

2.4.5.3 谱面相邻像元的光谱串音效应

高光谱成像仪焦平面上入射狭缝的像在无像差、无点扩散时是矩形门函数 $A(\lambda-\lambda_i)$。在光学系统的点扩散函数为 $H(\lambda'-\lambda)$ 的实际系统中，我们假设 $H(\lambda'-\lambda)$ 为高斯分布，即

$$H(\lambda-\lambda_i) = \frac{1}{\sqrt{2\pi}\sigma} e^{-\frac{(\lambda-\lambda_i)^2}{2\sigma^2}} \tag{2.109}$$

那么 λ_i 的相邻像元 λ_{i+1}（或 λ_{i-1}）上的 $P(\lambda_{i+1})$ 为

$$P(\lambda_{i+1}) = \int D(\lambda'-\lambda_{i+1}) \left[\int A(\lambda'-\lambda)\ H(\lambda'-\lambda)E(\lambda)\mathrm{d}\lambda\right]\mathrm{d}\lambda' \tag{2.110}$$

现在我们来看，当 $\delta(\lambda_i)$ 的单色光入射时，设 $\Delta\lambda_1=\Delta\lambda_2=\Delta\lambda$，$\Delta\lambda=2.354\sigma$，那么相邻像元 λ_{i+1} 上的 $P(\lambda_{i+1})$ 有

$$\begin{aligned} P(\lambda_{i+1}) &= \int D(\lambda'-\lambda_{i+1}) \frac{1}{\sqrt{2\pi}\sigma} e^{-\frac{(\lambda'-\lambda_i)^2}{2\sigma^2}} \mathrm{d}\lambda' \\ &= \int_{\frac{1}{2}\Delta\lambda}^{\frac{3}{2}\Delta\lambda} \frac{1}{\sqrt{2\pi}\sigma} e^{-\frac{(\lambda'-\lambda_i)^2}{2\sigma^2}} \mathrm{d}(\lambda'-\lambda_i) \end{aligned} \tag{2.111}$$

同样利用 MATLAB 软件的数值计算功能可以得到当 λ_i 的单色光 $\delta(\lambda_i)$ 入射时在 $\Delta\lambda$ 宽度的第 λ_i 个光谱像元上光谱分布为 0.76，在 λ_{i+1} 和 λ_{i-1} 的相邻光谱像元上各分布 0.119。也就是

说此时相邻的像元有12%的光谱串音效应(图2.25)。同理计算可以得到,当$\Delta\lambda_1=(1/2)\Delta\lambda_2$时光谱串音效应降低到1%以内,但此时由于入射狭缝宽度减少一半,其信噪比SNR也降低一半。成像光谱仪的这一特性将降低分辨吸收峰值的能力。在$\Delta\lambda_1=\Delta\lambda_2$的情况下,从光谱辐射评价的角度来看,以$\lambda_i$像元为中心,与像元$\lambda_{i-1}$、$\lambda_{i+1}$合并,以$\Delta\lambda=3\Delta\lambda_1=3\Delta\lambda_2$光谱带宽评价是好的,另一种办法是光学设计要使点扩散函数$H(\lambda'-\lambda_i)$尽量小。

在$\Delta\lambda_1=\Delta\lambda_2$的情况下,摄谱式光谱仪系统的像差要求高,点扩散函数应该好。无论哪一种情况下,阵列探测器各像元的光谱分辨率,光谱响应函数是由$\Delta\lambda_1$和$\Delta\lambda_2$中最宽的来决定$\Delta\lambda$,而光谱响应函数则可由高斯函数来模拟。

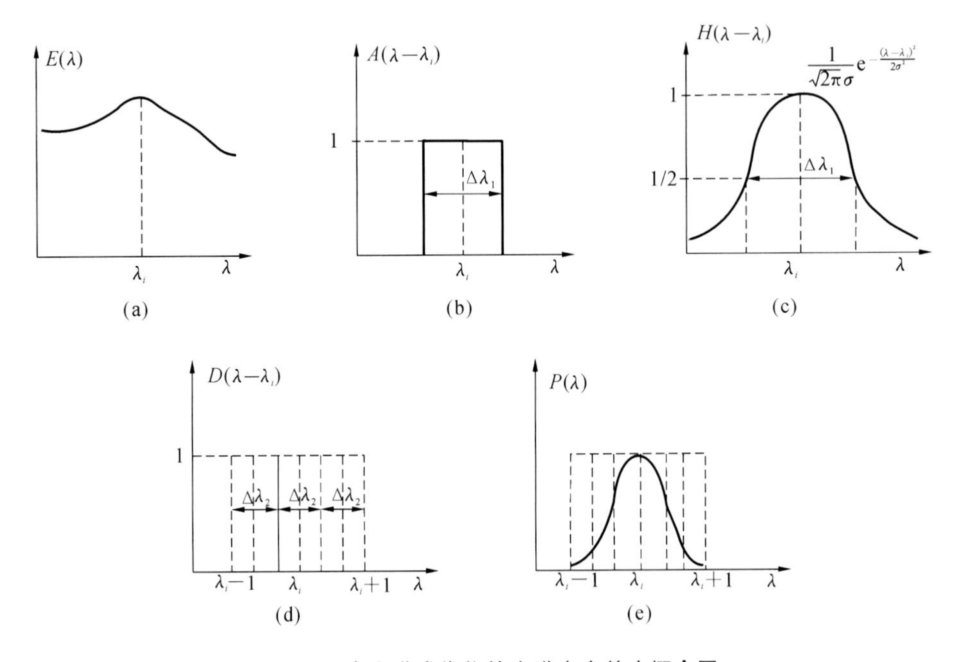

图2.25 高光谱成像仪的光谱串音效应概念图

2.4.5.4 仪器的光谱性能

分析仪器的光谱性能首先要解释物质的光谱特征光谱和光谱信号特征函数。物质的光谱特征是物质固有的光谱辐射特性,可以是发射光谱辐亮度$B(\lambda)$,也可以是反射光谱辐亮度$E(\lambda)\rho(\lambda)$,它可以理解为$\Delta\lambda\to 0$时,仪器无限窄带宽测得数据,它表明了物质的精细的光谱特征。光谱信号函数(或表观光谱)表示用某种仪器,在确定的光谱分辨率$\Delta\lambda$和仪器函数下测得的光谱数据,该数据是经过绝对或相对定标的,光谱信号特征函数符合或接近光谱特征函数的程度取决于仪器的光谱分辨特征,并同信噪比SNR有关。

表观光谱特征的光谱分辨率为$\Delta\lambda_s$时,用$\Delta\lambda_f=(1/5)\Delta\lambda_s$或$\Delta\lambda_f=(1/10)\Delta\lambda_s$时测得的光谱数据,可以看作它的光谱特征函数(图2.26)。如前面所述,成像光谱仪的仪器光谱函数为$I(\lambda-\lambda_i)$,光谱特征曲线为$E(\lambda)$,那么表观光谱函数$P(\lambda_i)$为

$$P(\lambda_i) = \int_{-\infty}^{\infty} E(\lambda) I(\lambda - \lambda_i) \mathrm{d}\lambda = E(\lambda_i) * I(\lambda_i) \tag{2.112}$$

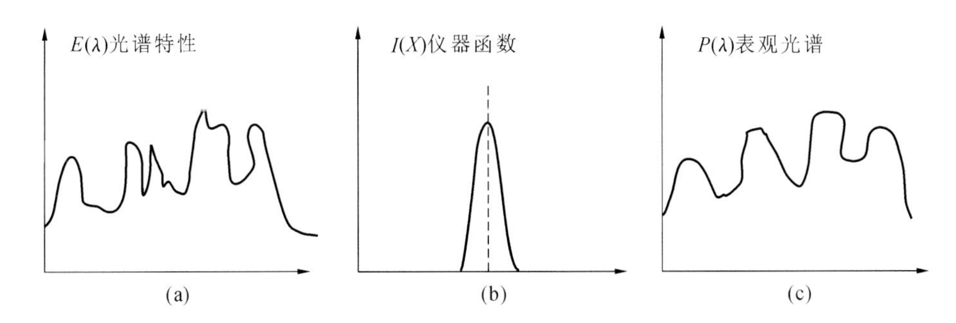

图 2.26 高光谱成像仪的光谱响应

对 $E(\lambda)$ 和 $I(\lambda)$ 进行傅里叶变换可以得到：

$$F(2\pi f) = \int_{-\infty}^{\infty} E(\lambda) \mathrm{e}^{-j2\pi f\lambda} \mathrm{d}\lambda \tag{2.113}$$

$$G(2\pi f) = \int_{-\infty}^{\infty} I(\lambda - \lambda_i) \mathrm{e}^{-j2\pi f\Delta\lambda} \mathrm{d}\Delta\lambda \tag{2.114}$$

令 $\Delta\lambda = \lambda - \lambda_i$，将下式

$$I(\lambda - \lambda_i) = \frac{1}{\sqrt{2\pi}\sigma} \mathrm{e}^{-\frac{(\lambda-\lambda_i)^2}{2\sigma^2}} \tag{2.115}$$

代入式(2.114)可得：

$$G(2\pi f) = \int_{-\infty}^{\infty} \frac{1}{\sqrt{2\pi}\sigma} \mathrm{e}^{-\frac{(\lambda-\lambda_i)^2}{2\sigma^2}} \mathrm{e}^{-j2\pi f\Delta\lambda} \mathrm{d}\Delta\lambda = \frac{\sigma}{\pi\sqrt{2}} \mathrm{e}^{-\frac{\sigma^2}{2} f^2} \tag{2.116}$$

对式(2.113)进行傅里叶变换得到：

$$F[P(\lambda_i)] = F[E(\lambda_i) * I(\lambda_i)] = E(f)G(f) \tag{2.117}$$

式(2.117)表明 $P(\lambda_i)$ 的傅里叶变换为 $E(f)$ 和 $G(f)$ 的乘积，所以表观光谱函数中高频空间频率(波数)被截掉了，也就是光谱细结构变平滑了。图 2.27 给出了表观光谱的傅里叶变换示意图。

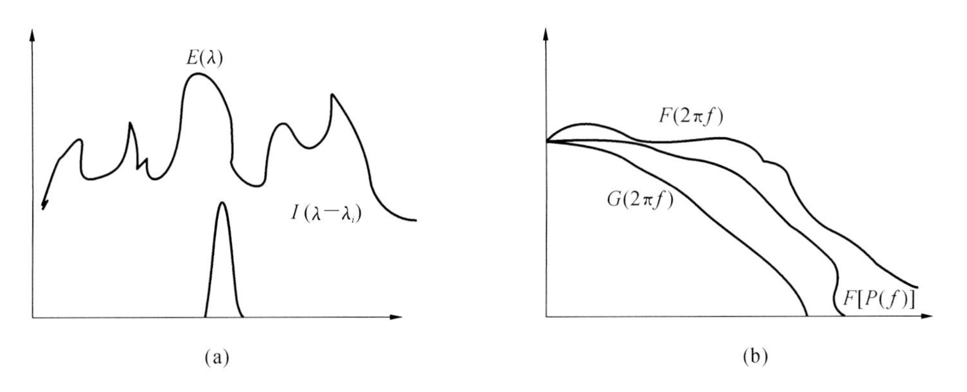

图 2.27 表观光谱的傅里叶变换示意图

参考文献

国家市场监督管理总局，2013. GB/T17444-1998 红外焦平面阵列特性参数测试技术规范[S]. 北京：中国标准出版社.

刘银年，薛永祺，王建宇，等，2002. 实用型模块化成像光谱仪[J]. 红外与毫米波学报，21(1)：9-13.

童庆禧，张兵，郑兰芬，2006. 高光谱遥感：原理技术与应用[M]. 北京：高等教育出版社.

禹秉熙，1995. 成象光谱仪的性能分析[J]. 激光与光电子学进展，(A1)：114.

FOLKMAN M A，PEARLMAN J，LIAO L，et al.，2001. EO-1/Hyperion hyperspectral imager design，development，characterization，and calibration[J]. Hyperspectral Remote Sensing of the Land & Atmosphere，4151：40-51.

HOLST G C，1998. Testing and evaluation of infrared imaging systems[M]. Winter Park：JCD Publishing.

OTTEN L J，MEIGS A D，PORTIGAL F P，et al.，1997. MightySat II. 1：An optical design and performance update[J]. Advanced and Next-Generation Satellites II，2957：390-398.

RICHARD D H，1968. Infrared system engineering[M]. New York：John Wiley & Sons Inc.

第3章 高光谱遥感系统中的成像光学

成像光谱仪集成像和分光两种功能于一体，其光学系统通常分为前置光学和光谱仪。本章着重从成像光谱仪的成像方式（扫描方式）、光学系统设计方法及评价、前置光学及案例，以及大视场宽幅技术几个方面对成像光谱仪光学系统进行介绍。

3.1 成像光谱仪的成像方式

成像光谱仪获取的数据立方体包含探测目标的二维空间信息和一维光谱信息。但同时获取三维信息是不可能的（计算光谱成像除外），若要同时获取三维信息，则至少有一维信息获取是通过扫描实现的，扫描对象可以是空间信息也可以是光谱信息。

遥感成像光谱仪根据空间信息的获取方式可分为摆扫式（whiskbroom）、推帚式（push-broom）和帧幅式（framing）（Sellar et al.，2005）（表3.1）。

表3.1 空间信息获取方式比较表

空间信息获取方式	优点	劣势
摆扫式	光学系统相对简单； 探测视场范围大； 定标相对简单等	空间分辨率和光谱分辨率较低； 有光机扫描机构，可靠性较低； 结构复杂，重量体积资源需求大； 数据后处理工作量大等
推帚式	穿轨视场同时获取，积分时间较长，可实现较高信噪比； 无扫描运动机构； 可实现大视场等	探测器技术要求相对较高； 定标相对较难等
帧幅式	光学结构相对比较简单； 凝视成像，响应灵敏度较高； 适合就位探测等	不太适合快速的运动平台； 光学口径受限于分光器件； 光谱分辨率相对较低； 对分光方式有要求等

3.1.1 摆扫式

摆扫式的扫描对象是瞬时视场内的目标。如图 3.1 所示，在摆扫式成像光谱仪中，扫描机构垂直于飞行方向扫描获取一维空间信息，整个扫描过程形成一条带状轨迹，平台沿着飞行方向运动获取另一维空间信息，两者结合获取二维空间信息；色散元件将每个瞬时视场色散在线阵探测器上获取光谱信息。这种扫描方式一般应用于机载平台，视场覆盖大、光学系统简单、像元配准精度高、定标方便、数据稳定性高，但是系统曝光时间短、信噪比低、存在扫描部件。

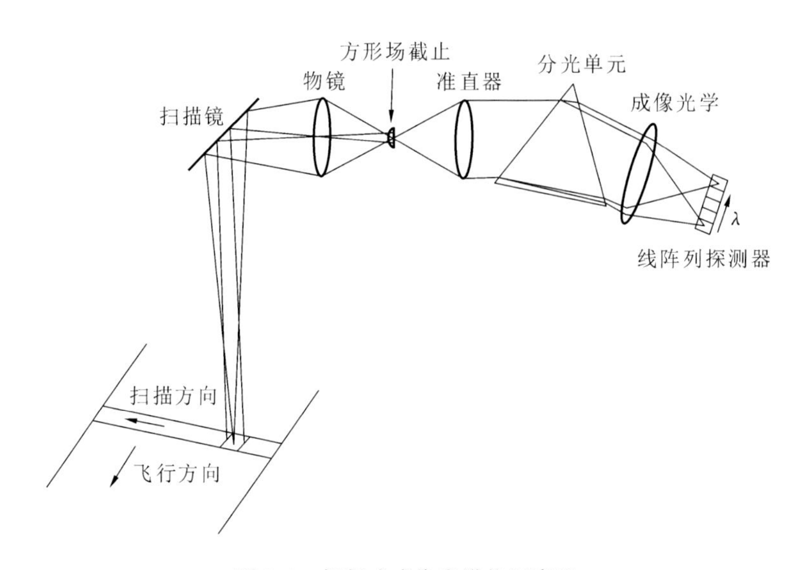

图 3.1　摆扫式成像光谱仪示意图

摆扫式成像光谱仪的光学系统由前置光学、视场光阑(圆孔)和分光系统组成。典型的摆扫式系统有：美国 AVIRIS 以及我国的 OMIS 等。其中，AVIRIS 是美国 JPL 早期研制的仪器，它由 4 个光栅光谱仪光谱组成，从 20 世纪 80 年代末进入业务化运行至今，经过不断优化，已经获得大量数据，成为机载仪器的标杆仪器。

3.1.2 推帚式

推帚式的扫描对象是一维线视场内的目标。如图 3.2 所示，在推帚式成像光谱仪中，绝大多数仪器都在光学系统的中间像面处放置一个狭缝用以获取目标的一维空间信息，平台沿着飞行方向或者说垂直于狭缝方向运动获取另一维空间信息，两者结合获取二维空间信息；色散元件同时将线视场内的目标色散在面阵探测器上获取光谱信息。此种方式相对于摆扫式，信噪比有了较大提高，无机械扫描结构，实用性、可靠性强，传统的色散、干涉型成像光谱仪基本都是采用此种方式。

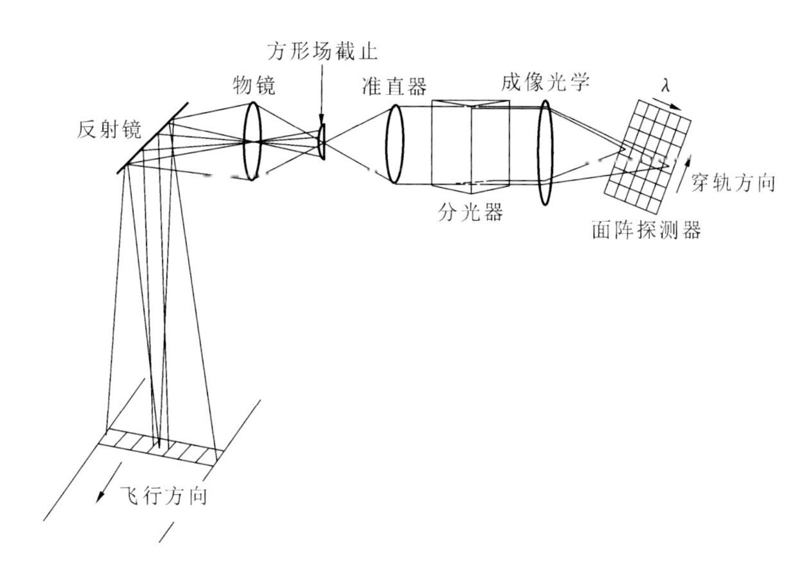

图 3.2 推帚式成像光谱仪示意图

通常,推帚式成像光谱仪的光学系统由前置光学、视场光阑(狭缝)和分光系统组成。大多数机载和星载成像光谱仪都是借助于飞行平台实现沿轨空间信息获取。典型的推帚式系统:天宫一号超光谱成像仪、航空高分全谱段多模态成像光谱仪、德国 EnMAP 环境测绘分析成像光谱仪、ESA 的 CRISM 成像光谱仪、美国 JPL 的月球 M3 成像光谱仪以及 ESA“哨兵计划”中的 Sentnel 2B 成像光谱仪等。其中,M3 是美国 JPL 为印度研制的载荷,是一个宽波段(0.43～3 μm)全反射式基于奥夫纳(Offner)凸面光栅分光技术的成像光谱仪;Sentnel 2B 是一个基于集成滤光片分光技术的成像光谱仪。

3.1.3 帧幅式

“帧幅式”就是“凝视”的意思,但是“帧幅式”更为确切,因为有时目标需要很多帧才能扫描完。如图 3.3 所示,在帧幅式成像光谱仪中,仪器本身具有二维视场,探测器每帧获得目标的二维空间信息,经过分光系统光谱调制获取光谱信息。此种空间信息获取方式对分光技术有要求,只有可调谐滤光片型和新型的几种快照式光谱成像技术才能在运动平台上实现。

帧幅式成像光谱仪的光学系统由前置光学、视场光阑(面光阑)、准直镜、会聚镜和分光器件组成。通常,帧幅式成像光谱仪所用的分光技术包括滤光片、可调谐滤光器(例如 AOTF、LCTF)和空间渐变滤光片等。典型的帧幅式系统:嫦娥三号(CE-3)红外成像光谱仪和嫦娥五号(CE-5)月表矿物光谱分析仪、ESA 火星快车 SPICAM 光谱仪等。其中,CE-3 红外光谱仪是装载在中国探月工程二期中月球着陆器上的有效载荷,采用 AOTF 分光技术,

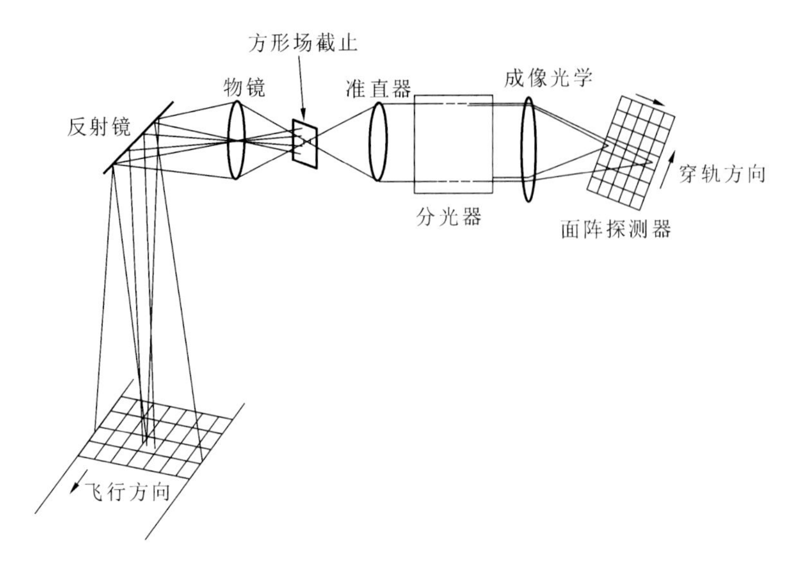

图 3.3　帧幅式成像光谱仪示意图

双通道覆盖 0.45～2.5 μm 光谱，可见通道面视场 8.48°×8.48°，通过频域扫描，对月表土壤进行近距离就位光谱探测。CE-5 月表矿物光谱分析仪是中国探月工程三期中的有效载荷，沿用 CE-3 红外成像光谱仪的 AOTF 分光技术，谱段拓宽为 0.48～3.2 μm，光学系统前方设计有二维指向镜使探测视场范围约增大到 30°(俯仰)×60°(摆扫)。

3.2　成像光谱仪光学系统设计参数及流程

3.2.1　光学系统设计参数

成像光谱仪光学系统设计参数是指光学系统设计过程中，所要涉及的相关参数，主要包括光谱范围、光谱采样、视场、瞬时视场、F 数、探测器参数等。参数之间有一定的相互关系。

光谱范围：在满足设计要求的情况下，光学系统能适应的波长范围。

光谱采样：由仪器所要达到的光谱分辨率反推确定，与光谱分辨率的关系可简单近似为光谱采样≤光谱分辨率/α，α 与设计像质和装调损耗有关，一般约取 1.2。

视场：指成像光谱仪能探测到的最大成像范围，用角度或者物高来设置，在机载和星载仪器中可根据轨高和幅宽计算得到。

瞬时视场：指探测器一个像元对应的视场角，一般用弧度单位。

F 数:相对孔径的倒数,系统焦距与光阑口径的比值,表征光学系统的聚光能力。成像光谱仪的 F 数与前置光学 F 数和光谱仪放大倍率比有关。此参数在光学系统设计时,前置光学用 F 数设定,光谱仪一般用数值孔径 NA 设定。

探测器参数:包括探测器空间维和光谱维所要用到的像元数量、像元尺寸、光谱响应范围等。光谱采样、瞬时视场、焦距等指标的计算,都与此相关。

3.2.2 光学系统设计流程

在未涉及具体的光学系统之前,对成像光谱仪的光学系统设计流程做以下介绍,如图 3.4 所示。

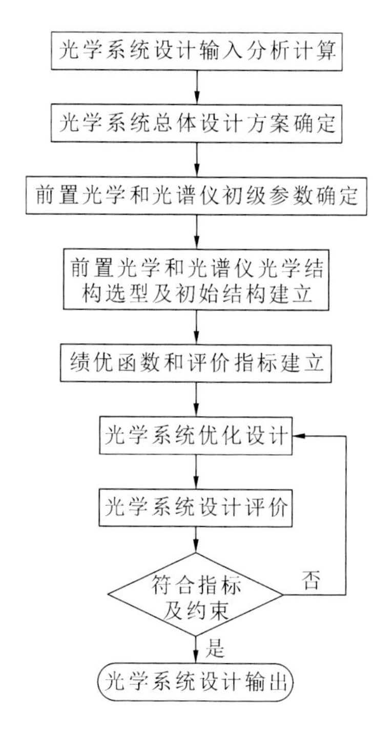

图 3.4 成像光谱仪的光学系统设计流程

(1) 光学系统总体设计给出光学系统的幅宽、轨高、空间分辨率、光谱分辨率、信噪比需求和体积资源等参数,计算出视场角、焦距和 F 数(相对孔径的倒数),作为光学系统设计的输入条件。

(2) 根据结构布局和光学可行性,初步确定所使用的成像技术、分光技术及大视场技术等。

(3) 根据电子学提供的探测器选型(探测器规模和像元参数)、结构布局和光学可行性,分配前置光学和光谱仪的初级光学参数,包括前置光学视场角、焦距和 F 数,以及光谱仪物方视场、数值孔径和放大倍率等参数。

(4) 光学系统选型,即确立合适的前置光学和光谱仪光学结构类型,建立初始结构。

(5) 根据光学系统设计输入和约束条件,建立绩优函数,依据光学系统设计指标评价,进行迭代优化设计。

(6) 光学系统设计输出。

需要提出的是,设计中需要进行工程可行性分析,光学、结构和电子学之间可能经历多次迭代设计方能实现参数最优化分配和光学系统设计。

3.3 光学系统设计评价

成像光谱仪是集成像和光谱探测为一体的系统,按评价方式可分为空间成像质量评价和光谱特性评价。像质评价是判断成像光学系统设计质量的重要手段,通常采用波像差、点列图、能量集中度和光学传递函数等指标进行评价,此外根据仪器应用需求,也需对畸变进行评价。光谱特性评价主要采用光谱分辨率、非线性、光谱畸变等指标进行评价。按评价对象可分为对前置光学、光谱仪及系统进行评价,对前置光学的评价包括像质、畸变及出瞳位置,对光谱仪的评价包括入瞳位置、像质和光谱特性,对系统的评价包括像质(含瞳位匹配)和畸变。

3.3.1 波像差

对于成像质量理想的光学系统,其各种几何像差都为零,同一物点发出的光线经其成像会聚在同一理想像点。理想情况下,波面作为垂直于光线的曲面,是一个以物点为球心的球面。但是由于光学系统存在像差,如图 3.5(a)所示,实际波面不再是球面而是有一定形状的曲面,它与理想波面之间会存在光程差,这种差异称为波像差,它可以用来衡量光学系统的成像质量。波像差和几何像差之间存在一定的对应关系,可由几何像差算出波像差,也可由波像差求出几何像差。著名的瑞利判据:波像差小于 1/4 波长,则实际光学系统可以认为是近似理想的。该判据是通用的评价高质量光学系统的经验判据。

图 3.5(b)是光学系统设计软件中整个瞳面内的波像差分布,或者整个波面的三维立体图。可见,波面是一个近似马鞍形曲面,则几何像差基本是像散。值得一提的是,波像差不能反映光学系统的畸变情况。

波像差适合小像差光学系统的像质评价。对于高空间分辨率成像光谱仪的前置光学,一般需要结合波像差来评价像质,一方面实现高精度成像需要接近理想的光学系统来保证,另一方面系统装调会采用干涉仪来实现。

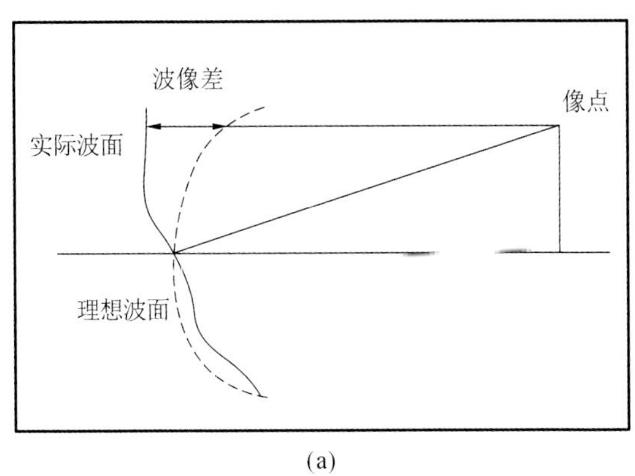

(a)

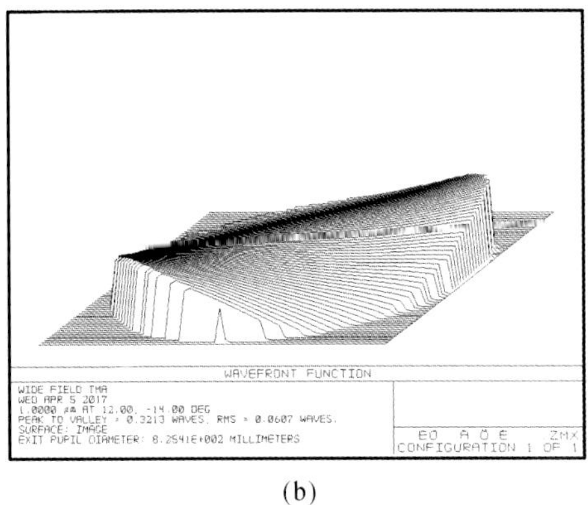

(b)

图 3.5 波像差

3.3.2 点列图

来自同一物点的光线，经过光学系统后，由于光学系统的像差作用，不能聚集在同一点，而是弥散成一定大小和形状的弥散斑点。在光学系统设计软件中，用点列图查看弥散斑情况，判断光学系统的几何像差。

如图 3.6 所示，在点列图界面内显示了所设置的各视场的光斑信息，光斑信息有两个指标：均方根(root mean square，RMS)半径和几何(geometric，GEO)半径。RMS 半径，是指光线交点至参考光线交点的距离平方除以光线数再开方的值，相对更能反映能量集中度；GEO 半径即几何最大半径，是指最远光线交点至参考光线交点的距离值，不能真实反映能量集中度。光斑形状与几何像差相对应。成像光谱仪光学系统设计中，一般选用质心光线或者主光线为参考光线。前置光学可以参考一般望远镜的评价标准，对于中高分辨率系统尽量将 RMS 半径压缩到衍射光斑大小；光谱仪由于有像质和光谱特性双重要求，RMS 半径一般不超过 1/3～1/2 像元，GEO 半径尽量控制在像元以内。

FIELD :	1	2	3	4	5
RMS RADIUS :	1.403	1.040	1.864	1.040	1.403
GEO RADIUS :	3.716	2.642	3.009	2.642	3.716
SCALE BAR :	27		REFERENCE	: CENTROID	

图 3.6 点列图界面

点列图适合大像差光学系统的像质评价，Zemax 设计软件中的点列图可以显示艾里斑，艾里斑半径为 $1.22\lambda F$，当系统的点列图都在艾里斑以内，说明像质接近衍射极限，则用波像差或者光学传递函数评价像质更为合适。

3.3.3 光学传递函数

几何像差是在空域中分析光学系统的成像质量，而光学传递函数是在频域中分析光学系统的成像质量。光学传递函数能全面、定量地反映光学系统的衍射和像差所引起的综合效应，是最能充分反映光学系统实际成像质量的评价指标。

光学系统的作用是将物面的光场分布图形转换成像面上的光场分布图形。光学传递函数是基于理想光学系统符合线性和空间不变性的前提下，利用傅里叶分析法将物面上光场分布图形分解成各种频率谱，即把物面上光场展开为傅里叶级数(物函数为周期函数)或傅里叶积分(物函数为非周期函数)，对这种转化关系进行研究，分析光学系统对各种空间频率亮度成余弦分布的目标传递能力。通常，高频反映对物体细节的传递情况，中频反映对物体层次的传递情况，低频反映对物体轮廓的传递情况。

在光学系统设计软件中，光学传递函数一般用 MTF 评价。成像光谱仪的光学系统设计，根据光电探测器的像元尺寸 p，计算 Nyquist 频率 $f_N=1/2p$，根据 Nyquist 频率处的 MTF 值和曲线形状判断光学系统的像质。光电探测器的分辨率制约了仪器的分辨能力，光学系统设计要根据实际使用的探测器要求进行光学系统的像差校正。如图 3.7 所示，A、B 两条 MTF 曲线，若用 f_a 频率的探测器，则 A 曲线更好；若用 f_b 频率的探测器，则 B 曲线更好。一般要求光学系统在 Nyquist 频率处的 MTF 值高于 0.4，且在 Nyquist 频率前的 MTF 曲线形状尽量饱满。

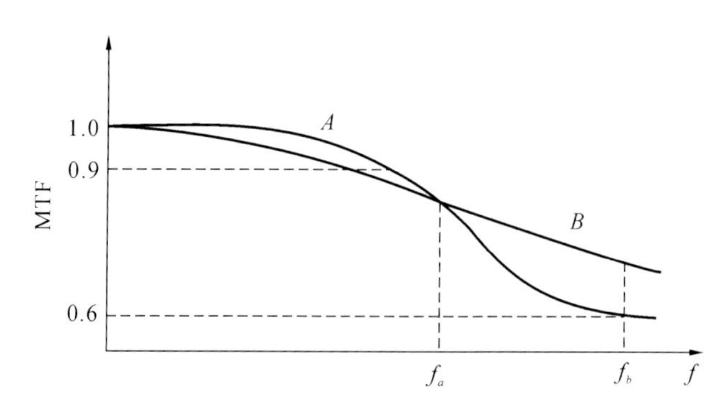

图 3.7 MTF 与分辨率的关系

3.3.4 畸变

成像光谱仪光学系统设计可以分前置光学和光谱仪两部分进行独立设计，再进行光学系统集成设计。前置光学可能存在畸变，光谱仪也可能存在畸变(包括光谱畸变)，而成像光谱仪在其中间像面上(即前置光学的焦面)放置有视场光阑,因此,若仪器有畸变性能要求,往往对两部分独立进行畸变控制。这里的畸变评价主要针对前置光学系统。

畸变可认为是主光线的像差,是指不同视场的主光线经过光学系统后,与高斯像面的交点与理想像高的差异。理想的光学系统,其各视场的垂轴放大率是一个常数。但实际光学系统只在很小视场范围内,垂轴放大率才不变,当视场变大时,垂轴放大率会变化,导致物像失去相似性,表现为畸变,它是视场的函数。畸变分正畸变和负畸变。正畸变即枕形畸变,这种情况下放大倍率随视场的增大而增大,如图 3.8(a)所示;负畸变即桶形畸变,这种情况下放大倍率随视场的增大而减小,如图 3.8(b)所示。

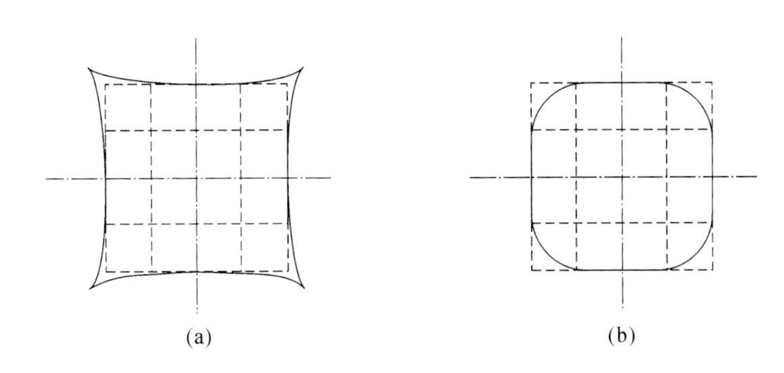

图 3.8 两种典型畸变表现形式

(a)枕形畸变;(b)桶形畸变

为减少畸变标定工作量以及方便数据处理,成像光谱仪的前置光学一般也要求校正畸变设计。需要注意的是,对于线视场使用的前置光学,其畸变评价需要用线视场来分析计算,往往需要在绩优函数中设定操作数来控制和观察。对于多视场拼接的仪器,需要尽量控制畸变以免图谱融合时影响空间和光谱精度。

3.3.5 光瞳匹配

严格而言,光瞳匹配程度不属于像质评价的范畴。但光瞳匹配度差,独立完好成像的前置光学和光谱仪集成后,会出现系统轴外视场像质恶化的情况。因此,光瞳匹配也列入成像光谱仪设计评价里,要求前置光学和光谱仪的光学系统设计评价中要考虑到光瞳匹配问题。

成像光谱仪的前置光学和光谱仪光瞳不匹配,系统光阑位置发生变化,光阑移位后对初级像差系数中的彗差、像散和畸变都有影响,从而造成像质恶化。此外,光瞳不匹配还会导致轴外视场的边缘光线不能通过光学系统而最终不能到达探测器上,系统会产生渐晕,引入杂散光并且影响该视场的信噪比。

成像光谱仪由前置光学和光谱仪两部分通过光瞳匹配组成,最简单的光瞳匹配方式是前置光学设计成像方远心系统,而光谱仪设计成物方远心系统。将前置光学和光谱仪设计成远心光学系统，既有利于成像光谱仪光学系统集成对接，也有利于在探测器和分光技术受限的情况下，通过视场分割进行后端光谱仪模块的对接，以实现大视场或宽幅设计。

如图 3.9(a)所示，物方远心系统是指，来自目标的各视场的主光线相互平行，经过光学系统之后交于出瞳中心，孔径光阑位于像方焦平面，入瞳位于无限远。如图 3.9(b)所示，像方远心系统是指，来自目标的光线经过光学系统之后，像方各视场的主光线相互平行，孔径光阑位于物方焦平面，出瞳位于无限远。

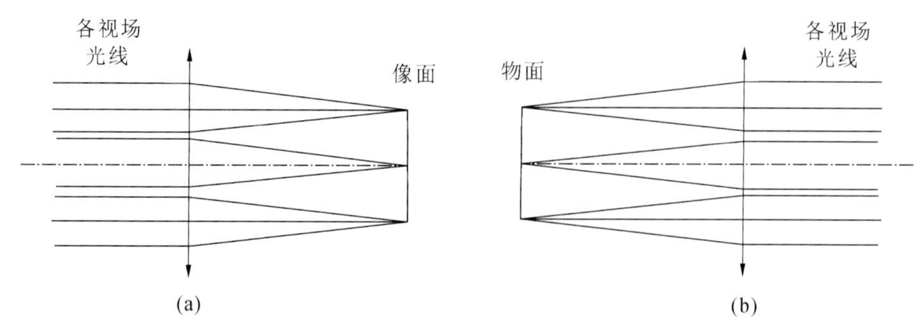

图 3.9　两种远心光路示意图

(a)物方远心；(b)像方远心

但有些前置光学做不到像方远心设计，有些光谱仪做不到物方远心设计，则需要根据优先设计的光谱仪或者前置光学的光瞳位置，来约束匹配设计其前置光学或者光谱仪，使得前置光学的出瞳在光谱仪的入瞳位置且口径和 F 数匹配，如图 3.10 所示。如果最终两者的光瞳还存微量程度的不匹配，在优先满足像质指标的情况下，需要注意增大前置光学或者光谱仪的有效通光口径。

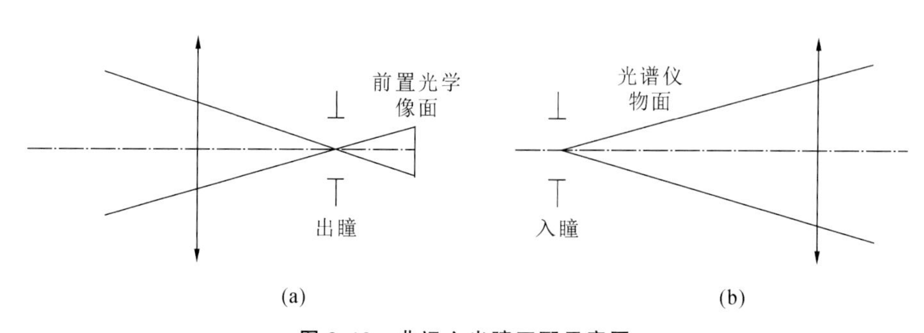

图 3.10　非远心光瞳匹配示意图

3.3.6　光谱特性

光谱特性是成像光谱仪光学系统设计的重要内容之一，通常采用光谱分辨率、光谱非线性、光谱畸变等性能来评价。由于成像光谱仪在进行仪器整机测试时有光谱响应函数(spectral resolution function，SRF)测试，SRF测试能给出包括中心波长和光谱半高宽(full width at half maximum，FWHM)，这里不对前两者做介绍，主要介绍一下光谱畸变。这里把光谱仪畸变统一称作光谱畸变，它包括两种：光谱弯曲(smile，有时亦称作谱线弯曲或狭缝弯曲)和空间畸变(keystone，有时亦称作色畸变或梯形畸变)。光谱畸变通常都针对推帚式成像光谱仪，通常用绝对长度(单位为 μm)或者以探测器像元为单位来描述这两种畸变的大小。图3.11是光谱畸变示意图。

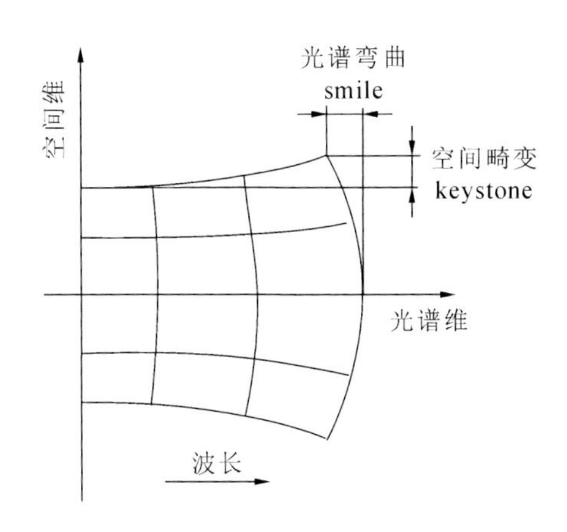

图3.11 光谱畸变示意图

3.3.6.1 光谱弯曲

光谱弯曲是指直线目标单色像与直线的偏离程度，主要是由色散元件或分光器件对目标不同位置的色散率不一致造成的，随视场、波长的变化而变化。光谱弯曲具体表现为单色光入射时，狭缝在探测器上成一条弯曲的谱线。由于垂直于狭缝方向，光谱仪结构一般关于狭缝中心对称，因此光谱弯曲通常也关于中心视场对称。推帚式成像光谱仪采用面阵探测器，像元按矩形栅格排列，光谱弯曲的存在会导致狭缝的单色像表现为弯曲形状，偏离了探测器上的直线列，而成像在探测器的多行上，如图3.12所示。光谱弯曲影响每一个像元的光谱响应峰值位置，造成目标特征成分识别的误差。

3.3.6.2 空间畸变

空间畸变是指成像目标的不同波长图像间像高的偏离程度，是光学系统对成像目标不同波长的放大倍率不一致造成的，随视场、波长的变化而变化。空间畸变具体表现为复色光点目标光线入射时，光谱像在探测器上不是直线的。空间畸变的存在会导致狭缝不同位置的光谱像表现为弯曲形状，偏离了探测器上的直线行，而成像在探测器的多行上，如图3.13所示。空间畸变影响每一个像元与目标的对应几何关系，造成目标特征成分识别的误差。

推帚式成像光谱仪，无论是设计还是装调，都难以完全消除光谱畸变。因此，在用户对获得的光谱数据进行应用反演和数值分析之前，需要对仪器进行精确定标。基于定标数据，对每行上的图像数据进行重采样复原图像。

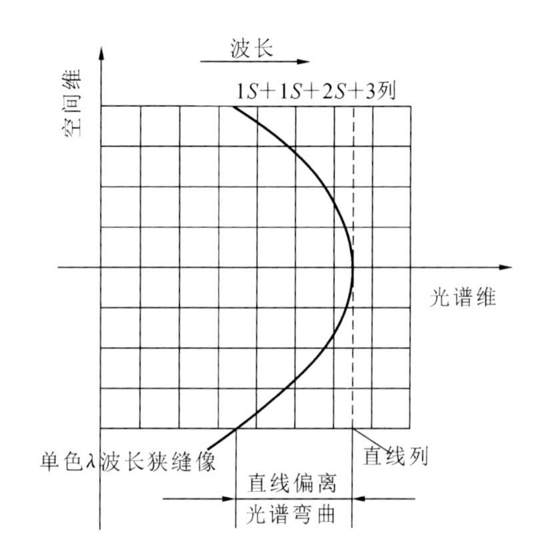

图 3.12　探测器上光谱弯曲示意图

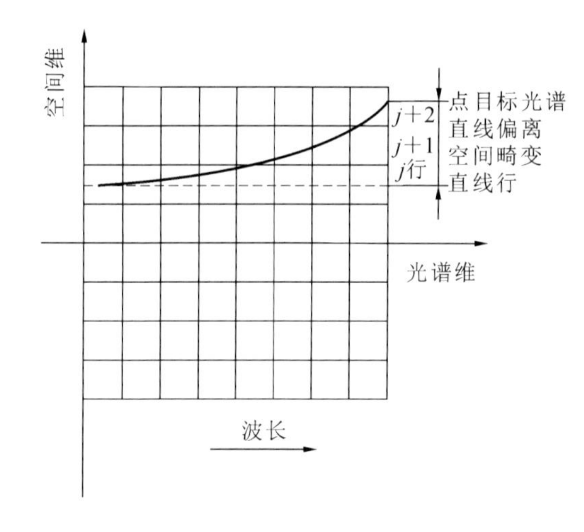

图 3.13　探测器上空间畸变示意图

3.4　前置光学

3.4.1　前置光学类型

成像光谱仪的前置光学是指在视场光阑之前的光学系统，有时也称为物镜、望远物镜或者望远镜。通常，前置光学设计目标要达到以下六个方面。

(1) 良好的像质，包括色差、球差、彗差和像散，以实现较高的空间分辨率，同时也便于前置光学和后方光谱仪的独立光学设计和装调检测。

(2) 平像场设计，避免视场光阑在光轴方向有弯曲。

(3) 消畸变设计，在推帚式成像光谱仪中以避免狭缝在穿轨方向有弯曲或者直狭缝对目标探测存在条带采样弯曲。某些情况下，设计无法避免畸变，则需要对畸变进行测试标定并通过软件算法对其进行处理。

(4) 光瞳的良好匹配性，以适应后方光谱仪的瞳位匹配需求。成像光谱仪的设计步骤是根据可能采用的分光技术先对后方光谱仪进行选型，光瞳匹配是优先考虑光谱仪的入瞳位置，再设计适合的前置光学出瞳位置与其匹配；亦可以先考虑望远物镜的出瞳设计，再进行光谱仪入瞳匹配设计。成像光谱仪设计过程中可能会出现前置光学和后方光谱仪的瞳位设计迭代，方能最终实现光瞳匹配。

(5) 较为宽松的、能与后方光谱仪对接的像方空间。

(6) 在航天应用中,材料选择要考虑空间适应性,要求具有良好的抗辐照能力和环境适应性能。

前置光学的三个初级系统参数是视场、F 数(相对孔径的倒数)和焦距,三者相互制约,光学设计需要根据实际指标需求进行光学系统的选型。

根据光学系统结构类型,前置光学可概括为两种:透射式和反射式(含折反式)。

(1)透射式前置光学。对于航天航空应用的成像光谱仪,其透射式前置光学设计同样遵循一般物镜的设计原理和设计原则,根据相对孔径、视场和焦距的指标要求,可以借鉴常用镜头库中的相应光学结构作为设计初始结构。通常采用的优化设计手段包括:①采用正低折射率的冕牌玻璃和负高折射率的火石玻璃搭配进行消色差或复消色差设计;②合理分配各组透镜的光焦度以实现平像场设计;③增加镜片数量或者选用非球面或者衍射面型以增加设计自由度,增强像差平衡能力,尤其是畸变校正、色差校正以及热适应能力。但为环境适应性和可靠性考虑,一般不使用胶合形式的透镜组合,而采用双分离或者三分离形式的透镜组合;选用能抗空间辐照的玻璃材料,如石英和特殊处理的 K9 玻璃等,而不能采用通常的 K9 等易受辐照影响的玻璃;一般是定焦镜头或者是离散点变焦镜头,而不采用连续变焦镜头。

透射式望远物镜可实现几十毫米至几百毫米的焦距需求和几度到几十度的视场需求,适用于几十微弧度至数个毫弧度范围内的中低空间分辨率的使用场合。

(2)反射式前置光学。相对于透射式前置光学,反射式前置光学的主要优势包括:①光线在镜面表面反射,不存在材料折射率的概念,不存在色差,适用于所有谱段,能满足宽波段使用需求;②采用非球面甚至自由曲面后,设计自由度大,像差平衡能力强,且光学系统结构相对简单;③反射元件镜坯更容易做到大口径,能满足光学系统高空间分辨率的需求;④大口径反射元件相比于透射镜片,光学薄膜相对容易实现,光学效率和均匀性更高;⑤与合适的结构材料匹配,热适应能力强,环境适应性更好;⑥反射元件镜坯抗辐照能力强,空间环境适应性更好;⑦反射元件镜坯能实现轻量化设计,有利于降低对飞行平台的重量需求;⑧对于中低精度的反射元件,采用单点金刚石车削技术,成本较低,且能简化光机系统,亦有利于降低对飞行平台的资源需求。

反射式望远物镜可实现几十毫米至几十米甚至更长的焦距需求和几毫弧度到几十度的视场需求,适用于毫弧度至微弧度范围内的中高空间分辨率的使用场合。

根据成像光谱仪空间分辨率和幅宽需求,前置光学可概括为两种类型:短焦距长线视场和高分辨率长焦距(表 3.2)。

(1) 短焦距长线视场前置光学,主要包括消色差透镜组、离轴两反、离轴三反、离轴四反等。

(2) 高分辨率长焦距前置光学,主要包括同轴两反、折反式、同轴三反、离轴三反、离轴四反、同轴五反等。

表 3.2　常用前置光学分析比较

光学结构	优点	劣势	适用场合	典型案例
消色差透镜组	结构设计相对容易； 加工装调相对容易等	需要校色差设计，使用材料有限，不利于宽波段设计； 光学效率较低等	中低空间分辨率； 长波红外使用比较多	CE-3 红外光谱仪(2012)、天宫宽波段成像光谱仪(2016)、航空高分全谱段多模态成像光谱仪热红外波段(2016)、NASA 的 MAKO 长波红外成像光谱仪(2010)等
同轴两反	光学结构简单； 全谱段适用，环境适应性好； 加工装调相对容易； 后方加校正透镜组可增大视场等	有中心遮拦； 视场较小等	中高空间分辨率	美国火星 CRISM 成像光谱仪、英国 CHRIS 紧凑高分辨率成像光谱仪(2001)等
离轴两反	光学结构简单，无中心遮拦，光学效率高； 全谱段适用，环境适应性好； 可实现大视场设计； 加工装调较易等	相同参数下，较离轴三反体积大； 存在畸变； 瞳位匹配能力有限等	中低空间分辨率	美国 OMI 臭氧探测光谱仪(2004)、中国科学院安徽光学精密机械研究所星载大气痕量气体差分吸收光谱仪(2013)、NASA 的 CWIS 紧凑宽幅成像光谱仪(2014)等
同轴三反	全谱段适用，环境适应性好； 面视场使用，后方可接多个模块，易于实现高集成度系统设计等	视场中等； 存在畸变； 瞳位匹配能力有限等	高空间分辨率	美国 TacSat-3 等
离轴三反	全谱段适用，环境适应性好； 无中心遮拦； 可实现较长线视场或者面视场设计； 瞳位匹配能力较强	视场中等； 不易兼顾畸变和像方远心设计； 短焦设计时像方空间布局局促	高中低空间分辨率	大科学工程 PHI 成像光谱仪、NASA 的 PRISM 便携式遥感成像光谱仪和 SWIS 雪水成像光谱仪等
离轴四反	全谱段适用，环境适应性好； 无中心遮拦； 视场大	系统较复杂，加工装调相对困难； 存在畸变等	高中低空间分辨率	美国 Raytheon 公司为 Landsat-7 平台研制的大规模成像光谱仪等
离轴五反	全谱段适用，环境适应性好； 可实现大视场长狭缝设计等	系统复杂，加工装调相对困难	高空间分辨率	美国 Raytheon 公司为 Landsat-7 平台研制的大规模成像光谱仪等

3.4.2 常用光学面型

航天航空应用的成像光谱仪，其常用光学面型主要包括平面、球面、偶次非球面以及近年来新兴的自由曲面。光学设计引入非球面和自由曲面以增加设计的自由度，提高光学系统的像差平衡能力和适应其他约束。以下介绍几种常用光学面型的数理模型。

3.4.2.1 二次曲面

考虑到光学加工和面型检测的可行性，光学设计一般采用旋转对称面型。二次曲面是旋转对称面型，包含扁球面、球面、椭球面、抛物面和双曲面。此外，平面也是二次曲面的特殊表现形式。在 Zemax 设计软件中，其面型表达式为

$$z=\frac{cr^2}{1+\sqrt{1-(1+k)c^2r^2}} \tag{3.1}$$

式中，c 是顶点曲率半径；r 是光线在镜面上的高度；k 是二次曲面常数。k 值与对应面型的关系为

$$\begin{cases} k>0\text{，扁球面} \\ k=0\text{，球面} \\ -1<k<0\text{，椭球面} \\ k=-1\text{，抛物面} \\ k<-1\text{，双曲面} \end{cases} \tag{3.2}$$

3.4.2.2 偶次非球面

偶次非球面也是旋转对称面型。在 Zemax 设计软件用一个 16 次扩展多项式来描述非球面与球面的偏离，其面型表达式为

$$z=\frac{cr^2}{1+\sqrt{1-(1+k)c^2r^2}}+a_1r^2+a_2r^4+a_3r^6+a_4r^8+a_5r^{10}+a_6{}^{12}+a_7r^{14}+a_8r^{16} \tag{3.3}$$

式中，c 是顶点曲率半径；r 是光线在镜面上的高度；k 是二次曲面常数；$a_1 \sim a_8$ 依次为非球面系数。这种面型用于球差和畸变校正效果显著。设计者在使用偶次非球面高次项时，在设计性能满足指标要求的情况下，要力求降低使用项数以有利于光学加工检验。

3.4.2.3 自由曲面

自由曲面是指不能用初等解析函数完全清楚地表达全部形状，需要构造新的函数来进行研究的曲面。在光学中，可以狭义地定义为无法用球面或者非球面来表示的光学曲面，主要是指非旋转对称的曲面或者只能用参数向量来表示的曲面。

自由曲面在空间遥感光学系统中的应用场景可以概括为两种：一种是在高空间分辨率大幅宽空间相机中，用于平衡因孔径增大而随之增大的像差，且显著改善了光学系统的视场

适应能力;另一种是在深空探测领域,在资源有限的情况下,对仪器质量和体积要求苛刻,用于平衡像差和光路体积的矛盾,简化光学系统结构,灵活空间布局,提高光学成像以及光谱性能。

自由曲面由于优化变量众多,而具有很强的像差平衡能力。它的非旋转对称性可以为以上两种应用场景提供光学解决方案。此外,随着数控光学加工技术和自由曲面面型检测技术的不断进步,自由曲面光学元件在遥感仪器中正逐步得到应用。

成像光学设计中,自由曲面数理模型需具备:连续阶特性、函数值唯一性、坐标轴无关性和局部控制性。因此,通常可以用泽尼克(Zernike)多项式、扩展多项式、径向基函数来表示,可统一表达为

$$z=\frac{cr^2}{1+\sqrt{1-(1+k)c^2r^2}}+\sum_{i=1}^{N}A_iZ_i \tag{3.4}$$

对于 Zernike 多项式、扩展多项式、径向基函数,式中 Z_i 分别表示为

$$Z_i=Z_i(\rho,\varphi) \tag{3.5}$$

$$Z_i=x^my^n \tag{3.6}$$

$$Z_i=\exp(-\beta r^2) \tag{3.7}$$

Zernike 多项式具有圆域正交性,其各阶系数与光学设计中的塞德勒(Seidle)像差系数相对应,可以针对性地处理各种像差进行系统优化;扩展多项式与光学加工数控机床的运动坐标模型一致,最适合光学加工建模;径向基函数局部逼近力最强,平衡像差能力最强。

自由曲面的空间应用案例并不罕见,有以下三种情况。

(1) 哈勃太空望远镜“近视眼”校正镜。由 Perkin-Elmer 公司负责的哈勃太空望远镜主镜,由于加工检测设备存在问题而导致主镜的中心曲率半径与设计值偏差了 2 μm,导致哈勃太空望远镜在轨后广角行星相机(WFPC 1)成像模糊。由于主镜口径 2 m 无法在空间或者返回地球进行修正,因此研究团队在广角行星相机(WFPC 2)中使用了一块自由曲面镜,替换了原来模糊的广角行星相机(WFPC 1),成功治好了“近视眼”。

(2) Leica 公司为欧空局研制的 TMA 空间相机,采用自由曲面进行像差平衡,其全视场波像差由 $\lambda/7$ 提高到 $\lambda/20(\lambda=1064\ \text{nm})$,如图 3.14 所示。

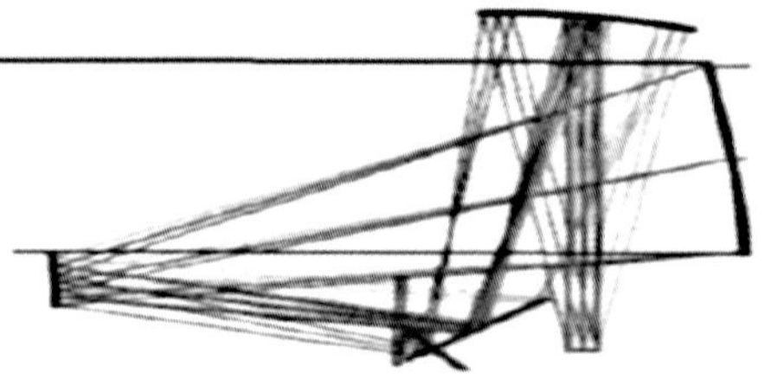

图 3.14 Leica TMA **空间相机**

(3) 欧空局于 2015 年发射的对流层大气监测仪(TROPOMI)(Nijkerk et al.,2017),其望远物镜引入了自由曲面反射镜,交轨视场为 108°,是用于监测全球对流层云层、气溶胶和大气痕量气体的成像光谱仪。

3.4.3 前置光学设计案例

3.4.3.1 消色差透镜组

下面介绍一种中等视场的透射式前置光学设计。设计一个能对接用于芬兰 Specim 公司的 PGP 光谱仪的透射式前置光学,成像光谱仪瞬时视场 0.2 mrad。PGP 光谱仪的具体参数列于表 3.3 中,入瞳在视场光阑前方 100 mm 处。

表 3.3 N25M PGP 光谱仪性能参数

参数	数值
工作光谱范围	900～2 500 nm
光谱分辨率@30 μm 宽狭缝	<7 nm
F 数	3.2
像面尺寸(探测器规模)	30.0 (spatial) mm×7.7 (spectral) mm
狭缝长度	30.0 mm
放大倍率	1
能量集中度@30 μm×30 μm 像元	>75%

设计分析:从表 3.3 中数据分析可知,光谱仪 *F* 数为 3.2,探测器参数为 1 024 元(光谱维)×256 元(空间维)、像元尺寸为 30 μm×30 μm,狭缝长 1 024×30 μm=30.72 mm。则望远物镜的 *F* 数略小于光谱仪,设为 *F*/3,焦距 $f=p/\mathrm{IFOV}=30\ \mu\mathrm{m}/0.2\ \mathrm{mrad}=150\ \mathrm{mm}$,通光口径 $D=f/F=150\ \mathrm{mm}/3=50\ \mathrm{mm}$,视场角 $2w=\arctan(Np/f)=2\arctan(1\,024\times 30\ \mu\mathrm{m}/150\ \mathrm{mm})=11.574°$,半视场 $w=5.757°$。

第一片透镜材料选用熔石英,空间应用可抗辐照,其他透镜尽量选用透过率较高的玻璃;透镜面型全部为球面,易于加工检测;前面两组透镜采用折射率相近、色散差异大的透镜组,材料选用利于消色差设计的;最后一片透镜采用高折射率材料有利于后截距控制和畸变校正。

设计结果表明:如图 3.15 所示,像方后截距为 15 mm,出瞳在像面前 100 mm 处,点列图 RMS 半径小于 1/3 像元,MTF 值大于 0.7。狭缝最长端畸变为 0.127‰,穿轨全视场的累计畸变为 1/8 像元;而狭缝弯曲可忽略不计。

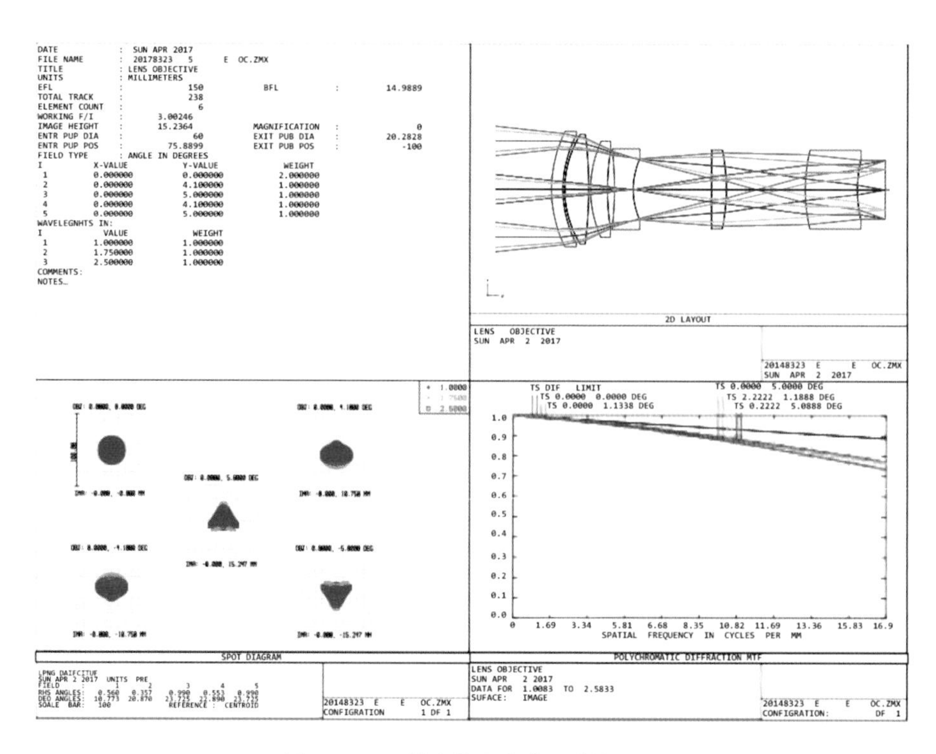

图 3.15 透射式前置光学设计结果

3.4.3.2 离轴两反

先介绍一种长线视场离轴两反前置光学设计。该设计案例参照美国 JPL 的 UCIS 成像光谱仪的指标要求。

根据文献报道(Grop et al.,2014),为适应火星上恶劣的探测环境,UCIS 采用全反射式光学结构,在较远探测距离的情况下,其前置光学是一个离轴两反望远镜。工作谱段为 500～2 500 nm,光谱仪 F 数为 4,光谱仪采用 1 倍 Offner 结构,探测器参数为 640 元(光谱维)×480 元(空间维,实际用 380 元)、像元尺寸为 27 μm×27 μm,瞬时视场为1.35 mrad。

设计分析:光谱仪 F 数为 4,则两反望远镜的 F 数略小于光谱仪,设为 $F/3.8$;瞬时视场为 1.35 mrad,探测器像元尺寸为 27 μm×27 μm,则两反望远镜的焦距为 20 mm;空间维实际用 380 元,则视场角 $2w=\arctan(Np/f)=2\arctan(380\times27\ \mu m/20\ mm)=27.158°$,按视场角 30°、半视场 15°设计。

由于这个火星探测光谱仪的空间分辨率不高,前置光学属于短焦系统,考虑光学结构简单,有利于加工和装调,采用离轴两反系统,孔径光阑设置在凸面主镜上,在次镜右侧。虽然体积比同等参数下的离轴三反要大,但是焦距短,体积和重量的增量不太大。

设计结果表明:如图 3.16 所示,视场离轴 21.94°,主镜和次镜面型均为扁球面,$k_1=6.014$,$k_2=0.172$。出瞳在像面前 224 mm 处,由于系统尺寸很小,非远心度不大,满足后方

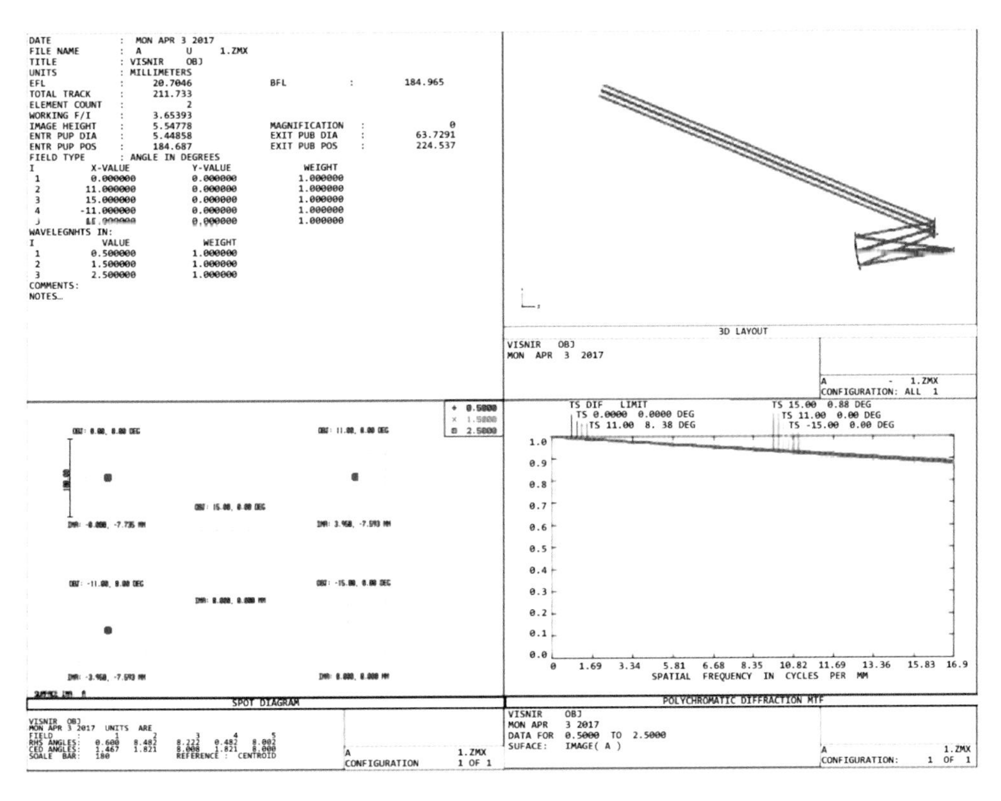

图 3.16 长线视场离轴两反前置光学设计结果

Offner 光谱仪的瞳位匹配需求。从全视场点列图和 MTF 来看,光学设计像质很好。但是两反系统存在畸变,狭缝弯曲达到 0.264 mm。

再介绍一种超大视场的离轴自由曲面两反前置光学设计。该设计案例为欧空局于 2015 年发射的 TROPOMI 成像光谱仪(Nijkerk et al.,2017)的望远物镜。

地物目标发出的光束通过前置物镜会聚在狭缝处,利用视场分光的方式将随后的四个光谱通道分为两组:一组为 UV 和 SWIR 波段,另一组为 UVIS 和 NIR 波段,每组对应一个狭缝;在每个狭缝后再利用二向色性滤光片将每组分光系统进一步分为两个通道,总共四个波段通道。UV、UVIS 和 NIR 波段通道均采用平面反射光栅作为分光元件,SWIR 波段通道采用浸没光栅作为分光元件。前置光学由两片凹自由曲面反射镜组成,交轨视场为 108°,相对孔径为 $F/10 \sim F/9$,焦距为 34～68 mm,工作波段为 0.27～2.4 μm,空间分辨率达7 km×7 km。

该望远物镜的光路图和设计结果分别如图 3.17 和图 3.18 所示。孔径光阑在主镜和次镜的公共球心处,像方准远心。从全视场点列图和光学传递函数来看,前置光学采用自由曲面进一步校正像散,成像质量有效提高,但存在较大的畸变,狭缝弯曲严重。

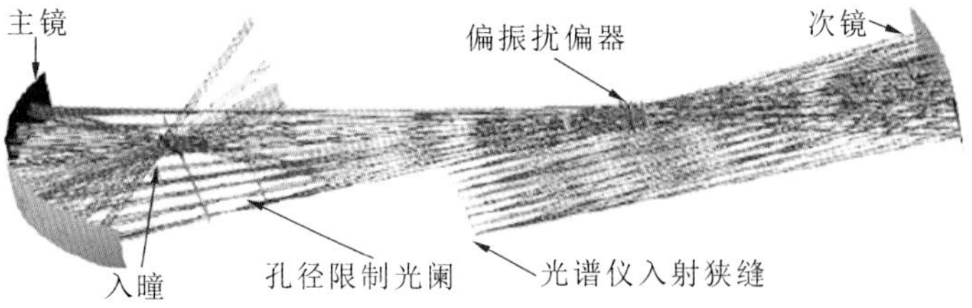

图 3.17　广角离轴两反前置光学光路图

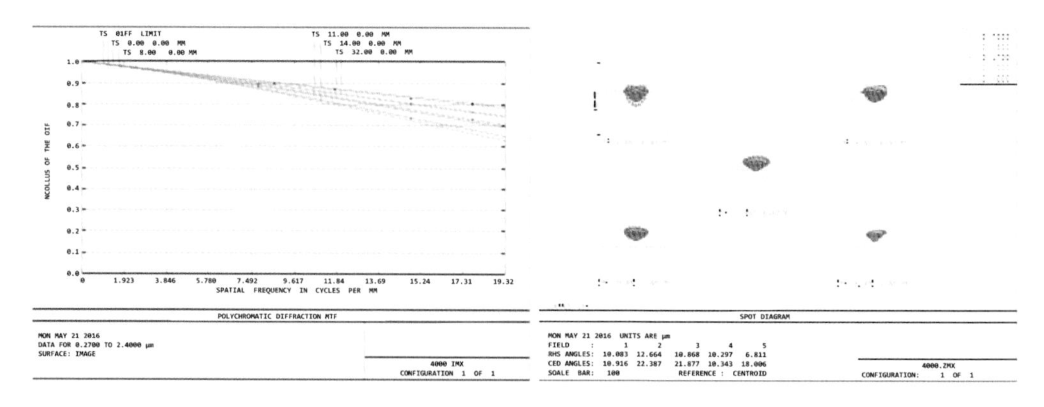

图 3.18　广角离轴两反前置光学设计结果

3.4.3.3　同轴三反

下面介绍一种较高分辨率同轴三反前置光学设计。

美国 OberView4 的 WarFighter-1 成像光谱仪和美国 TacSat-3 战术小卫星超光谱系统的前置望远物镜都是同轴三反光学系统，含有多个高光谱通道。正作谱段为 450～5 000 nm，太阳同步轨道高度为 500 km，仪器空间分辨率为 8 m，探测器像元尺寸为 30 μm×30 μm。

设计分析：系统 F 数设为 4，假设光谱仪放大倍率为－1，则三反望远物镜的 F 数可略小于 4；空间分辨率为 8 m，则瞬时视场为 16 μrad，探测器像元尺寸为 30 μm×30 μm，则三反望远镜的焦距为 1 875 mm，望远镜口径为 500 mm；视场角 $2w=2\arctan(L/2H)=2\arctan(16\ \text{km}/500\ \text{km})=1.83°$，按半视场 0.92°设计。

孔径光阑置于主镜上，视场离轴设计，主镜和次镜同轴使用，三镜离轴使用。考虑到望远镜后方有多个光谱通道，视场设计为面视场，并且分离间隔不能过于局促，要有利于后方的光机布局。

设计结果表明：如图 3.19 所示，视场离轴 0.3°和 0.5°，主镜、次镜和三镜面型分别为椭球面、双曲面和椭球面，$k_1=-0.943$，$k_2=-1.825$，$k_3=-0.488$。这种系统无法做到非远心设计，出瞳在像面前 104 mm 处。从全视场点列图和 MTF 来看，光学设计像质很好。但是同轴三反系统存在畸变，视场离轴 0.3°的狭缝弯曲达到 0.168 mm，视场离轴 0.5°的狭缝弯曲达到 0.281 mm。

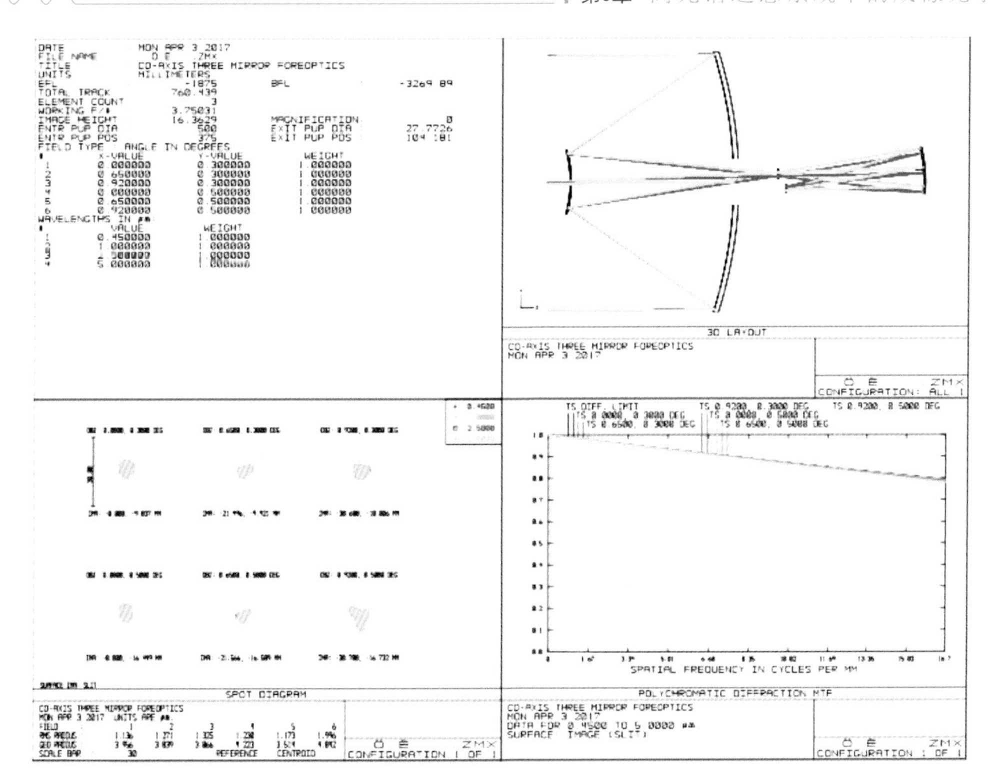

图 3.19　同轴三反前置光学设计结果

3.4.3.4　离轴三反

下面介绍一种长线视场离轴三反前置光学设计。该设计案例参照美国 NASA 的 M3 成像光谱仪的指标要求。

根据文献(Mouroulis et al.,2007)报道,M3 采用全反射式光学结构,其前置光学是一个离轴三反望远镜,光谱仪采用 Offner 凸面光栅结构。工作谱段为 430～2 500 nm,光谱仪 F 数为 3.55,空间维探测器 600 元,像元尺寸为 27 μm×27 μm,瞬时视场为 0.7 mrad。

由于这个望远镜是短焦距长线视场离轴三反系统,要求出瞳位置在狭缝前 2 600 mm 处,接近远心,因此将孔径光阑设置在次镜上,再设定出瞳位置进行优化。

设计结果表明:如图 3.20 所示,视场离轴 14°,主镜、次镜和三镜面型分别为双曲面、接近于球面的椭球面和扁球面,$k_1=-6.954$,$k_2=-0.013$,$k_3=0.17$。出瞳在像面前 2 600 mm处,对于这么大尺寸的系统可基本认为是远心,满足后方 Offner 光谱仪的瞳位匹配需求。从全视场点列图和 MTF 来看,光学设计像质很好,点列图 RMS 半径小于 2 μm,MTF 值接近衍射受限值;该系统设计中为兼顾像质和望远镜像方工作空间,并未进行消畸变设计,存在较大畸变,狭缝弯曲达到 0.222 mm,相当于 0.31°。

用二次曲面或者高次非球面往往无法兼顾畸变和远心设计,尤其是畸变,一旦优先控制畸变,系统像质下降很快。对于此节的设计案例,可引进自由曲面进行畸变校正,同时保持出瞳位置。如图 3.21 所示,从全视场点列图和 MTF 来看,光学设计像质几何像斑 e 有所增

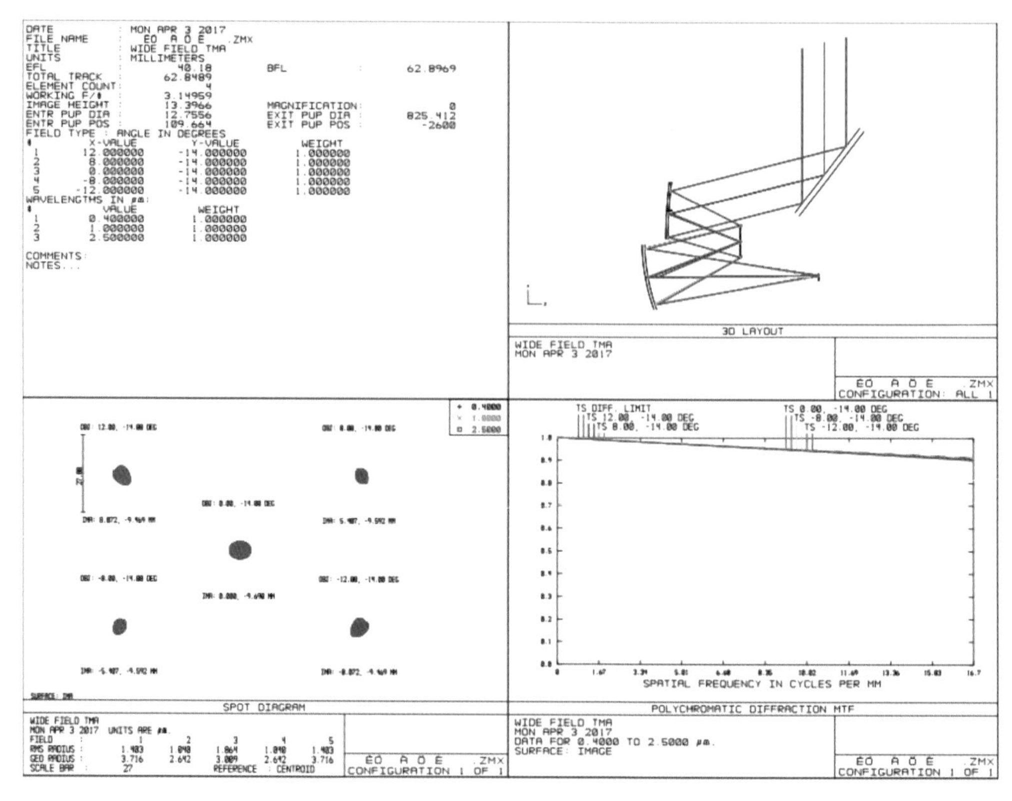

图 3.20　长线视场离轴三反设计结果

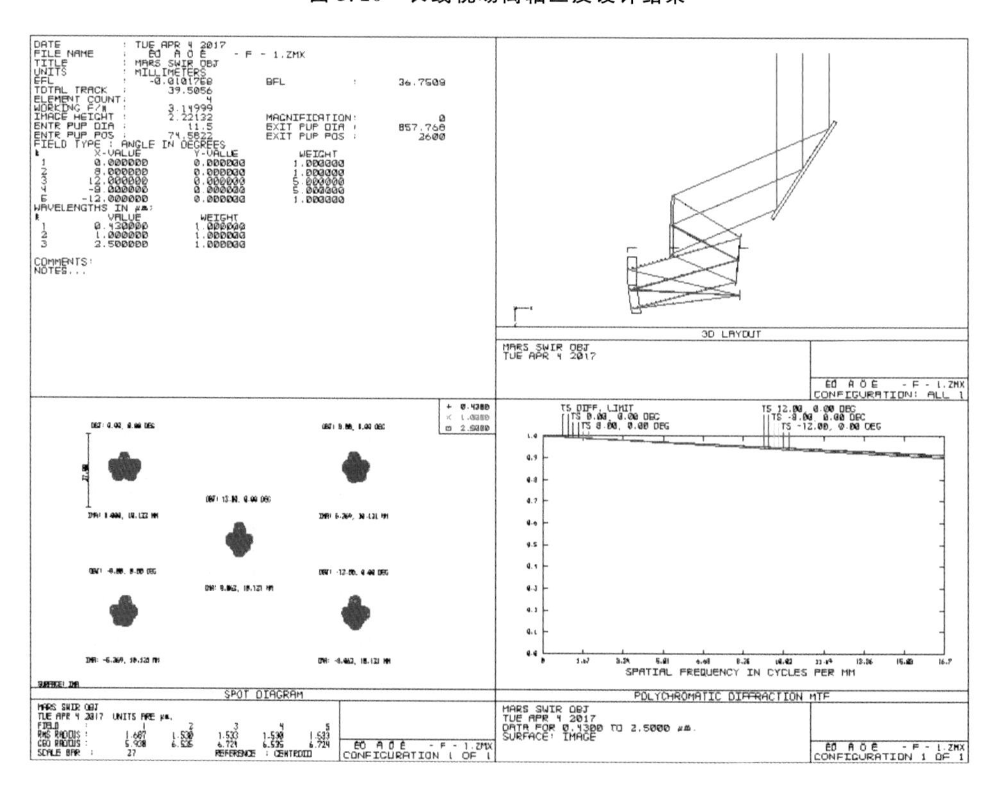

图 3.21　长线视场自由曲面离轴三反前置光学设计结果

大，但 RMS 半径变化很小，MTF 变化很小。畸变校正效果显著，狭缝弯曲不到 1 μm。因此，自由曲面解决了瞳位和像质间设计矛盾。后截距需要处理。

3.4.3.5 离轴五反

下面介绍一种离轴五反前置光学设计。该设计案例为美国 Raytheon 公司设计的 Landsat 卫星成像光谱仪的望远物镜。

根据文献(Silny et al.，2011)报道，该成像光谱仪是一个五反射式 RT 光谱仪的光学结构，其前置光学是一个离轴五反望远镜。工作谱段为 400～2 500 nm，太阳同步轨道高度为 705 km，地面采样距离为 30 m，幅宽为 185 km。

设计结果表明：如表 3.4、图 3.22 和图 3.23 所示，孔径光阑设置在次镜和三镜之间，出瞳为实出瞳，在距离像面前方一定位置，可以与 RT 光谱仪出瞳完好匹配。全视场系统的波前 RMS 半径不高于 0.186 波长 @632.8 nm，平均波前 RMS 半径为 0.11 波长 @632.8 nm。

表 3.4 离轴五反前置光学设计指标和结果

参数	设计值
口径	1.2 in(1 in=25.4 mm)
有效焦距	3.6 in
沿扫描方向视场	0.2°
垂直扫描方向视场角	36°
图像尺寸(空间维)	2.25 in
视场畸变	<0.25%
设计残余波像差(WFE)@全视场	0.07 μm RMS@1.0 μm

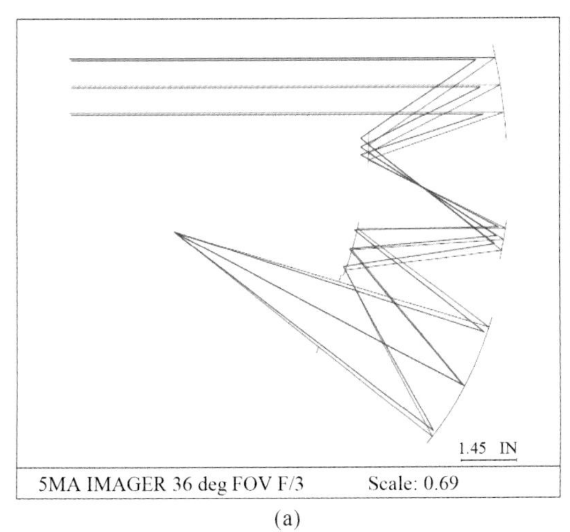

(a)

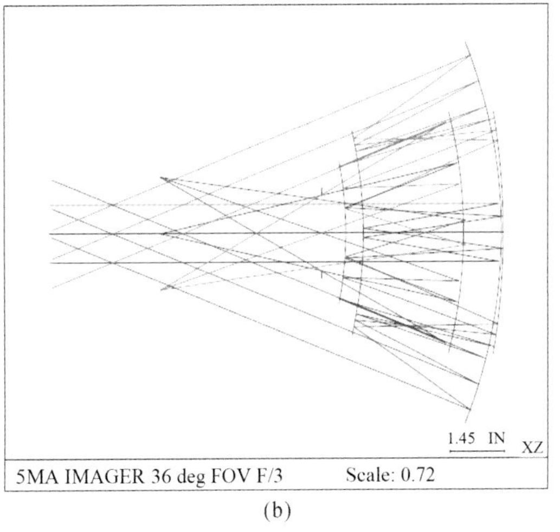

(b)

图 3.22 离轴五反前置光学光路图

(a)沿轨方向；(b)穿轨方向

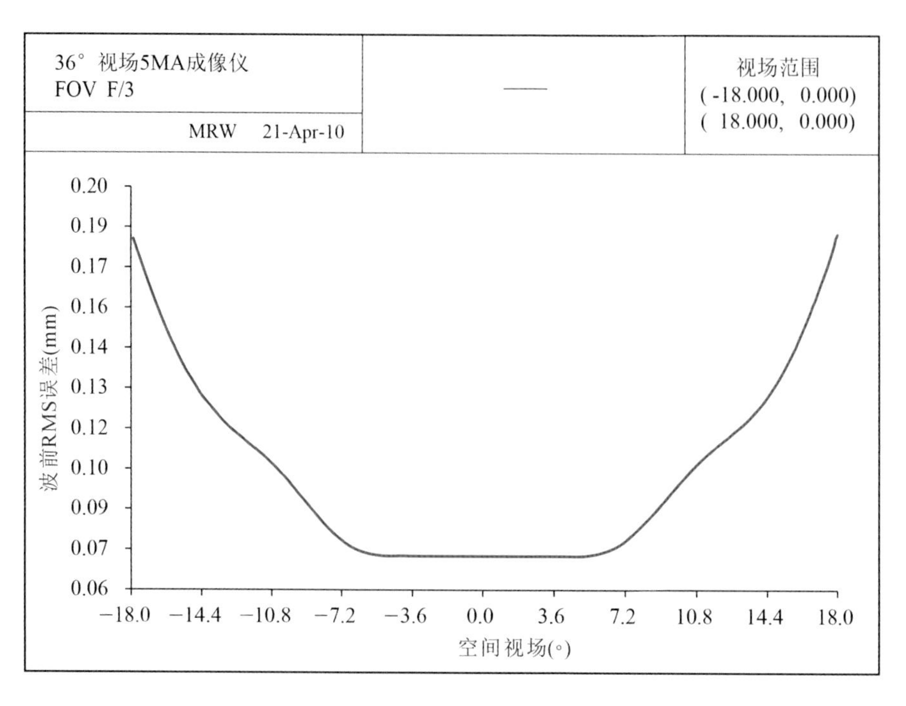

图 3.23 离轴五反前置光学设计结果

3.5 大视场宽幅技术

视场或幅宽是描述机载和星载成像光谱仪器获取遥感信息能力的重要因素之一，是指飞行作业时仪器能探测到的穿轨方向的最大视场，或者卫星飞行时仪器能探测到的穿轨方向的最大成像范围。对于机载遥感仪器，通常用视场描述；对于星载遥感仪器，通常用幅宽描述。

视场或幅宽决定作业效率和重返周期。大视场宽幅技术的应用，可有效提高仪器探测能力，使机载仪器作业效率提高、作业成本降低，使星载仪器重返周期缩短，使高光谱遥感更实用化。如图 3.24 所示，仪器探测到的地面条带目标即为幅宽，幅宽相对于仪器的张角即为视场。图中有三个位置是物面或像面：推扫对象（即条带目标）、中间像面（即视场光阑处）、系统像面（即探测器光敏面处），这三个位置可以应用大视场宽幅技术来增大幅宽或扩大视场。相关于光学系统、视场光阑、分光技术和探测器技术，大视场宽幅技术的实现方法可以概括为三种：①多单机视场外拼接技术，即用多个成像光谱仪进行多视场拼接；②视场分离技术，即用大视场或大幅宽前置光学，通过视场光阑对整体视场进行分离，再通过后方多个光谱仪实现视场内拼接；③探测器拼接技术，即光学系统只含有单个前置光学和单个光谱仪，但探测器是由多个探测器拼接成的规模更大的焦面，能适应仪器大像面需求。

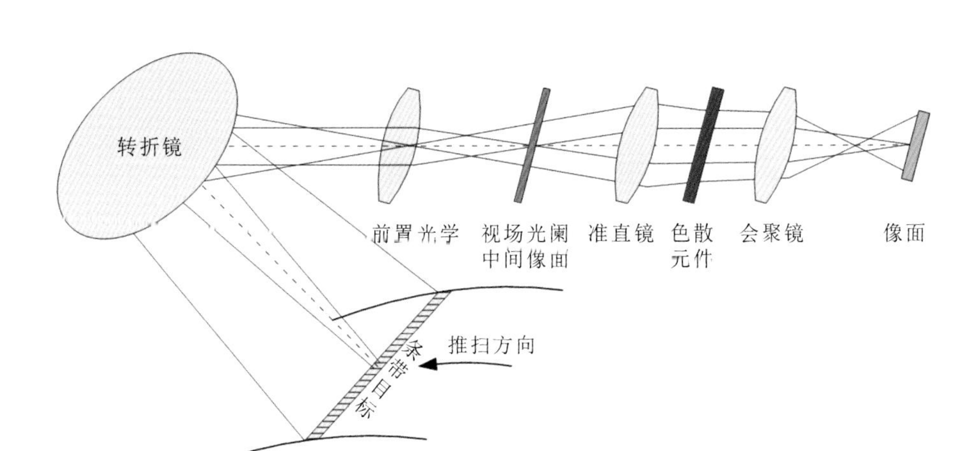

图 3.24 视场或幅宽示意图

3.5.1 视场外拼接

视场外拼接技术是指用多台独立的较小视场成像光谱仪，按一定几何角度和精度要求安装在同一个结构框架上，形成较大的综合视场，扩大扫描探测范围。为方便数据融合，多台独立的较小视场的成像光谱仪往往具有同样的系统参数甚至外形结构，或者之间的光谱和空间参数成一定关系。外视场多单机拼接如图 3.25 所示。单机视场为 ω，相邻单机间的光轴夹角为 θ，则拼接之后的综合视场为($3\omega-2\theta$)。这种大视场实现方式减轻了光学系统、分光技术和探测器压力，仪器紧凑密实，但对视场的配准精度要求较高。

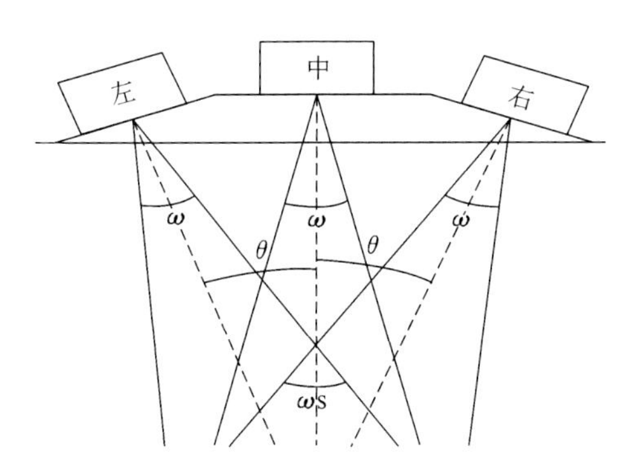

图 3.25 多单机视场外拼接示意图

中国科学院上海技术物理研究所研制的航空高分遥感应用的全谱段多模态成像光谱仪，含有四个谱段：紫外、可见近红外、短波红外和热红外。除紫外谱段之外，其余谱段都具有三个完全相同的单机模块，单机视场 14.58°，瞬时视场 125 μrad，谱段内三个模块按上述方法拼接，相邻单机重叠视场 1.8°，综合视场大于 40°，3 km 高空下地面幅宽超过 2 100 m。某可见近红外谱段模块的实物拼接如图 3.26 所示。

图 3.26　GFHK 可见近红外模块实物图

欧空局研制的 MERIS 中分辨率成像光谱仪也采用了这种视场拼接技术。该仪器搭载在 EnviSat-1 卫星平台上，主要用于海洋探测，对信噪比和幅宽要求都比较高，其示意图如图 3.27 所示。该仪器光谱范围为 390～1 040 nm，光谱通道有 576 个，最高光谱分辨率为 1.8 nm，信噪比高达 1 500，用 5 台相同的 14°视场的单机实现了 68.5°的视场，地面幅宽达到 230 km，地面像元分辨率为 300 m，3 天可实现全球覆盖。

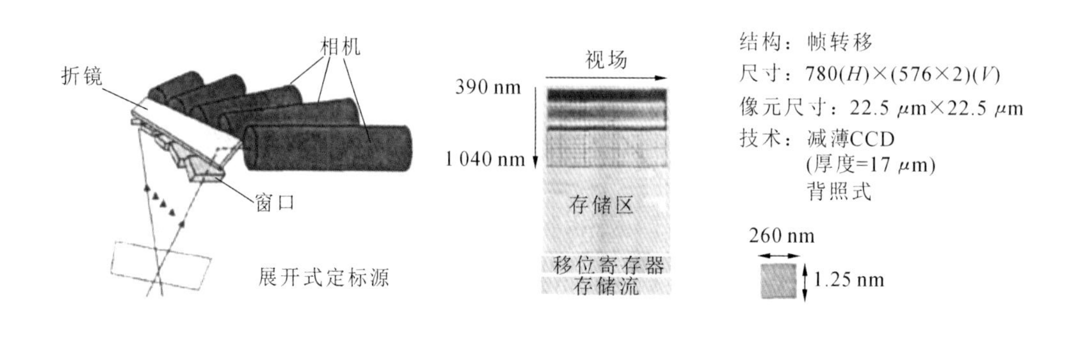

图 3.27　MERIS 中分辨率成像光谱仪拼接示意图

3.5.2　视场分离

第二种实现方法是从光学系统内部来实现大视场宽幅指标的，则成像光谱仪光学系统各部分都可能与此相关，包括前置光学、视场分离、分光技术和探测器技术。需要考虑分析从哪个部分突破该指标，包括前置光学的大视场设计、视场分离方式、分光系统的长线视场设计、大面阵探测器的技术程度等。

视场分离器的原理是在视场光阑即前置光学焦面(或中间像面)附近(此处光线会聚程度最高,能分离出视场),通过反射镜将所用视场的光线转折到所需的方向,便于后方的光谱仪与其对接。这里为方便起见,借用一下德国 EnMAP 成像光谱仪的视场分离器进行说明,如图 3.28 所示。虽然在 EnMAP 仪器中,该视场分离器(Sang et al.,2008)是用来实现 VNIR 和 SWIR 两个通道谱段分离的,但这种视场分离器同样可以应用于增大视场和幅宽,只是分离器在穿轨方向视场是错开利用的。

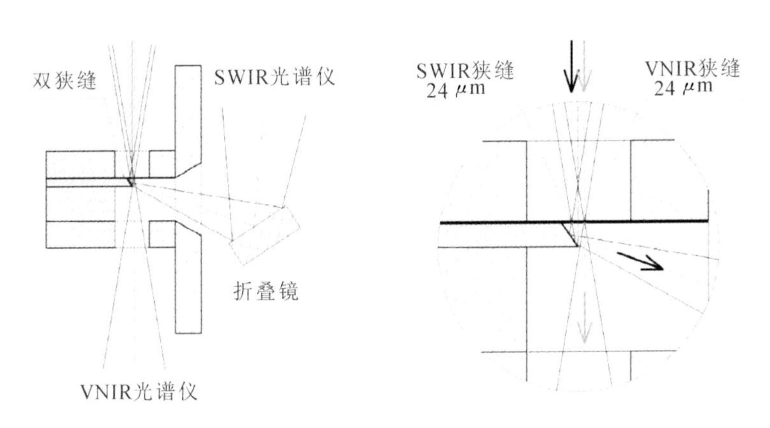

图 3.28 德国 EnMAP 成像光谱仪视场分离器

3.5.3 探测器拼接

第三种实现方法是在光学系统性能和分光技术都能实现大视场大幅宽的情况下,对视场光阑进行分视场布局,对探测器进行多片拼接实现。受限于大规模探测器技术发展,目前探测器的面阵规模不能满足光学系统大像面需求,采用芯片拼接的方式,将多个成熟工艺的小规模芯片高精度拼接实现大面阵探测器。这种拼接方式降低了对探测器技术的要求,对光学系统和分光技术都有很高的要求。

图 3.29 为美国 Raytheon 公司为某成像光谱仪设计的一种探测器拼接方式示意图(Chrien et al.,2003)。其光谱仪入射狭缝按品字形布局,两排平行的视场相距一定视场,每排视场又分为 6 条较短狭缝,共 12 条狭缝,相邻狭缝有一定的重合像元,便于图像完整和可拼接。仪器像面上的探测器按同等方式布局,共 12 个小规模芯片,上下两排相邻 4 个组成一个模块,共有 3 个模块再集成为 1 个探测器。

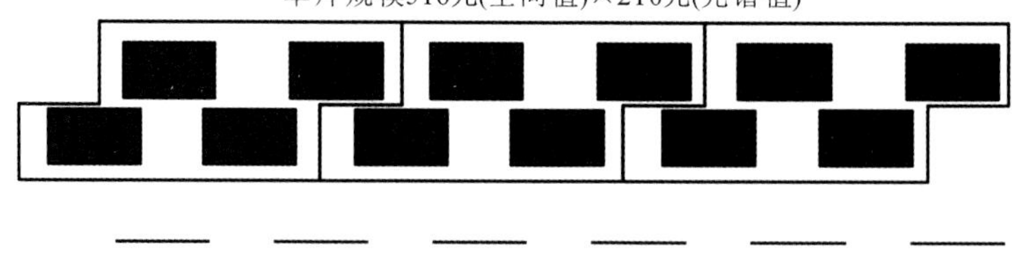

图 3.29 探测器芯片拼接示意图

参考文献

CHRIEN T G, COOK L G,2003. Design concept for a landsat-class imaging spectrometer with well corrected spectral fidelity[C]//Proc. of SPIE,5157:90-97.

GORP B V,MOUROULIS P,BLANEY D,et al. ,2014. Ultra-compact imaging spectrometer for remote,in situ,and microscopic planetary mineralogy[J]. Journal of Applied Remote Sensing,8:4988-1-16.

MOUROULIS P,SELLAR R G,WILSON D W,et al. ,2007. Optical design of a compact imaging spectrometer for planetary mineralogy[J]. Optical Engineering,46(6):063001-1-9.

NIJKERK D,VENROOY B V,DOORN P V,et al. ,2017. The TROPOMI telescope design,fabrication and test of a freeform optical system[C]//Proc. of SPIE:105640Z-2-7.

SANG B,SCHUBERT J,KAISER S,et al. ,2008. The EnMAP hyperspectral imaging spectrometer:instrument concept,calibration and technologies[C]//Proc. of SPIE:708605-1-15.

SELLAR R G,BOREMAN G D,2005. Classification of imaging spectrometers for remote sensing applications[J]. Optical Engineering,44(1):013602-1-3.

SILNY J F,KIM E D,COOK L G,et al. ,2011. Optically fast,wide field-of-view,five-mirror anastigmat (5MA) imagers for remote sensing applications[C]//Proc. of SPIE:815804-1-13.

第4章　高光谱遥感系统中的分光技术

分光元件是成像光谱仪的核心组成之一，分光技术直接影响到成像光谱仪的性能。本章从分光技术的类别入手，对各类常用的分光技术进行介绍，对色散式分光技术，如棱镜和光栅做重点介绍。

4.1　分光技术概述及分类

按获取光谱信息的方式，成像光谱仪的分光技术可分为色散式、滤光片式和干涉式。

色散式：由棱镜或者光栅分光。棱镜包括平面、球面棱镜、费里(Féry)棱镜；光栅包括透射平面光栅、反射平面光栅、Offner凸面光栅、戴森(Dyson)凹面光栅；此外，棱栅组合分光包括棱镜-光栅-棱镜(prism-grating-prism，PGP)、棱镜-光栅(prism-grating，PG)及其变形等。

滤光片式：由声光可调晶体、液体晶体，通过频率筛选分光。

干涉式：又称傅里叶变换。由两束光相干，例如迈克尔逊干涉型成像光谱仪、马赫-泽德尔(Mach-Zender)干涉型成像光谱仪或者萨尼亚克(Sagnac)干涉型成像光谱仪；由多束光相干，例如法布里-珀罗(Fabry-Perot)干涉型成像光谱仪。

4.2　棱　　镜

4.2.1　棱镜分光原理

棱镜作为色散元件，是光谱仪器最早使用也是目前最成熟的分光技术。棱镜作为色散元件的优点:几乎从紫外到长波红外,都可以找到作为色散棱镜的材料;制作工艺简单、成熟;光学效率高等。它的劣势:作为透射元件,易受温度、气压等环境因素的影响;在红外波段,作为色散棱镜的材料比较少;单独使用棱镜分光的光谱仪器存在光谱弯曲和光谱非线性等现象。

如图 4.1 所示,以折射棱镜为例,介绍色散原理。设有一束平行的单色光入射到折射棱镜后,由于棱镜的折射,出射光束的方向将发生偏转,出射光线与入射光线之间的夹角称为偏向角。如棱镜的顶角为 A,折射率为 n,则出射光线与入射光学之间的夹角,即偏向角为

$$\delta = (i_1 - i_1') + (i_2' - i_2) = (i_2 + i_2') - (i_1' + i_2) \tag{4.1}$$

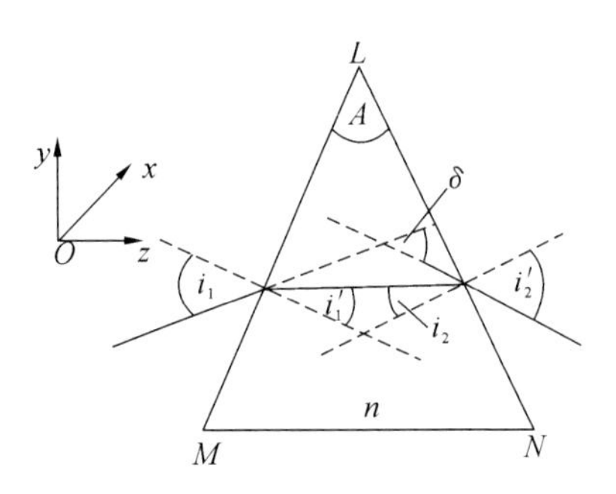

图 4.1　单色光经棱镜折射偏转

由于 $A=i_1'+i_2$,因此有 $\delta=i_1+i_2'-A$。

根据折射定律,$\sin i_1=n\sin i_1'$,$\sin i_2'=n\sin(A-i_1')$,如果 n 和 A 固定,那么偏向角是入射角或折射角的函数,有

$$\delta = \sin^{-1}(n\sin i_1') + \sin^{-1}[n\sin(A - i_1')] - A \tag{4.2}$$

当满足下述条件时,棱镜的偏向角为最小偏向角。

$$\frac{\mathrm{d}\delta}{\mathrm{d}i_1'} = 0; \quad \frac{\mathrm{d}^2\delta}{\mathrm{d}i_2'} > 0 \tag{4.3}$$

可以证明,在 $i_2'=\dfrac{A}{z}$,即 $i_1=i_2'$或 $i_1'=i_2$ 时,偏向角最小,为

$$\delta_{\min} = 2\sin^{-1}(n\sin\frac{A}{2}) - A \tag{4.4}$$

在光谱仪中,特别是单色仪中,棱镜常常安装在最小偏向角位置。因为处于该位置,偏向角只对折射率敏感,而对入射光束的平行度不敏感。一般,将偏向角随波长的变化率称为棱镜的角色散,即

$$\frac{\mathrm{d}\delta_{\min}}{\mathrm{d}\lambda} = \frac{\mathrm{d}\delta_{\min}}{\mathrm{d}n}\cdot\frac{\mathrm{d}n}{\mathrm{d}\lambda} = \frac{2\sin(\dfrac{A}{2})}{1-n^2\sin(\dfrac{A}{2})}\cdot\frac{\mathrm{d}n}{\mathrm{d}\lambda} \tag{4.5}$$

由式(4.5)可见,棱镜的角色散除了与棱镜材料的色散能力有关外,还与棱镜顶角 A 的

大小有关。为了得到大的角色散，要求材料有较大的色散，而且棱镜的顶角要大。

材料的色散能力可用色散公式表示，折射率与波长的关系式有多种形式，基本形式为

$$n_{\lambda}^{2} = A_{0} + A_{2}\lambda^{2} + A_{2}\lambda^{-2} + A_{3}\lambda^{-4} + A_{4}\lambda^{-6} + \cdots \tag{4.6}$$

材料手册一般会给出色散公式及各项的系数。算出低端波长和高端波长的折射率 n_{L}、n_{H}，光谱区间的角距离可用下式计算：

$$\Delta\delta = (n_{\mathrm{L}} - n_{\mathrm{H}}) \frac{2\sin\left(\frac{A}{2}\right)}{1 - \bar{n}^{2}\sin^{2}\left(\frac{A}{2}\right)} \tag{4.7}$$

棱镜色散后谱线间的角距离并不是成正比的。在棱镜光谱中，短波展开的范围比长波展开的范围大得多，即色散是非均匀的，光谱呈非线性。

棱镜在光谱仪中放置的位置有两种：放置在准直光束中；放置在会聚或发散光束中。准直光路中一般是平面棱镜，光路结构为准直-分光-会聚，像差校正使得光路比较复杂也比较长；会聚或发散光路中一般是曲面棱镜，即色散元件也参与成像，光路结构相对简单紧凑。

4.2.2 棱镜色散光谱弯曲

以图 4.2 中的棱镜分光为例。如狭缝中心发出的平行光束经过棱镜的主截面Ⅰ，而狭缝边缘点的光束则通过棱镜的另一个截面Ⅱ和截面Ⅲ。这些截面就是边缘光束的色散面，它们的色散顶角不相等。

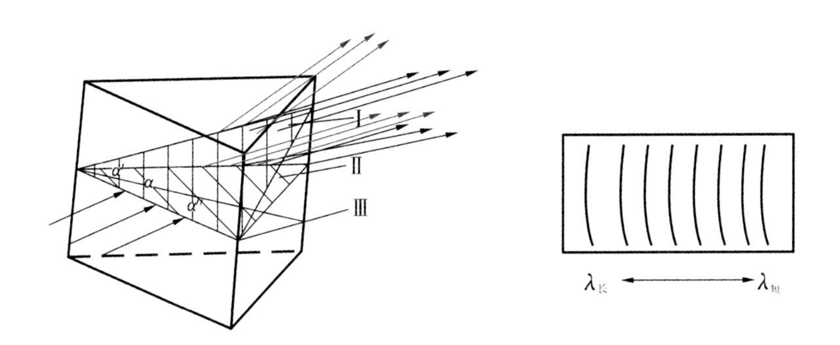

图 4.2 棱镜分光的光谱弯曲

中心光束色散面顶角即棱镜的楔角 α，边缘光束色散顶角 α' 和 α'' 均大于 α。根据角色散公式有

$$\left(\frac{\mathrm{d}\delta}{\mathrm{d}\lambda}\right)_{\mathrm{II}} > \frac{\mathrm{d}\delta_{\min}}{\mathrm{d}\lambda}, \quad \left(\frac{\mathrm{d}\delta}{\mathrm{d}\lambda}\right)_{\mathrm{III}} > \frac{\mathrm{d}\delta_{\min}}{\mathrm{d}\lambda} \tag{4.8}$$

因此，角色散率随顶角增大而增大，越接近狭缝边缘，发出的光束经棱镜后的角色散率

也越大。作为狭缝单色像的谱线就发生弯曲，并且弯向短波。波长愈短，弯曲愈严重。

4.2.3 棱镜色散非线性

根据棱镜材料的色散公式，折射率 n 不仅和波长 λ 的一次项有关，也包含波长的高次项，因此各种波长的光线经棱镜色散后，其角距离与波长不成线性关系，色散是非均匀的，即光谱色散非线性。

图 4.3 是以石英为棱镜材料绘制的光谱采样曲线，光谱非线性比较严重，短波色散能力是长波的数倍。

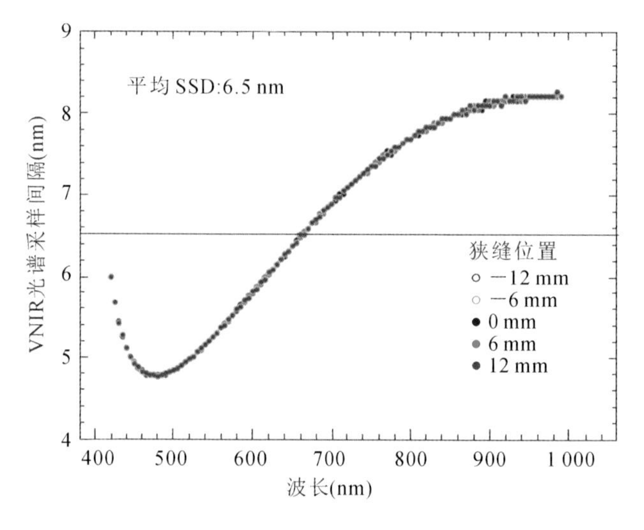

图 4.3 棱镜光谱的非线性

棱镜光谱非线性导致光谱分辨率不高，按平均光谱分辨率满足要求设计，则部分区域就会出现光谱分辨率过高的情况，导致能量不足，进而造成信噪比偏低；此外，光谱采样非线性也会导致光谱定标复杂且精度受影响，图谱融合也要考虑非线性。然而，某些场合也能转化为优势，例如在 VNIR 波段，400～500 nm 的光谱范围在环境监测方面起着很重要的作用，在 SWIR 波段，2 000～2 500 nm 的光谱范围在资源探测方面是重点，而棱镜光谱仪正好在这些区域具有相对更高的光谱分辨率，这样便可以更好地实现对重点光谱范围进行重点观测。

棱镜分光虽然存在非线性，但棱镜分光透过率高、色散能力弱且光谱纯净，相较于光栅，在高空间分辨率、长狭缝和光谱分辨率较低的使用场合下，其改进形式棱镜分光应用也比较多，例如球面棱镜和 Féry 棱镜。

4.2.4 曲面棱镜

曲面棱镜既有分光功能又参与光学成像，对于简化光路、提高像质和光谱畸变性能效果显著。

曲面棱镜设计是基于罗兰(Rowland)圆条件的。下面对曲面棱镜的罗兰圆条件作简要分析(Sang et al.，2008)：Offner系统的罗兰圆条件分析并不能直接应用到曲面棱镜的罗兰圆条件分析，设曲面棱镜是自反射使用，将曲面棱镜替换Offner结构中的某一个反射镜，则曲面棱镜前后两个面的半径和曲面中心都需要调整。

如图4.4(a)所示，在非对称结构中做一个单一罗兰圆，弦AB分割此圆，且在镜面圆弧上任选三点C_1、C_2、C_3。根据中心角理论，$\angle AC_1B=\angle AC_3B$，从而$\angle AC_1B$、$\angle AC_2B$、$\angle AC_3B$的角平分线相交于$AB$弧线的中点$D$。将球面镜(其曲率中心位于$D$)放置在点$C_2$，角平分线$DC_2$是镜面在$C_2$处的法线，光线$AC_2$将被镜面反射到$B$。由于$AC_1$和$AC_3$的镜面交集离点$C_1$和点$C_3$很近，这些光线将同样被反射到点$B$。通常，点$A$的子午像将位于点$B$。由于点$A$的弧矢像并不位于点$B$，因此主要的光学像差是像散。另外，假如$AC_2$的长度和$C_2B$略有不同，则会与理想对称的罗兰圆结构存在偏差，将会引入部分彗差。

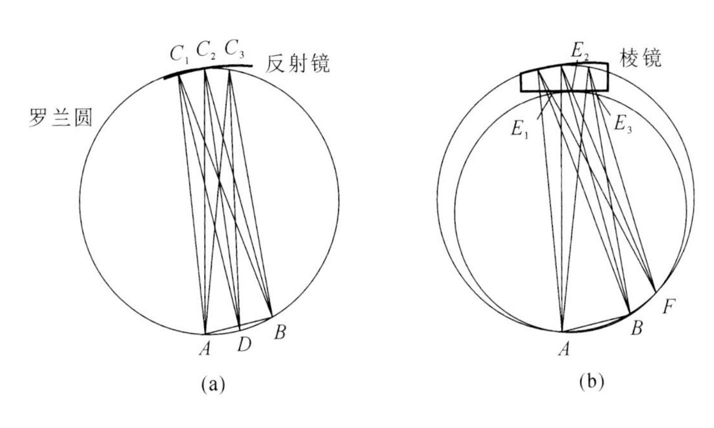

图4.4 曲面棱镜像差条件分析

(a)单一罗兰圆；(b)曲面棱镜罗兰圆

如图4.4(b)所示，Féry棱镜替代反射镜，其背部反射面与图4.4(a)中的镜面一致。棱镜的前表面是球面，曲率中心位于点A。因此，点A发出的光线将垂直入射到棱镜，并且无折射地穿过它的前表面，再经过棱镜后表面反射，点A的子午像将位于点B。令反射光线与棱镜前表面的交点为E_1和E_2，那么，可以画出另一个半径更小并且经过点A、B、E_2的罗兰圆。类似地，对于第一个罗兰圆，会聚于点B的光线与圆的夹角是恒定的。可以近似，由于棱镜前表面与小圆重合，折射光线将会聚到同样位于圆上的点F。因此，点A发出的光线在点F形成了点A的光谱，使像散和彗差都可以被修正。

如果光学设计过程中需要更多的自由度，Féry 棱镜就作为折射元件使用，并且在棱镜背面设计一个反射球面。但棱镜背部的入射角同样必须保持恒定。德国 EnMAP 的 SWIR 通道便基于此设计。

图 4.5 是德国 EnMAP 仪器(Sang et al.，2008)的光谱仪光路图。EnMAP 有两个光谱通道，可见近红外和短波红外共用离轴三反前置望远镜。双通道平均光谱分辨率为 6.5 nm 和 10 nm。EnMAP 可见近红外通道使用石英和火石玻璃为棱镜材料，使用 4 块棱镜校正光谱畸变和改善光谱非线性，因此体积也较大；短波红外通道光谱分辨率较低，用 2 块棱镜。EnMAP 的光谱非线性曲线和光谱弯曲分别如图 4.6 和图 4.7 所示。光谱色散能力在 400～500 nm 以及 2 400～2 500 nm 处最强，光谱非线性控制在 2 倍以内，光谱绝对最大畸变控制在 1/5 像元以内。

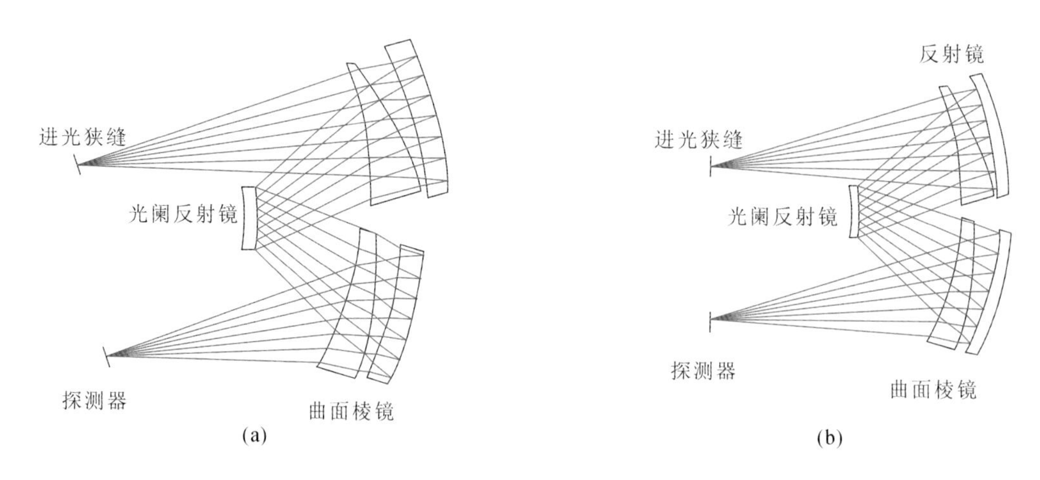

图 4.5　EnMAP 光谱仪光路图

(a)VNIR；(b)SWIR

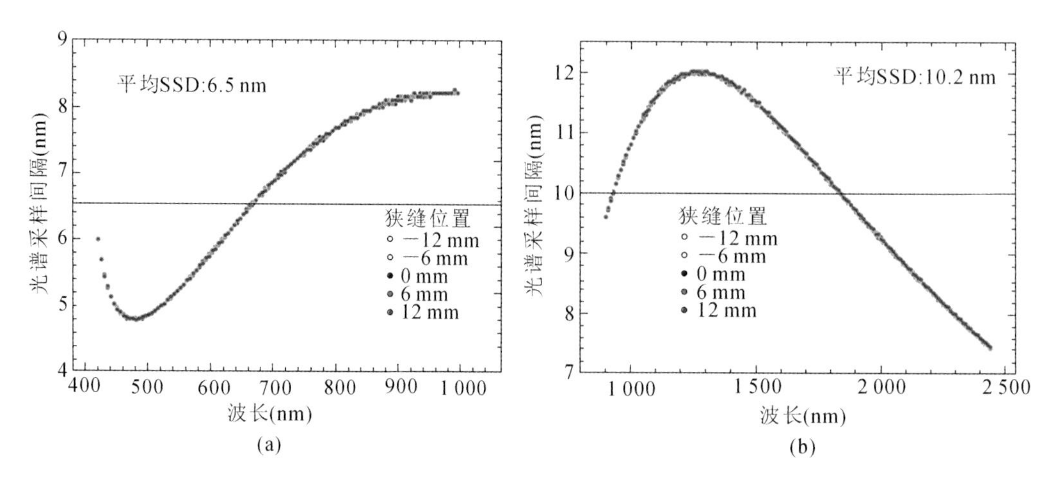

图 4.6　EnMAP 光谱仪的非线性

(a)VNIR；(b)SWIR

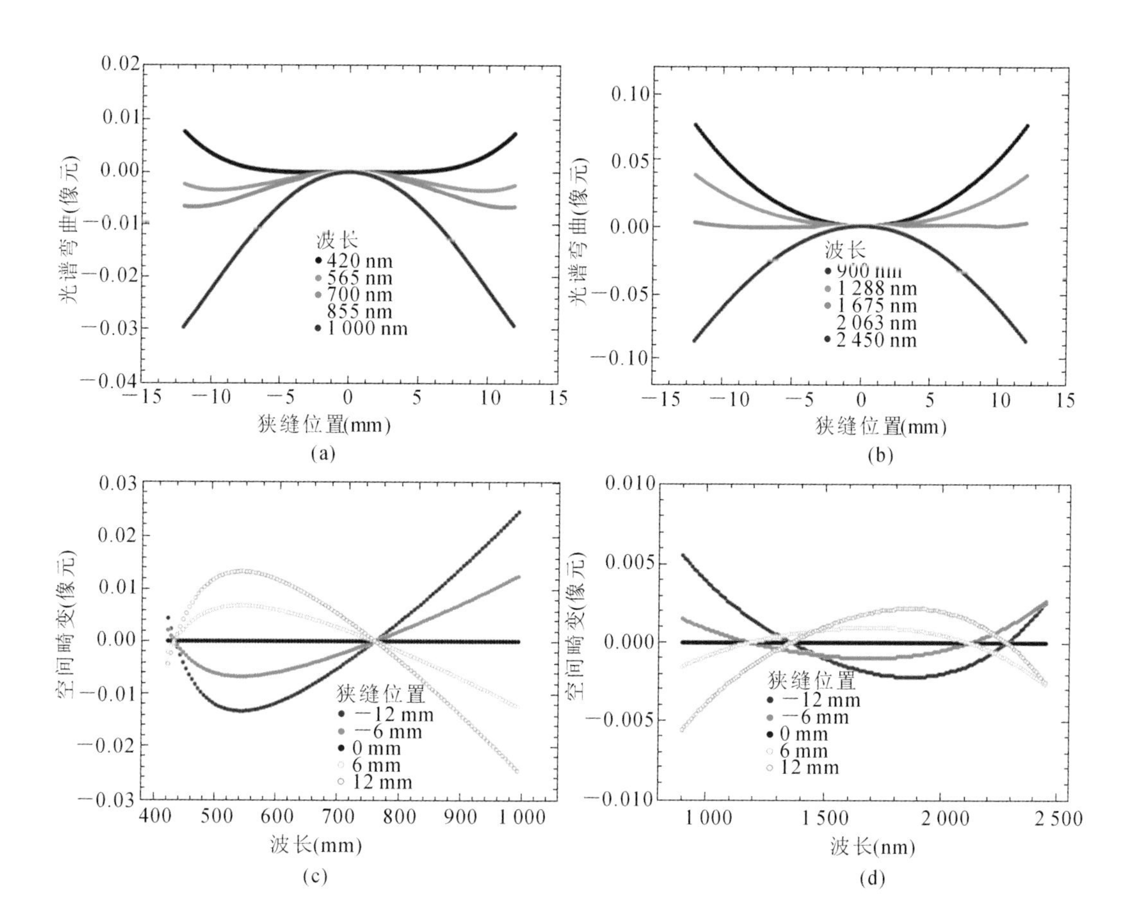

图 4.7 EnMAP 光谱仪的光谱畸变

(a)VNIR(不同波长);(b)SWIR(不同波长);(c)VNIR(不同狭缝位置);(d)SWIR(不同狭缝位置)

曲面透镜的应用还有一种方式,将曲面棱镜替换掉 Offner 结构中的次镜,这种结构可以简化光路,只需要一个曲面透镜和两个球面反射镜。这种曲面棱镜光谱仪结构简单,像质优良,可以实现长狭缝设计,且物方和像方的空间便于布局狭缝和探测器,该系统能满足高空间分辨率和大幅宽需求,但色散能力较弱,存在光谱非线性,且体积较大。

设计案例:系统 F 数为 4,光谱覆盖 400~2 500 nm,狭缝长度 30 mm。光谱仪光路图如图 4.8 所示,曲面棱镜次镜选用石英材料,光谱存在较严重的非线性(图 4.9)。系统光谱畸变较小(图 4.10)。该系统光学结构简单,仅用一个光谱仪就能实现全光谱较高的光学效率,且较大的像方空间可用来分成两个光谱通道。为压缩体积,可以将两个球面反射镜用自由曲面镜替代;为减弱光谱非线性,可以将曲面棱镜材料选择为氟化钙或氟化镁等材料。

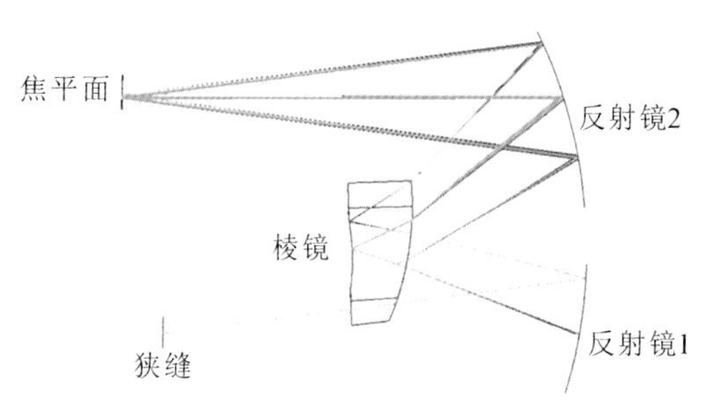

图 4.8 曲面棱镜光谱仪光路图

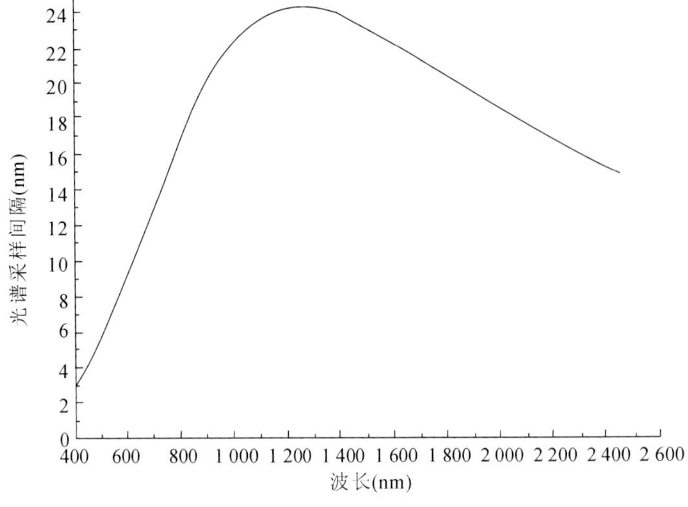

图 4.9 曲面棱镜光谱仪光谱非线性

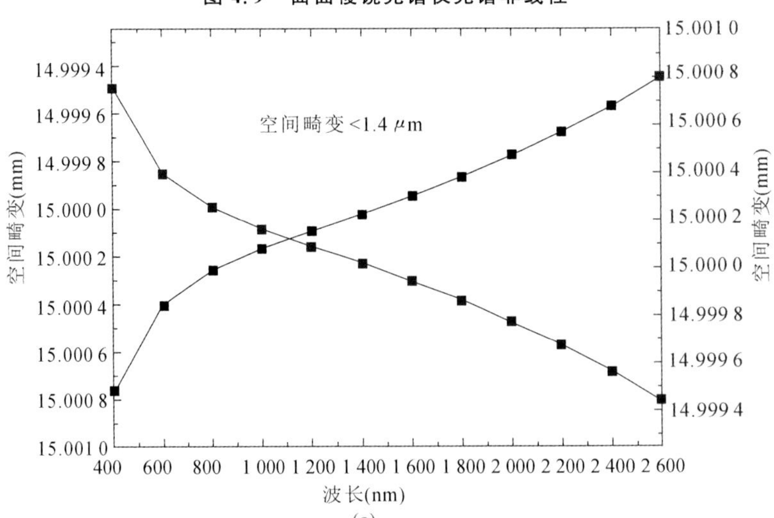

(a)

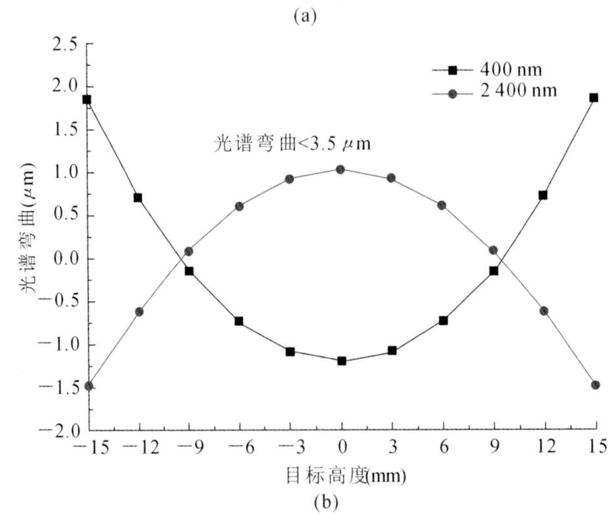

(b)

图 4.10 曲面棱镜光谱仪光谱畸变

(a)空间畸变;(b)光谱弯曲

4.3 光　　栅

4.3.1 光栅分光原理

衍射光栅是一种光谱分光元件，其上规则地配置有大量相等宽度、相等间隔的小狭缝。单个狭缝引起一个衍射条纹，并且从各个狭缝出射的相干波还会发生干涉，在光栅光谱仪的焦面上形成一种组合的干涉-衍射条纹，条纹极大位置与波长有关，因而光栅可以作光谱分光系统的衍射分光元件。衍射光栅按工作原理可以分为透射型和反射型，按照面型又可以分为平面型、凹面型和凸面型。

$$d(\sin\theta \pm \sin\theta_0) = \pm m\lambda (m = 0,1,2,\cdots) \tag{4.9}$$

式(4.9)是光栅衍射公式，称为光栅方程。其中 d 是光栅常数(即刻线间的间隔)；θ_0 是入射角；θ 是衍射角；λ 是入射光的波长；m 是光栅的衍射级次。根据光栅方程，可以推导得出，光栅的角色散服从如下公式：

$$\frac{\mathrm{d}\theta}{\mathrm{d}\lambda} = \frac{m}{d\cos\theta} \tag{4.10}$$

由式(4.10)可以推论，光栅的色散率取决于光栅常数和光谱级数，与光栅总线数无关。由于可制作的光栅每毫米有几百条以至上千条刻线，即光栅常数很小，光栅可以有很大的色散率。在高光谱成像仪中衍射角一般很小，而且在整个使用波长范围内变化较小，因此角色散近似为常数，即光谱在波长范围内均匀展开。

闪耀光栅：普通反射光栅的最大缺点是反射光衍射的能量大都集中在无色散的零级光谱内，有色散的一级光谱能量较弱，更高级次的光谱的能量非常之弱。闪耀光栅能将衍射能量转移并集中到有色散的光谱上去，实现对该光谱的闪耀，从结构上看，普通反射光栅和闪耀光栅的表面都刻有许多镀了高反射膜的窄长槽面，唯一的差别是普通反射光栅的槽面与光栅表面是平行的，如图 4.11 所示，闪耀光栅刻槽面与光栅表面之间有一个夹角 i。

普通反射光栅的光栅表面法线与刻槽面法线是一致的，当光线照射到普通反射光栅上时，在刻槽面的镜面反射方向形成无色散的零级光谱，衍射光能量也集中于这个方向。而当光线照射到闪耀光栅上时，由于刻槽面与光栅表面的法线并不一致，各槽面反射衍射能量最集中的方向不再是相对光栅表面法线镜面反射的零级光谱方向，而是相对刻槽面法线的镜面反射方向，通过选择夹角 i 的大小，可以让衍射能量集中到需要的某级次某波长光谱的衍射方向，由几何光学理论可以推导出，光栅常数 d、闪耀级次 m、闪耀波长 λ 与闪耀角 i、入射角 φ 之间满足以下关系：

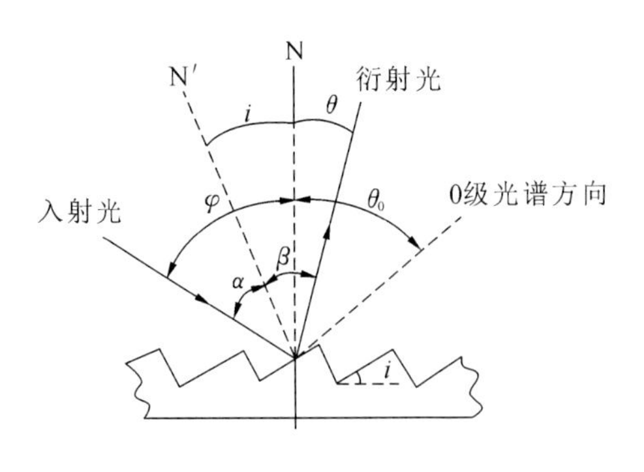

图 4.11　闪耀光栅

$$2\sin\varphi\cos(\varphi - i) = m\frac{\lambda}{d} \tag{4.11}$$

闪耀光栅在闪耀波长处的衍射效率通常可以达 85%～90%，在闪耀波长的 2/3 和 9/5 处，其衍射效率约降至峰值的一半，这样的效率远高于普通的层式(laminar)光栅，可以实现更高的光学效率，进而得到更高的系统信噪比。

4.3.2　光栅光谱弯曲

如图 4.12 所示，显然狭缝中点 O 发出准直光束的主光线与光栅法线的夹角小于狭缝端点 A 发出准直光束的主光线与光栅法线的夹角，根据光栅方程，非主截面内光的色散率相当于光栅常数为主截面内光的色散率，即 A 点光束的角色散率是 O 点光束的角色散率的 $1/\cos\varepsilon$ 倍。因此，直狭缝经过光栅的不同色散作用后，形成弧形谱线。

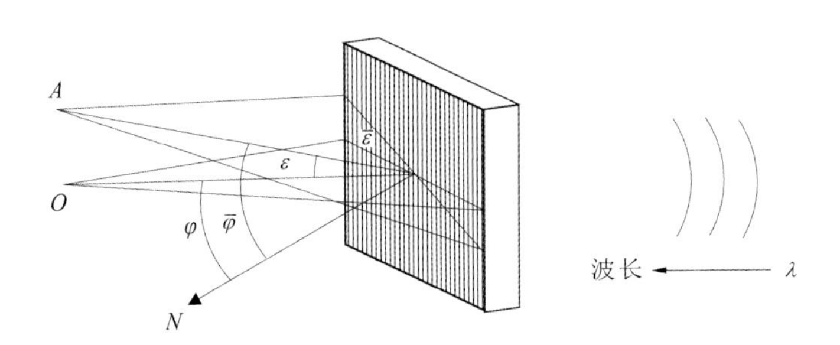

图 4.12　光栅分光的光谱弯曲

光栅谱线弯曲的曲率与波长、光谱级次成正比，与光栅常数成反比。与棱镜相比，光栅谱线弯曲对波长变化更为敏感。

与棱镜类似，光栅分光同样可以用在平行光路或发散、会聚光路中。在平行光路中通常使用平面光栅进行分光；在会聚光路中通常使用凸面光栅；在发散光路中通常使用凹面光栅。采用同心 Offner 结构和 Dyson 结构，曲面光栅既有分光功能又参与像差校正，因此能同时获得良好的像质和光谱特性设计。

4.3.3 凸面光栅

Offner 光谱仪的结构如图 4.13 所示，它由两块凹面反射镜和一块凸面光栅构成，坐标原点位于光栅的曲率中心，Z 轴穿过光栅的旋转中心，物空间狭缝与 X 轴平行，狭缝经光谱仪后分为多条相互平行的光谱各自成像排列在焦平面上，光栅刻线与狭缝平行。

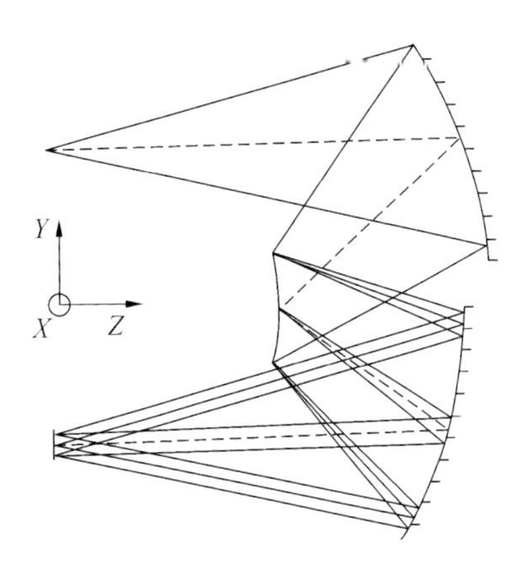

图 4.13 Offner 光谱仪原理图

同心 Offner 光谱仪满足罗兰圆像差条件，如图 4.14所示。当光学系统的参考入射光线及出射光线在子午与弧矢面内均与 Z 轴平行，且物点、像点与公共曲率中心在同一条直线上，这时系统是没有像散的，这种条件也被称为无像差细环视场，凸面光栅 Offner 光谱仪的设计正是基于这种条件。凸面光栅 Offner 光谱仪，同心反射面产生的三级和五级球差和彗差为零，光栅前的反射镜和光栅后的反射镜之间的三级像散、场曲、子午斜光束球差和椭圆形彗差互相抵消为零，剩下的只有残留的五级像散。这类分光系统由于采用了 Offner 全球面的对称结构，光谱畸变也很小。

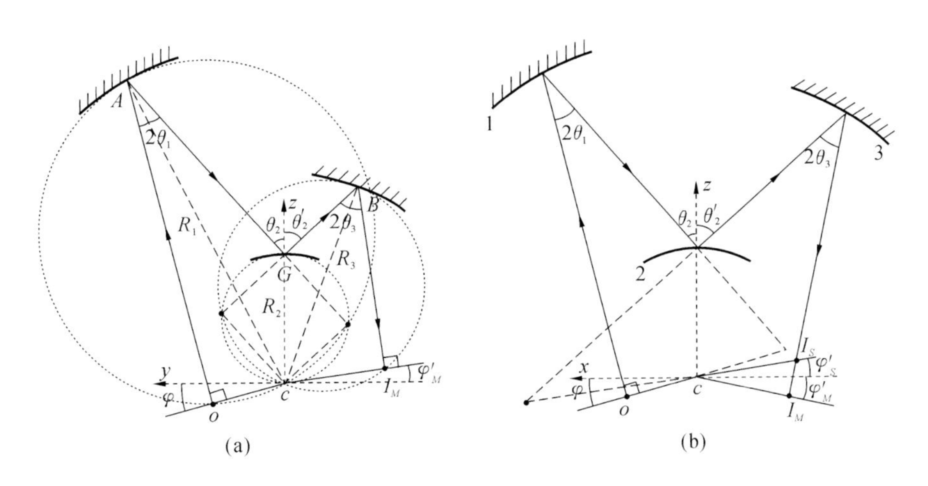

图 4.14 Offner 光谱仪像差条件分析

在本书第 9 章介绍的星载宽幅高光谱成像仪载荷设备就采用了凸面光栅 Offner 光谱仪技术方案，其光路主要结构如图 4.15 所示，具体设计细节将在第 9 章中展开介绍。

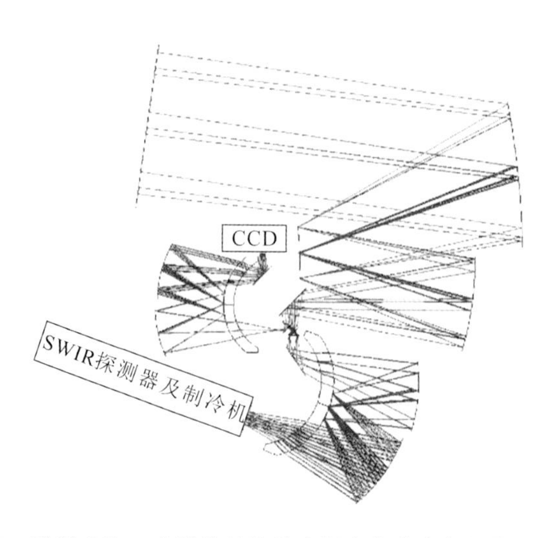

图 4.15　采用 Offner 光谱仪结构的宽幅高光谱成像仪载荷设备光路

4.3.4　凹面光栅

Dyson 光谱仪是由 Dyson 中继系统演变而来。Dyson 中继系统由 J. Dyson 于 1959 年提出，它是一种同心对称折反结构，系统放大倍率为－1。

Dyson 光谱仪的结构如图 4.16 所示，它由一块平凸透镜和一块凹面光栅构成，经过狭缝的光线由厚透镜折射到凹面光栅处，经凹面光栅衍射，再通过厚透镜会聚，在像面上排列出均匀的光谱像。

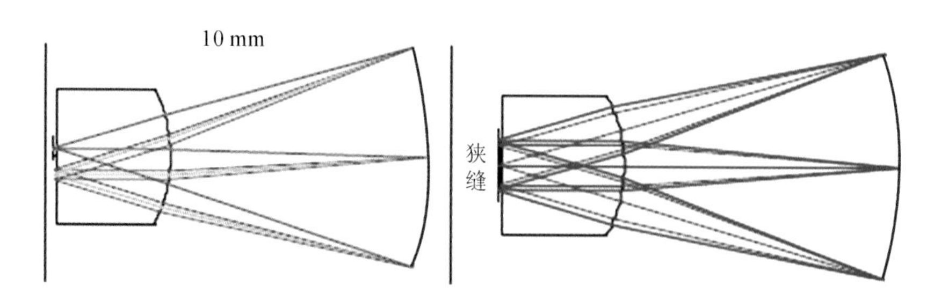

图 4.16　Dyson 光谱仪的结构

Dyson 光谱仪的优点：数值孔径高，成像质量好，光路简单，同心结构符合罗兰圆条件，光谱特性好、体积小；缺点：长狭缝设计困难；像方空间非常局促，不利于狭缝和探测器布局。

美国 JPL 近年研发的绝大多数光谱都是采用的 Dyson 结构，如图 4.17 所示，他们增大像方空间布局的方法(Mouroulis et al.，2009；Warren et al.，2010)主要包括：①设计异形厚透镜，即将平凸透镜设计成棱镜，将像面折转出来；②通过在凹面光栅和厚透镜之间加入非球面校正镜，提升像质同时拓长后截距。

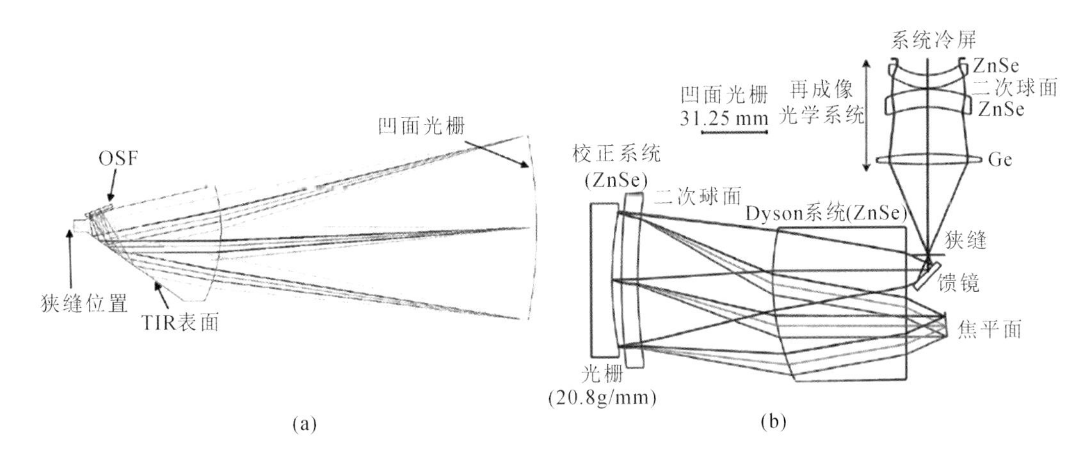

图 4.17　像方布局优化设计

(a)异形棱镜设计；(b)非球面校正镜设计

Dyson 光谱仪分光技术由于对光栅的制造技术要求很高，国内虽然目前开展理论研究的单位比较多，但是基于这种技术的实际遥感应用的仪器，尤其是红外波段的仪器报道少。

2006 年，美国 JPL 成功研制完成量子势阱红外高光谱成像仪 QWEST，该仪器的分光计采用 Dyson 同心设计，凹面光栅分光，分光计光机系统整体制冷至 40 K 抑制背景热辐射，这是一台最为经典的采用凹面光栅 Dyson 光谱仪的系统。在该仪器的基础上，同样采用 Dyson 低温光谱仪方案，美国 Aerospace 公司于 2010 年研制了机载高性能热红外高光谱成像仪 MAKO，仪器的照片和光路示意图如图 4.18 和图 4.19 所示。

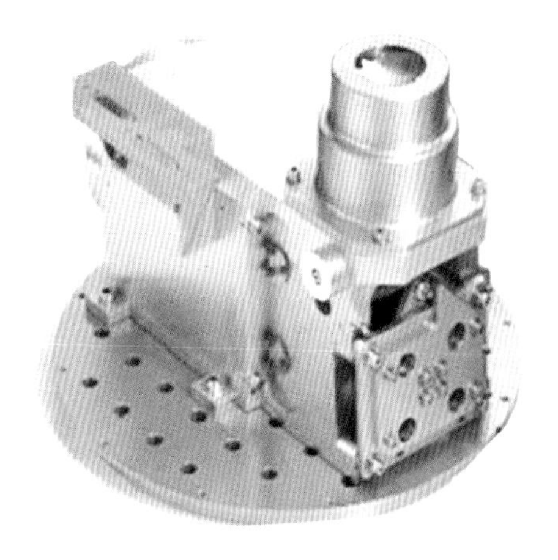

图 4.18　MAKO 系统实物照片

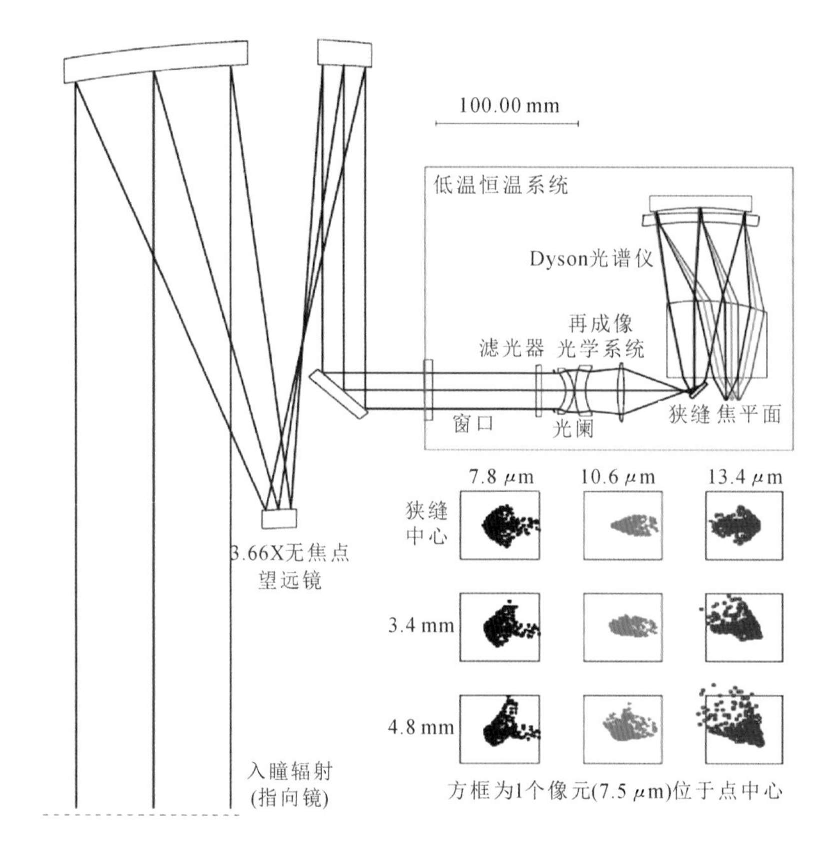

图 4.19 MAKO 系统光路示意图(方框内为 Dyson 分光计)

4.4 棱镜光栅组合

成像光谱仪使用二维面阵接收信号，为得到较大的空间线视场，狭缝均有一定长度。无论采用棱镜分光还是采用光栅分光，长狭缝都会产生谱线弯曲，造成空间信息和光谱信息的混杂。

采用棱镜-光栅组合分光技术，棱镜分光光谱向短波方向弯曲，而光栅分光光谱向长波方向弯曲，利用棱镜和光栅的色散弯曲互补特性，校正系统光谱弯曲，棱镜-光栅组合中的主要分光元件是光栅，其光谱基本呈线性。

4.4.1 体相位光栅 PGP 分光技术

1992 年，芬兰国立技术研究中心实验室报道了基于棱镜-光栅-棱镜(PGP)组合分光器件的成像光谱仪，并且于 1993 年首次应用于机载推扫成像光谱仪中，此种组件中的光栅为体相位光栅。之后芬兰 Specim 公司对 PGP 分光技术进行了商业开发，形成了多款产品，广泛应用于各领域。

图 4.20 是 PGP 分光原理图，光谱仪采用了一组棱镜和一个体相位光栅构成一个组合分光器件。从狭缝出射的发散光束通过透镜准直为平行光再经棱镜折射进入体相位光栅，经光栅衍射后，又通过后面的棱镜折射，中心视场主光线基本恢复到原方向。通过棱镜折射可以使得入射光束的入射角满足体相位光栅布拉格(Bragg)衍射的要求，因此可以获得很高的衍射效率。由于光谱仪的分光主要由中间的体相位光栅完成，棱镜引起的角色散不均匀较小。由于棱镜色散的谱线弯曲和光栅色散的谱线弯曲正好相反，两者组合分光引起的光谱弯曲可以部分抵消。这种 PGP 分光具有直视性好和结构紧凑等优点。

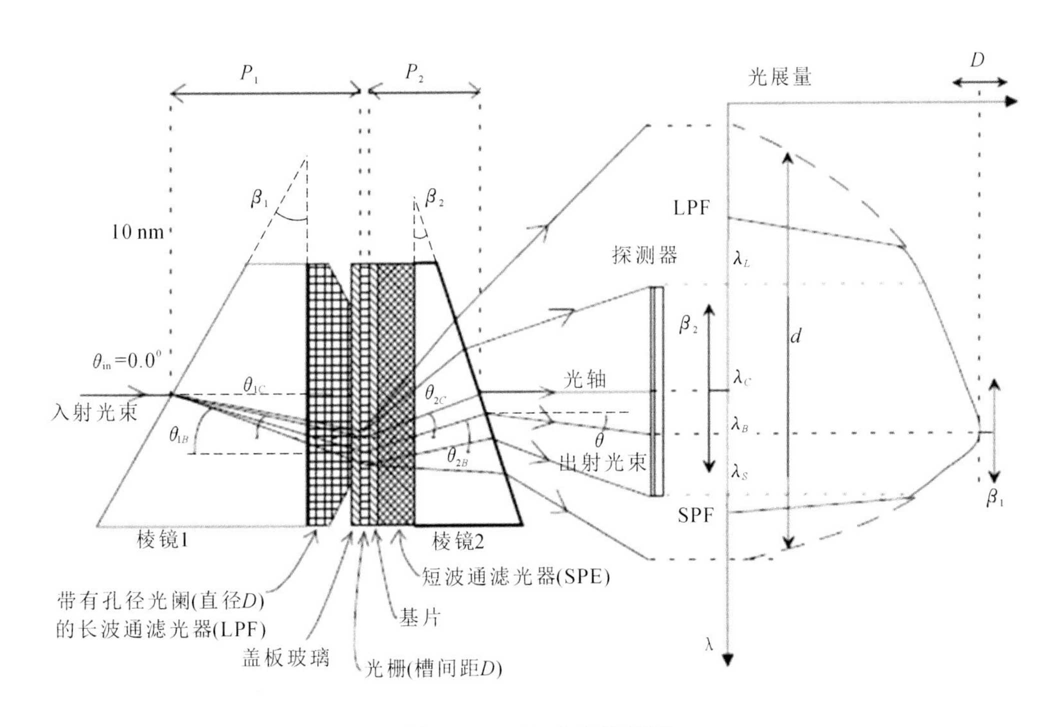

图 4.20 PGP 分光原理图

图 4.21 是 PGP 光谱仪光路图，包括狭缝、准直镜、PGP 分光器件、会聚镜及面阵探测器。光谱仪孔径光阑尽量设置在光栅上。狭缝经过准直镜准直后入射至 PGP 分光器件，经 PGP 色散分光后，通过会聚镜聚焦在像平面上。为保证系统达到直视性，光线直进直出，可以适当调整棱镜的顶角和光栅的刻线数使中心波长光线沿主轴方向行进。

表 4.1 是芬兰 Specim 公司的商业化 V8E 光谱仪的性能指标，系统光谱畸变小于 1/10 像元，总效率平均超过 50%，其实物如图 4.22 所示，体积小巧，重量仅为 1.1 kg。这款光谱仪的设计中，为达到像质最优化设计，其棱镜顶角设计放开了光轴直视性约束，因此，光谱仪并非直线排布，而在第二片棱镜后略有一定倾斜。

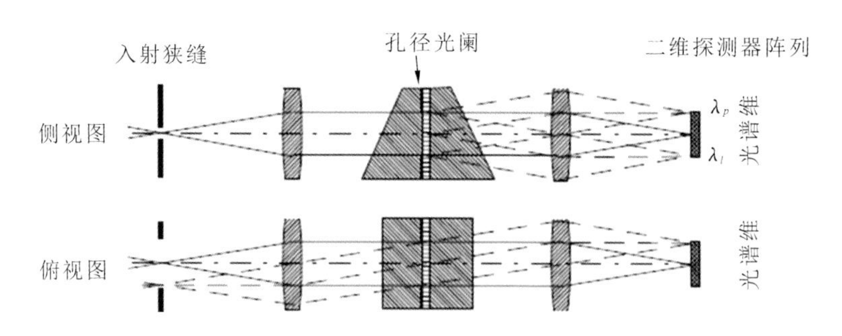

图 4.21　PGP 光谱仪光路图

图 4.22　V8E 光谱仪侧视图

表 4.1　V8E 成像光谱仪性能参数

工作光谱	380～800 nm
色散率	75 nm/mm
光谱分辨率@30 μm 狭缝	2 nm
平像场(最大探测器尺寸)	5.64 mm(光谱)×14.2 mm(空间)
F 数	2.4
最大入射狭缝长度	14.2 mm
光谱仪横向放大倍率	1∶1
像质	消像散,RMS 点列图<9 μm
空间畸变	±1.0 μm
光谱弯曲	±1.5 μm
平均透过率	>50%
杂散光	<0.5%(卤素灯,590 nm 高通滤光片)
体积	60 mm(宽)×60 mm(高)×175 mm(长)
重量	1.1 kg

4.4.2 反射光栅 PG 分光技术

芬兰 PGP 组件中的光栅是体相位光栅，棱镜-光栅组件也可以是棱镜和反射光栅的组合，下面介绍一种反射光栅 PG 分光技术。PG 分光组件如图 4.23 所示，经过准直镜准直后的光束入射至棱镜，再到达反射光栅表面，光谱仪孔径光阑尽量靠近光栅表面或者棱镜后表面。光栅是平面闪耀反射光栅，是反射 PG 光谱仪的核心色散分光元件，棱镜起到补偿光谱弯曲的作用，光谱呈色散线性。

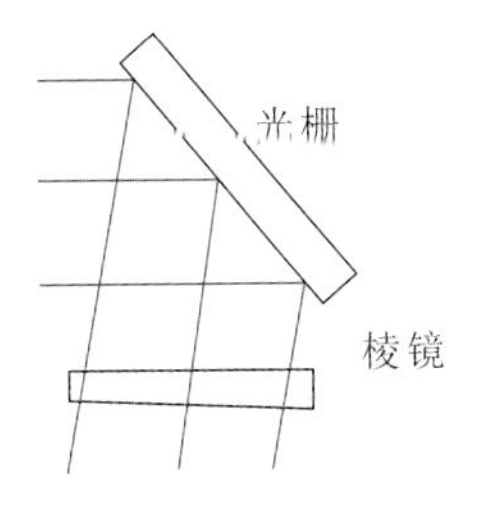

图 4.23 PG 组件示意图

我国航空高分全谱段多模态成像光谱仪，其 VNIR 谱段和 SWIR 谱段采用了这种反射光栅 PG 分光技术。以 SWIR 谱段为例，光谱仪设计指标和性能见表 4.2，光谱畸变如图 4.24 所示，光谱仪实物如图 4.25 所示。

表 4.2 SWIR 光谱仪性能参数

工作光谱	950～2 500 nm
光谱采样	3.027 nm/元(25 μm)
光谱分辨率@30 μm 狭缝	2 nm
平像场(最大探测器尺寸)	12.8 mm(光谱)×12.8 mm(空间)
F 数	3.6
狭缝长度	12.8 mm
光谱仪横向放大倍率	1∶1
像质	消像散，RMS 点列图<8 μm
空间畸变	±1.5 μm
光谱弯曲	±1.0 μm
平均透过率	>50%

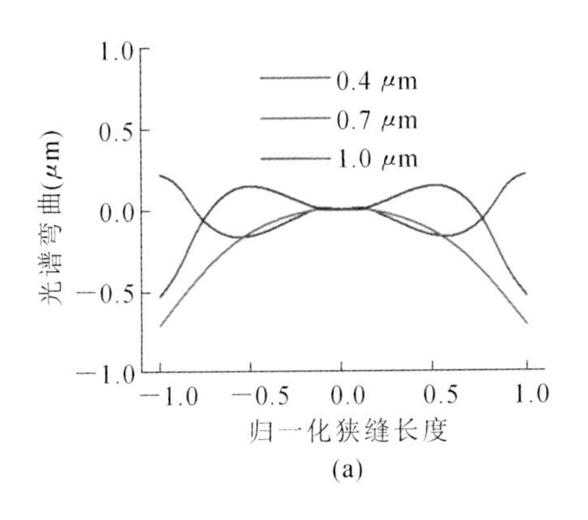

(a)

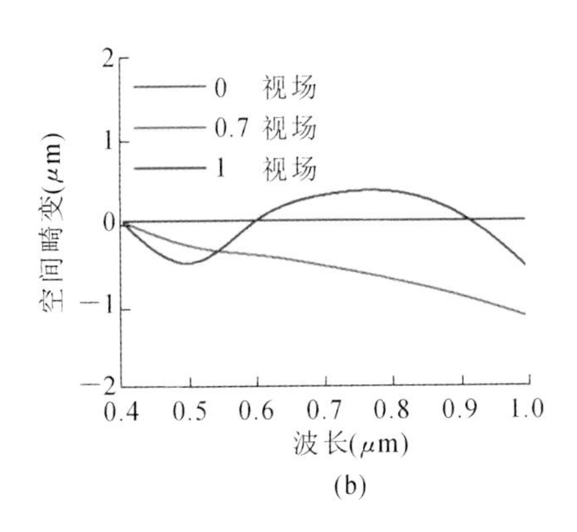

(b)

图 4.24 SWIR 光谱仪光谱畸变

图 4.25　SWIR 光谱仪实物图

PG 组件参数：棱镜角度为 5°54′40″，材料为康宁 7979。光栅光谱范围为 950～2 500 nm，通光面积为 D46 mm，基底为 BK7，刻线数为 33 lp/mm，金反射膜，衍射级次为 1 级，平面闪耀反射光栅衍射效率如图 4.26 所示。光谱色散呈线性，如图 4.27 所示。

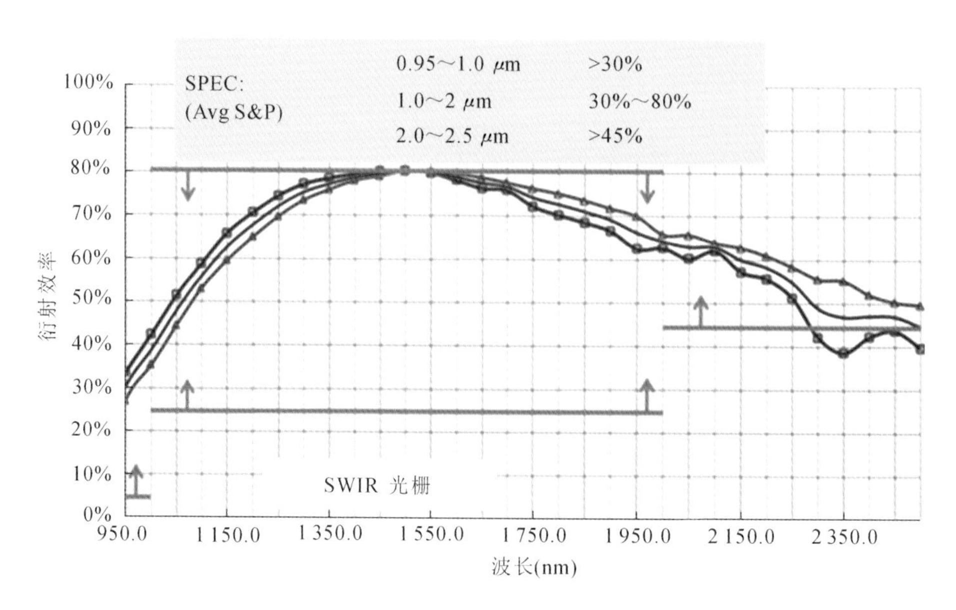

图 4.26　PG 组件中反射光栅衍射效率图

该技术具有以下优点：①分光组件采用棱镜-光栅组合，可获得线性色散光谱，亦有利于校正光谱弯曲和空间畸变；②采用平面闪耀反射光栅，能得到较高的衍射效率，成本相对较低，获取渠道畅通；③准直镜为单反结构，一定程度上有利于提高系统光学效率；④系统结构紧凑，方便构型布局；⑤对平台要求低，适用于大视场和精细分光的推帚式光谱成像系统。

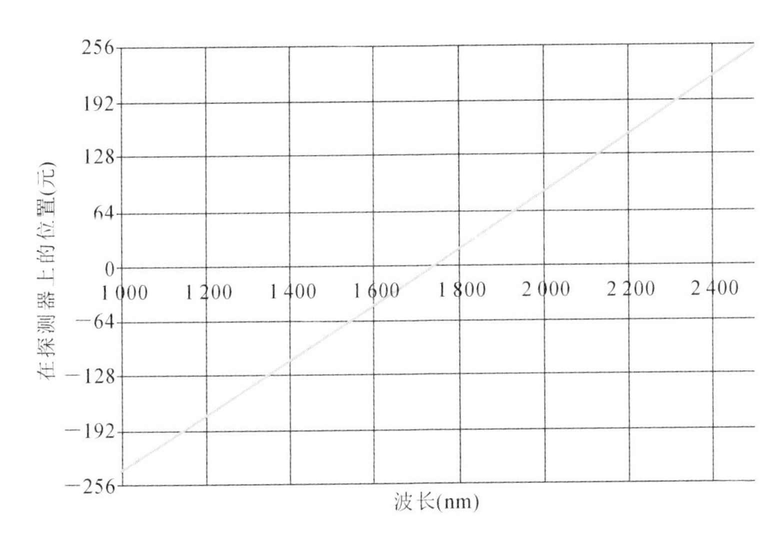

图 4.27 PG 光谱线性曲线

4.5 滤光片式分光

滤光片式分光技术可简单分为三类:①旋转滤光片技术,主要是通过旋转滤光片轮实现,即一组不同波长的滤光片组成轮子,然后依靠轮子旋转实现不同波长光谱图的获取,形式最为简单;②干涉滤光片技术,包括法布里-珀罗滤光片、楔形滤光片和线性渐变滤光片等,光谱仪光路结构简单;③电控调制滤光片技术,可调谐滤光器件采用特殊的物理材料制成,包括声光可调谐滤波器和液晶可调谐滤波器。

4.5.1 法布里-珀罗滤光片

法布里-珀罗滤光片(Fabry-Perot filter)的工作原理是由两个平行的介质多层膜反射镜中间夹一个谐振腔构成,当两个反射镜具有同样的高反射率时,滤光片对某一波段的波长存在高透过率的特性,其典型的透射谱如图 4.28(a)所示,改变谐振腔的厚度可以改变透过的波长,且在一定范围内呈线性变化,如图 4.28(b)所示。

采用光刻掩模工艺和微区光学膜层控制沉积技术可实现微通道集成法布里-珀罗滤光片制作,采用微通道集成法布里-珀罗滤光片结合探测器时间延迟积分(time delay intergration,TDI)功能可以实现高分辨率超光谱成像,国外航天光谱成像仪已有采用。这种分光方式不需要在光路中设置光谱仪,光路结构与一般的高分辨率相机相似,在探测器表面覆盖集成滤光片,每一行(或几行)作为一个波段,对一个面视场的目标进行面阵成像。利用航天器

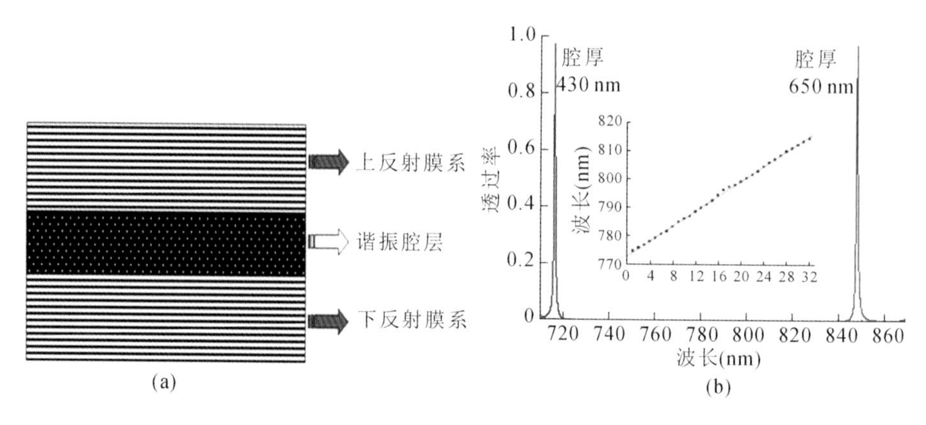

图 4.28 法布里-珀罗滤光片

(a)透射谱示意图;(b)典型透射谱及峰位随谐振腔厚度线性变化规律

的运动进行推扫,最终完成光谱成像,如图 4.29 所示。

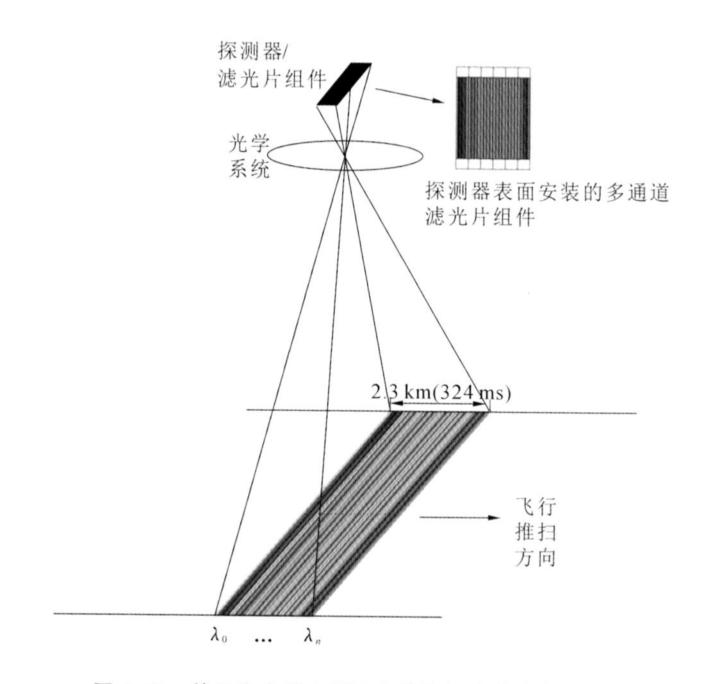

图 4.29 基于集成微光学滤光片的超光谱成像原理图

如图 4.30 所示,每一个波段(即探测器每一行)相当于一个单波段的线阵推扫相机,将每个波段的推扫图像进行融合,即可获得光谱数据立方。

该技术的优点有以下四点。

(1)结构简单。这种分光方式不需要在光路中增加光谱仪,因此无论是光学设计还是结构设计都非常简单。

(2)有利于红外光谱成像的背景抑制,简化探测器冷屏设计。由于滤光片位于探测器表

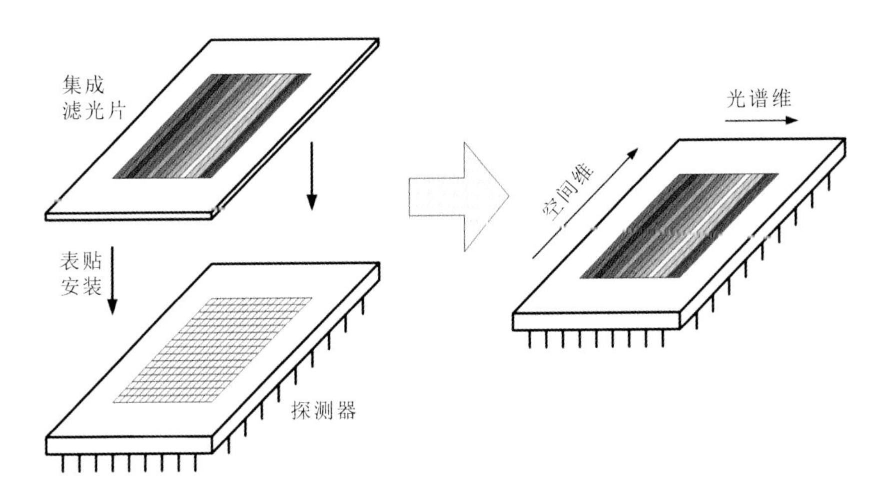

图 4.30 滤光片分光安装及成像示意图

面,则对于每一个波段,探测器接收到的结构背景辐射为

$$L_{\mathrm{bg}} = \sum R_{\mathrm{total}}(\lambda_i)\Delta\lambda \tag{4.12}$$

其中,R_{total}为总的结构背景辐射量,λ_i 为系统任一工作波段的中心波长,$\Delta\lambda$ 为该波段的工作带宽。而对于传统傅里叶干涉分光或色散分光方式的红外成像光谱仪,探测器接收到的结构背景辐射为

$$L_{\mathrm{bg}} = \int_{\lambda_{\mathrm{cut\text{-}on}}}^{\lambda_{\mathrm{cut\text{-}off}}} R_{\mathrm{total}}(\lambda)\mathrm{d}\lambda \tag{4.13}$$

其中,$\lambda_{\mathrm{cut\text{-}on}}$和 $\lambda_{\mathrm{cut\text{-}off}}$分别为探测器(含窗口与冷滤光片)的响应起始波长和截止波长,对于中波来说是 2.5～5.0 μm,其所描述的背景辐射覆盖探测器响应全谱段,较 $\Delta\lambda$ 包含的背景辐射至少高一个数量级,给仪器的性能会带来很大影响,因此传统分光方式的分光光谱仪需要采用冷光学以及冷屏匹配等措施才能解决背景噪声问题,但会使系统非常笨重和复杂。采用微通道滤光片式的分光方式则能够进行良好的背景抑制,而不用增加额外的措施。

(3)波段光谱响应波形可按需设计,如图 4.31 所示,得到较为理想的光谱波形,有利于数据应用。

(4)光学效率高,并可以与探测器匹配设计,采用 TDI 探测模式,获得满足应用需求的信噪比。如果探测器不是每一行一个波段,而是每 N 行一个波段,这样就可以仿照 TDI 推扫相机的工作模式,实现光谱 TDI 成像。

中国科学院上海技术物理研究所基于法布里-珀罗滤光片,于 2003 年首次提出将一系列只有谐振腔厚度不同的法布里-珀罗滤光片单片集成,不同谐振腔厚度区域对应不同的光谱通道,形成一种能同时实现空间和光谱高分辨率分光的新型分光器件。在此基础上,分别提出了组合刻蚀法和组合镀膜法来实现新型集成滤光片分光器件的快速制备。由于与半导体工艺兼容,各滤光片通道单元的尺寸可小至微米量级,与探测器完全匹配,可共同构成结

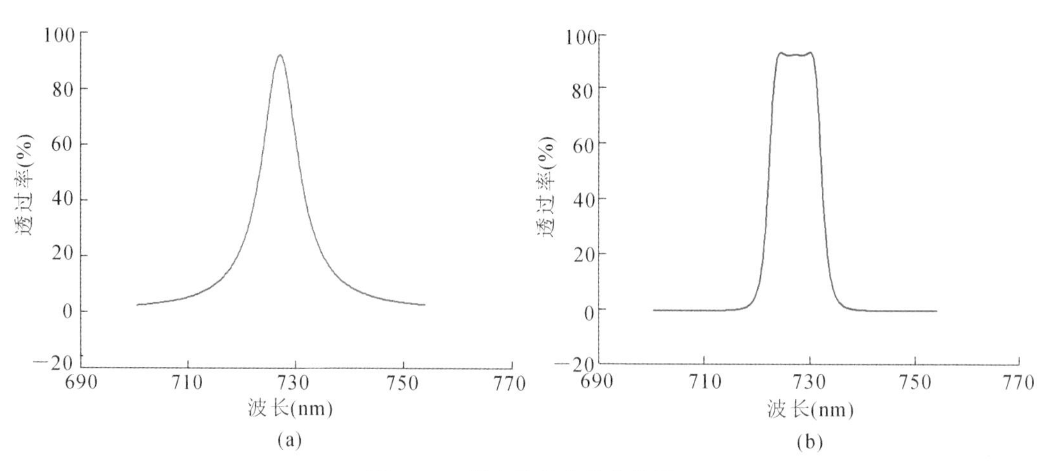

图 4.31　滤光片的光谱曲线图

构最简单、体积最小、重量最轻、速度最快和可靠性最高的光谱仪器，甚至可与探测器单片集成，形成光谱可识别探测器。随着半导体微加工技术的发展，高精度精细分光基于法布里-珀罗干涉原理的微通道集成滤光片制作已经可以实现。该研究所目前已实现可见波段 16 通道、近红外波段 32 通道和短波红外波段 16 通道集成滤光片的制备演示，并且实现了波形更好的双腔集成滤光片制备演示和 128 通道集成滤光片的制备。

德国 XIMEA 公司基于法布里-珀罗技术先后研制了多款高速高光谱相机（xiSpec 系列高光谱相机）。xiSpec USB 3.0 高速光谱相机尺寸仅为 26.4 mm×26.4 mm×21.6 mm，主机重量约 30 g。xiSpec 系列高光谱相机一度被称为世界上最小巧轻便的光谱相机。根据集成方式分为线扫型、磁块型和马赛克型，如图 4.32 所示。其中，xiS-

图 4.32　xiSpec 系列高光谱相机

pec系列高光谱相机最大的特点是可以实现高速扫描成像，尤其是磁块型和马赛克型可以实现面阵成像，不像推帚式高光谱成像仪需要依靠运动成像。表4.3列出了几款典型的xiSpec系列高光谱相机参数。

表4.3 典型的xiSpec系列高光谱相机参数

型号	类型	光谱范围(nm)	通道数量	光谱分辨率(nm)	扫描速率(s^{-1})
MQ022HG-IM-LS100-600-1000	线扫型	600～1 000	100+	10～15	1 360 l
MQ022HG-IM-LS150-470-900	线扫型	470～900	150+	10～15	1 360 l
MQ022HG-IM-SM4X4-470-630	全局快门(马赛克型)	470～630	16	10～15	170立方体
MQ022HG-IM-SM4X4-600-900	全局快门(马赛克型)	600～900	16	10～15	170立方体
MQ022HG-IM-SM5X5-600-1000	全局快门(马赛克型)	600～1 000	25	10～15	170立方体
MQ022HG-IM-ST32-600-1000	全局快门(磁块型)	600～1000	32	10～15	170立方体

4.5.2 楔形滤光片

楔形滤光片(wedge filter)是一种干涉分光，利用等厚干涉原理(图4.33)，其分辨率与波长成比例，楔角α产生光程调制，形成渐变分光。其特点是分光非线性，并且光学效率较低，为确保光谱质量，一般选择小数值孔径，因此实现高空间分辨率难度较大。

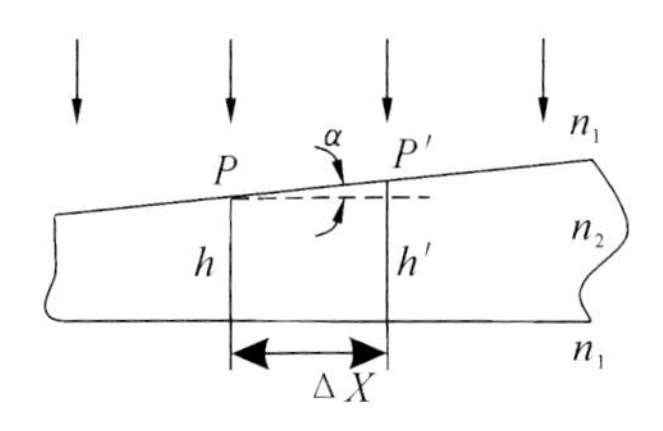

图4.33 等厚干涉原理

美国EO-1卫星曾搭载一台基于渐变滤光片的光谱成像仪，其分光原理如图4.34所示，主要用于空间光谱图像的大气订正，光谱覆盖0.9～1.6 μm，空间分辨率250 m@705 km，光谱分辨率35～55 cm^{-1}，图4.35所示的是两个典型LAC大气校正仪(Leisa atmospheric corrector，LAC)校正的光谱响应函数。

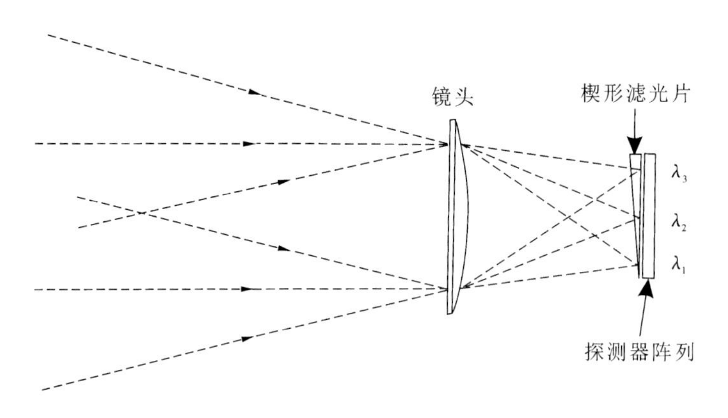

图 4.34　美国 EO-1 卫星 LAC 楔形滤光片成像光谱仪原理

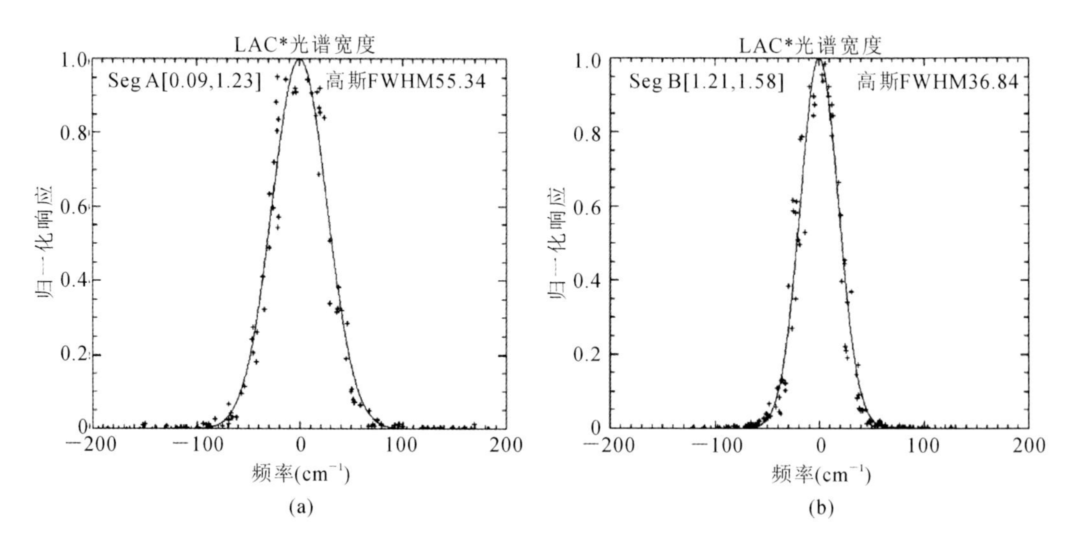

图 4.35　LAC 光谱响应函数

(a)高斯 FWHM 为 55.34 cm^{-1};(b)高斯 FWHM 为 36.84 cm^{-1}

4.5.3　线性渐变滤光片

线性渐变滤光片(linear variable filter,LVF)是一种光谱特性随位置线性变化的光学薄膜器件。它是利用离子辅助法或离子束溅射法等工艺,通过在基底表面镀制多层厚度变化的膜系而形成的。相比于传统的窄带滤光片,进行分光可以获得较高的光谱分辨率。线性渐变滤光片应用在光谱成像领域,相比于棱镜和光栅型色散型光谱成像仪,基于线性渐变滤光片的光谱成像仪有成本低、光谱分辨率高、稳定性好等特点,且体积小、重量轻,同时研发和制造成本较低,具有较好的应用前景。

如图 4.36 所示，全介质膜窄带滤光片的间隔层为楔形谐振腔，其两侧介质层为光学厚度均为 $\lambda/4$ 的高低折射率交替排列构成的周期多层膜系，反射率接近 100%，利用多光束干涉原理，可以得到以给定波长为中心的通带，而谐振腔内介质厚度的变化可以实现通带中心波长的线性调谐，使得线性渐变滤光片的光谱特性随位置线性变化。线性渐变滤光片沿渐变方向，不同位置的间隔层有不同的等效光厚度 d_j，对应不同的透射率中心波长 λ_j，一般使用一级干涉，$\lambda_j = 2d_j$。线性渐变滤光片的不同位置具有不同的通带，可以实现分光功能，可作为光谱成像系统的分光器件。

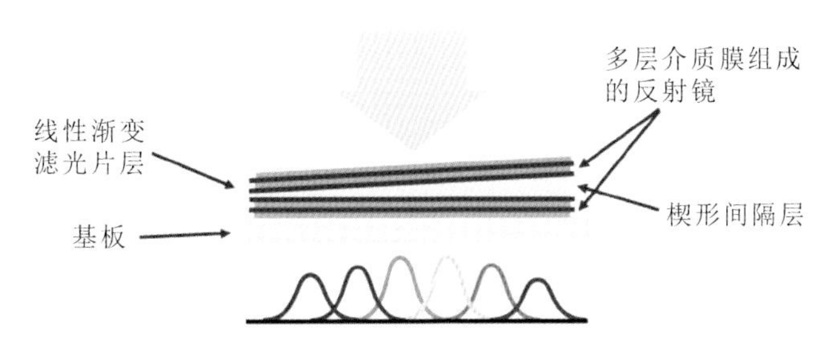

图 4.36　线性渐变滤光片原理图

基于 LVF 分光的光谱成像仪结构十分简单，只需将渐变滤光片安装在面阵探测器的前方，使探测器的每一行只接收对应通带的光谱能量。线性色散系数、光谱透过率是表征线性渐变滤光片光谱特征的重要参数，是评价渐变滤光片性能的重要指标。线性色散系数（于新洋，2016）定义为

$$\text{Dispersion} = \frac{\lambda_{\text{end}} - \lambda_{\text{start}}}{x_{\text{end}} - x_{\text{start}}} \tag{4.14}$$

式中，x_{start} 和 x_{end} 分别为线性渐变滤光片的起始位置和终止位置；λ_{start} 和 λ_{end} 分别是线性渐变滤光片的起始中心波长和终止中心波长。

线性渐变滤光片的光谱透过率曲线近似为高斯函数，可描述为

$$\tau(\lambda, x) = \tau_{\text{c}}(x)\exp\left\{-(4\ln 2)\frac{[\lambda - \lambda_{\text{c}}(x)]^2}{\Delta\lambda(x)^2}\right\} \tag{4.15}$$

式中，$\tau_{\text{c}}(x)$ 为滤光片工作位置 x 处的中心透过率；$\Delta\lambda(x)$ 为滤光片位置 x 处对应通带的半高宽（full width at half maximum，FWHM）；$\lambda_{\text{c}}(x)$ 为位置 x 处对应的中心波长。

理想情况下，线性渐变滤光片的中心波长沿滤光片的工作方向线性变化，即

$$\lambda_{\text{c}}(x) = k_0 x + b_0 \tag{4.16}$$

式中，k_0 为线性渐变滤光片的线性色散系数；b_0 为滤光片起始工作位置处的中心波长。

线性渐变滤光片的种类有带通、高通、低通等类型，光谱仪中用于分光的线性渐变滤光片一般是窄带通线性渐变滤光片。对于这种滤光片，滤光片各个位置的透过率曲线与窄带滤光片的透过率特性相同。沿渐变方向，各位置的透过率中心波长连续线性变化，如图 4.37 所示。

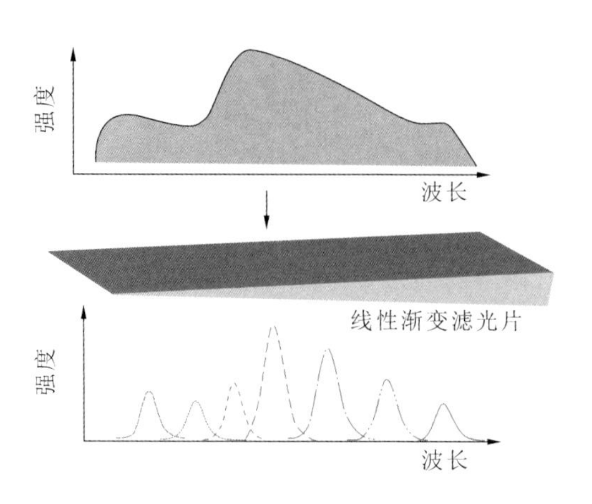

图 4.37　线性渐变滤光片分光特性示意图

4.5.4　声光可调谐滤波器

声光可调谐滤波器(AOTF)基于声光效应的原理,如图 4.38 所示,当一束复色光通过一个高频振动的具有光学弹性的晶体时,某一波长的单色光将会在晶体内部产生衍射,以一定角度从晶体中透射出来。当晶体振动频率改变时,可透射单色光的波长也相应改变,这就是 AOTF 分光的基本原理。AOTF 一般基于反常 Bragg 衍射的声光互作用原理:在晶体内产生高频振荡的超声波,对晶体应变产生周期性的空间调制,其作用类似位相光栅。当满足 Bragg 衍射条件时,入射光在晶体内将产生反常 Bragg 衍射,其衍射光的波长与超声波的频率有着对应的关系。实际应用中,通过固定在晶体表面的压电换能器将射频驱动信号转换为晶体内部的超声波。

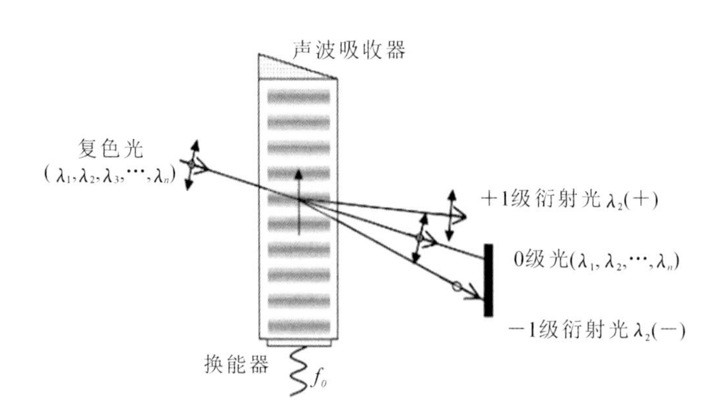

图 4.38　AOTF 分光技术

AOTF 主要分为共线性和非共线性,由于非共线性 AOTF 具有较大的口径和视场角,同时衍射波长光束和未衍射光束有一定的分离角度，在空间上实现了分离，晶体材料易于获得，可以对自然光进行衍射，成为目前普遍使用的类型(徐介平，1982；Gupta et al.，2000；段乔峰，2003；Gupta，2005；王建宇 等，2009；龚玉梅，2009)。

如图4.39(a)所示，在非共线性AOTF中，有两种传播模式：一种为折射系数与传播方向有关，称为e光，传输速率为$\frac{c}{n_e(\lambda,\theta_i)}$；另一种为折射系数与传播方向无关，称为o光，传输速率为$\frac{c}{n_o(\lambda)}$。下面从矢量分析的角度对非共线性AOTF的分光原理进行表述，矢量图如图4.39(b)所示。其中，$n_o(\lambda)$表示o光的折射率；$n_e(\lambda,\theta_i)$表示e光的折射率；$\vec{k}_i$表示入射光矢量；$\vec{k}_{ie}$表示入射光e矢量；$\vec{k}_{io}$表示入射光o矢量；$\vec{k}_{de}$表示衍射光e矢量；$\vec{k}_{do}$表示衍射光o矢量；f_a表示超声波频率；$\vec{v}_a$表示超声波速度矢量；$\vec{k}_a$表示超声波矢量。

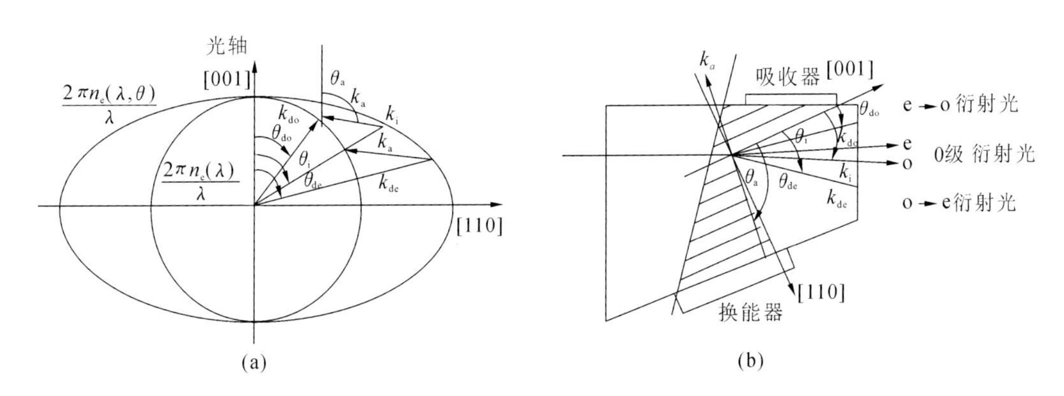

图4.39 非共线性AOTF矢量图

入射光$\vec{k}_i$进入晶体后被分解为两个正交极化矢量$\vec{k}_{ie}$和$\vec{k}_{io}$，与超声波矢量耦合后分别合成$\vec{k}_{do}$和$\vec{k}_{de}$，满足矢量合成关系的特定波长的光将以一定的分离角与入射光分离，即满足矢量合成关系式：

$$\vec{k}_{ie}+\vec{k}_a=\vec{k}_{do} \tag{4.17}$$

$$\vec{k}_{io}+\vec{k}_a=\vec{k}_{de} \tag{4.18}$$

由动量匹配原理可以推导出晶体的理论频率波长对应关系。与此同时，动量匹配原理也说明了，对于设计时入射面与出射面相平行的声光晶体，随着调制频率的变化，衍射光的出射方向也会随之漂移。因此，用于成像光谱仪的AOTF晶体必须加入光楔以消除色散的影响。

AOTF的原理与传统色散元件不同，主要具有以下特点。①可以进行高速的光谱扫描。当射频驱动频率改变时，衍射波长变化所需的时间主要由超声波充满AOTF晶体的时间所决定，因此AOTF具有极高的响应速度。②可以实现可编程的工作方式。配合射频驱动器，通过改变加载晶体上超声波的频率，即可实现波长切换。③AOTF含有两个正交的极化输出，非常适合进行二向色性偏振测量。④AOTF拥有固态的适用于锁相放大的调制器。

通过调整传送至 AOTF 晶体的射频驱动信号功率，可以调整衍射光输出光强。这点使得 AOTF 可以和锁相放大器联合使用，对强背景下的弱光信号进行检测，非常适合用于开放空间的采样检测系统。⑤AOTF 采用凝视成像模式，系统无须机械扫描机构，尺寸小、重量轻，环境适应性强，抗潮湿、抗辐射，可以应用于恶劣环境下的光谱探测，如深空环境。

国际上基于 AOTF 分光技术的典型仪器是 SPICAM(spectroscopy for investigation of characteristics of the atmosphere of Mars)和 SPICAV(spectroscopy for in vestigation of characteristics of the atmosphere of Venus)(Korablev et al.,2002)。欧空局于 2003 年发射成功的火星快车(Mars Express)卫星上装载了 SPICAM 光谱仪器，红外通道使用 AOTF 分光。2005 年，欧空局在金星快车(Venus Express)卫星上同样装载了 AOTF 光谱仪 SPICAV 对金星进行探测。需要注意的是，这两台仪器均为非成像 AOTF 光谱探测器。

SPICAV 与 SPICAM 的主要变化在于将近红外由 1.0～1.7 μm 拓展至 0.7～1.7 μm，同时增加2.3～4.2 μm 太阳掩星观测谱段探测功能。图 4.40 和图 4.41 分别为仪器的实物图和光谱探测曲线。

图 4.40 SPICAV **实物图**

国内方面，基于 AOTF 分光技术的代表性仪器是嫦娥三号(CE-3)红外成像光谱仪，如图 4.42和图 4.43 所示，由中国科学院上海技术物理研究所于 2013 年研制成功，包含可见 VNIS 通道和红外 IR 通道，VNIS 为成像光谱仪，红外 IR 为光谱仪，装载在月球巡视器上，对月球表面土壤进行探测识别(He et al.,2015)。后期的嫦娥五号(CE-5)上也搭载了这种技术的月球矿物光谱分析仪，它在 CE-3 红外成像光谱仪的基础上发展而来，红外波段延伸至 3.2 μm，考虑到基于静止着陆器平台，系统集成了二维指向机构，实现了可调视场，更为充分地发挥了凝视成像系统的优势。

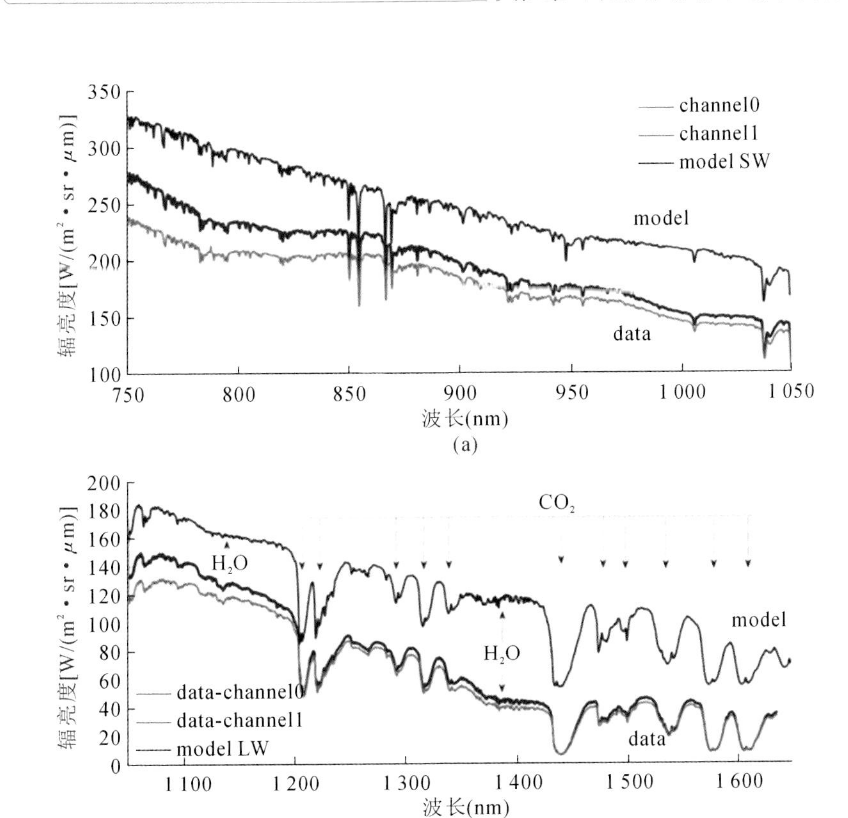

图 4.41 SPICAV 光谱仪对金星 H_2O 及 CO_2 光谱探测曲线

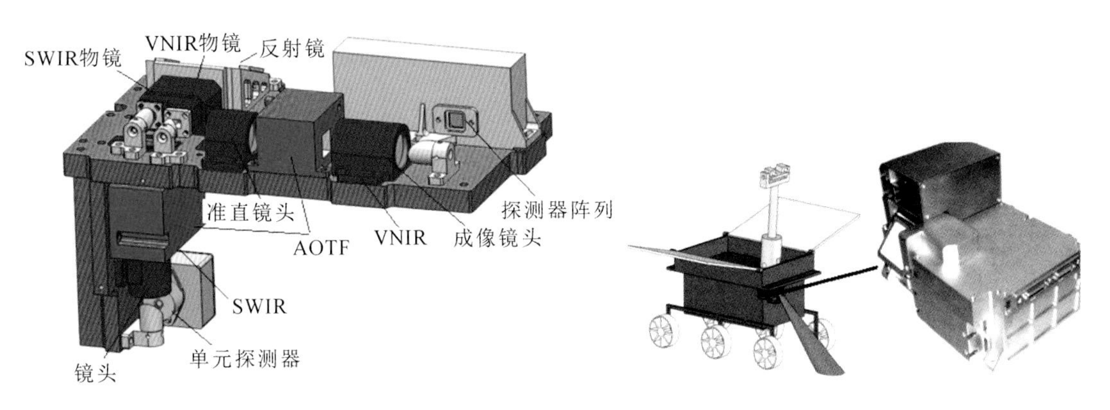

图 4.42 CE-3 光谱仪模型

图 4.43 CE-3 光谱仪装载位置及实物图

4.5.5 液晶可调谐滤波器

液晶是一种介于各向同性的液体和完全规则的液晶体之间的一种中间态物质，它的折射率分布是各向异性的，液晶分子的光学性质对外部刺激很敏感。当给液晶盒施加不同的电压时，可以改变液晶盒内的电场强度分布，从而改变液晶分子的排列并导致液晶分子的折射率发生变化，这种现象称为液晶分子的电控双折射效应(李维隄 等，1999)。液晶的电控双折射效应会使o光与e光的折射率发生变化，从而改变o光与e光的折射率差及相位差。

液晶可调谐滤波器(liquid crystal tunable filter，LCTF)是将液晶材料与双折射滤光片结合在一起形成的可调谐滤光器，它是通过施加不同的电压调节双折射液晶实现特定波长光的选择性透过，其具有体积小，重量轻，均为固定构件、无运动部件，便于移动等优点。

一个典型的Lyot型滤光片通常由几个偏振双折射器件和数个偏振器组成。其中偏振器的透光轴是互相平行的，每两片偏振器之间夹着一块或几块偏振双折射器件，偏振双折射器件的光轴与偏振器的透光轴成45°。根据偏振干涉理论，可得单级Lyot型滤光片的透光率T是偏振双折射器件所产生双折射光程差的函数：

$$T = I/I_0 = \cos^2(\pi\delta/\lambda) \tag{4.19}$$

如图4.44所示，为了得到更窄的通带宽带，将上述单级Lyot型滤光片按一定相位延迟比叠加而成多级Lyot型滤光片。设第N个偏振双折射器件产生的双折射光程差为δ_N，则

$$T = T_1 T_2 \cdots T_N = 0.5 \times \cos^2(\pi\delta_1/\lambda)\cos^2(\pi\delta_2/\lambda)\cdots\cos^2(\pi\delta_N/\lambda) \tag{4.20}$$

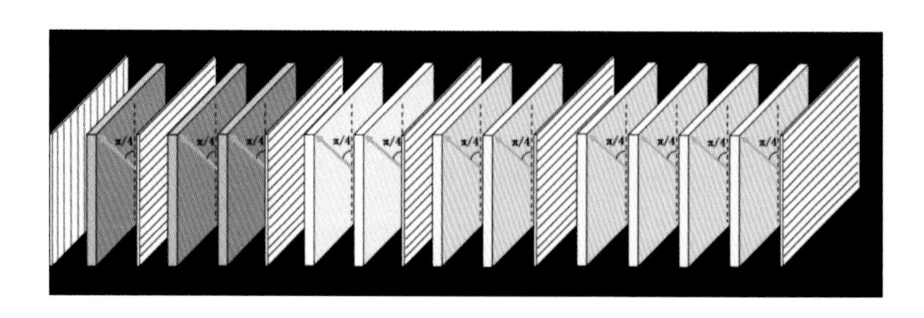

图4.44　液晶可调谐滤波器(多级Lyot型滤光片)构型示意图

为了抑制截至区通光，通常采用$\delta_N : \delta_{N-1} = 2 : 1$的形式。由于液晶具有电控双折射的特性，采用液晶盒与石英片的组合作为偏振双折射器件，其中液晶盒的分子取向必须与石英片的光轴方向一致，如图4.45所示，则

$$T = I/I_0 = \cos^2(\pi\delta/\lambda) = \cos^2[\pi(\delta_{LC} + \delta_{QZ})/\lambda] \tag{4.21}$$

式中，δ_{LC}为电控液晶产生的双折射光程差；δ_{QZ}为石英片产生的双折射光程差。通过改变液晶盒上所施加的电压，可以调节液晶盒所产生的光程差，从而控制Lyot型滤光片的通带中心波长。

20世纪80年代，美国海军为了侦测海底潜艇，美国JPL成功研发了第一台LCTF高光谱相机，用于卫星及机载遥感。目前，美国Meadowlark Optics公司制造的三级液晶可调谐滤光片，光谱范围为0.4～2.5 μm，光谱分辨率为10 nm。由于使用偏振片，液晶可调谐滤光片透过率的理论最大值为50%，现在最高可达到40%。日本在2014年发射的Rising-2微纳卫星以及菲律宾在2016年和2017年分别发射的PHL-Microsat-1、PHL-Microsat-2卫星上的载荷都采用

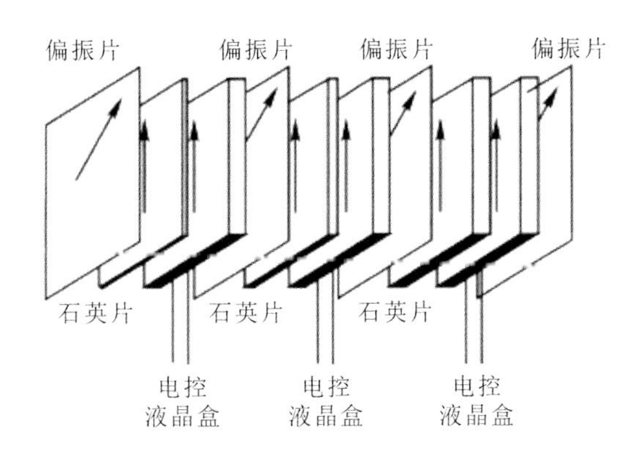

图 4.45 液晶可调谐滤波器(液晶盒与石英片组合)构型示意图

了 LCTF 技术(Maestro et al.,2016)。但液晶的折射率受温度变化发生漂移,对光谱分辨率和测量精度产生影响,需要复杂的控制设备。因此,目前 LCTF 高光谱技术一般应用在低空遥感、地面检测以及实验室检测等领域,而且尚无应用于长波、红外波段的报道。

4.6 图像光谱技术

图像光谱技术的基本原理如图 4.46 所示,光学系统仅含有一个二元衍射光学元件,复色光经过衍射元件后,不同波长的像在光轴的不同位置,同时实现成像和色散。

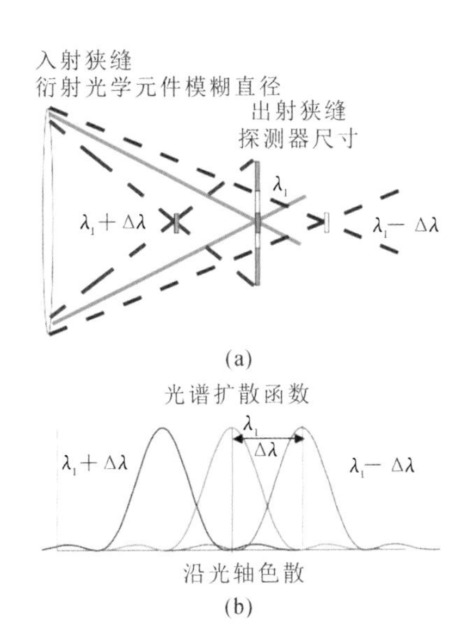

图 4.46 二元衍射分光原理(Hinnrichs et al.,2017)

图像多光谱传感技术，其色散元件是一个具有色散功能的圆形闪耀光栅，沿光轴方向分光。根据二元衍射元件的色差特性，波长对应的焦距(Lyons，1995)为

$$f(\lambda)=\frac{\lambda_0}{\lambda}f_0 \tag{4.22}$$

式中，λ_0 为设计波长；f_0 为波长 λ_0 对应的焦距。

根据一级衍射的物像公式(Yu et al.，2005)：

$$\frac{1}{s_0}+\frac{1}{s_1}=\frac{1}{f} \tag{4.23}$$

得到

$$s_i(\lambda)=\frac{fs_0}{s_0-f}=\frac{\lambda_0 f_0 s_0}{\lambda s_0-\lambda_0 f_0} \tag{4.24}$$

式中，λ_0 为设计波长；f_0 为波长 λ_0 对应的焦距；f_1 为波长 λ 对应的焦距；s_0 和 s_i 分别为对应波长 λ 的物距和像距。若已知 s_0 和 s_i，则可以求解出波长 λ。

此外，对于二元衍射元件，其 m 级次的对应波长 λ 的衍射效率(Buralli et al.，1989)为

$$\eta_m(\lambda)=\mathrm{sinc}^2\left(\frac{\lambda_0}{\lambda}-m\right) \tag{4.25}$$

式中，λ_0 为设计波长；m 为级次。

通常光谱仪由狭缝、准直镜、色散元件和会聚镜组成，通过狭缝的光经色散元件后，垂直于光轴方向分光，再成像在像面上。要得到较高的光谱分辨率，则狭缝缝宽也比较窄，这限制了仪器的光通量。而图像光谱传感技术不需要狭缝，拥有其他光谱成像方法所没有的优势，仅使用单一元件就能实现成像和分光，与狭缝光谱仪相比，其光通量更高，从而得到更多信号及更高的信噪比。

如图 4.47 所示，仪器的每一帧都将呈现出由图像光谱技术的二元衍射元件分开的特定光谱颜色图像，并且该元件沿着光轴方向依次在每一帧上呈现出不同的颜色。

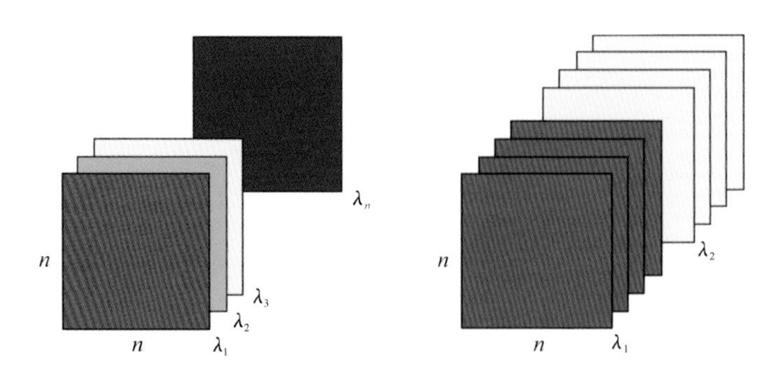

图 4.47　图像多光谱传感技术收集的带宽序列数据

自 20 世纪 90 年代以来，美国 Pacific Advanced Technology 公司一直致力于基于这种分光技术仪器的研发，先后研制出了单片式、双片式以及 4 片式系统。多片式系统(透镜阵

列式)是将圆形闪耀光栅置于阵列放置的微透镜上,以增大光谱范围(或提高光谱分辨率)和采集效率。图 4.48 是该公司研发的一个 4 片式制冷型红外系统,一个微透镜阵列(有 4 个二元衍射光学元件)置于同一个焦平面前几毫米的位置上,阵列中的每一个透镜都拥有不同的会聚能力,以将不同波长的光聚焦在该阵列的共同焦距上。

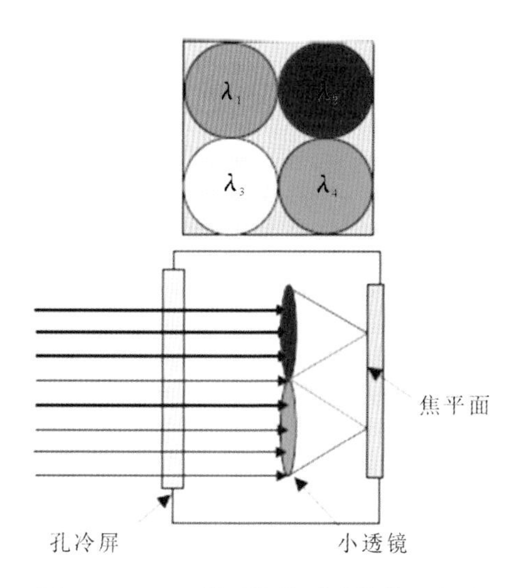

图 4.48　2×2 微透镜阵列成像的示意图

通过将透镜阵列沿光轴平移,在同一个焦平面上,仪器的每一帧将会呈现 4 种不同颜色的光谱图像,经过多帧图像的重叠,得到整个高光谱图像。如图 4.49 所示,左上角显示的是一个 2×2 的透镜阵列,右上角显示的是每一帧收集到的 4 种不同的光谱图,通过将透镜沿光轴方向平移,将收集到的光谱图像组合起来可实现高光谱图像获取。

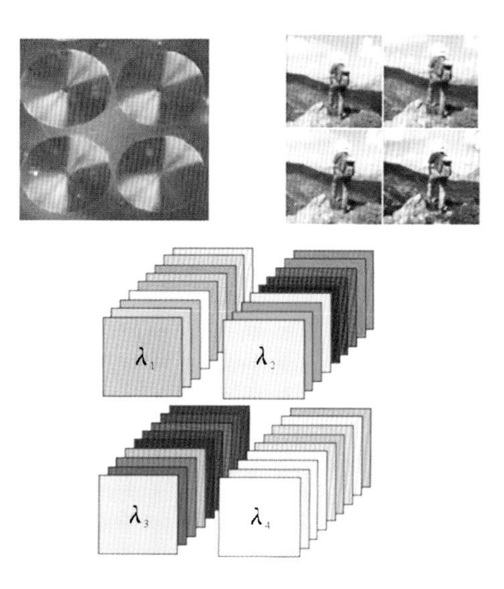

图 4.49　2×2 的透镜阵列图像

4.7 傅里叶变换分光

本节简要介绍一下傅里叶变换分光技术。傅里叶变换光谱仪基于傅里叶变换分光，探测器接收到的是目标像元全色的光能，利用光谱像元干涉图与光谱图之间的傅里叶变换关系，通过测量干涉图并对干涉图进行傅里叶变换来获取物体的光谱信息。

基于傅里叶分光的光谱成像仪具有以下优点。

(1)多通道。多通道优点又称高信噪比优点。设在时间 T 内以分辨率 δ_v 测量光谱范围从波数 v_1 到 v_2 的宽带光谱，通道数 $N=(v_2-v_1)/\delta_v$，对于色散型光谱仪一次曝光测量一个光谱元，对应的时间为 T/N，而傅里叶变换光谱成像仪所有光谱元的能量是同时通过系统且同时被接收，每个光谱元所对应的时间为 T。仪器信噪比与测量时间的平方根成正比，因此，傅里叶变换光谱成像仪的信噪比比传统色散型光谱仪高 $N^{1/2}$ 倍。在红外波段，傅里叶变换光谱成像仪的多通道优点更为凸显。

(2)高通量。色散型光谱仪的视场光阑通常为一条很窄的狭缝，限制了入射辐射通量；而傅里叶变换光谱成像仪没有狭缝，其入射光口径能够扩大，因此在相同光谱分辨率的情况下，与色散型光谱仪相比，傅里叶变换光谱仪具有更高的辐射通量和灵敏度，适用于弱光谱测量。

(3)杂散光低。色散型光谱仪的色散元件通常为光栅和棱镜，尤其是光栅，本身具有零级和高级次的衍射，需要采用针对性的杂散光消除措施来保证仪器的光谱纯净度；而傅里叶变换光谱成像仪由于是光束相干原理获取信号，通常杂散光不能满足相干条件，因此干涉型光谱成像仪的本身具有较强杂散光抑制能力。

傅里叶变换光谱成像仪的缺点是光谱图像的数据处理复杂，直接影响测量精度。获取光谱像元干涉图的方法与技术，是傅里叶变换光谱学研究的核心问题之一，决定了傅里叶变换光谱成像仪的适用范围和能力。数据处理包括干涉图滤波、切趾、相位修正、傅里叶变换等一系列措施。

基于傅里叶分光的光谱成像仪主要利用迈克尔逊干涉原理，探测得到的是目标在不同光程差位置的干涉图，根据产生光程差方式以及对干涉图采样方式，傅里叶变换光谱成像仪可以分为时间调制型和空间调制型。早期的干涉型光谱成像仪大多是基于迈克尔逊干涉仪为原形发展起来的，通过一套动镜驱动系统产生不同的光程差，以时间积分的方式记录所有不同光程差下对应的不同干涉级次的干涉图(条纹)信号，而探测器某一时刻上获取的是所有目标在同一光程差处的强度图像，这种方式属于时间扫描型。20 世纪 90 年代以来，随着面阵探测器的发展，国际上出现了空间扫描型干涉光谱成像技术，通过剪切干涉仪中剪切分束器产生不同的光程差，并在沿一定空间方向的不同位置上产生同一目标的不同干涉级次的干涉图，而在其垂直方向对应不同空间目标；此时一般采用面阵探测器采样，在某一时刻上获取的是相应不同目标在不同光程差处的干涉强度图像。其代表性方案有两种：一种是无狭缝的全通量空间调制型；另一种是有狭缝的Sagnac空间调制型。此外，还有基于两种方式的组合应用方式，即时空联合调制型。

4.7.1 迈克尔逊干涉型

迈克尔逊干涉型光谱成像仪的干涉图是分时采集的，属于时间调制型光谱成像仪，分光原理如图4.50所示。时间调制型光谱成像仪主要由前置光学(包括准直镜)、分束器、动镜、定镜、会聚镜和探测器等组成。目标辐射经前置光学准直后到达分束器，透射光束到达干涉仪动镜，反射光束到达干涉仪定镜，两路光束反射后原路返回，再次到达分束器，来自定镜的透射光束和来自动镜的反射光束经会聚镜后成像于焦平面处，并产生干涉信号，被探测器接收。动镜的匀速直线运动产生变化的光程差，在探测器上则接收到变化的干涉图信号。

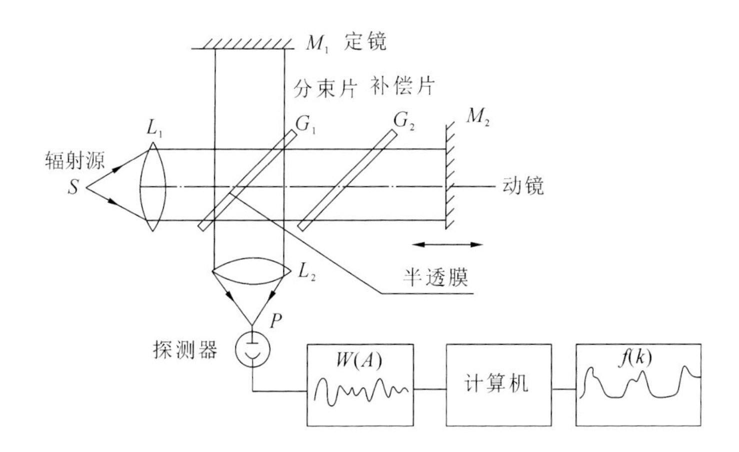

图4.50 迈克尔逊干涉型光谱成像仪结构

时间调制型傅里叶变换光谱成像仪的主要优点是高灵敏度、高光谱分辨率，一些采用角镜技术的仪器，由于角镜直线运动产生很大的光程差，这种仪器的光谱分辨率远远超过目前其他光谱探测技术；其主要缺点是对扰动非常敏感，要求具有高稳定性的动镜扫描系统。因为动镜运动中的速度和姿态控制对干涉仪的校准精度要求很高，而光机稳定度相对较差，甚至在动镜为直线型运动方式时还存在加速和减速的过程，因而时间分辨率不高。因此，在时间调制型傅里叶变换光谱成像仪中，既要保留高灵敏度高光谱分辨率的基本优势，又要突破动镜驱动系统的精度和高稳定性。

其典型代表有哈勃成像迈克尔逊光谱仪(Hubble imaging Michelson spectrometer, HIMS)。HIMS的总体目标是，解决需要在1 000～2 500 nm光谱范围内进行观测的基本天体物理问题(Vaughan，1989)。HIMS首先要完成在低背景下发现中等到高红移($1<z<3$，z为红移值)的星系，其极限量级(波长1.4 μm)为25，以及可能形成$5<z<15$的原星系。对这些星系和原星系的考察将为早期宇宙中星系形成的基本测试提供机会。还要完成探测和研究棕矮星(有效温度低于2 500 K，光度小于10″)。棕矮星是一个需要高空间分辨率和低至中等光谱分辨率的才能有限观测的目标。棕矮星的大量存在可能会导致太阳附近引力质量(从运动学研究中推断)缺失。

HIMS模块是一个对称的全反射系统，由准直器、分束器、两个猫眼反射器和两个收集器组成(Vaughan，1989)，如图4.51所示。猫眼后向反射器的使用偏离中心，入射光束进入整个圆孔的一侧，反射光束从另一侧出现。因此，入射光束位于图中的纸张平面中，而反射光束位于纸张平面上方或下方的平面中。猫眼后向反射器的一个特点是，如果入射光瞳位于一个包含凹面主镜曲率中心的平面上，则出瞳将重新成像到同一平面上。因此，在HIMS中，分束器位于由准直器形成的真实瞳孔图像中。这样，系统的瞳孔保持良好的性能，这是瞳孔与相机头部冷挡块对齐所必需的。猫眼的后向反射器形成两条"延迟线"，其路径长度可以通过移动猫眼在±5 mm的范围内移动而达到20 mm，相当于2 000 nm时的光谱解析能力为10 000。分束器是一种非对称元件，它在一个涂有一定厚度的氟化镁基板的一侧。然而，在使用它时，干涉仪每臂中的光将通过基板相同的次数(3次)，从而补偿基板的色散效应。只有输入的干涉仪的一个臂被来自望远镜的光照亮；另一个输入臂(图4.51中未显示)观测240 K冷参考板，以消除该臂的背景信号。干涉仪有两个输出端，分别是与分束器最后一次相遇时发射或反射的光。两个输出光束折叠在一起，以便在瞳孔图像(位于冷挡块处)重合。然后，这两束光束(由最后1对折叠镜)定向到两个128×128探测器阵列。为了区分视野中的空间特征和光谱特征，除了利用所有光(而不是一半)外，还需要使用干涉仪的两个输出。详细的设计方案可参考有关文献(Vaughan，1989)。

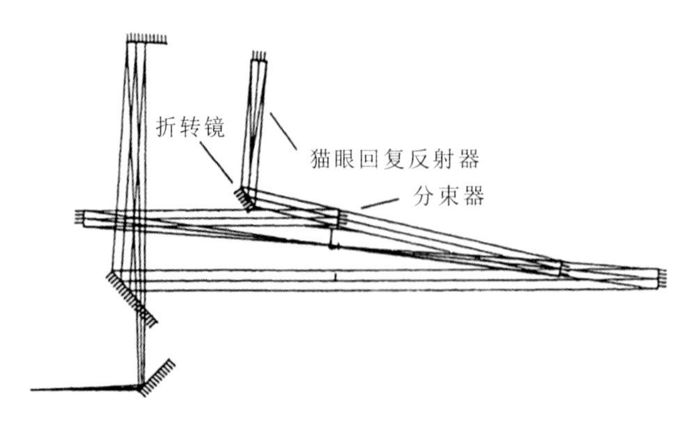

图4.51　与迈克尔逊干涉型光谱成像仪耦合的高分辨率相机前视系统(只显示了一个臂)(Vaughan，1989)

另一个典型代表是我国风云四号A星搭载的干涉式大气垂直探测仪(FY-4A/GIIRS)。

大气垂直探测仪主要是从卫星上测量其大气中的一些特定的红外光谱，通过气象学反演后就能得到大气主要成分的垂直分布。图 4.52 为大气垂直探测仪技术方案原理示意图。扫描系统在东西和南北两个方向步进扫描指向所需探测区域，地球和大气的辐射经主光学系统收集，准直进入干涉分光系统。干涉分光系统采取动镜式时间调制型傅里叶干涉分光方式（图 4.53），入射光被分束器分成两路，由运动反射镜调制光束的位相，再经分束器汇合，由分色片分成两个波段，然后通过组合透镜聚焦到红外探测器上，干涉信号由面阵探测器接收，转换成电信号。干涉型光谱成像仪采用直线往复式干涉系统，它的运动质量较小、光路短，适于星载、大视场仪器。

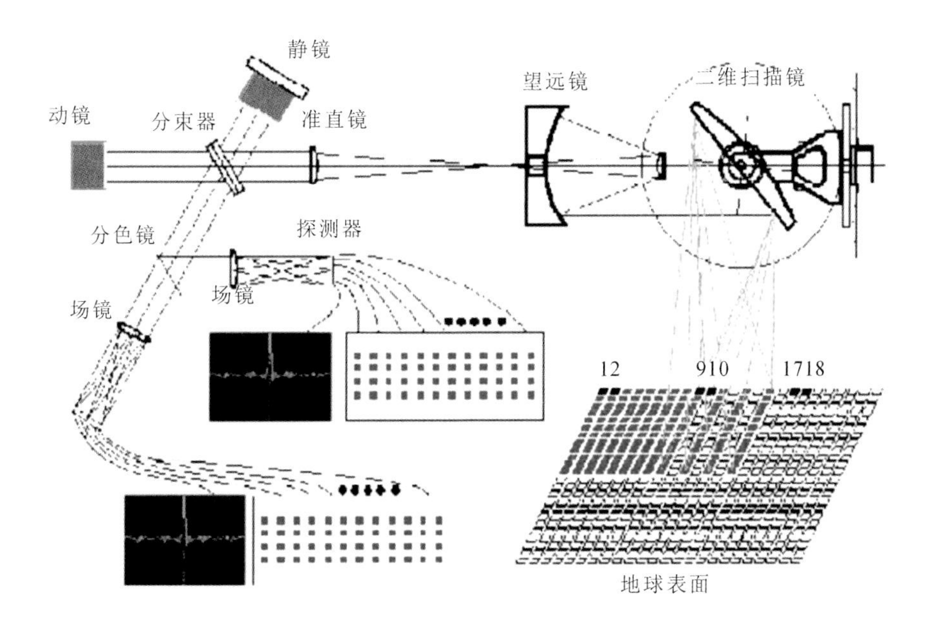

图 4.52　大气垂直探测仪技术方案原理示意图

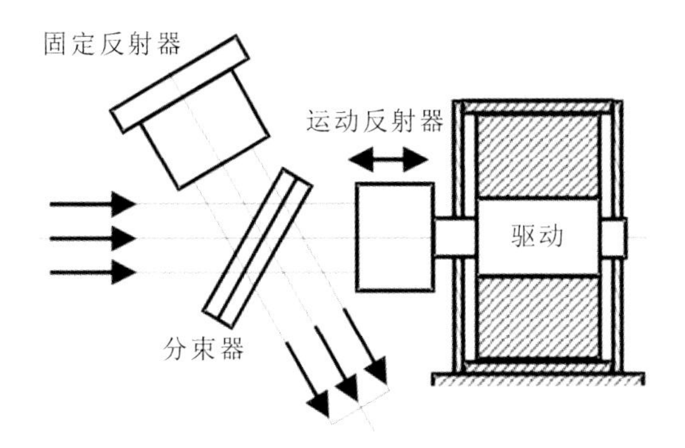

图 4.53　干涉主光路及动镜运动方式

4.7.2 Sagnac 干涉型

20 世纪八九十年代，为克服时间调制型傅里叶变换光谱成像技术中精密动镜系统的技术困难，以及随着面阵探测器的发展，空间调制型傅里叶变换光谱成像技术应运而生，并迅速形成了两种典型的结构形式：一是基于横向剪切分束器的 Sagnac 干涉型光谱成像仪结构，二是基于双折射晶体的沃拉斯顿（Wollaston）棱镜干涉型光谱成像仪结构。此外，空间调制型傅里叶变换光谱成像仪还有基于双角镜结构、Mach-Zender 干涉型光谱成像仪结构、三棱镜型及四棱镜型等结构类型。

典型的空间调制型傅里叶变换光谱成像仪采用 Sagnac 干涉型光谱成像仪结构，其原理图如图 4.54 所示，由前置物镜、狭缝、干涉型光谱成像仪（Sagnac 横向剪切分束器）、透镜、柱面镜组和探测器组成。空间调制型傅里叶变换光谱成像仪用 Sagnac 干涉型光谱成像仪沿焦平面阵列的一条轴线产生光程差，探测器列阵的另一条轴线限定推帚的穿轨迹方向，对焦平面获取的目标干涉图进行后续的傅里叶变换，获得目标的高光谱图像数据。系统中的核心元件是 Sagnac 横向剪切分束器，它将一个点光源横向剪切成为两个相干的点光源。此外，系统中有一个狭缝，降低了能量利用率，其光通量比色散型光谱成像技术高，但比其他类

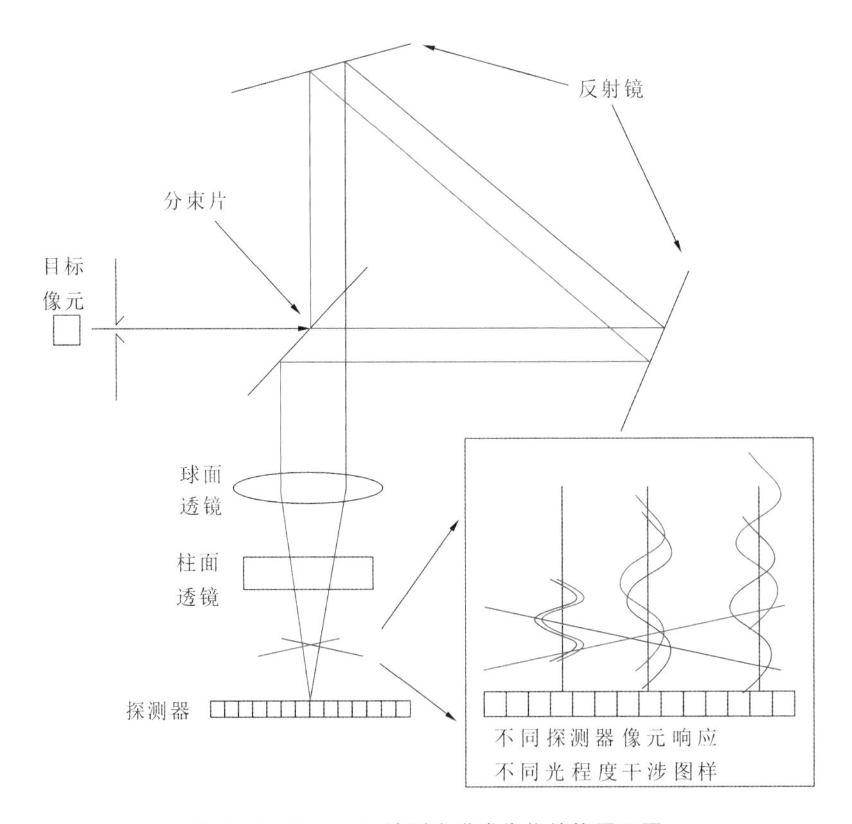

图 4.54 Sagnac **干涉型光谱成像仪结构原理图**

型傅里叶变换光谱成像技术的要低。这种空间调制型傅里叶变换光谱成像仪与时间调制型傅里叶变换光谱成像仪的区别在于其没有运动部件,但光谱分辨率相对较低。

基于 Sagnac 横向剪切干涉型光谱成像仪的空间调制傅里叶变换光谱成像仪的成功星载案例是强力卫星 MightySat 2.1 上搭载的 FTHSI,于 2000 年 7 月 19 日发射成功(Otten et al.,1995)。FTHSI 是世界上第一台航天遥感的傅里叶变换超光谱成像仪,尽管被美国空军评价为近乎完美,但是从美国 FTHSI 的运行情况来看:①与理论预计有所出入,带狭缝的 Sagnac 干涉型光谱成像仪的系统信噪比,尤其是蓝波段信噪比极低,低于色散型高光谱成像仪;②傅里叶变换光谱成像仪数据速率成倍增加,超过 10 Gps 甚至更多,导致无法实现在轨光谱通道编程下传,同时对平台的稳定性要求很高,也很难达到较高的空间分辨率。

参考文献

段乔峰,2003. AOTF 红外光谱检测系统的原理与仪器化[D]. 天津:天津大学.

龚玉梅,2009. 基于 AOTF 的短波红外二向色性偏振光谱仪技术研究[D]. 上海:中国科学院上海技术物理研究所.

华建文,代作晓,王战虎,2004. 风云四号卫星干涉式大气垂直探测仪[C]//上海市红外与遥感学会 2004 年学术年会.

李维隄,郭强,1999. 液晶显示应用技术[M]. 北京:电子工业出版社.

王建宇,舒嵘,何志平,等,2009. AOTF 分光型成像光谱仪及其在空间应用的考虑[J]. 第七届成像光谱技术与应用研讨会,中国空间科学学会:135-143.

徐介平,1982. 声光器件的原理、设计和应用[M]. 北京:科学出版社.

于新洋,2016. 线性渐变滤光片型近红外水果品质分析仪及应用研究[D]. 北京:中国科学院大学.

BURALLI D A,MORRIS G M,ROGERS J R,1989. Optical performance of holographic kinoforms[J]. Applied Optics,28(5):976-983.

GUPTA N,2005. Acousto-optic tunable filters for infrared imaging[C]//Acousto-optics and Photoacoustics. International Society for Optics and Photonics,5953:595300.

GUPTA N,DAHMANI R,BENNETT K,et al.,2000. Progress in AOTF hyperspectral imagers[C]//Automated Geo-Spatial Image and Data Exploitation. International Society for Optics and Photonics,4054:30-38.

HE Z P,XU R,LI C L,et al.,2015. Visible and Near-Infrared Imaging Spectrometer (VNIS) For In Situ Lunar Surface Measurements[C]//Proc. SPIE,9639:96391S-1-12.

HINNRICHS M,HINNRICHS B,MCCUTCHEN E,2017. Miniature infrared hyper-spectral imaging sensor for airborne applications[C]//Proc. of SPIE,10210:102100N.

HOOK S J,ENG B T,GUNAPALA S D,et al.,2009. Qwest and HyTES:Two new hyperspectral thermal infrared imaging spectrometers for earth science[R]. In Proceedings of the SET-151 Specialist Meeting on Thermal Hyperspectral Imagery, Brussels, Belgium, 26-27 October 2009; NATORTO: Brussels, Belgium: 1-8.

KORABLEV O, BERTAUX J L, 2002. An AOTF-based spectrometer for Mars atmosphere sounding[C]//Proc. of SPIE, 4818: 261-271.

LYONS D, 1995. Image Spectrometry with a Diffractive optic[C]//Proc. of SPIE, 2480: 123-131.

MAESTRO M M, PARINGIT E C, VIRAYF M, et al., 2016. Determination of the pre-launch image-processing techniques for liquid crystal tunable filter (LCTF) for phl-microsat diwata-1[C]//Proceedings of the 37th Asian Conference on Remote Sensing: 17-21.

MOUROULIS P, 2009. Compact infrared spectrometers[C]//Proc. of SPIE, 7298: 729803-1-10.

OTTEN L J, SELLAR R G, RAFERTB, 1995. MightySat II. 1 Fourier-transform hyperspectral imager payload performance[C]//Proc. of SPIE, 2583: 566-575.

SANG B, SCHUBERT J, KAISER S, et al., 2008. The EnMAP hyperspectral imaging spectrometer: instrument concept, calibration and technologies[C]//Proc. of SPIE, 7086: 708605-1-15.

VAUGHAN A H, 1989. Imaging Michelson spectrometer for Hubble space telescope[C]//Proc. SPIE, 1036: 2-14.

WARREN D W, BOUCHER R H, GUTIERREZ D J, et al., 2010. MAKO: A high-performance, airborne imaging spectrometer for the long-wave infrared[C]//Proc. of SPIE, 7812: 78120N-1-10.

YU B, PENG X, 2005. Design of spectrum-dividing system for binary optic infrared imaging spectrometer [C]//Proc. of SPIE, 5640: 193-200.

第5章 高光谱遥感系统中的信息流和数据采集

成像光谱数据，又称高光谱数据，包含了目标表面的空间分布、辐射强度和光谱三重信息，是一种三维数据，又称为光谱图像立方体，如图5.1所示。空间维的每一个单元称为像素或像元，对应空间位置，其属性信息包括穿轨（垂直飞行器运动方向）空间分辨力、沿轨（沿飞行器运动方向）空间分辨力、位置信息等；光谱维的每一个单元称为波段，对应波长范围，属性信息包括中心波长、光谱分辨率、光谱采样间隔等；图像的灰度则反映了探测器接收到的光的强弱。本章主要介绍了不同类型高光谱遥感系统中的信息流和数据采集特点。

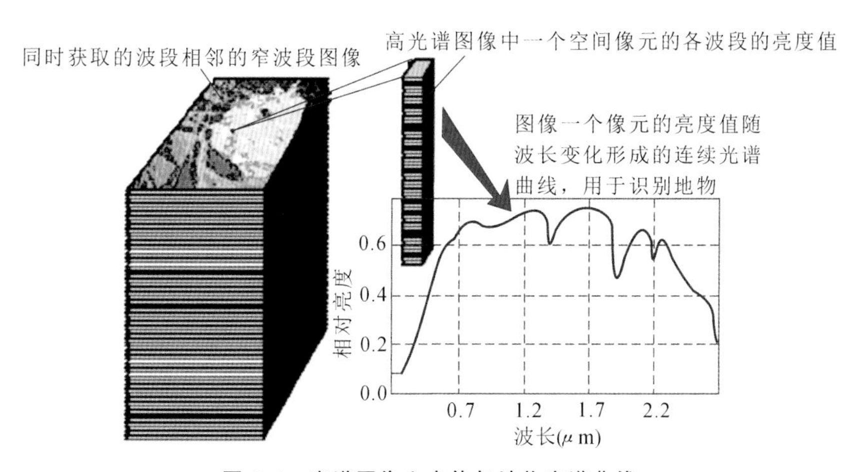

图5.1 光谱图像立方体与地物光谱曲线

5.1 高光谱系统的信息流模型

5.1.1 空域型高光谱成像系统的信息流

高光谱遥感图像的主要特征是图像信息的多维性，人们可以得到任何波段上的图像，获得地物大小、形状、相对位置等空间信息，也可以在图像中任何空间位置上得到一个像元的光谱特性，通过分析获得该像元对应地物的类型或成分的信息。

高光谱遥感图像的第二个特征是光谱分辨率高和波段连续。常见的多光谱遥感图像，例如 Landsat、SPOT 等也包含空间、辐射强度、光谱三维信息，但仅包含几个或者十几个波段，波带宽度一般为几十纳米到几百纳米，且谱段常常是不连续的，而成像光谱数据的光谱是由几十个到几百个窄的连续波段组成，波段宽度一般在 10 nm 以下，可以得到连续的光谱曲线。

高光谱遥感图像的第三个特征是相邻波段的图像之间相关性强，可以说数据冗余度较大，可以采用主成分变换等方式减少波段数量，但正是波段间的微弱差异包含了地物成分的信息，只有完整地保留这些微弱差异才能更细致地挖掘光谱中隐含的信息。

高光谱成像仪发展至今的 30 年间，应用最广泛、技术最成熟的是色散型高光谱成像仪。其基本的分光原理是利用光栅或棱镜将不同波长的光送入不同的角度来收集光谱图像。这样，可以将来自同一个光源的不同波长的光扩散开来，并将它们聚焦在探测器阵列的不同部位上。图 5.2 为典型的色散型高光谱成像仪传感器原理图。地表光信号通过镜头成像，像面上设置一条狭缝，将对应成像条带的光信号送入色散分光元件，色散后会聚在面阵探测器上。这样，一维的线视场成像被色散成为空间维和光谱维的二维光谱图像；再加上仪器相对地面的扫描运动，整个仪器就可以获取两维空间信息以及一维光谱信息，形成三维的光谱图像数据立方。对于仪器成像范围内的任何一点，都可以描绘出对应的光谱曲线，实现地物的识别。

5.1.1.1 空域型高光谱信息特点

对于色散型高光谱成像仪，要实现三维数据立方的采集，可以采用的扫描方式主要为摆扫方式和推帚方式。摆扫型高光谱成像仪具备成像视场大，支持实时定标等优点，适用于运动速度慢的机载平台，如 AVIRIS、HyMap、OMIS 等。但这种扫描方式如果在相对地速很快的低轨道星载平台上使用，则像元驻留时间太短，很难实现高分辨率光谱探测。因此，航天高光谱成像仪大部分都采用了推帚式扫描，即利用卫星自身相对地面的运动进行扫描成像。

高光谱传感器是建立在成像光谱仪基础上的，其基本原理如图 5.2 所示。场景中地面样品单元(阳光照射的)的反射光经过望远镜后进入仪器的狭缝。狭缝作为视场光阑测量从空间中 y 到 Δx 方向的瞬时视场。Δx 是垂直于卫星飞行轨道路径方向(也叫沿轨方向)的长度，y 是垂直于沿轨方向的线的长度(也叫刈幅)。穿过狭缝的光线被一个透镜或反射镜准直，然后被色散单元色散，这个单元可是光栅或棱镜，图 5.2 用的是光栅。光栅色散了入射光线，将入射光分成各波长的光谱来自地面样品单元光线的传播方向由其波长确定。每个地面样品单元被色散的光线被聚焦镜片会聚到成像平面(即焦平面)。在穿轨地物上的地面样品单元 D 光线被色散成一条光谱曲线信号，成像于探测器光谱维方向 D 行的光敏面上

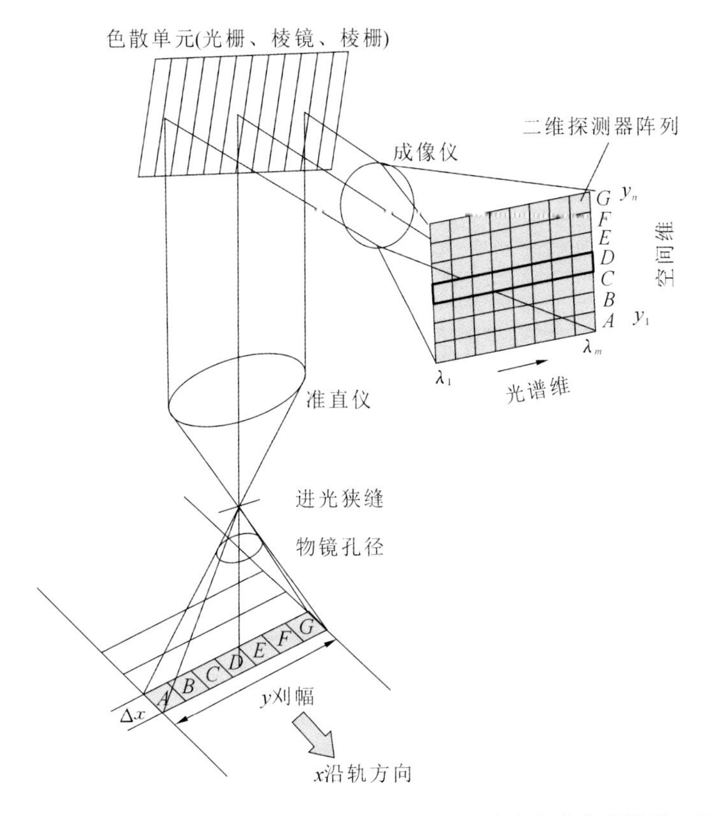

图 5.2 含有一个色散单元和一个二维探测阵列的高光谱传感器原理图

(图 5.2 探测阵列亮色的行)。在这行探测器单色组件上形成了地面样品单元 D 的连续光谱像(即一条光谱曲线)。

地面辐射量被二维探测器探测,例如 CCD 或 CMOS 探测器。通过这种方式,当卫星"看"地球一行的场景时,便瞬时形成了二维的图像。该行图像的一个维是地面穿轨方向的空间信息;另一个维是地面样品单元扩展的光谱信息。随着卫星在沿轨方向飞行,有更多的行图像产生,这些行图像在高光谱传感器中形成三维的数据立方体。

5.1.1.2 辅助数据的采集及保存

辅助数据应包含所有与遥感数据相关的信息,包括定位信息、定标数据、飞行情况、任务描述、安装参数、数据处理过程等,在数据应用、查询、统计、校正等过程中可能用到的所有信息都应该作为数据集的必要组成部分。不同的数据产品应包含不同的辅助数据集,数据集的具体内容也是数据产品定义的一部分。

辅助数据的内容各不相同,起到的作用也不相同,因此需要不同的组织形式,组织类型可分为三种:附加型、独立型和联合型,如图 5.3 所示。

1. 附加型辅助数据

附加型辅助数据作为遥感数据文件的一部分存在,除了原始数据外,大多数附加型辅助

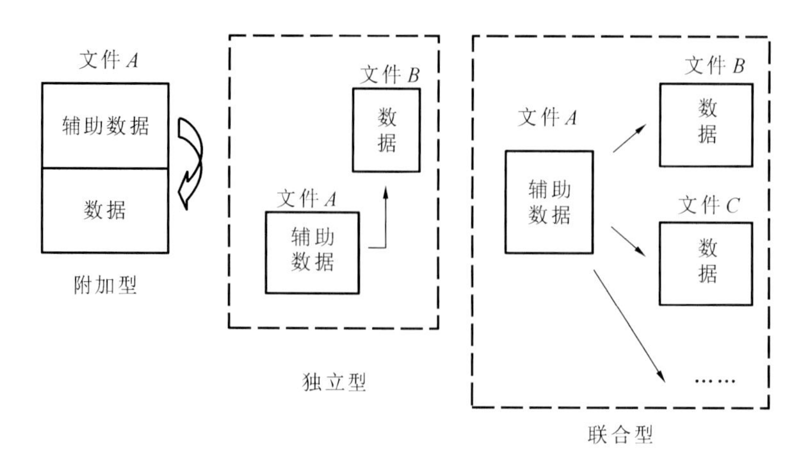

图 5.3　辅助数据类型

数据都是以文件头的形式存在。

读取图像所需要的参数,可以作为附加型辅助数据存在,也可以以独立性辅助数据的形式存在于和图像数据一一对应的元数据文件或者文本形式的其他说明文件里,包括:像元数、波段数、数据类型、格式说明或其他参数,有了图像参数就可以进行读取、显示以及实现与图像有关的操作。

2.独立型辅助数据

独立型辅助数据以独立文件的形式存在。独立型辅助数据文件和成像光谱图像数据文件是一一对应的,记录其对应的光谱图像数据的相关参数和信息,和其他图像文件不共用。

3.联合型辅助数据

联合型辅助数据的形式更加多样,是以独立文件的形式存在。其特点是一个联合型辅助数据文件对应多个成像遥感数据文件,或者对应多个数据集。

实验室定标数据如光谱定标数据、辐射定标数据、数据处理需要的仪器参数(如焦距等)以及根据定标数据生成的校正系数等为联合型辅助数据,为该次定标后的所有正常运行所获取的图像数据共用;传感器装机参数(用于几何校正)是一次装机后所有遥感飞行数据的公共辅助数据,也是联合型辅助数据。

联合型辅助数据可以合并为一个辅助信息文件,或者形成一个公共辅助数据文件集,每个文件独立命名,例如某成像光谱数据的技术规格说明书、实验室系统检测报告、* * 年 * * 月 * * 日 * * 系统定标数据文件夹等,这些联合型的参数类型各有不同,可以是数据文件,也可以是文本格式的说明文件。

4.元数据文件

该文件是很重要的独立型辅助数据文件。在保存数据或者在向用户分发时必须为每一个图像数据文件提供最基本的信息和参数文件,以方便数据处理和应用,其中也包括很多已经存放于联合型辅助数据文件中的参数,但重复这些参数是很有必要的。

元数据文件以文本文件或其他方便读取的文件形式记录所有与图像数据、飞行、仪器、数据处理、数据提供与分发、和其他数据的关系等有关的信息,包括前述的图像参数、飞行时间地点、目标、天气描述、仪器描述、相关辅助数据文件名、已经进行的处理、备注等,可以全部放在该文件中,有时可笼统地称为数据相关信息文件。海量数据管理中该文件非常重要,缺乏该文件,历史数据将变得难以使用。

元数据文件内容可以根据需要增加,有的内容则可缺省。下面是中国科学院上海技术物理研究所开发的机载推帚式高光谱成像仪(PHI-3)的元数据文件包含的主要内容。

飞行信息:日期、时间、起飞机场、飞机型号、目标地点描述、用户名称、应用目标、操作员、天气状况、云量(粗略估计)、能见度(主观粗略估计的结果,非测量结果)、稳定平台型号(空为无)、GPS 型号/POS 型号、飞行高度、设计飞行速度、航线序号(该次飞行航线的序列号)、简单的飞行评价(如顺利、中间的设备状况)等。

传感器信息:传感器名称、传感器型号、光圈、积分时间、空间像元数(每行像元数)、光谱数(即波段数)、像元合并方式、帧采集频率、传感器控温设定等。

处理过程记录:完整性分析与处理、处理中采用的暗电流文件名称、采用的辐射校正系数文件名称、一级辐射校正完成情况、采用的光校与安装参数(或文件名称)、对应的 POS 数据文件名称、几何粗校正完成情况。

上述信息中参数型信息的存储格式:参数名=参数值,必要时可建立元数据参数数据字典,并为每一个参数及其取值明确定义,并允许用户自定义数据字典中没有的变量。其他信息为[ ]中的文本描述。以文本文件形式保存的原因是为了让该文件可以被任何级别的用户非常简便且直接地读取。大部分信息根据飞行时操作员的记录产生,也可以在飞行结束后结合地面调度人员的记录整理产生。

中国科学院上海技术物理研究所的上述元数据文件内容不是标准,但是读者可以从中了解该文件的性质,在使用中注意建立自己的相关辅助数据文件。星载系统的该类文件可参考的案例更多,这里不再介绍。

5.1.1.3 成像光谱数据的辐射校正

目标的辐射/反射能量是成像光谱系统的输入,其输出的数值是系统传递的结果,信息传递过程中必然受探测器阵列的光电转换特性、A/D 转换、电子学系统的偏置、光学系统的透过率变化与空间畸变、大气影响、散射光等很多因素的影响,因此每个波段的图像灰度,需要经过一系列的预处理,才能恢复来自应用目标的信息。

成像光谱仪获取的原始图像数据的灰度值称为 DN,无量纲,没有直接的物理意义,是光电转换-模数转换后的数字值。辐射校正需要成像光谱仪的实验室定标数据或者机上定标数据支持。辐射校正后获得的是入瞳光谱辐亮度值。

遥感仪器的定标是高光谱遥感信息定量化分析的关键技术之一,包括光谱定标和辐射定标两个步骤，光谱定标确定每个波段的中心波长、带宽等，辐射定标将高光谱成像仪输出的数字值(DN)同探测器接收到的光谱辐亮度值联系起来，可以根据一定的模型，为每一个探测单元产生辐射校正系数，利用该系数可将高光谱原始 DN 数据转化为入瞳的辐射能量数值，同时消除由探测器、光学系统、电路传递不均匀因素等造成的图像辐射畸变。

5.1.1.4 成像光谱数据的几何校正

采用推帚和光机扫描成像方式的机载成像光谱数据需要进行几何校正。目前的几何校正是在 POS 数据的支持下，依据相应的构像方程，对扭曲影像进行重采样，消除由飞机俯仰、侧滚、偏航引起的影像变形。如果有数字高程模型(digital elevation model，DEM)的支持，还可以校正地形带来的投影差。

由于飞机运动和气流的影响，光机扫描或推帚成像方式获取的成像光谱数据都会存在较大的空间畸变，下面以中国科学院上海技术物理研究所开发的推帚式高光谱成像仪 PHI 为例，分析空间畸变产生的原因。如图 5.4(a)所示，矩形 *ABCD* 表示航摄区域，其中包含一个黑色的典型线状地物，线状矩形格网表示一个具有 9 个像素的 CCD 阵列，通过该线状目标的像点可以分析空间畸变产生的原因。

在图 5.4(b)的第一个扫描行中，黑色方块表示线状目标在 t_0 时刻成像于 CCD 阵列的第 5 号像元。在随后的飞行过程中，由于受到气流和飞机运动的影响，CCD 阵列逐渐向航迹的右侧偏离，在第二次曝光时线状目标成像于第 6 号像元，第三次曝光时成像于第 7 号像元，依此类推。到 t_1 时刻 CCD 阵列又逐渐偏向航迹的左侧，成像 CCD 器件的序号又从 9 号逐渐减小到 2 号。图 5.4(c)是在此期间由 CCD 阵列连续推扫所形成的原始影像，其中的第一列均由 CCD 阵列的 1 号像元感光形成，第二列由 CCD 阵列的 2 号像元感光形成，以此类推。于是图 5.4(a)中的直线地物到图 5.4(c)的图像中变成一条曲线，图像产生空间畸变。

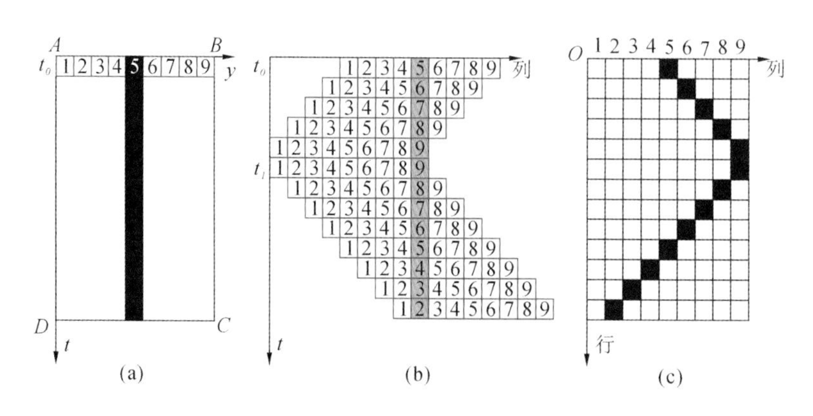

图 5.4 外方位元素变化引起的线阵影像空间畸变

图 5.5 是推帚式高光谱成像仪 PHI 直接刚性装载于低空运 12 轻型飞机上采集的图像，其中(a)图是严重扭曲的原始影像，可见对于机载推帚成像光谱图像来讲，因飞机、气流等原

因引起的空间畸变是无法忽略的，有时候甚至造成图像无法目视判读，严重地影响了影像的正常应用；(b)图是利用位置姿态数据进行几何校正后的结果，原始影像上扭曲的道路在校正影像中已经基本恢复其本来面貌。校正前后的对比证明了利用位置姿态数据对图像进行几何校正的必要性。

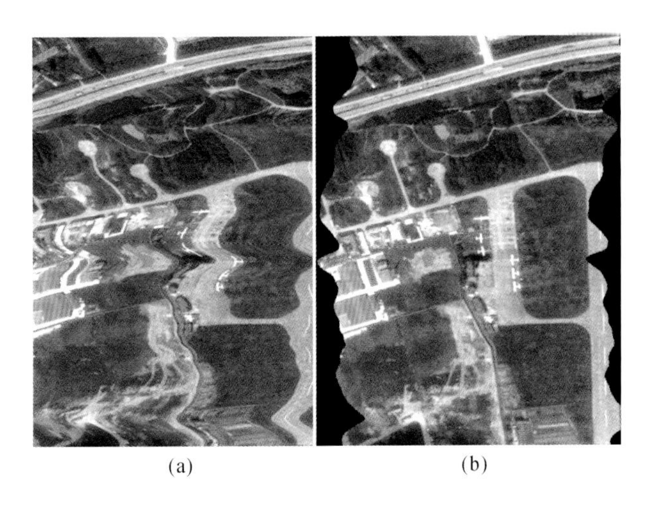

(a) (b)

图 5.5 推帚式高光谱成像仪 PHI 直接刚性装载于低空运 12 轻型飞机上采集的图像

扫描成像模式的高光谱扫描仪对飞行姿态同样敏感，除了行与行之间的空间畸变，还存在行内像元间的扭曲，虽然飞机姿态变化属于低频运动，一行内像元间的扭曲不是那么明显，但是其存在是必然的。

5.1.2 频域型高光谱成像系统的信息流

傅里叶变换光谱仪是用于观测光谱信息的光电仪器，但它的测量原理与棱镜光谱仪或光栅光谱仪不同，它不是直接测量光谱信号，而是测量它们的傅里叶变换，即干涉信号。干涉信号是通过对入射光进行调制得到的，然后，采用傅里叶变换技术，恢复光谱信息。它的基本原理如图 5.6 所示。

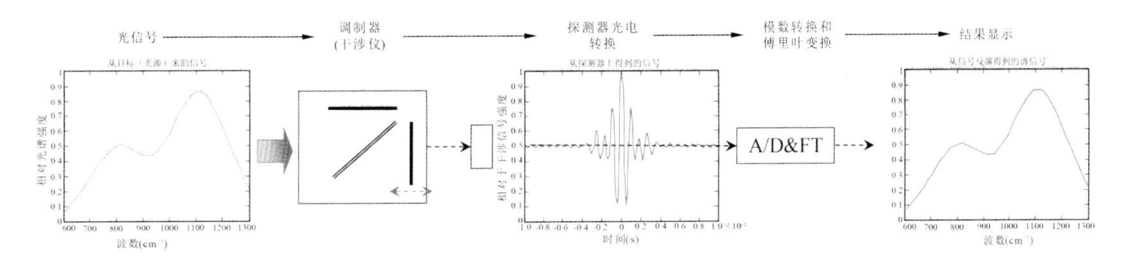

图 5.6 傅里叶变换光谱成像仪中信号的流动和变换

傅里叶变换光谱成像仪源于迈克尔逊成像研制的干涉仪。迈克尔逊把毕生的精力都投入干涉仪的应用研究中，如光速的测量、以太存在性的验证、星体大小的测量、光谱辐射的测量等。那个时代，用干涉仪测量光谱辐射还是一件非常痛苦的事，因为理论还不完备，计算工具也没有。相比之下，棱镜光谱仪因制作简单、使用方便而得到了广泛的应用。

5.1.2.1　干涉信号的形成

最基本的傅里叶变换光谱成像仪是以迈克尔逊干涉仪为核心的，如图 5.7 所示。若入射到干涉仪的光信号为单色的平面波，则经过理想分束器(beam splitter，BS)的分光，成为两束光，一束被反射，成为光束 1；另一束则透过 BS，形成光束 2。

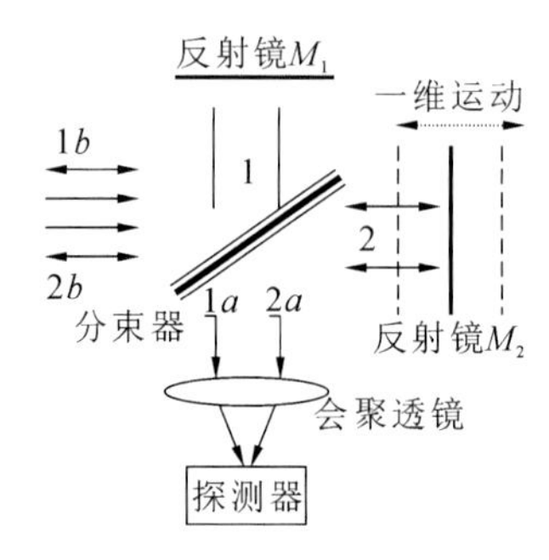

图 5.7　傅里叶变换光谱成像仪原理(经典迈克尔逊形式)

它们分别经过各自光路的延迟，再一次返回到 BS 并且每一束又被分成两束：$1a$、$1b$ 和 $2a$、$2b$，最后 $1a$ 和 $2a$ 这两束光在探测器上相互干涉，形成干涉信号，可用式(5.1)表示(吴航行 等，2004)：

$$I(\delta,x) = 0.5B(\delta)[1+\cos(2\pi\delta x)] \tag{5.1}$$

其中，δ 为入射单色光的波数；$B(\delta)$ 为入射光的强度；x 表示两支光路之间的光程差。

当其中一支光路中的反射器以速度 V_m 做匀速运动时，光程差 x 随时间 t 作线性变化，即

$$x = 2V_m t \triangleq Vt \tag{5.2}$$

其中，V 为光程差的变化率。干涉光信号经探测器的光电转换、前置放大电路的直流隔离和放大，得到干涉电信号(所以在以后的分析中，不考虑直流分量)。在理想的情况下，得到的干涉电信号将是一个严格的余弦电信号，即

$$S_f(t) = 0.5B(\delta)\cos(2\pi\delta Vt) = B'(f)\cos(2\pi ft) \tag{5.3}$$

其中，

$$f = V\delta \tag{5.4}$$

为干涉电信号的频率，

$$B'(f) = 0.5B\left(\frac{f}{V}\right) = 0.5B(\delta) \tag{5.5}$$

为与波数 δ 相对应的单频余弦电信号的强度。

若入射到干涉仪上的信号为多色光,则对于多色光中的每一个光谱成分,都将产生一个频率与该光谱成分的波数成正比的余弦电信号,余弦信号的幅度与光谱的强度成正比。因此得到的电信号将是这些余弦信号的积分:

$$S(t) = \int_0^{+\infty} S_f(t)\mathrm{d}f = \int_0^{+\infty} B'(f)\cos(2\pi ft)\mathrm{d}f \tag{5.6}$$

式(5.6)一方面说明电信号 $S(t)$ 相对于时间原点对称,也就是干涉信号相对于时间原点 $t=0$(或者说零光程差点 ZPD,$x=0$)对称;另一方面也说明,$S(t)$ 与 $B'(f)$ 构成傅里叶变换对。

5.1.2.2 数据的采集和光谱的反演

在计算机和数字信号处理技术飞速发展的今天,傅里叶变换已经能用数字电路硬件来实现,或者在通用计算机上用快速傅里叶变换(fast Founier transform,FFT)算法来实现。因此不管是软件还是硬件实现,都需要对干涉电信号作 AD 转换,使之成为数字信号,再进行 FFT 处理,来得到所需要的光谱信息。按采样定理,若采样频率比被采样信号的最高频率高一倍以上,则原来的模拟信号完全可用数字信号来表示。这一定理是确定数据采样频率的一个依据。

干涉信号的反演处理有两种方法:一种是单边反演,干涉数字信号从零光程差到最大光程差这么一段被用来实现光谱的反演;另一种是双边反演,从负的最小光程差到正的最大光程差的干涉信号都被利用,来实现干涉信号的反演计算。这两种反演是不同的,对结果的影响也是不一样的。

5.1.2.3 各种因素的影响

对于一台实际可用的傅里叶变换光谱成像仪来说,所用探测器的光谱响应一般是不平坦的,同时对干涉信号的采样是有限的,也就是说光程差有一个最大值 $x_{\max}$,另外,光学系统对目标的观察总是具有一定的视场角,光学系统具有一定大小的系统光阑(衍射效应),这些都会影响干涉信号,使得实际测量得到的干涉信号偏离上面所描述的理想状况。

1. 有限视场角的影响

如图 5.8 所示,与光轴成 θ 角的光线相对于沿光轴方向传播的光线的光程差为

$$\mathrm{d}x = x[1-\cos(\theta)] \tag{5.7}$$

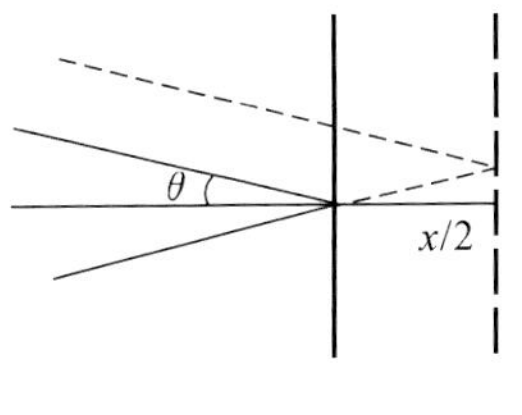

图 5.8 有限视场角情况

由于探测器只是放在干涉圆环的中心部分，在实际设计中，往往要求沿光轴光线与视场边缘光线之间的相位差要小于 π(在最大波数 δ_{max} 时)，所以有

$$2\pi\delta_{max}\mathrm{d}x = 2\pi\delta_{max}x[1-\cos(\theta)] \leqslant \pi \tag{5.8}$$

即 $2x\delta_{max}[1-\cos(\theta)]\leqslant 1$。在视场角比较小时，近似有 $\cos(\theta)\approx 1-\frac{1}{2}\theta^2$ 成立，

$$x\delta_{max}\theta^2 \leqslant 1, \theta_{max} = \sqrt{\frac{1}{x\delta_{max}}} \tag{5.9}$$

另一方面，$I(\delta,x,\theta)=0.5B(\delta)\cos\left[2\pi\delta x\left(1-\frac{\theta^2}{2}\right)\right]$(不考虑直流分量)，用立体角表示为

$$I(\delta,x,\Omega) = 0.5B(\delta)\cos(2\pi\delta x - \delta x\Omega) \tag{5.10}$$

对所有倾角小于 Ω_{max} 的光线积分，有

$$I(\delta,x,\Omega_{max}) = \int_0^{\Omega_{max}} 0.5B(\delta)\cos(2\pi\delta x - \delta x\Omega)\mathrm{d}\Omega \tag{5.11a}$$

$$I(\delta,x,\Omega_{max}) = \frac{0.5}{\delta x}\int_0^{\Omega_{max}} B(\delta)\cos(2\pi\delta x - \delta x\Omega)\mathrm{d}\delta x\Omega \tag{5.11b}$$

$$I(\delta,x,\Omega_{max}) = \frac{-0.5B(\delta)}{\delta x}[\sin(2\pi\delta x - \delta x\Omega_{max}) - \sin(2\pi\delta x)] \tag{5.11c}$$

利用和差化积公式 $\sin(A)-\sin(B)=2\cos\left(\frac{A+B}{2}\right)\sin\left(\frac{A-B}{2}\right)$，可得到：

$$I(\delta,x,\Omega_{max}) = -0.5B(\delta)\frac{-2\sin(\frac{\delta x\Omega_{max}}{2})}{\delta x}\cos\left[2\pi\delta x(1-\frac{\Omega_{max}}{4\pi})\right] \tag{5.11d}$$

$$I(\delta,x,\Omega_{max}) = 0.5B(\delta)\cdot\Omega_{max}\cdot\sin\left(\frac{\delta x\Omega_{max}}{2}\right)\cdot\cos\left[2\pi\delta x\left(1-\frac{\Omega_{max}}{4\pi}\right)\right] \tag{5.11e}$$

因此，有限视场角的影响因素有四个方面：限制入射光的能量、光谱分辨率、使信号调制度下降和光谱位置向长波方向偏移。

2. 有限光程差的影响

对于有限光程差的积分相当于对无限光程差积分，只是对干涉图进行了加窗——矩形窗 $\Pi(x_{max})$：

$$I(\delta) = \int_0^{\infty} B(\delta)\Pi(x_{max})\cos(2\pi\delta x)\mathrm{d}x = \int_0^{x_{max}} B(\delta)\cos(2\pi\delta x)\mathrm{d}x \tag{5.12}$$

按傅里叶变换的性质：两信号乘积的傅里叶变换等于每个信号傅里叶变换的卷积，原来单频率的光谱信号将因此被展宽，原来的线谱将变成 sinc 函数(矩形窗的傅里叶变换)形状，也就是所谓的仪器函数的形状。

3. 探测器有限光谱响应的影响

与有限光程差的影响相似，也是加了一个窗函数。由于探测器对不同光谱的响应不一样，所以有一个响应函数 $\tau_d(\delta)$(只在 δ_1 到 δ_2 范围内有响应值)，它使得测量所得光谱 $B_t(\delta)$ 与实际光谱 $B_r(\delta)$ 之间有如下关系：

$$B_{\mathrm{t}}(\delta)=B_{\mathrm{r}}(\delta)\cdot\tau_{\mathrm{d}}(\delta) \tag{5.13}$$

$$I=\int_{\delta_1}^{\delta_2}B_{\mathrm{t}}(\delta)\cos(2\pi\delta x)\mathrm{d}\delta=\int_{\delta_1}^{\delta_2}B_{\mathrm{r}}(\delta)\tau_{\mathrm{d}}(\delta)\cos(2\pi\delta x)\mathrm{d}\delta \tag{5.14}$$

所以，在用 FFT 对采集到的信号进行数据反演时，得到的谱信号将是 $B_{\mathrm{t}}(\delta)$，而不是 $B_{\mathrm{r}}(\delta)$。

4. 电机速度的均匀性

当电机以一恒定速率 V_{m} 运行时，光程差由式(5.2)决定，相应的电信号频率则由式(5.4)决定。当 V_{m} 有一定的微小变化 ΔV_{m} 时，则有

$$f_r=2\delta V_{\mathrm{m}}\left(1\pm\frac{\Delta V_{\mathrm{m}}}{V_{\mathrm{m}}}\right)=\left(1\pm\frac{\Delta V_{\mathrm{m}}}{V_{\mathrm{m}}}\right)f\equiv\kappa f \tag{5.15}$$

由此可见，速度的波动将导致干涉信号频率的漂移。

5.1.3 时域型高光谱成像系统的信息流

早在 1987 年，苏联就在卫星上装载了以声光可调谐滤波器(AOTF)为分光方式的光谱仪器(trasser)对海洋进行远程观测(Trivedi et al.,2006)。美国陆军实验室(Army Research Laboratory,ARL)一直致力于使用 AOTF 作为完全电可调的分光和二向色性偏振器件，研制成功大量二向色性偏振成像/非成像光谱仪，仪器所涉及的光谱范围几乎覆盖了从可见到热红外的所有波段，并在物质识别和军事目标判定中起到了很大的作用。目前该实验室正在研制小型、紧凑、抗振动、灵活和便于携带的高光谱偏振成像仪，均使用 AOTF 作为自适应色散元件。日本的国家宇航实验室也进行了基于 AOTF 的偏振成像/非成像光谱仪的研制。

在光谱仪核心元件——分光元件的发展历程中，经历了从色散棱镜到衍射光栅的演化，以及采用干涉调制元件和信息变换技术的发展历程(肖松山 等,2003)。可调谐滤光器的发展为光谱仪器提供了一种新型的分光方式，通过扫描不同的波长，获得整个观测波段的光谱信息。可调谐滤光器的种类较多，包含声光可调谐滤波器、电光可调谐滤光器、双折射滤光片、液晶可调谐滤光片(LCTF)、法布里-珀罗可调谐滤光片等(郑玉权 等,2002)。大部分可调谐滤波器主要应用于光纤光栅传感系统及光纤通信系统中，而 AOTF 和 LCTF，由于其较大的通光口径和孔径角，被广泛应用于自由空间的光谱仪器中。

俄罗斯在 FMC 卫星上搭载的 FMCHS 超光谱成像仪就是采用的 AOTF，在 0.4～0.8 μm波段的光谱分辨率达到 1 nm，在 700 km 轨道高度，地面分辨率为 20 m。

AOTF 晶体的分光特性如图 5.9 所示，当非偏振的准直光通过 AOTF 晶体时，对晶体施加一定频率的 RF 信号，准直光经过晶体后的出射光除了 0 级光外，还会产生±1 级的衍射光，其中衍射光有以下特点：①±1 级衍射光均为线偏振光；②+1 级衍射光由入射光中水平偏振部分调制后产生，其偏振方向为垂直方向，−1 级衍射光由入射光中垂直偏振部分调制后产生，其偏振方向为水平方向；③±1 级衍射光均为准单色光，其波长与 RF 信号的频率存在一一对应关系。0 级光与+1 级或−1 级衍射光所成的角度成为晶体的光束分离角。

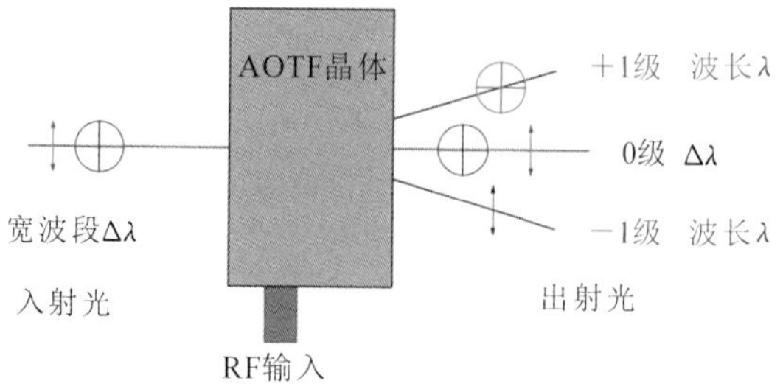

图 5.9 0 视场 AOTF 晶体分光示意图

LCTF 是基于偏振光的干涉原理，往往具有多组单元，每一组单元均由起偏和检偏偏振片以及夹在中间的双折射液晶构成。当光源通过其中一组单元时，由于沿液晶快轴和慢轴传播的两束光振动方向相同而位相差一定，因此发生干涉作用，干涉波长取决于 *e* 光（折射系数与传播方向有关）和 *o* 光（折射系数与传播方向无关）通过液晶产生的光程差（相位差），通过施加电压改变双折射液晶造成的相位差，可以使其不同波长的光发生干涉，即可实现不同波长的扫描（张风林 等，1988）。表 5.1 对 AOTF 和 LCTF 的性能进行了初步的比较。

表 5.1 AOTF 和 LCTF 性能比较

品名性能	调谐范围	光谱分辨率	调谐时间	是否可偏振测量
AOTF	宽	高	几十微秒	可直接获得二向偏振
LCTF	宽	较高	几十毫秒至几百毫秒	仅可直接获得线偏振

在遥感应用中，照射条件通常会随着时间的变化有一定的缓变，LCTF 的调谐时间较长，甚至可以到几百毫秒，必然导致整个波段波长扫描的时间较长，将对光谱测量产生一定的误差；根据 LCTF 的衍射原理，衍射光为线偏振光，线偏振方向与线偏振度由其结构中的起偏器和检偏器决定，需要通过旋转起偏器与检偏器才能获得不同线偏振方向的偏振信息。从表 5.1 中可以看出，AOTF 与 LCTF 相比具有更高的光谱分辨率、更短的波长调谐时间，可以同时获得水平极化与垂直极化衍射光能量等优势，非常适合在二向色性偏振光谱探测中应用。

传统的偏振测量仪器，主要是通过在成像光路中插入波片和起偏器，通过旋转波片或起偏器，测量不同极化方向的偏振光强度，再通过计算反演获得偏振度和偏振角等信息。当需要对不同波长的偏振信息进行测量时，通常在光路中加入滤光轮，其中安放中心波长不同的滤光片，通过旋转滤光轮达到对不同波长偏振信息的测量。相对于传统的偏振光谱仪器，基于 AOTF 的偏振光谱仪器无须额外的偏振器件，自然光进入 AOTF 后分解为水平和垂直两个方向的线极化光，通过施加不同频率的射频驱动信号，将耦合出对应波长的水平极化和垂直极化光，并在空间上有一定的分离角。此外，还具有结构紧凑、无移动部件、电调谐选择中心波长等优点。基于 AOTF 的二向色性偏振光谱成像/非成像探测仪器的一般设计原理示意图如图 5.10 所示。

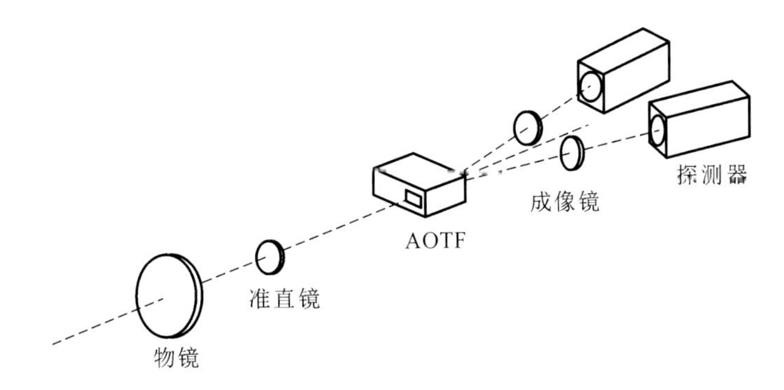

图 5.10 AOTF 二向色性偏振光谱成像/非成像探测仪器一般设计原理示意图(Suzuki et al.,1997)

入射光经物镜和准直镜后进入 AOTF 器件,通过施加一定频率的射频功率信号,将产生特定衍射波长的水平和垂直极化光,在 AOTF 后加入会聚镜,将两个偏振方向的衍射光分别同时成像在两个探测器上,通过射频频率的扫描获得水平与垂直极化光的光谱信息。

5.2 系统的数据采集过程与格式特点

5.2.1 空域型高光谱成像系统的数据采集过程与格式特点

空域型成像光谱系统中,光机扫描成像系统、内定标部件、探测器采集系统等都和信号采集系统有着密切的关系。

图 5.11 是成像光谱数据采集系统的一般模式。对于多通道的成像光谱仪,其数据量都比较大,必须考虑高速、大容量的数据传输与记录技术。CCD 模拟信号调理部分主要是根据信号的带宽对信号进行低通滤波,滤除模拟信号产生和传输过程中产生的高频噪声,避免信号混叠现象;模数转换部分把 CCD 模拟信号转换成数字信号传输;数据传输部分主要涉及现在的一些大数据量、远距离传输的方法和技术,如外设部件互联标准(peripheral component interconnect,PCI)总线传输、光纤传输、差分传输等;数据存储部分主要涉及存储介质,早期是磁带,现在多数使用电子集成驱动器(integrated drive electronic,IDE)硬盘、小型计算机系数接口(small computer system interface,SCSI)硬盘及阵列方式等;实时显示与监控部分主要是用于机上数据采集的同时,监控数据采集系统的工作情况及数据质量;数据浏览部分用于数据采集完毕后再次查看采集的数据,实际系统中通常作为显示和监控部分的

一个模块。

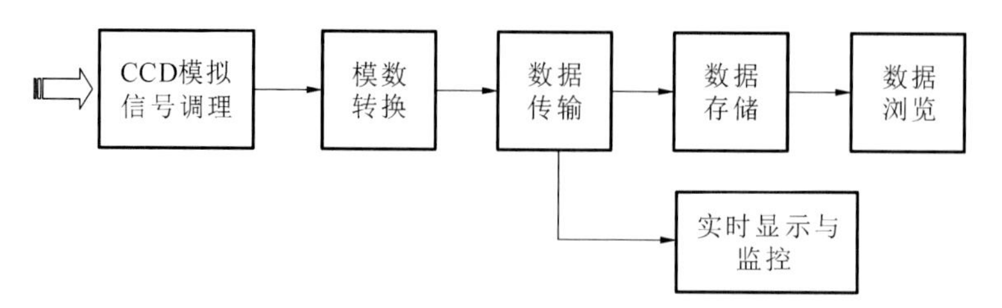

图 5.11　成像光谱仪数据采集系统一般模式

5.2.1.1　模拟信号调理

数据采集系统采样频率决定了采样信号的质量和数量，采样频率太大，会使数据量剧增；采样频率太小，会使模拟信号的某些信息被丢失，出现失真。选择采样频率的依据就是采样定理。

采样定理指出：在一般情况下，对于一个具有有限频谱 $X(f)$ 的连续信号 $x(t)$ 进行采样，当采样频率大于或等于 Nyquist 频率的 2 倍时，由采样得到的信号能无失真地恢复为原来的信号 $x(t)$。Nyquist 频率就是信号的最高频率，又称截止频率。

CCD 输出的信号一般都由三部分组成：复位信号耦合的部分、暗电平和 CCD 信号电平。有效信号为 CCD 信号，其他为噪声，信号调理就是要在进行模数转换之前，把会产生混叠效应的高频噪声消除，因此，在模数转换前需要先对 CCD 信号进行低通滤波。

设计合理的滤波器通带宽度可以有效滤除视频信号带宽外的噪声。常用的低通滤波器结构多采用 Sallen-key 结构或者 MFB(multiple-feedback)结构，如图 5.12 和图 5.13。

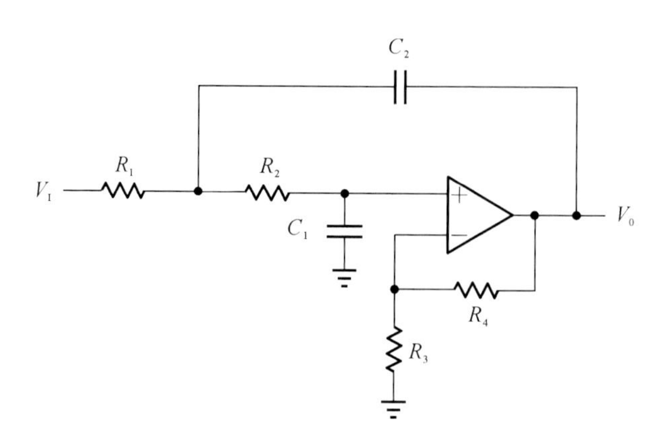

图 5.12　二阶 Sallen-key 滤波器

二阶 Sallen-key 滤波器传递函数为

$$H(f)=\frac{\dfrac{R_3+R_4}{R_3}}{(j2\pi f)^2(R_1R_2C_1C_2)+j2\pi f\left[R_1C+R_2C_1+R_1C_2\left(-\dfrac{R_4}{R_3}\right)\right]+1} \tag{5.16}$$

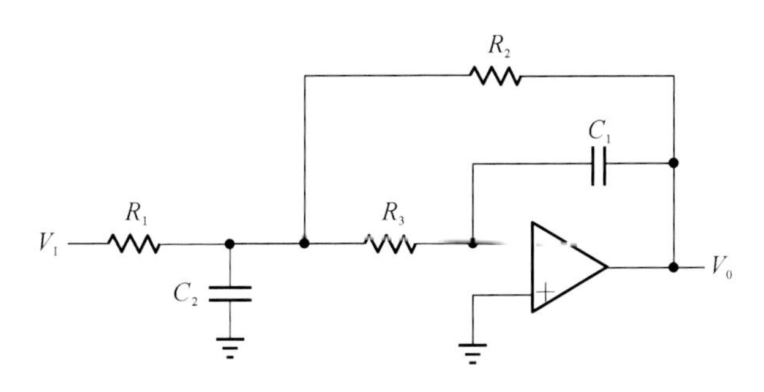

图 5.13 二阶 MFB 滤波器

二阶 MFB 滤波器传递函数为

$$H(f) = \frac{\frac{-R_2}{R_1}}{(j2\pi f)^2(R_2R_3C_1C_2) + j2\pi f\left[R_3C_1 + R_2C_1 + (\frac{R_2R_3C_1}{R_1})\right] + 1} \tag{5.17}$$

滤波器按照其频率特性可分为 Butterworth、Chebyshev、Bessel 三种类型。其中，Butterworth 滤波器的幅频特性最平滑，在实际设计中应用最为广泛。

5.2.1.2 模数转换

模数转换单元是成像光谱仪数据采集系统的核心部分，模数转换就是把模拟信号量化，转换成数字信号。量化就是把采样信号的幅值与某个最小数量单位的一系列整数倍进行比较，以最接近于采样信号幅值的最小数量单位倍数来代替该幅值。最小数量单位称为量化单位。由量化的原理知道，任何方式的模数转换过程都会引入误差，由量化引起的误差称为量化误差，或者量化噪声。

信号的量化误差与量化位数相关。设最大信号为 FSR，量化位数为 n，则最小量化单位 q 为

$$q = \mathrm{FSR}/2^n \tag{5.18}$$

则可分析得到量化信噪比 S/N(dB)为

$$S/N = 6n + 10.8 \tag{5.19}$$

可见，量化位数 n 每增加 1 位，量化信噪比将增加 6 dB，所以，增加模数转换器的量化位数能减小量化误差。

但是，量化位数增加将会加大数据量，增加系统负担。实际应用中，通常采用下面的经验公式来确定最高的量化位数：

$$\mathrm{DNR} = \sqrt{6} \cdot 2^{n-1} \tag{5.20}$$

其中，DNR 为 CCD 探测器的动态范围。

5.2.1.3 系统时序控制

成像光谱仪的工作时序一般比较复杂，需要的各类时钟比较多，用传统电路实现比较困

难，通常是采用可编程逻辑器件 FPGA（field programmable gate array）作为控制核心产生所需时序的。

FPGA 是第四代可编程逻辑器件，它将定制 ASIC 高集成度、高性能的优点与用户可编程器件（PAL、GAL）的方便灵活的特点结合在一起，从而避免了定制 ASIC 高成本、高风险、长设计周期和使用可编程器件密度低的缺点。现场可编程逻辑器件 FPGA 规模越来越大，可以实现的功能也越来越强大，可以用较小的硬件体积来实现极为复杂的功能，非常有利于系统硬件的小型化。

FPGA 的功能设计通常是采用硬件描述语言 HDL 实现的，HDL 作为 IEEE 标准设计语言的出现与可编程技术有着密不可分的关系。其中以 VHDL 和 Verilogo HDL 两种语言比较流行。随着 EDA 工具和 CPLD/FPGA 的发展，HDL 在高层次电路的设计方面越来越受到重视。HDL 语言设计的出现从根本上改变了以往数字电路的设计模式，使电路设计由硬件设计转变为软件设计。这样提高了设计的灵活性，降低了电路的复杂程度，修改起来也很方便。

使用 FPGA 器件进行逻辑设计，对系统的调试和修改等各方面都有益处，主要优点有以下四个方面。

（1）强大的编程擦除能力，减少设计费用，降低设计风险。

（2）优越的在线可编程能力，可以在线修改逻辑电路。

（3）减少分立元件数目，节省电路板空间，提高可靠性和稳定性。

（4）用 VHDL、Verilogo HDL 语言实现复杂状态机，比采用传统硬件电路实现容易。

5.2.1.4 数据传输与记录

海量高速成像光谱仪数据要从前端信息获取系统传输到记录系统，硬件上主要有两项关键技术：总线传输技术和存储设备技术。

很长一段时间，总线传输一直是计算机数据采集系统的瓶颈，但这种情况目前已经得到了很大的改变（表 5.2）。在高速数据采集领域，PCI、USB 和 IEEE1394 可谓三枝共秀，为绝大部分系统的首选方案。

表 5.2 流行传输总线性能比较表

名称	PC-XT	ISA（PC-AT）	EISA	STD	VISA（VL-BUS）	MCA	PCI	USB	IEEE1394
最大传输率（MB/s）	4	16	33	2	266	40	133	60	>50
总线宽度（bit）	8	16	32	8	32	32	32	串行	串行
总线时钟（MHz）	4	8	8.33	2	66	10	0～33	480	>400

PCI 总线有即插即用、中断共享等优点。当前 PCI 总线最大传输速度为 133 MB/s，随着数据宽度由 32 bit 向 64 bit 过渡，总线时钟从 33 MHz 提高到 66 MHz，其最大传输速度将达到 528 MB/s。

USB 总线以其即插即用、高速、传输电缆简单的显著优点成为移动设备数据交换的首选。只需在计算机与外设间连接简单一根数据线，同时 USB 总线的高速传输允许采集数据实时传至系统内存并显示，而不必在 USB 设备上另加昂贵的内存。

IEEE1394 又称为火线或 1394，它是一种高速串行总线，现有的 IEEE1394 标准支持 100 Mb/s、200 Mb/s 和 400 Mb/s 的传输速率，将来会达到 800 Mb/s、1 600 Mb/s、3 200 Mb/s，甚至更高。

USB 和 IEEE1394 因为都是串行传输，因此传输速率受到了很大的限制，但其以便携的优点赢得市场。PCI 总线采用并行工作方式，可以获得巨大的传输速率。因此，基于 PCI 的总线传输技术是遥感图像海量高速实时采集的首选方案。

存储设备技术的发展虽然不像总线技术那么迅猛，但也取得了长足的进步，当前常用存储设备主要有磁盘阵列和硬盘。磁盘阵列全称独立磁盘冗余阵列（redundant array of independent disks，RAID），以其高速存储性能和冗余设计取胜，但体积庞大和价格不菲是其很大的缺点。

SCSI 硬盘和 IDE 硬盘也是常见的存储设备。SCSI 技术在硬盘市场上这些年来一直走在前面。最近美国 Adaptec 公司又推出了 ultra 320 SCSI 卡，提供极其优越的性能。曾有人预言 IDE 硬盘会过时，但事实并不是这样，在低端领域 IDE 始终能够满足用户的需求，并紧跟 SCSI 不放，最新的 ATA 133 技术应用于 IDE，使得 IDE 硬盘的存储效率极大提高。

美国 Conduant 公司有一款高速存储产品，使用 64 bit/66 MHz 的 PCI 总线以及 FPDP 接口传输数据，再配合 IDE 的磁盘阵列，最快可以达到 200 MB/s 的数据记录速度。但是这样的方案需要特殊的硬件设备，价格数万美元。

台湾凌华科技集团（ADLink）采用软件解决方案，也取得了一些成果。他们采用 Adaptec-29160 SCSI 卡，Segate Cheetah 15000RPM SCSI 硬盘，利用美国 Adaptec 公司提供的 ASPI（advanced SCSI programming interface）高级函数，跳过文件系统，直接写入硬盘扇区，获得了 40 MB/s 的数据记录速度。能够满足相当一部分中高端用户的需求。

5.2.1.5 数据显示与监控

数据的实时显示与监控目前主要涉及高速滚屏浏览技术。以往的系统大都在 DOS 系统下开发，DOS 系统稳定而可靠，而且对硬件的底层操作比较方便。DOS 属于顺序执行系统，即任一时间内，系统中只含有一个运行程序，它独占 CPU 的时间，按语句顺序执行该程序，直至执行完毕，另一程序才能启动运行。所以在 DOS 操作系统中能够保证只要硬件存储速度足够就能够顺利完成数据采集任务。但它不适于高速数据采集和不支持大的硬盘容量，一个硬盘往往需要划分为许多低于 2 G 的逻辑盘，既费时又不便于数据的记录和管理。

Windows 是一种分时操作系统，系统把 CPU 的时间按顺序分成若干个时间片，每个时间片内执行不同的程序。每个程序的进程又有不同的优先级，操作系统按照一定的优先级调度算法确定哪道程序应该在此时此刻占有 CPU，然后通过事件触发使程序运行。而且 Windows 应用非常广泛，界面美观，对各种硬件的支持良好。但有一个问题：Windows 系统的实时性并不好，而遥感却对实时性的要求比较高，信号的变化频率非常快，待记录的数据量也十分巨大，这要求计算机系统能在采集命令发出后尽快对其做出相应的反应。

对于实时监视系统：在 DOS 系统中可采用变换显存地址的方式来实现图像滚屏浏览技术，在 Windows 系统中可采用 DirectDraw 技术实现 Windows 状态下的高速滚屏浏览技术。

5.2.1.6 成像光谱数据的特点与数据格式

成像光谱数据是一种图像数据，但是和常规的图像相比，其数据特点和存储格式有所差别。成像光谱数据的应用不仅涉及目标的几何形状、纹理和定量化辐射信息，还涉及数据采集过程中的仪器和环境信息，因此成像光谱数据不是单纯的图像，还包含一系列与定量化、环境特征等相关的辅助数据，也就是成为一个辅助数据完备的数据集才具有更多的应用价值。

完整的成像光谱数据包括图像数据和辅助数据，辅助数据定义为与光谱定量化、定位、元数据等有关，并用于后续处理或数据描述的一系列文件或参数。成像光谱数据有以下三种不同的数据排列格式。

1. BIP(band interleaved by pixel)格式

在一行中每个像元各波段的值按波段次序排列，然后该行的全部像元按上述顺序依次排列，排列完一行的全部像元后，进行下一行的排列……设某高光谱图像波段数 b，像元数 p，$[i,j,k]$表示第 i 行第 j 列第 k 波段的数据，则 BIP 格式如表 5.3 所示。

表 5.3 BIP 格式

行号	列号	波段 1	波段 2	波段 3	…	波段 b
第一行	像元 1	[1,1,1]	[1,1,2]	[1,1,3]	…	[1,1,b]
	像元 2	[1,2,1]	[1,2,2]	[1,2,3]	…	[1,2,b]
	…	…	…	…	…	…
	像元 p	[1,p,1]	[1,p,2]	[1,p,3]	…	[1,p,b]
第二行	像元 1	[2,1,1]	[2,1,2]	[2,1,3]	…	[2,1,b]
	像元 2	[2,2,1]	[2,2,2]	[2,2,3]	…	[2,2,b]
	…	…	…	…	…	…
	像元 p	[2,p,1]	[2,p,2]	[2,p,3]	…	[2,p,b]
…	…	… …				

2. BIL(band interleaved by line)格式

对一行中代表每一个波段的值分别进行排列，然后按照波段顺序排列该行，最后对各行进行重复(表 5.4)。

表 5.4 BIL 格式

行号	波段	像元 1	像元 2	像元 3	…	像元 p
第一行	波段 1	[1,1,1]	[1,2,1]	[1,3,1]	…	[1,p,1]
	波段 2	[1,1,2]	[1,2,2]	[1,3,2]	…	[1,p,2]
	…	…	…	…	…	…
	波段 b	[1,1,b]	[1,2,b]	[1,3,b]	…	[1,p,b]
第二行	波段 1	[2,1,1]	[2,2,1]	[2,3,1]	…	[2,p,1]
	波段 2	[2,1,2]	[2,2,2]	[2,3,2]	…	[2,p,2]
	…	…	…	…	…	…
	波段 b	[2,1,b]	[2,2,b]	[2,3,b]	…	[2,p,b]
…	…	…				

3. BSQ(band sequential)格式

各波段的二维图像按波段顺序排列(表 5.5)。

表 5.5 BSQ 格式

波段 1	二维图像
波段 2	二维图像
…	…

上述多波段图像的数据格式有时因为需要添加一些必要的辅助信息而有少许变化,如添加文件头(尾)和其他行辅助信息。

(1)文件头(尾)。在光谱图像数据的开始(或结束)记录的与数据、飞行等有关的信息,辅助打开文件或标记某些与数据有关的重要参数。

(2)行辅助信息。在 BIL、BIP 或者 BSQ 格式数据中在每个或者每隔几个完整的数据结构(BIP 格式的数据中每个像元的完整光谱数据,BIL 格式中每行的完整数据,或者 BSQ 格式的数据中每个波段的完整图像数据)的前或后添加的辅助信息,例如每一行图像成像时刻的时间、GPS 数据、机上定标信息、系统工作状态、工作环境信息等,可以是单一信息,也可以是一系列信息,一般用于图像的各种系统校正和仪器工作状态的记录,这些夹杂在图像数据文件里的辅助信息往往是在数据采集过程中生成和保存的,因此采用这种格式的往往是原始数据。关于辅助数据的采集与保存内容已在 5.1.1.2 节中介绍。

5.2.2 频域型高光谱成像系统的数据采集过程与格式特点

图 5.14 为经典干涉高光谱成像的光谱数据信息提取流程,其中预处理包含干涉数据噪声去除和相位校正,光谱数据反演技术包含数据切趾和傅里叶变换。

5.2.2.1 噪声去除

在干涉高光谱成像的数据采集过程中,高光谱成像仪在设备的研制过程中存在不可避

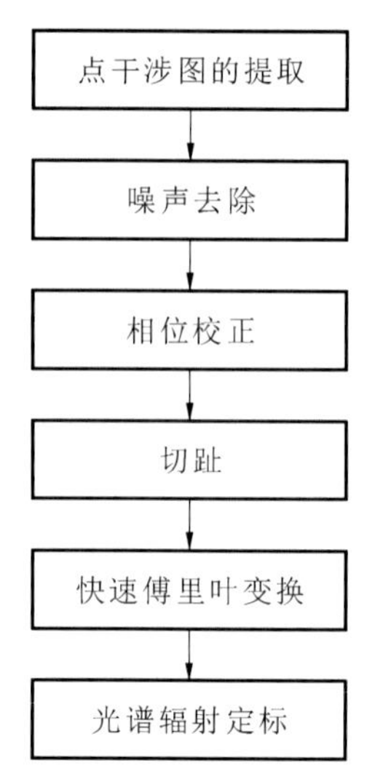

图 5.14 经典干涉型高光谱成像光谱数据信息提取流程图

免的系统设计误差，在数据采集时的采集误差以及探测器性能引起的误差，这些误差势必会造成图像信噪比降低，如果不加处理，将会影响后续的信息提取精度。

滤波技术是目前常用的噪声滤除方法，其计算简单，可以去除部分噪声，但在滤波的同时，它会导致图像出现模糊现象，并且滤波窗口越大，其模糊现象越严重。

干涉高光谱成像中常采用一阶差分滤波方法和最小二乘方法。一阶差分滤波方法计算简单，但需要剔除对光谱曲线的影响。本节分析了干涉光谱曲线的概率分布特征，利用最大后验估计(maximum a posteriori，MAP)方法对干涉型高光谱成像的白噪声去除，取得了一定的效果。

5.2.2.2 基线去除

在实际数据采集过程中，干涉图可以认定为一个叠加在直流信号上的波动信号。因此直流成分必须在计算复原光谱时去除，如下式：

$$I_0(i,\delta\Delta) = I(i,\delta\Delta) - I_\infty \tag{5.21}$$

其中，I_0 为基线去除后的信号值；I 为噪声去除后的信号值；I_∞ 为基线，即频率为无穷大时对应的信号值；i 为采样位置；$\delta\Delta$ 为采样间隔。

5.2.2.3 相位误差及其修正

在傅里叶变换光谱学中，若研究目标为一单色光源，则光程差为零的位置只需为波长的整数倍。但是，研究复色光源则必须将零点选择在光程差为零的位置。此时要求在系统安装时，必须精确校准。

相位校正是干涉成像数据处理过程中极其重要的环节。由于对干涉图采样可分为双边采样和单边采样，因此，相位校正算法的研究也可分为两类：针对双边采样的相位校正算法研究和针对单边采样的相位校正算法研究。

主流的双边相位校正算法为 Connes 绝对值法。该方法对双边干涉图进行傅里叶变换得到复数光谱,通过对光谱进行取模计算,可以获取理想光谱曲线,这种方法在计算过程中可以克服采样干涉图的相位误差。此时,我们可以这样认为:双边采样不需要对采样干涉图的主极大位置进行精确定位,也不需要对采样数据进行额外的相位校正处理。这种计算方法对干涉成像仪的线性相位校正具有很好的校正效果。但从理论和实践中证明双边采样方式计算方法也存在缺点,主要表现:①双边干涉图的采集数据量大,与单边采样具有相同分辨率的情况下,双边采样数据量要增加一倍,而数据量的增加,必然导致运算量的增加,这对计算机的存储能力和运算能力都提出了较高要求,并且随着分辨率的提高,这种要求将变得很难达到;②采用求模方法计算会使随机噪声进行累加,导致信号的信噪比下降,这在弱信号检测中更加严重。

为了提高干涉光谱成像仪的分辨率,目前光谱曲线的采样常采用单边采样方式。此时,则必须进行相位校正。目前,主流的单边相位校正方法有 Mertz 乘积法和 Forman 卷积法。此外还有其他研究方法,如抛物线拟合法、全通滤波器方法以及 Mertz 和 Forman 方法相结合的方法。

5.2.2.4 切趾

由于仪器测量只能测量到有限的光程差,必然会在最大光程差处产生截断,这就相当于给获取的干涉数据乘以一定的窗函数,此时经过傅里叶变换,会导致复原光谱的畸变。因此,当产生畸变时,我们必须采取一定的措施进行抑制,这种抑制旁瓣的做法称为切趾。

被广泛使用的切趾函数为三角切趾函数,如下式:

$$\Lambda_L(x)=\begin{cases}1-\dfrac{|x|}{L}, & |x|\leqslant L\\ 0, & |x|>L\end{cases} \tag{5.22}$$

图 5.15 为利用三角切趾函数进行切趾,切趾前后光谱仪仪器线型(instrument line shape,ILS)函数的变化。

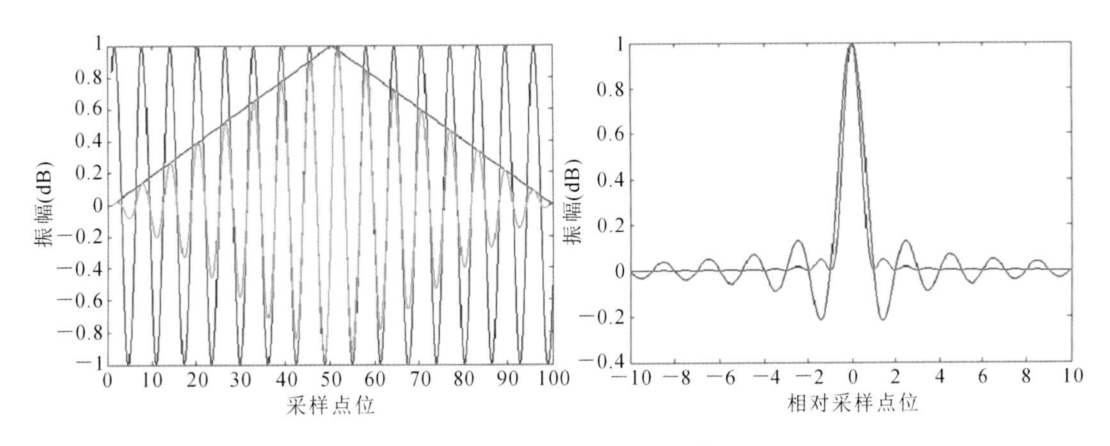

图 5.15 常用三角切趾函数示意图

由图5.15可知，"旁瓣"被抑制了，负的旁瓣消失了，消除了波数附近出现虚假信号的根源，但是经过信息提取后的光谱谱线半高宽增加了。

5.2.2.5 傅里叶变换

傅里叶变换是干涉高光谱信息提取技术的主要内容。离散傅里叶变换（discrete Fourier transform，DFT）从理论上解决了傅里叶变换应用于实际的可能性。但是直接采用傅里叶变换进行计算，其运算次数仍然很大，并且随着数据量的增加而增长迅速。在实际应用中，常采用Cooly和Tukey在1965年提出的快速傅里叶变换（FFT）方法。目前，FFT方法已经广泛应用于各个行业及领域。DFT除了Cooly和Tukey提出的快速算法外，还有其他一些快速算法，这些算法都从不同程度上减少了运算次数。在本书经典法研究中均采用FFT方法。

通过对干涉光谱数据进行数据反演获得复原光谱，是干涉高光谱成像处理的主要内容和关键技术。选择正确、得当的计算技术，不但能够获得高分辨率光谱，降低光谱噪声，而且能节约计算时间，提高分析速度。根据傅里叶变换光谱学原理，干涉曲线经过傅里叶变换后可得到复原光谱。

传统的光谱数据反演过程已经广泛地应用到干涉型高光谱成像数据处理领域中。在不考虑噪声时，传统算法的误差主要来自截断效应。一般从能耗和空间尺度工艺等方面考虑，实用光谱仪中获取干涉图的传感器不可能做到无限大，空间采样频率也不会非常高，传感器的像元数影响最终的光谱分辨率，其空间采样频率决定可探测的谱段范围。此时相当于理想干涉图在时域乘上了一个矩形窗口函数，采用傅里叶变换则存在假设截断处以外的数据全部为零。实际中，截断处以外的数据并不完全为零，因此，采用傅里叶变换必将产生一定的误差。

5.2.2.6 存储与压缩

干涉高光谱成像的采集技术主要包含高速干涉高光谱成像数据的采集、存储和基于干涉高光谱成像数据特性的压缩技术两个方向。

目前，对于干涉高光谱成像数据的压缩编码技术，国内外都还处于探索阶段，尚未形成十分有效的编码体系或标准。迄今为止，干涉高光谱成像的压缩主要分为三个研究内容：变换压缩技术、矢量量化（vector quantization，VQ）技术和预测编码技术。法国学者Mailthes（1990）提出的基于AR模型的干涉高光谱成像压缩编码方法通过对每一条干涉曲线采用AR模型进行预测拟合，对拟合误差进行量化编码，能够实现干涉高光谱成像数据的近无损压缩，并且具有很强的抗误码能力。但是AR模型的建立复杂，计算量大，并不适合实时图像压缩技术。针对NASA研制的干涉型高光谱成像仪，Huang等（2006）提出了预测结合矢量预测的压缩方法，取得了良好的无损压缩效果。

国内在干涉型高光谱成像压缩技术方面取得了一定的进展。其中，李云松等（2001）发表过国内第一篇关于干涉高光谱成像压缩的论文；肖江等（2004）、吕群波（2007）、马冬梅

(2009)、马静(2009)均以干涉高光谱成像压缩技术为研究方向,进行了广泛而又深入的图像压缩技术研究。

目前,数据采集领域常用的接口有 PCI-E 接口、PCI 接口、USB 接口和以太网接口。在高光谱成像数据采集过程中,根据采集数据量的大小需要合理地选择接口,在保证数据的实时性及稳定性的前提下,实现采集系统的便携性,获得良好的性价比(表 5.6 和表 5.7)。

表 5.6 PCI 系列接口速率

名称	位数	频率	带宽
PCI	32/64 bit	33/66 MHz	133/266/533 MB/s
PCI-X 1.0	64 bit	66/100/133 MHz	533/800/1 066 MB/s
PCI-X 2.0(DDR)	64 bit	133 MHz	2.1 GB/s
PCI-X 2.0(QDR)	64 bit	133 MHz	4.2 GB/s
PCI-E 1.0 nx	8 bit	1.25 GHz	250 Xn MB/s
PCI-E 2.0 nx	8 bit	1.25 GHz	500 MB/s

表 5.7 USB 系列接口速率

类型	速率
USB 1.0	1.5 Mb/s
USB 1.1	12 Mb/s
USB 2.0	480 Mb/s
USB 3.0	5.0 Gb/s

以太网标准是一个古老而又充满活力的标准。自从 1982 年以太网协议被 IEEE(电气和电子工程师协会)采纳成为标准以后,已经历近 40 年的风风雨雨。

在这 30 多年中,以太网技术作为局域网链路层标准战胜了令牌总线、令牌环、25 M ATM 等技术,成为局域网事实标准。以太网技术当前在局域网范围市场占有率超过 90%。在这 30 多年中,以太网由最初 10 M 粗缆总线发展为 10 Base5 10 M 细缆,其后是一个短暂的后退:1 Base5 的 1 M 以太网,随后以太网技术发展成为大家熟悉的星形双绞线 10 BaseT。随着对带宽要求的提高以及器件能力的增强,出现了快速以太网:五类线传输的 100 BaseTX、三类线传输的 100 BaseT4 和光纤传输的 100 BaseFX。随着带宽的进一步提升,千兆以太网接口登场,包括短波长光传输 1 000 Base-SX、长波长光传输 1 000 Base-LX 以及五类线传输 1 000 BaseT。2002 年 7 月 18 日 IEEE 通过了 802.3 ae:10G bit/s 以太网,又称万兆以太网。2010 年 6 月 IEEE 和 IETF(互联网工程任务组)完成对 802.3 ba 标准的最终审核,至此,100 Gb/s 标准正式确定。

面对高速数据持续的存储需求,对存储介质的读写能力、容量、可靠性及容错性提出更高的要求。1988 年,Patterson 教授提出了 RAID(redundent array of inexpensive disks)思想。RAID思想可以理解为一种使用磁盘驱动器的方法，它将一组磁盘驱动器用某种逻辑方式联系起来，作为逻辑上的一个磁盘驱动器来使用。

磁盘阵列中针对不同的应用，磁盘阵列分为不同的架构，被称为RAID级，而每一级代表一种技术。目前，RAID共有0、1、2、3、4、5、10等级别，在设备研制过程中需根据需要采用不同的RAID级别。

虚拟阵列(virtualized array)技术作为一种新的磁盘阵列技术已经广泛应用于中高端服务器设备，它可将子系统内的所有硬盘当作一个统一的存储空间看待，不管将来要做几个阵列，都平均分摊到每一个系统内的物理硬盘上。整个系统中的硬盘数量可以任意进行改变，数据的存放可以随着组的调整而调整。其中比较著名的有PGPDisk、MemDisk和True-Crypt等开源项目。国内也有相关专利和基于虚拟磁盘的应用和研究。虚拟磁盘在系统中的结构如图5.16所示。

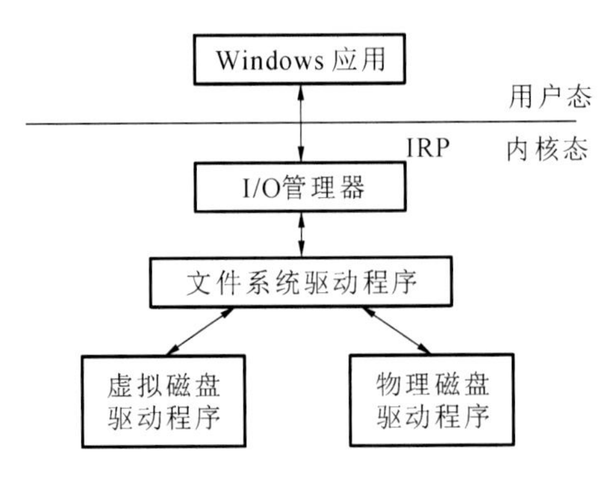

图5.16　虚拟磁盘示意图

网络发展的初期，对于存储的需求主要集中于个人计算机和局域网，其存储结构的设计较为简单。当存储的数据相对集中在某一个服务器所对应的存储设备上，该服务器的处理速度和服务器与存储设备间的带宽就有可能成为该存储系统的带宽瓶颈，制约系统的整体性能。当服务器发生故障，其所有的数据访问均会受到影响，最终导致系统瘫痪，这种系统称为DAS(direct attached storage)。

新的网络系统要求提供文件共享，此时网络中的服务器就可以不用管理文件的操作，从而减轻网络服务器的负担。同时，当存储设备更新或出现故障时，网络服务器仍然可以正常工作，保证整个网络系统有序运行。在这里主要有NAS(network attached storage)和SAN(storage area network)架构。

NAS的设计保证了整个网络设备对于文件操作的快速响应。此时文件的操作不必经过其他服务器，而是直接在客户端设备与NAS设备之间进行。这种设计使得在DAS设计中存在的基于通用服务器的带宽瓶颈的问题得以解决，通用服务器上的资源则可以用于处理更多面向用户的需求。

SAN 是一种连接外界存储设备和服务器的架构，人们采用包括光纤通道技术、磁盘阵列、磁带柜等各种技术进行实现。该架构的特点是，连接到服务器的存储设备将被操作系统视为直接连接的存储设备。

NAS 和 SAN 具有以下特点。

(1)构建在存储器接口之上。使存储资源能够建在主机之外，这样，多个主机就能够在不影响系统性能或主网络性能的前提下分享存储资源。

(2)可扩展性。SAN 中存储系统和主机之间是通过 FC 集线器或交换机进行连接的，这使得存储系统的扩展性大大增加。

(3)容错能力高。SAN 中的存储系统通常具备可热插拔冗余部件。

(4)SAN 设备是通过高带宽光纤通道连接，可实现远程备份。

图 5.17 和图 5.18 显示了 DAS、NAS 和 SAN 设备之间的区别，图 5.19 显示了 DAS、NAS 和 SAN 设备的联合工作模式。

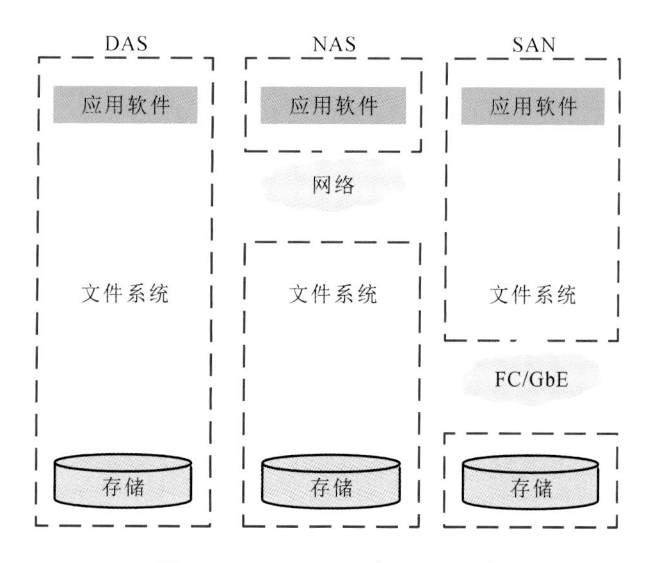

图 5.17 DAS、NAS 和 SAN 区别

目前，国内外的研究机构都致力于基于光谱的目标探测和实时处理系统的研究。由于高光谱成像技术处理流程繁多，计算复杂，因此有必要将高性能的并行处理思想引入高光谱成像处理平台设计中。

高性能并行计算机系统的发展经历了共享内存 SMP 型并行计算机(代表机型：SGI power challenge)、分布式内存 MPP 型并行计算机、DSM 型并行计算机、SMP/DSM 机群和微机/工作站机群(图 5.20)。

针对干涉高光谱成像仪下传的高速数据，设计基于 PCI-E 的数据采集系统。针对成像中信息提取运算的复杂性，提出了基于以太网的并行数据处理系统，并就系统中存在的若干关键问题的设计进行了讨论。

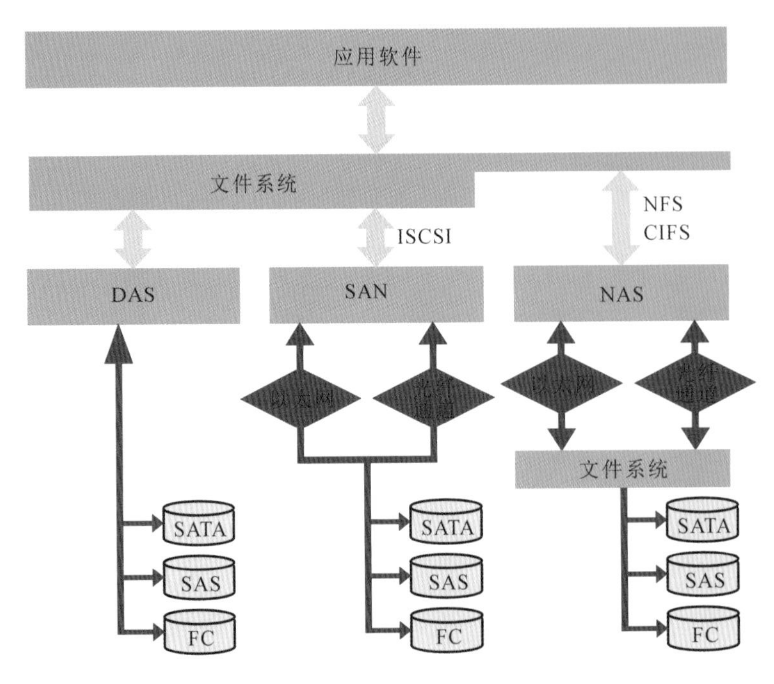

图 5.18 DAS、NAS 和 SAN 结构层面的区别

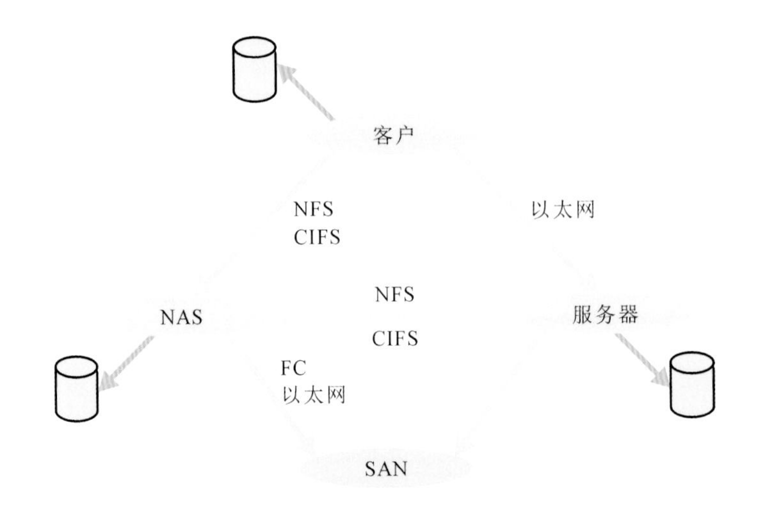

图 5.19 DAS、NAS 和 SAN 联合项目框图

干涉高光谱成像仪由于其优越的性能正在蓬勃发展，面对干涉高光谱成像仪下传的海量数据，怎样传输、存储、进行高效的光谱信息提取以及三维数据的显示等多个方面，目前都已经成为干涉高光谱成像仪发展亟须解决的关键技术。目前，国内外学者在这个领域都孜孜以求，不断钻研，但仍然存在一定的问题。因此，有必要对干涉成像中信息提取的各个环节进行深入研究，以完全实现整个技术的工程化应用。

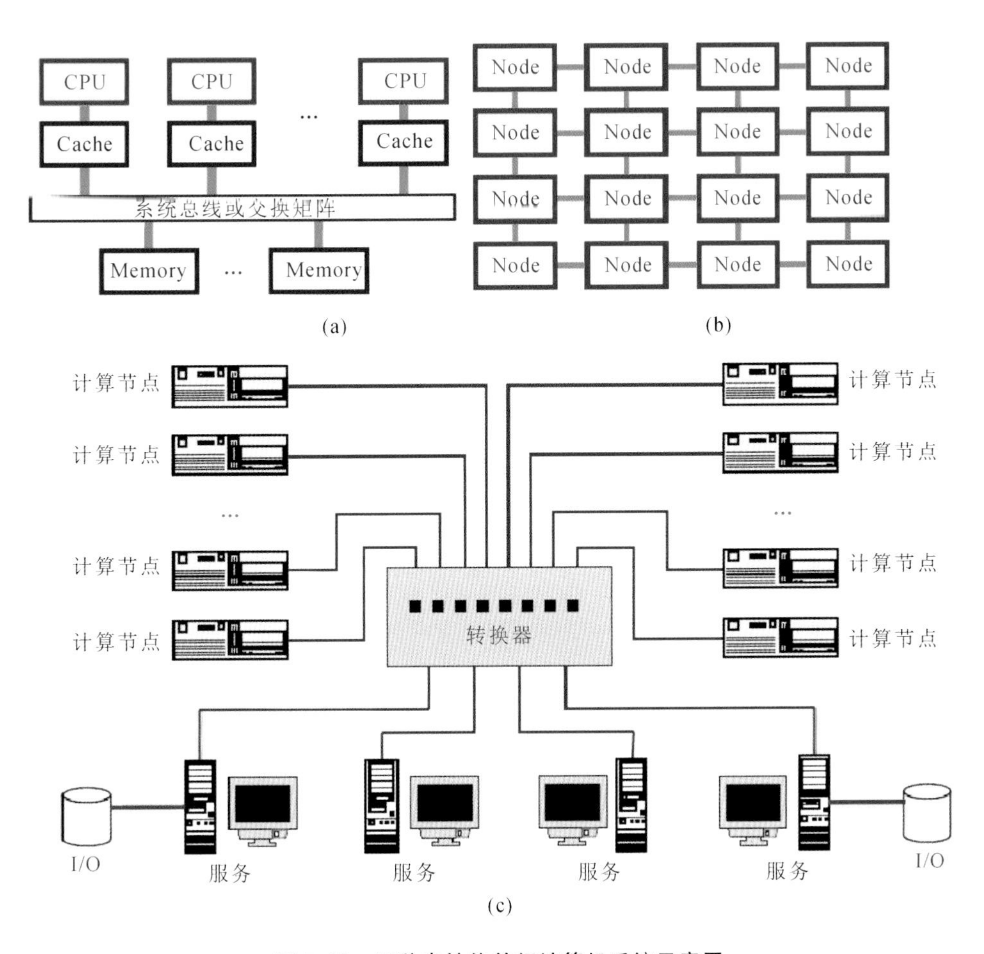

图 5.20 三种高性能并行计算机系统示意图

5.2.3 时域型高光谱成像系统的数据采集过程与格式特点

SWIR 通道采用了锁相放大技术进行微弱信号提取，这种算法可以有效地抑制非调制频率的杂散光对衍射光信号采集的影响，同时 16 bit 的 AD 转换也保证量化信号有着足够大的动态范围。但是，短波红外探测器具有温度敏感性，深空探测的宽温度范围就要对其采集的数据进行必要的修正。

VNIR 通道，所要考虑的因素就相对较多，如下文所述。

(1)该通道使用 CMOS 图像传感器进行光谱图像采集。面阵探测器中必然存在像元响应率不均现象，在器件筛选时，这也是一项较为重要的指标。对于这些像元的响应偏差引起的图像中包含椒盐噪声，通常情况下，使用中值滤波技术即可将其去除。

(2)探测器在无光状态采集信号会存在暗电平，该信号会随积分时间、增益以及温度而改变，通过系统化建模，精确地去除 CMOS 图像传感器采集图像中的暗电平信息，获取衍射光形成的有效信号。

(3)由于 CMOS 图像传感器仅有 10 bit 量化范围，必须要通过调整增益与积分时间以适应不同的工况。通过估算不同工况下探测目标的发射光谱辐亮度区间，设定适合该工况的各个波段中的动态积分时间。

5.2.3.1 数据采集描述

VNIR 通道采集流程中共包含 120 帧数据，其中有 20 帧暗电平，数据结构如图 5.21所示。SWIR 通道采集流程共包含 320 帧数据，其中有 20 帧暗电平，数据结构如图 5.22 所示。

图 5.21 CMOS 通道采集流程

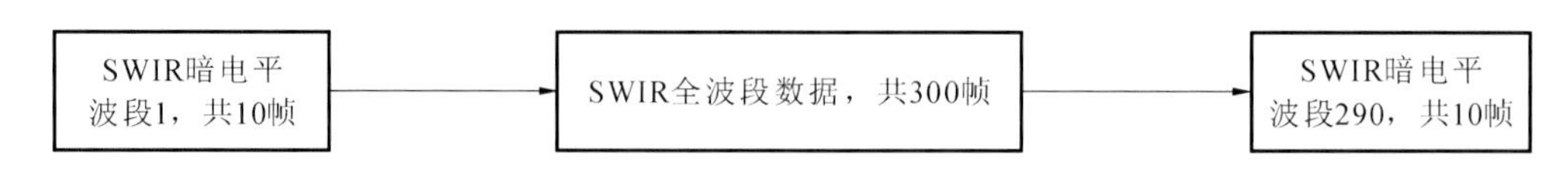

图 5.22 SWIR 通道采集流程

5.2.3.2 SWIR 通道暗电平

SWIR 数据采用锁相方式滤波，采集时遮光板处于打开状态，故无法通过帧头信息判定某一帧数据是否为暗电平。

如图 5.22 所示，当得到 320 帧 SWIR 数据时，前 10 帧连续的波段号 1(0×0001)的 DN 数据即为前半段暗电平数据 $DN_{Dark(front)}(i)$，而末端 10 帧连续的波段号 290(0×0122)的 DN 数据即为后半段暗电平数据 $DN_{Dark(end)}(i)$。

而全波段 SWIR 暗电平为

$$DN_{Dark} = \frac{1}{20}\left[\sum_{1}^{10} DN_{Dark(front)}(i) + \sum_{1}^{10} DN_{Dark(end)}(i)\right] \tag{5.23}$$

5.2.3.3 VNIR 通道图像椒盐噪声去除

CMOS 图像传感器，由于个别像元存在响应率不均的现象，在采集图像中存在椒盐噪声，如图 5.23 所示。在对 VNIR 通道采集数据进行处理之前，必先进行椒盐噪声的去除。去除椒盐噪声通常使用中值滤波器。为了减少对原始数据的处理，仅对确定

图 5.23 3×3 区域中的椒盐噪声

的椒盐噪声点像元进行 3×3 区域的中值滤波。

对 120 帧图像(包括暗电平图像和信号图像)逐一处理,图像内像元 DN(x,y)进行扫描,在 3×3 邻域内,求中心点与周围 8 点灰度差的绝对值。

设置差值阈值 Threshold=50,点数阈值 PointGate=6,若灰度差超过差值阈值的点数大于点数阈值,判断该点为噪声点,则用中心像元邻域所有点(除该点)的中值代替当前点的灰度值;若小于点数阈值,则保持原灰度值不变。

点数阈值随像素点位置变化:

$$\text{PointGate}=\begin{cases}2, & \text{图像四角}\\3, & \text{图像四边}\\6, & \text{图像中部}\end{cases}\tag{5.24}$$

以上描述仅为简单图像的椒盐噪声滤波。但对于多光谱图像,每一个像素点在光谱维都存在着关联。虽然同一像素点在不同帧图像中可能时而表现为噪点,时而表现为信号点,但光探测器的对应像素点对光的灵敏度是恒定的。也就是说,如果一个高光谱图像文件中的某一像素点在绝大部分波段上表现为噪声点,足以证明对应的光探测器上像素点灵敏度异常,则该点的光谱曲线也必然异常。在全光谱维对该点进行中值滤波处理,而不是仅在程序判断为噪点的那些波段进行滤波,能使滤波后图像更接近真实图像,并修复光谱上的毛刺或噪声。

光谱维中值滤波的关键是判断当前点是否为噪声点时,不仅在当前图像的邻域中作灰度值比较,也在其他波段图像的同一邻域中做比较,并记录该点在全光谱上为噪声点的概率 NoisyPercent=NoisyCount/FrameCount(FrameCount 为帧数)。当该概率大于阈值 PercentGate 时,在全光谱上的所有帧中对该点进行滤波。

图 5.24 是数据图像中某个确定的噪声点经两种方法滤波前后某像素点的光谱曲线,自上到下依次为原光谱、中值滤波和全光谱滤波后的光谱曲线。其中,原光谱曲线是通过对该点邻域信号点的光谱曲线进行平均后得到的。

由图 5.24 的光谱曲线可看出,中值滤波和全光谱滤波对光谱的平滑作用有显著区别。从整体灰度值来看,中值滤波的灰度值比真实值平均高约 20,而全光谱滤波与真实值比较接近。另外,从光谱趋势来看,全光谱滤波的结果比较贴近真实光谱,中值滤波的光谱存在较多毛刺,有些波段趋势甚至与原光谱相反(如圆圈标示部分),不利于后续光谱数据分析和处理。这是因为中值滤波只对单色图像进行噪声点判断,因此仅对某些帧进行了滤波,无法顾及光谱维的真实和平滑程度,而全光谱滤波可以较好地对光谱进行修正。

虽然中值滤波和全光谱滤波在视觉效果改变上相差不大,但全光谱滤波能明显较好地对光谱曲线进行平滑修正。由于实际应用中,通过光谱特征来辨识地物和元素是系统的一个重要任务,因此很有必要保证光谱曲线的精确度。从这一点看,全光谱滤波显然优于经典中值滤波。

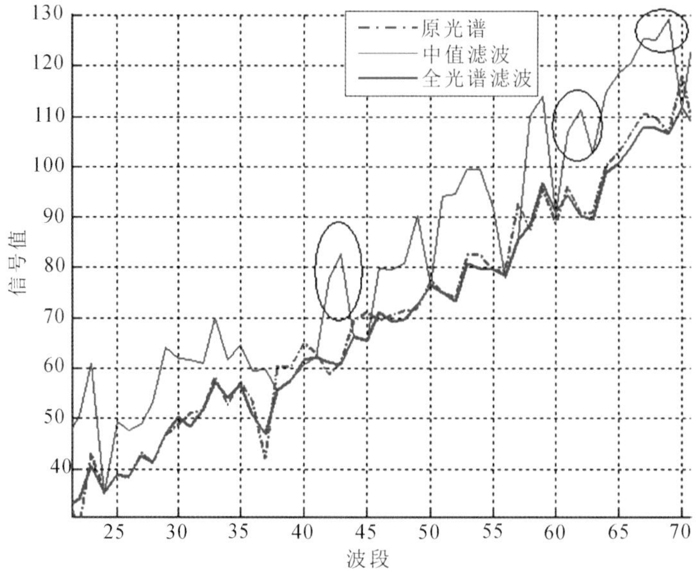

图 5.24　数据图像中某噪声点滤波前后光谱曲线

5.2.3.4　VNIR 通道暗电平

暗电平是指图像传感器在无光暗背景下的输出，其大小主要由读出电路噪声所决定，在不同的积分时间控制与温度环境下，读出电路噪声的电压值不同，从而也就影响到了信号的有效动态范围(刘成康 等，2002)。

为了提取 VNIR 通道的有效信号，必须首先对暗电平信息进行消减。处理暗电平前，应先进行椒盐噪声去除。图 5.25 为暗电平图像滤除椒盐噪声前后的效果图。

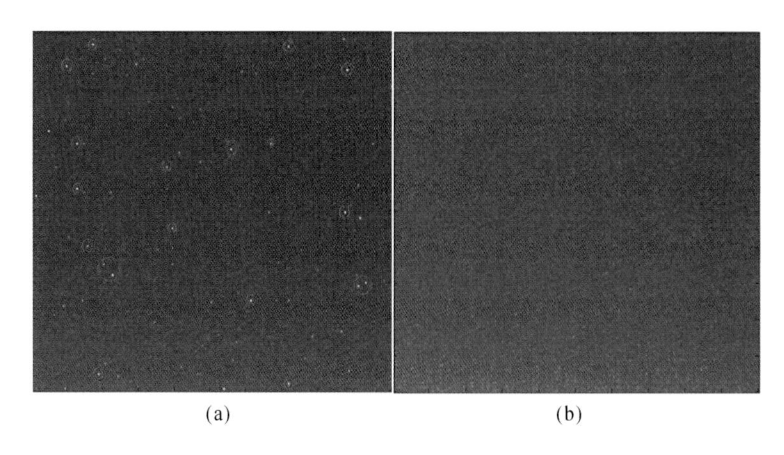

图 5.25　滤波前后的暗电平图像

(a)原始数据；(b)噪点使用圆圈标记去噪后

CMOS 图像传感器暗电平采集时，光谱仪遮光板所处状态，即通过读取帧头中的科学数据信息即可判断自动采集序列获得的 CMOS 图像是否为暗电平。

VNIR 通道采集采用动态积分时间方式，即 100 个波段中每一帧的积分时间都是不相同的。CMOS 图像传感器暗电平在温度稳定条件下，像元 DN 与积分时间具有较好的线性度。预处理中采用最小二乘法线性拟合的方式计算全波段暗电平。

对于一帧 VNIR 通道采集数据，除了图像外，处理暗电平时，还应提取以下 3 个科学数据作为辅助：波段号、遮光板位置和积分时间。积分时间从科学数据换算到实际采集时间的公式如下：

$$t(\lambda) = 18.2 + 2 \times \text{IntegrationTime}(\lambda) \quad (\text{ms}) \tag{5.25}$$

全波段暗电平的计算步骤如下文。

第一步：对采集的多帧暗电平进行分组平滑。如图 5.26 所示，CMOS 暗电平采集数据分为 4 组，每组包含 5 帧相同波段的数据，处理时应先对每组中的 5 帧数据进行图像累加后平均，即抑制暗电平采集的时域噪声，得到 4 帧时间平均暗电平图像 Img(λ)，其中(x,y)为像元坐标，λ 为波段号(分别为 0、30、70、80)。

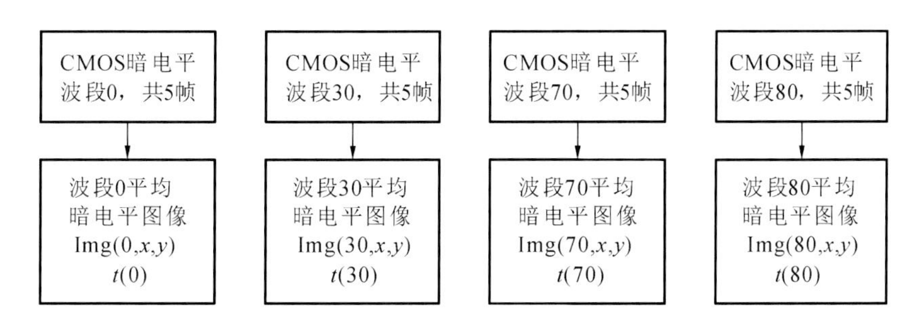

图 5.26 暗电平分组平滑

第二步：对时域平滑后的 4 帧图像 Img(λ)分别进行 Core 为 5×5 的邻域均值滤波，抑制空间噪声。最终生成的暗电平图像用 $\text{Img}_{\text{smooth}}(\lambda)$表示，计算公式如下：

$$\text{Img}_{\text{smooth}}(\lambda, x, y) = \frac{1}{\text{count}} \sum_{x-2}^{x+2} \sum_{y-2}^{y+2} \text{Img}(\lambda, x, y) \tag{5.26}$$

式中，count 为区域平滑所涉及的像元个数，随像元位置变化(图 5.27 中大部分区域 count=25，而在边缘及角落 $9 \leqslant \text{count} \leqslant 20$)。

第三步：针对每个像元，以 $\text{Img}_{\text{smooth}}(\lambda, x, y)$为纵坐标，Int$T(\lambda)$为横坐标，建立如下线性关系：

$$\text{DN}_{\text{dark}}(\lambda, x, y) = k(x, y) \times t(\lambda) + b(x, y) \tag{5.27}$$

第四步：使用最小二乘法线性拟合，计算斜率 $k(x,y)$与截距 $b(x,y)$。其中，最小二乘法进行直线拟合算法如式(5.28)所示，假设直线的表达式为

$$Y = kX + b \tag{5.28}$$

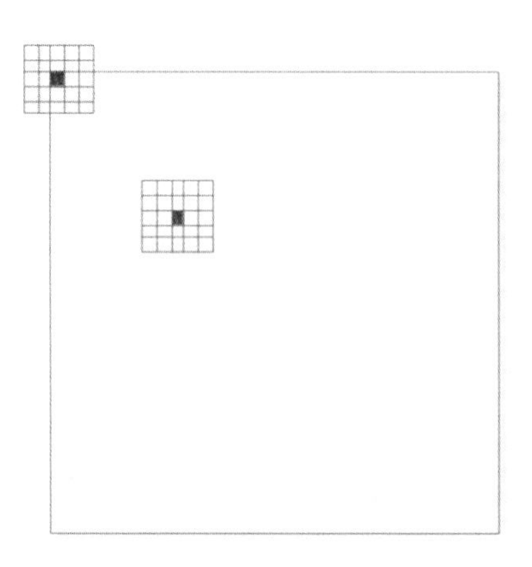

图 5.27 邻域平滑示意图

由最小二乘法可求得 k 与 b 的表达式：

$$k = \frac{\sum_{k=1}^{n} X_k Y_k - n\overline{X}\overline{Y}}{\sum_{k=1}^{n} X_k^2 - n(X_k)^2} \tag{5.29}$$

$$b = \overline{Y} - k\overline{X} \tag{5.30}$$

第五步：计算全波段暗电平 $DN_{dark}(\lambda)$。针对每一帧采集数据，提取其积分时间科学数据 IntegrationTime(λ)，使用式(5.25)计算其对应的采集时间 $t(\lambda)$。之后，使用式(5.27)生成该波段的理论暗电平图像 $DN_{dark}(\lambda)$。

5.2.3.5 VNIR 通道图像非均匀性校正

利用 AOTF 进行光谱成像存在着光谱弯曲问题，或称角孔径效应，具体是指从不同角度入射 AOTF 的光线具有不同的射频驱动频率-衍射波长调谐关系。在实际应用中，射频驱动频率是确定的，因此不同入射角的光线衍射波长不同。根据成像光学系统的结构可知，不同角度入射 AOTF 的光线对应着不同的视场角，因此导致了图像中各像素点之间的波长差异，即波长漂移。角孔径效应的另一个影响是导致边缘视场的衍射效率下降，即入射光线与中心轴的偏离角越大，衍射效率越低。同时，探测器响应不均匀性会带来某些条带，如果这些条带对后续处理或分析有影响，则需要进一步修正。非均匀性校正是常见的图像校正内容之一，大多采用基于场景的方法。

基于平均统计的方法是假设在整个图像范围内任一波段的每个探测单元的输出信号的统计平均值是恒定的，通过对非均匀高光谱图像的每个探测单元信号加权来实现这个假设，从而达到消除图像条带的目的。CMOS 探测器的有效空间像元为 256×256，取 CMOS 探测器中心区域 200×200 像元均值作为校正参照。

校正参数的计算，如式(5.31)和式(5.32)所示：

$$NC(class,\lambda,i,j)=\left[\sum_{el=1}^{ELNum}DNMean_{el}(class,\lambda)/DN_{el}(class,\lambda,i,j)\right]/ELNum \tag{5.31}$$

$$DNMean_{el}(class,\lambda)=\sum_{i=29}^{228}\sum_{j=29}^{228}DN_{el}(class,\lambda,i,j)/(200\times 200) \tag{5.32}$$

其中,$DN_{el}(class,\lambda,i,j)$为第$i$行与第$j$列像元在系统工作参数为class情况下,在定标能级为el、波长为λ的输入信号作用下的输出DN;$NC(class,\lambda,i,j)$为同样情况下该像元的校正参数;$DNMean_{el}(class,\lambda)$为面阵在系统工作参数为class情况下,在波长为$\lambda$的输入信号作用下的中心200×200像元的均值;ELNum为定标能级数量。

为了除去面阵相应的不均匀性,对面阵使用如下方法进行校正:

$$DN'(class,\lambda,i,j)=DN(class,\lambda,i,j)\cdot NC(class,\lambda,i,j) \tag{5.33}$$

其中,$DN(class,\lambda,i,j)$为第i行第j列像元在系统工作参数为class情况下,在波长为λ的输入信号作用下的输出DN;$NC(class,\lambda,i,j)$为同样情况下该像元的校正参数;$DN'(class,\lambda,i,j)$为第i行第j列像元在系统工作参数为class情况下,在波长为λ的输入信号作用下经过校正后的DN。

5.3 提高高光谱成像系统影像质量的数字处理方法与实践

5.3.1 锁相技术在高光谱成像系统中应用于灵敏度增强的方法

高光谱成像系统中,由于光能量在进入光学系统后经过了分光,因此入射到光电探测器上的能量极其微弱,所以,必须考虑使用特殊的信号放大手段将信号从背景噪声中提取出来并放大。

锁相放大器(lock-in amplifier,LIA)属于精密仪器范畴,其主要功能是用来检测和测量微弱信号,待测的微弱信号通常隐藏在复杂环境噪声中,并且其幅度与噪声相比要小得多。它利用相敏检测(phase sensitive detection,PSD)技术,能够识别出与参考信号同频的被测信号,消除与参考信号不同频的噪声信号的干扰,从而准确测量出被测信号的大小。锁相放大器按照实现方法不同可分为模拟型和数字型两种,其中模拟锁相放大器的研究开展得最早。但由于模拟器件受本身实现工艺和精度等因素的限制,模拟锁相放大器存在输出偏置、温度漂移等亟待解决的问题。近年来,制造工艺和大规模集成电路的飞速发展,使得数字技术获得前所未有的进步。基于DSP或FPGA技术而实现的数字锁相放大器,克服了以往模拟锁相放大器的问题和缺陷,并同时具有功能灵活、运算速度快、处理能力强、实时性好等优点，成为锁相放大器研究的发展趋势。下文将以 AOTF 探测系统为例介绍锁相放大技术在高光谱成像系统中的应用(图 5.28)。

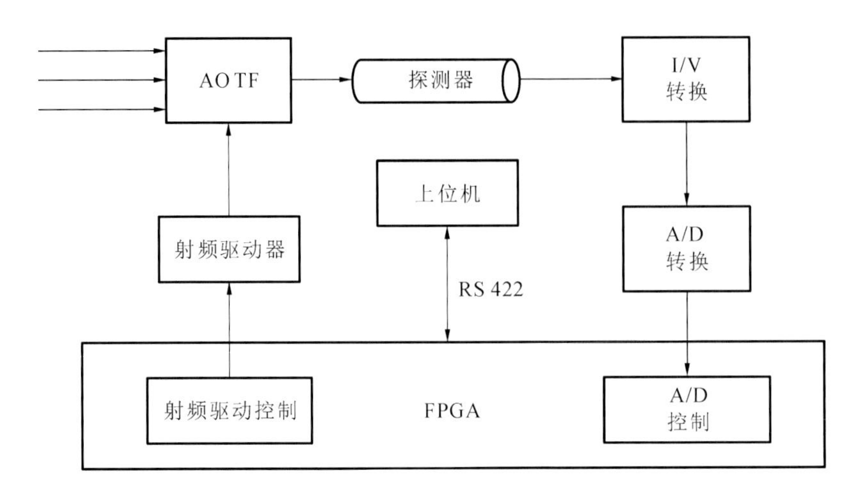

图 5.28 AOTF **探测系统框架图**

该红外光谱探测系统主要工作过程：光源（或黑体）发出的宽谱段光经准直镜准直后入射到 AOTF 晶体，AOTF 晶体根据射频驱动控制信号的频率可调制出不同波长的单色光，该单色光由会聚镜会聚，然后由点阵探测器将该光信号转换为电信号，经过 I/V 转换、滤波和放大等电信号处理，最后在 FPGA 和主控计算机的控制下经过 A/D 转换等过程后在上位机上显示。

传统的 AOTF 型红外光谱仪电路设计方法采用锁相放大电路，该设计方法信噪比高、性能稳定，技术也比较成熟。以具体应用举例：首先根据 AOTF 的某些电调谐特性，可以对 AOTF 的射频信号进行固定的频率调制，调制的频率为 1 kHz，可得 1 kHz 的方波信号，每一个方波信号中都夹杂着多次谐波信号和噪声干扰信号，通过使用锁相放大电路，利用互相关的理论对调制的光谱信号进行锁相等操作，可以将除中心频带外的噪声滤除，从而达到提高信噪比的目的。在此之前，可以先对目标信号进行以 1 kHz 为中心频率的窄带滤波，滤除其他宽带的噪声，为锁相提供可靠以及稳定的光谱信号。

5.3.1.1 窄带滤波

待测目标光谱信号经 I/V 转换和放大后进入窄带滤波的输入端，窄带滤波主要是用来限制目标信号的通频带带宽、滤波白噪声、热噪声等其他干扰，以保证光谱信号的稳定性。由于待测信号为方波调制信号，若设信号的中心频率在不使用窄带滤波时，即通频带的带宽为 $10f_0$，则可保留频率为 f_0、$3f_0$、$5f_0$、$7f_0$、$9f_0$ 的谐波分量。若加入窄带滤波器，则根据理论 -3 dB 带宽 $BW_0 < f_0$，信号的谐波分量将大大减少，如图 5.29 所示。

假设系统无窄带滤波时，在 $10f_0$ 通频带的带宽内，P_S 表示信号的平均功率，P_N 为噪声的平均功率，则可得如下关系式：

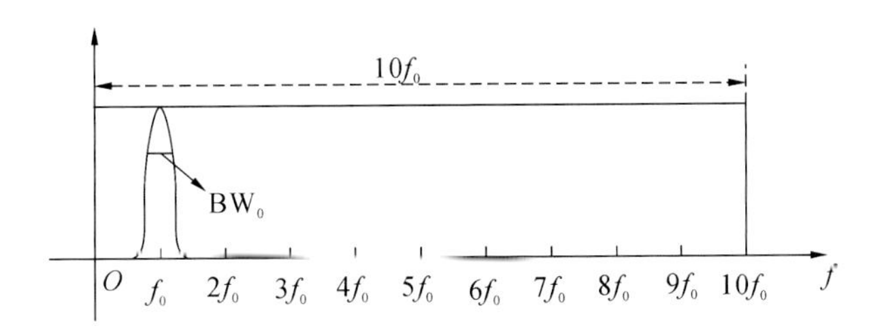

图 5.29 有无窄带滤波情况下的通频带示意图

$$P_{\mathrm{N}} = S_{\mathrm{N}} \cdot (10f_0) \tag{5.34}$$

式中，S_{N} 中代表噪声密度函数。由信噪比的计算公式可得：

$$\mathrm{SNR} = 10\lg\frac{P_{\mathrm{S}}}{P_{\mathrm{N}}} = 10\lg\frac{P_{\mathrm{S}}}{10f_0 \cdot S_{\mathrm{N}}} \tag{5.35}$$

在引入窄带滤波后，可以滤波待测光谱信号的部分噪声，只留下 100 Hz 的通频带中的信号以及少量的带内噪声，这时，待测目标信号的平均功率 P_{SO} 与噪声平均功率 P_{NO} 的关系可用下式表示：

$$P_{\mathrm{SO}} = P_{\text{基波}} \tag{5.36}$$

$$P_{\mathrm{SO}} = S_{\mathrm{N}} \cdot \mathrm{BW}_0 \tag{5.37}$$

则窄带滤波后的信号信噪比为

$$\mathrm{SNR}_0 = 10\lg\frac{P_{\mathrm{SO}}}{P_{\mathrm{NO}}} = 10\lg\frac{P_{\text{基波}}}{\mathrm{BW}_0 \cdot S_{\mathrm{N}}} \tag{5.38}$$

根据电子学知识对信噪比改善的定义，则得 SNIR 的关系式：

$$\mathrm{SNIR} = \mathrm{SNR}_0 - \mathrm{SNR} = 10\lg\left(\frac{P_{\text{基波}}}{\mathrm{BW} \cdot S_{\mathrm{N}}} \Big/ \frac{P_{\mathrm{S}}}{10f_0 \cdot S_{\mathrm{N}}}\right) = 10\lg\left(\frac{10f_0}{\mathrm{BW}_0} \cdot \frac{P_{\text{基波}}}{P_{\mathrm{S}}}\right) \tag{5.39}$$

待测目标信号经交流耦合后，具有任意相位的波形图(图 5.30)，根据傅里叶变换的相关公式，可将待测信号的关系式展开如下：

$$f_0(t) = \frac{E}{\pi}\sum_{n=1}^{\infty}\frac{1-(-1)^n}{n}[\sin(n\omega d)\cdot\cos(n\omega t) + \cos(n\omega d)\cdot\sin(n\omega t)] \tag{5.40}$$

$$\begin{aligned} f_0(t) = \frac{2E}{\pi}\Big[&\frac{\sin(\omega d)\cdot\cos(\omega t) + \cos(\omega d)\cdot(\omega t)}{l} \\ &+ \frac{\sin(3\omega d)\cdot\cos(3\omega t) + \cos(3\omega d)\cdot\sin(3\omega t)}{3} \\ &+ \frac{\sin(5\omega d)\cdot\cos(5\omega t) + \cos(5\omega d)\cdot\sin(5\omega t)}{5} + \cdots\Big] \end{aligned} \tag{5.41}$$

将式(5.41)左右平方，然后再根据三角函数的相关性质，可得平均功率的关系式如下：

$$P = \overline{f}^2(t) = \frac{1}{T}\int_{t_0}^{t_0+T} f^2(t)\mathrm{d}t = a_0^2 + \frac{1}{2}\sum_{n=1}^{\infty}(a_n^2 + b_n^2)/2 \tag{5.42}$$

其中，a_0^2 代表直流部分的功率；$\sum_{n=1}^{\infty}(a_n^2 + b_n^2)/2$ 表示基波和各次谐波的总功率。对于任意初

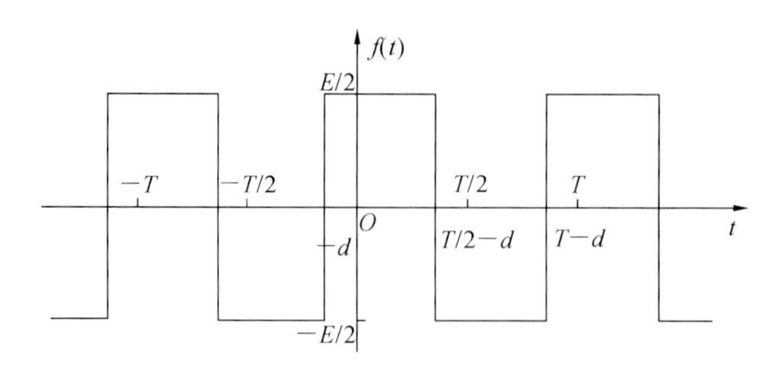

图 5.30 初始相位任意的待测方波信号 $f_0(t)$

始相位的待测交流耦合方波信号 $f_0(t)$(图 5.30) 无直流分量，则其基波成分的平均功率为

$$P_{基波} = \frac{1}{2}(a_1^2 + b_1^2) = \frac{1}{2}(\frac{2E}{\pi})^2 = \frac{2E^2}{\pi^2} \tag{5.43}$$

其 1、3、5、7、9 次谐波的总功率 P_S 为

$$P_S = \frac{1}{2}\sum_{n=1}^{n=10}(a_n^2 + b_n^3) = \frac{2E^2}{\pi^2}[1 + (\frac{1}{3})^2 + (\frac{1}{5})^2 + (\frac{1}{7})^2 + (\frac{1}{9})^2] \tag{5.44}$$

综合式(5.44)，信号的信噪比改善为

$$\text{SNIR} = 10\lg(\frac{10f_0}{\text{BW}_0} \cdot \frac{P_{基波}}{P_S}) = 10\lg(\frac{8.447f_0}{\text{BW}_0}) \tag{5.45}$$

由式(5.45)可以看出，信噪比改善与调制频率 f_0 以及窄带滤波的带宽 BW_0 有关，调制频率越大，窄带滤波的带宽越窄，信号的信噪比改善越好。

5.3.1.2 锁相放大

在锁相之前通过使用窄带滤波可以有效地抑制噪声，提高信号的信噪比，保证输出信号的稳定性和可靠性，同时，经过锁相后可以通过 A/D 转换器进行数据采集，为了简化数据采集的过程，采用锁相放大器将交流量转换为直流量以便于后续工作的简化，同时也消除带内的噪声，提高信号的信噪比。

由于目标信号具有周期性，同一信号在不同时刻的信号值可能具有很强的相关性，而噪声则不同，由于其具有随机性，因此，具有较差的相关性。这样，信号和信号延时的乘积以及噪声和噪声延时的乘积累加之后会有很明显的差距，基于此提出了信号的相关检测理论。

相关检测法主要是根据信号和噪声的不同特点，即信号在时间上具有相关性，而噪声在时间上不具有相关性的特点。通过互相关或自相关的运算来实现抑制噪声、压缩带宽的目的，进而检测出微弱信号。

任意时刻函数在时间间隔[$-T/2, T/2$]内，在阻值为 1 Ω 的电阻上所消耗掉的能量可表征为

$$E_0 = \int_{-T/2}^{T/2} |f(t)|^2 \mathrm{d}t \tag{5.46}$$

假设 $E=\lim\limits_{T\to\infty}\int_{-T/2}^{T/2}|f(t)|^2\mathrm{d}t$ 为一个有限值，则 $f(t)$ 为能量信号，E 代表信号 $f(t)$ 的能量；若 $E=\lim\limits_{T\to\infty}\int_{-T/2}^{T/2}|f(t)|^2\mathrm{d}t=\infty$，那么信号 $f(t)$ 的平均功率可表征为

$$P=\lim_{\tau\to\infty}\frac{1}{T}\int_{-T/2}^{T/2}|f(t)|^2\mathrm{d}t \tag{5.47}$$

若 P 为一个有限值且不为零，则该信号代表功率信号，P 表示信号 $f(t)$ 的平均功率。若 $f(t)$ 为实函数，则上述的各式中有 $|f(t)|^2=f(t)^2$。

对于信号 $x(t)$、$y(t)$，若 $x(t)$、$y(t)$ 是能量信号，则 $x(t)$ 和 $y(t)$ 的互相关函数可定义为

$$R_{xy}(\tau)=\int_{-\infty}^{\infty}x(t)y^*(t-\tau)\mathrm{d}t=\int_{-\infty}^{\infty}y^*(t)x(t+\tau)\mathrm{d}t \tag{5.48}$$

或

$$R_{yx}(\tau)=\int_{-\infty}^{\infty}y(t)x^*(t-\tau)\mathrm{d}t=\int_{-\infty}^{\infty}x^*(t)y(t+\tau)\mathrm{d}t \tag{5.49}$$

假设 $x(t)=y(t)$，则这时互相关函数 $R_{xy}(\tau)$ 变成自相关函数，记作 $R(\tau)$。

$$R(\tau)=\int_{-\infty}^{\infty}x(t)x^*(t-\tau)\mathrm{d}t=\int_{-\infty}^{\infty}x^*(t)x(t+\tau)\mathrm{d}t \tag{5.50}$$

若 $x(t)$、$y(t)$ 是功率信号，则 $x(t)$ 和 $y(t)$ 的互相关函数可表示为

$$R_{xy}(\tau)=\lim_{T\to\infty}\frac{1}{T}\int_{-T/2}^{T/2}x(t)y^*(t-\tau)\mathrm{d}t \tag{5.51}$$

或

$$R_{yx}(\tau)\lim_{T\to\infty}\frac{1}{T}\int_{-T/2}^{T/2}y(t)x^*(t-\tau)\mathrm{d}t \tag{5.52}$$

当 $x(t)=y(t)$ 时，自相关函数 $R(\tau)$ 表示为

$$R(\tau)=\lim_{T\to\infty}\frac{1}{T}\int_{-T/2}^{T/2}x(t)x^*(t-\tau)\mathrm{d}t \tag{5.53}$$

式(5.48)～式(5.53)中的 * 表示共轭。若 $x(t)$、$y(t)$ 是实函数，可去掉 *。

自相关检测的原理如图 5.31 所示。

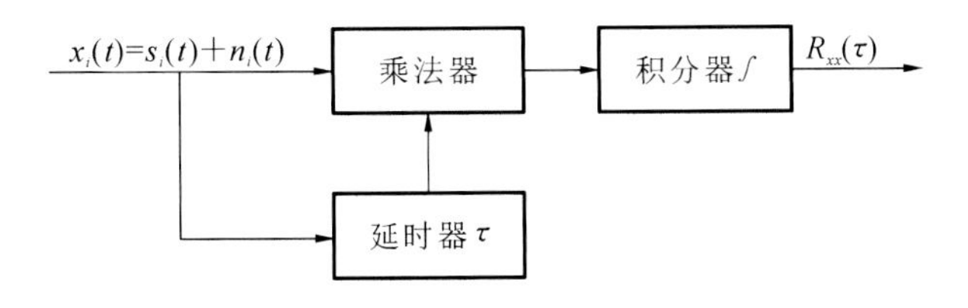

图 5.31　自相关检测原理图

图 5.32 中，$x_i(t)$ 代表系统输入信号，$x_i(t)$ 则由两部分构成：噪声 $n_i(t)$ 与信号 $s_i(t)$。信号分为两部分：一部分信号经延时器延时后变为 $x_i(t-\tau)$，另一部分信号则直接经过乘法器。两路信号在乘法器中进行自相关运算，运算后得出式(5.54)：

$$R_{xx}=\lim_{T\to\infty}\frac{1}{T}\int_{-T/2}^{T/2}x(t)x(t-\tau)\mathrm{d}t=\lim_{T\to\infty}\frac{1}{T}\int_{-T/2}^{T/2}[s_i(t)+n_i(t)][s_i(t-\tau)+n_i(t-\tau)]\mathrm{d}t$$

$$R_{ss}(\tau)=R_{ss}(\tau)+R_{sn}(\tau)+R_{ns}(\tau)+R_{nn}(\tau) \tag{5.54}$$

其中，$R_{ss}(\tau)$代表信号$s_i(\tau)$本身的自相关函数；$R_{sn}(\tau)$、$R_{ns}(\tau)$表示信号和噪声的互相关函数，依据相关函数的一些性质，信号$s_i(t)$和噪声$n_i(t)$不相关，因而其互相关的结果为各自平均值的乘积，由于随机噪声的平均值为零，故而$R_{sn}(\tau)$和$R_{ns}(\tau)$都为零；$R_{nn}(\tau)$表示噪声$n_i(t)$的自相关函数，随着积分时间t的增加，$R_{nn}(\tau)$也将逐渐趋近于零。因此，积分器最终的输出结果为$R_{ss}(\tau)$，即

$$R_{xx}(\tau)\approx R_{ss}(\tau)$$

5.3.1.3 互相关检测

互相关检测的原理图如图5.32所示。

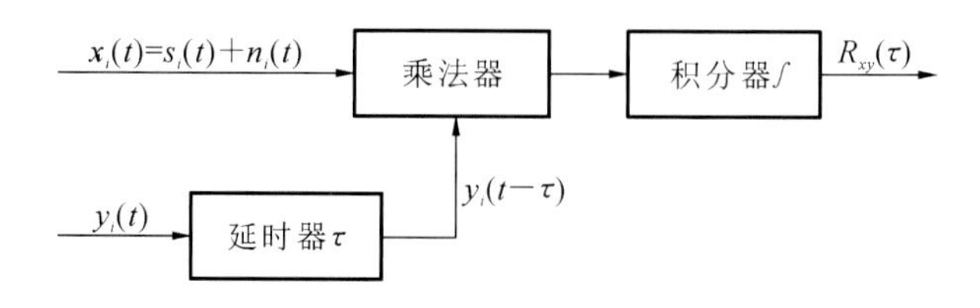

图5.32　互相关检测原理图

其中，$y_i(t)$是和$s_i(t)$频率相同的参考信号，信号在进入乘法器时，参考信号与目标信号进行乘积，实现互相关运算，运算后处理公式如下：

$$R_{xy}(\tau)\lim_{T\to\infty}\frac{1}{T}\int_{-T/2}^{T/2}x(t)y(t-\tau)\mathrm{d}t=\lim_{T\to\infty}\int_{-T/2}^{T/2}[s_i(t)+n_i(t)]y_i(t-\tau)\mathrm{d}t \tag{5.55}$$

$$R_{xy}(\tau)=R_{sy}(\tau)+R_{ny}(\tau) \tag{5.56}$$

其中，$R_{sy}(\tau)$表示参考信号$y_i(t)$和$s_i(t)$的互相关函数，而且$s_i(t)$与$y_i(t)$是具有相关性的；$R_{ny}(\tau)$表示参考信号$y_i(t)$和噪声$n_i(t)$的互相关函数，由于信号与噪声两者不具有相关性，随着积分时间的增加，$R_{ny}(\tau)$将趋于零。因此，积分器输出结果可简化为

$$R_{xy}(\tau)\approx R_{sy}(\tau)$$

和自相关检测相比，互相关检测法在积分之后有两项与噪声有关的项减少了，从而使得该检测法的抗干扰性能更好，抑制噪声的能力更强。但是，在互相关检测法中，需要事先知道目标信号的频率，进而采用与目标信号同频的参考信号与其进行互相关运算；假如目标信号的频率未知，则很难使用互相关检测法进行检测。

相关检测法作为微弱信号检测中比较成熟的技术之一，其检测的精度与积分时间以及信号的带宽有关，积分的时间越长，信号的带宽越窄，则检测的精度越高，进而保证信号的高质量性，但是，保证检测的高精度是以牺牲时间为代价来换取的，所以积分时间也不能过长。

根据上述对互相关检测法的有关介绍，可假设输入待测目标信号 $x_i(t)=s_i(t)+n_i(t)$，其中 $s_i(t)=A\sin(\omega_0 t+\varphi_0)$ 表示目标信号；ω_0 为信号的角频率；φ_0 表示信号的初始相位；$n_i(t)$代表包含了其他干扰的频率以及白噪声。通过使参考信号 $y_i(t)=B\sin(\omega_0 t+\varphi_1)$ 和 $x_i(t)$进行互相关运算后可得如下关系：

$$x_i(t)\cdot y_i(t)=\frac{AB\cos(\varphi_0-\varphi_1)}{2}-\frac{AB\cos(2\omega_0 t+\varphi_0+\varphi_1)}{2}+Bn_i(t)\sin(\omega_0 t+\varphi_1) \tag{5.57}$$

进行互相关运算后，运算结果会包含参考信号与目标信号的和频量和差频量，由式(5.57)可知，当目标信号的频率和参考信号的频率一样时，差频成分则代表直流量，仅与目标信号的幅值、参考信号的幅值以及初始的相位有关，因此，可以使用低通滤波器将直流量提取出来，以此来表征待测目标信号的大小。

基于此，为了更形象、更直观地表示互相关运算可表征信号大小的直流量，可假设参考信号为与待测目标信号同频同相的方波信号，如图 5.33 所示，在第一个坐标系中 $s_i=A\sin(\omega_0 t)$代表目标信号，第二个坐标系中 y_i 代表参考方波信号，第三个坐标系中则表示二者的互相关乘积运算，用 V_M 表示，$V_M=A|\sin(\omega_0 t)|$。

由三角函数公式以及傅里叶级数可得直流成分为

$$a_0=\frac{1}{T}\int_{t_0}^{t_0+T}V_M(t)\mathrm{d}t=\frac{1}{\pi/\omega_0}\int_0^{\pi/\omega_0}A\sin(\omega_0 t)\mathrm{d}t=\frac{2A}{\pi} \tag{5.58}$$

使用低通滤波器，截止频率为 $f_0(f_0=\omega_0/2\pi)$，然后在频域中提取出有用的直流信号，即如图 5.33 第四个坐标系中所示。

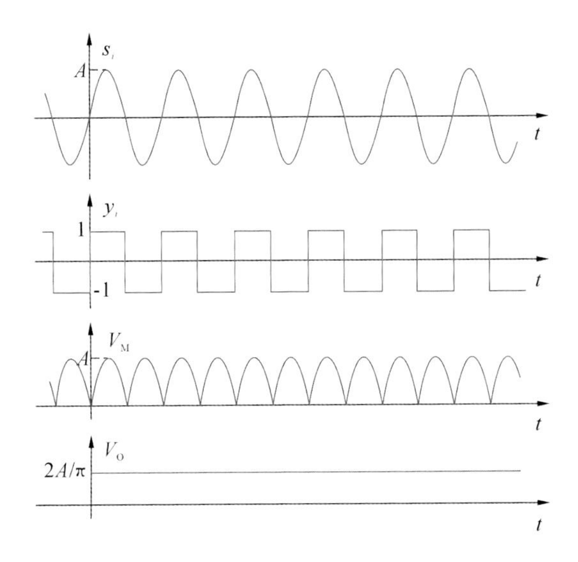

图 5.33 直流锁相信号关系图

5.3.1.4 锁相电路设计

依据上述的论证和分析，相敏检波是锁相电路的核心部分，即使待测目标信号和参考信号进行互相关运算，同时，也需要保证参考信号的频率和相位与待测目标信号的一致性。具体电路设计如图 5.34 所示。

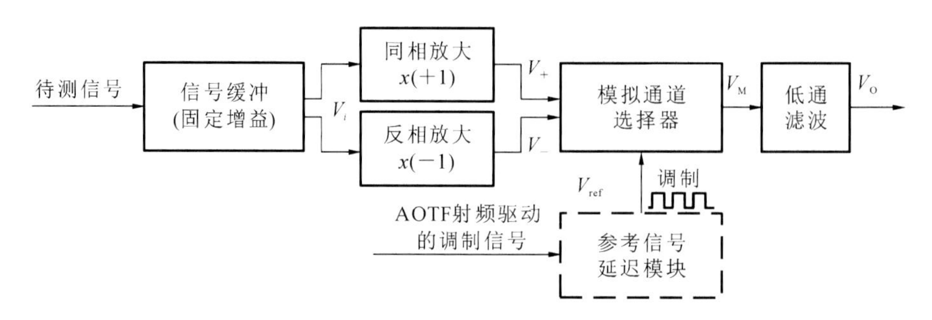

图 5.34 直流锁相电路模块框图

待测信号先经过增益放大后，将信号分为两路：另一路为正相信号。一路为反相信号，假设为 V_+ 和 V_-，因此，两路信号的幅值和相位基本一样，如图 5.35 所示。

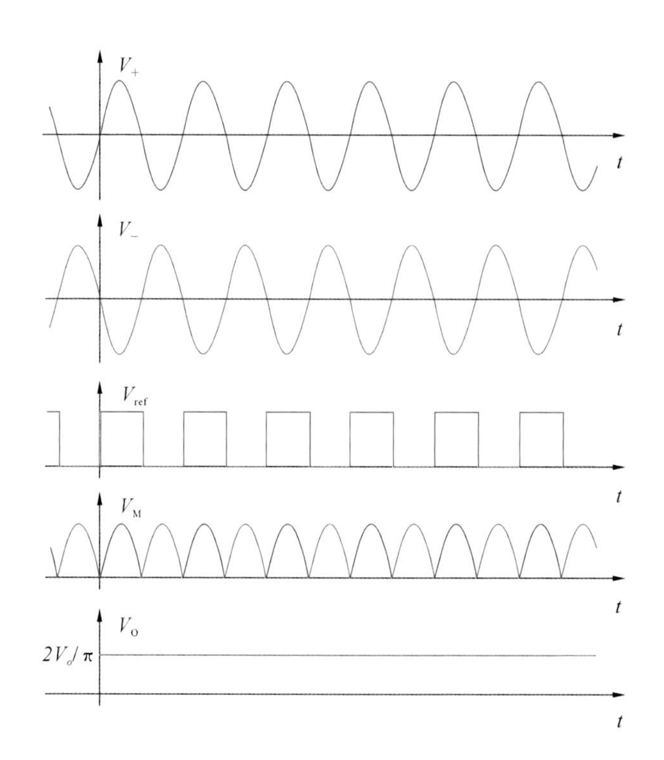

图 5.35 直流锁相波形调制过程图

其中，V_{ref} 为 AOTF 射频驱动的调制方波信号经过一定的相移之后得到的。具体工作过程：当 V_{ref} 为高电平信号时，选通正相信号；当 V_{ref} 为低电平时，选通反相信号。这样就可以保证取两路信号的正相信号,然后再经过低通滤波器进行滤波,可以得到其直流分量,从而供后续电路采集。

5.3.2 小波变换与主成分分析法应用于高光谱系统的空间/光谱维混合降噪

信噪比是卫星传感器的关键参数,因为它定量地反映了噪声在何种程度上污染了信号。尽管卫星传感器有很大进步,但它们所采集的信号依然携带大量的噪声,甚至多到会影响信息的提取和对场景的解释。这种噪声包含依赖于信号的成分,叫作散粒噪声,以及独立于信号的成分,例如热噪声。信噪比决定了卫星传感器的性能和成本。对于地球观测应用所传递的信息的可靠性,则高度依赖于所采集数据的质量(Qian et al.,2011)。

对于遥感数据,人们提出了很多降低噪声的技术。这些技术大体可以分为三类:平滑滤波器(包括时间域和傅里叶变化频域)、图像变换和小波变换(wavelet transform,WT)。平滑滤波的方法很简单,一种很常用的平滑方法是 Savitzky-Golay 滤波器(Savitzky and Golay,1964)。然而,例如光谱中的吸收特征,光谱细节在平滑滤波后会变得模糊。低通滤波在傅里叶变换的频域中已被广泛用于降低噪声(Bracewell,1986)。通过傅里叶变换,信号被分解为一系列不同相位和频率的正弦和余弦波。平滑的正弦和余弦波不能有效反映具有尖锐边缘特征的信号,所以,傅里叶变换频域平滑方法在保留光谱吸收特点方面是不令人满意的。

最小噪声分离(minimum noise fraction,MNF)法(Green et al.,1988)和主成分分析(PCA)法(Richards,1999)是图像变换中广泛应用的降噪方法。这些方法的基本假设是遥感信号在整个图像中是平稳的(Sharkov,2003),但现实情况并不总是这样。MNF 和 PCA 的降噪方法在计算能力方面要求相对较高。此外,即使将整个遥感数据作为一个整体完成了降噪处理,对于单个像素而言,也并不一定适用。对于高光谱遥感数据分析而言,光谱匹配和解混等方法往往取决于单一的光谱。

得益于小波变换的紧密性,基于小波变换的降噪技术可以降低观测信号中的噪声(Crouse et al.,1998;De Backer et al.,2008;Portilla et al.,2003;Othman et al.,2008;Scheunders,2004)。主要包括小波阈值、均方误差(mean-squared error,MSE)估计,以及结合不同的先验模型的贝叶斯估计,如高斯模型、尺度混合高斯模型、拉普拉斯模型和伯努利-高斯模型。小波变换还可以结合其他光谱分解方法,如 DFT(Atkinson et al.,2003)和 PCA(Chen et al.,2008,2010),来进一步保留光谱信息,同时降低噪声。

Scheunders 等(2004)报道了一种基于小波变换的降噪技术,该技术使用线性最小 MSE 方法,具有一个全局估计和两个局部估计。虽然在彩色图像中局部估计优于全局估计,但在多光谱图像中局部估计仍然存在问题,在文献中这个问题被描述为“不同波段特征的低相关性”。

5.3.2.1 小波变换降噪

小波变换可以将各类信号变换为稀疏表示，尤其是对那些分段光滑和有相干规律的信号，小波收缩算法正是以此为基础。换句话说，小波变换使信号在小波域变为大量的小(或零)值的系数和少量的大值的系数的表示方式。与此相反，假设噪声是白噪声的情况下，把噪声变换到小波域后，噪声能量则在所有尺度和平移上形成一种散开的分布。

利用叠加原理，通过小波变换把存在白噪声污染的分段光滑信号变换为少量的大振幅系数(信号相关)和大量的小振幅系数(噪声相关)的混合，其中所有的系数都包含噪声成分。

在小波域中删除小系数，收缩大系数将消除大部分噪声的成分，这种方法称为“软阈值”(Donoho et al.,1994)。然后应用小波逆变换得到降噪后的信号(术语“去噪”和“降噪”在这一章将交替使用)。

假设纯信号 x 上叠加噪声 v 之后的观察信号为 y，则

$$y = x + v \tag{5.59}$$

小波收缩过程可概括如下：

$$d = \mathrm{DWT}\{y\} \tag{5.60}$$

$$\hat{d} = \eta_\tau(d) \tag{5.61}$$

$$\hat{x} = \mathrm{IDWT}\{\hat{d}\} \tag{5.62}$$

其中，DWT{・}和 IDWT{・}分别为离散小波变换(discrete wavelet transform，DWT)和离散小波逆变换(inverse discrete wavelet transform，IDWT)；$d=\{d_i\}$ 和 $\hat{d}=\{\hat{d}_i\}$ 分别是收缩前后的小波系数；η_τ 是阈值为 τ 的收缩函数；$\hat{x}$ 是去噪后的信号。

为了避免混淆，用提纲索引 i 标识小波系数 d_i。实际情况因小波变换不同，索引也可能不同，但在所有情况下，它们都包含了尺度索引和变换索引(或者更多)。例如，在三维小波变换中，小波系数索引包含一个尺度索引和三个变换索引(每一信号都有一个)。基线抽样 DWT 是紧凑的，但它将信号表示为一种平移变形式。一种替代方法是非抽样或平移不变小波变换方法，该方面据文献(Schmidt et al.,2004;Lang et al.,1995;Lang et al.,1996;Bui et al.,1998;Gyaourova et al.,2002)报道，在降噪方面有更好的性能。

在小波收缩降噪方法中，核心是确定阈值，系数法在其之下的被处理为 0，在其之上的被收缩。已有很多估计阈值的算法被提出，在不同的情况下各自是最优的，包括全局阈值，例如极大极小和通用阈值(Mohl et al.,2003)；数据驱动阈值，包括 SURE 阈值(Donoho et al.,1995)和贝叶斯阈值(Chang et al.,2000)。这一章将介绍一个全局阈值和两个基于数据驱动的阈值，分别是极大极小阈值、SURE Shrink 阈值和贝叶斯阈值。

1. 极大极小阈值

这种阈值旨在把信号畸变的风险上限最小化，阈值获取需找到满足如下 R_{mnmx} 条件：

$$R_{\mathrm{mnmx}} = \inf_{\tau}\sup_{d}\left\{\frac{R_\tau(d)}{n^{-1} + R_{\mathrm{Oracle}}(d)}\right\} \tag{5.63}$$

其中，sup(S)表示集合 S 的最小上界，这是集合的最小上界。Inf(S)表示集 S 的最大下界，这是集合的最大下界；d 是一组噪声信号的小波系数；n 是样本大小；$R_{\text{Oracle}}(d)$是从 Oracle 推论中所能得到的理想风险；$R_{\tau}(d)$是阈值处理过程中 $\eta_{\tau}(d)$阈值导致信号畸变的风险，表达式如下：

$$R_{\tau}(d) - E\{[\eta_{\tau}(d) - d]^2\} \tag{5.64}$$

Mohl 等(2003)和 Bruce 等(1996)有两个著名的推论，即对角线线性投影(DLP)和对角线线性收缩(DLS)。DLP 提供了一种指导方法以确定将什么系数设置为 0；而 DLS 对给定的 d 提出一个最佳的收缩量。这两种推论的理想风险如下：

$$R_{\text{DLP}}(d) = \min(d^2, 1), R_{\text{DLS}}(d) = \frac{d^2}{d^2 + 1} \tag{5.65}$$

2. SURE Shrink 阈值

斯坦因无偏风险估计(Stein unbiased risk estimate，SURE)收缩最小化斯坦因无偏风险来进行阈值估计，Donoho 等(1995)指出 SURE Shrink 阈值可以从下式得到：

$$\tau_{\text{SURE}} = \underset{0\leqslant\tau\leqslant\sqrt{2\log n}}{\operatorname{argmin}} R_{\text{SURE}}(\tau, d) \tag{5.66}$$

其中，d 是一组噪声信号的小波系数；n 是小波系数的数目；R_{SURE}是阈值 τ 的 SURE 风险估计，计算如下：

$$R_{\text{SURE}}(\tau, d) = n - 2 \times \{i : |d_i| \leqslant \tau\} + \sum_{i=1}^{n} [\min(|d_i|, \tau)]^2 \tag{5.67}$$

其中，i 是小波系数的抽象索引；$\#\{S\}$表示集合 S 中的元素个数。

3. 贝叶斯阈值

贝叶斯收缩法最小化贝叶斯风险估计函数，在假定了广义高斯先验模型(Chang et al.，2000)的基础上，阈值 τ_{Bayes}可计算如下：

$$\tau_{\text{Bayes}}(\hat{\sigma}_x) = \frac{\hat{\sigma}^2}{\hat{\sigma}_x} \tag{5.68}$$

其中，$\hat{\sigma}$ 和 $\hat{\sigma}_x$ 分别为噪声和纯信号估计的标准差，分别表达为

$$\hat{\sigma} = \frac{\text{median}(|d_j|)}{0.6745} \tag{5.69}$$

$$\hat{\sigma}_x = \sqrt{\max(\hat{\sigma}_y^2 - \hat{\sigma}^2, 0)} \tag{5.70}$$

其中，$\{d_j\}$是最细小波变换尺度下的小波系数；$\hat{\sigma}_y$ 是含噪声信号的标准差。

5.3.2.2 主成分分析与小波变换联合去噪方法

这节提出在 PCA 变换域对数据立方体降噪，并在 PCA 的低能量通道去除噪声。一般认为经过适当变换后，原始数据立方体的特性和噪声可以得到很好的分离。通过在低能量通道去噪，可以获得更好的降噪结果。因此建议使用 PCA 将高光谱数据立方体转换到 PCA 变换域。图 5.36 显示了所提出的使用 PCA 变换和小波收缩对高光谱数据立方体降噪方法的流程图。

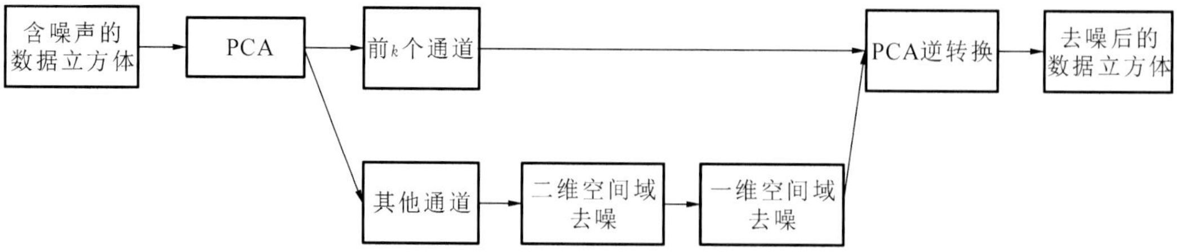

含噪声的数据立方体 → PCA → 前k个通道 → PCA逆转换 → 去噪后的数据立方体
PCA → 其他通道 → 二维空间域去噪 → 一维空间域去噪 → PCA逆转换

图 5.36 用于高光谱图像的联合主成分分析和小波变换去噪方法的流程图

PCA 是一种广泛使用的技术，用于在数据分析中减少维数(Jolliffe，2002)。它计算高维数据集的低维表示形式，并忠实地保留其协方差结构。求解协方差矩阵的特征值和特征向量是必需的。PCA 的输出只是输入模式在这个子空间的坐标，为用这些特征向量所指的方向为主轴。最初的几个主成分(PCs)包含了最多的信息，其余的主成分包含较少信息。

即使最初的 k 个 PCA 通道包含了总能量最重要的部分，但这些通道还是包含着少量的噪声。如果在这些通道上去噪，将会丢失信号的一些细节部分，这是不可取的。在本节中，去噪只在剩余的 $k+1,k+2,\cdots,\Lambda$ 个通道进行，Λ 是整个数据立方体的光谱波段总数。需要提到的是本节中使用的 PCA 变换保持了所有 Λ 个输出通道。在 PCA 逆变换中，所有的 PCA 通道都用于重建降噪后的高光谱数据立方体。PCA 变换数据立方体降噪按照以下两个步骤执行：①PCA 低能量输出通道的二维降噪；②场景中每个像元的光谱维一维降噪。PCA 低能量通道的降噪可以使用二元小波阈值去噪，因为这种方法是文献中提到的最佳的图像降噪方法之一(Sendur et al.，2002)。该方法利用小波系数的父子关系，在计算复杂度和峰值信噪比(peak signal-to-noise ratio，PSNR)值两方面都是非常有效的。对于任何给定的小波系数 w_1，让 w_2 是其父级系数，则定义：

$$y = w + n \tag{5.71}$$

其中，$w=(w_1+w_2)$代表无噪声的小波系数；$y=(y_1+y_2)$是噪声系数；$n=(n_1+n_2)$是高斯白噪声。二维二元阈值公式如下：

$$w_1 = y_1\left(1-\frac{\frac{\sqrt{3}}{\sigma}\sigma_n^2}{\sqrt{y_1^2+y_2^2}}\right)_+ \tag{5.72}$$

其中，$(x)_+=\max(x,0)$。噪声方差 σ_n 可近似为(Mohl et al.，2003)

$$\sigma_n = \frac{\mathrm{median}(|\ y_{1i}\ |)}{0.6745},y_{1i}\in \mathrm{subband}\mathrm{HH}_1 \tag{5.73}$$

$$\sigma = \left(\frac{1}{M}\sum_{y_{1i}\in \mathbf{S}} y_{1i}^2 - \sigma_n^2\right)_+ \tag{5.74}$$

其中，HH_1 是最细分的二维小波变换系数的一个子带。M 是二维邻域窗口 $\mathbf{S}$ 的像元个数(在本章中，实验采用 7 像元的邻域窗口)。

对于场景中每个像元的一维光谱特征去噪，采用如下方式来设定光谱系数的收缩阈值：

假设前 k 个 PCA 输出通道里包含了最重要的特征信息；然后对于每一个像素的光谱，只有当光谱的值大于前 k 个通道时（$y_{k+1}, y_{k+2}, \cdots, y_{\Lambda}$），才对其进行一维光谱去噪。单小波变换、多小波变换或偶树复小波变换可以用于像素光谱去噪。收缩阈值的确定可以使用一种逐项进行的方法，或考虑一个小的邻域来确定。

偶树复小波变换具有近似的平移不变性，是较为可取的光谱去噪方法。就像普通的小波变换，偶树复小波变换也产生一个小邻域相关的小波系数。一个大幅值的复小波系数在其邻域位置很可能有大幅值的复小波系数。因此，理想的方式是设计一个阈值公式，不仅使用当前的复值小波系数，也使用相邻的复值小波系数。本节中提出下面的公式计算小波系数的收缩阈值：

$$d_{j,k} = d_{j,k}\left(1 - \frac{\mathrm{thr}^2}{S_{j,k}^2}\right)_+ \tag{5.75}$$

其中，$S_{j,k}^2 = (|d_{j,k-1}|^2 + |d_{j,k}|^2 + |d_{j,k+1}|^2)/3$ 是 $|d_{j,k}|^2$ 的平均值；$\mathrm{thr} = \sqrt{2\sigma_n^2 \log n}$ 是统用阈值。公式最后的“统用符号”表示如果是正值就不变，不然就置零。

式(5.75)使用复小波系数的幅值，因为它是平移不变的，即使其实部和虚部部分并非独立地平移不变。因为我们在阈值公式中使用当前的和其左右邻域的复小波系数，邻域大小为 1。虽然可以使用 3 之类更大的窗口，但是我们的实验显示窗口领域大小为 1 时对光谱去噪最好。

该方法的计算复杂度分析如下。①小波变换的复杂度与 $O(M\Lambda)$ 同阶，其中 M 是空间域的像素个数，Λ 是光谱波段数。②PCA 算法的复杂度与 $O(M\Lambda^2 + \Lambda^3 + kM\Lambda)$ 同阶，其中 M 和 Λ 的定义如前，k 是保留的数据立方体的主成分的通道数。所以所提的算法与 PCA 算法同阶。

星载高光谱成像仪涵盖广泛的应用领域，包括农业、地质学、海洋学、林业和目标检测等。就当前可用的技术和成本而言，600∶1 的信噪比是可实现的。此信噪比是考虑了用户团体和政府决策者的需求综合权衡的结果。从仪器设计和建造角度来看，要达到这种水平的信噪比仍面临诸多挑战。尽管为满足用户分析应用的需求，希望达到更高的信噪比，但该信噪比已经能够满足大部分用户的需求了。例如，为了采用林业化学方法从高光谱数据中提取信息，去监测森林健康状况和虫害侵入的情况，林业研究用户迫切要求更高的信噪比。

一台具有 600∶1 信噪比的仪器永远达不到与 2 000∶1 信噪比仪器相同的性能。去噪技术有望能够去除卫星图像的噪声并获取更高的信噪比。但对于这种特殊的去噪技术的有效性验证和评估尚需进一步进行。

接下来为验证 PCA 和小波变换相结合的降噪方法对于高光谱图像的有效性所进行的实验。GVWD 和 Cuprite 两个高光谱数据立方体用于本节中的实验。这两个数据立方体涵盖了两个不同的场景：一个以植被为主，另一个以地质为主。两个数据立方体均有所谓的无噪声的纯数据立方体，可用于评估降噪技术的性能。

需要注意的是，为节省处理时间，本节实验的 GVWD 和 Cuprite 两个数据立方体均是整个数据立方体的子数据集。本节中 GVWD 子数据集的尺寸大小为 121 列×292 行×292 波段，Cuprite 子数据集尺寸大小为 256 列×256 行×213 波段。

由于这些不同之处，GVWD 和 Cuprite 两个数据立方体的初始信噪比也是不同的。在本节中，GVWD 和 Cuprite 两个子数据集的初始信噪比分别为 1 811.26 和 5 297.47。

降噪后的信噪比定义如下：

$$\mathrm{SNR}=\frac{\sum_{i,j,k}A(i,j,k)^3}{\sum_{i,j,k}[B(i,j,k)-A(i,j,k)]^2} \tag{5.76}$$

其中，B 是应用降噪算法后的数据立方体；A 是参考数据立方体(无噪声)。表 5.8 显示了分别使用本节描述的 PCA+WT、HSSNR、二元小波收缩、VisuShrink 和 Wiener 滤波器法进行降噪处理后的数据立方体的信噪比。

表 5.8 使用 PCA+WT、HSSNR、二元小波收缩、VisuShrink 和 Wiener 滤波器法降噪后的数据立方体的信噪比

降噪方法	GVWD 数据立方体	Cuprite 数据立方体
不降噪	1 811.26	5 297.47
PCA+WT	6 206.18	13 473.89
HSSNR	3 621.97	9 193.44
二元小波收缩	416.59	1 873.01
VisuShrink	46.76	342.57
Wiener 滤波器	934.06	4 074.12

可见，二元小波收缩、VisuShrink 和 Wiener 滤波器法在降噪过程中已经去除有用的特征，由此产生的信噪比比输入数据立方体还要差。表 5.9 显示了使用降噪方法后 SNR 的改善倍数。实验表明，对于高光谱数据立方体降噪，PCA+WT 法优于 HSSNR 法。

表 5.9 使用 PCA+WT、HSSNR、二元小波收缩、VisuShrink 和 Wiener 波器法降噪后两个试验数据立方体的信噪比改善倍数

降噪方法	GVWDE 数据立方体	Cuprite 数据立方体
不降噪	1.00	1.00
PCA+WT	3.43	2.54
HSSNR	2.00	1.74
二元小波收缩	0.23	0.35
VisuShrink	0.02	0.06
Wiener 滤波器	0.52	0.77

为了说明问题，图 5.37 显示了 GVWD 试验数据立方体的前 12 个 PCA 输出通道。可

见，前8个输出通道包含较好的特征，而第8个以后的输出通道包含明显的噪声。因此，提出的PCA+WT降噪方法可用于第9～12个通道的降噪处理。

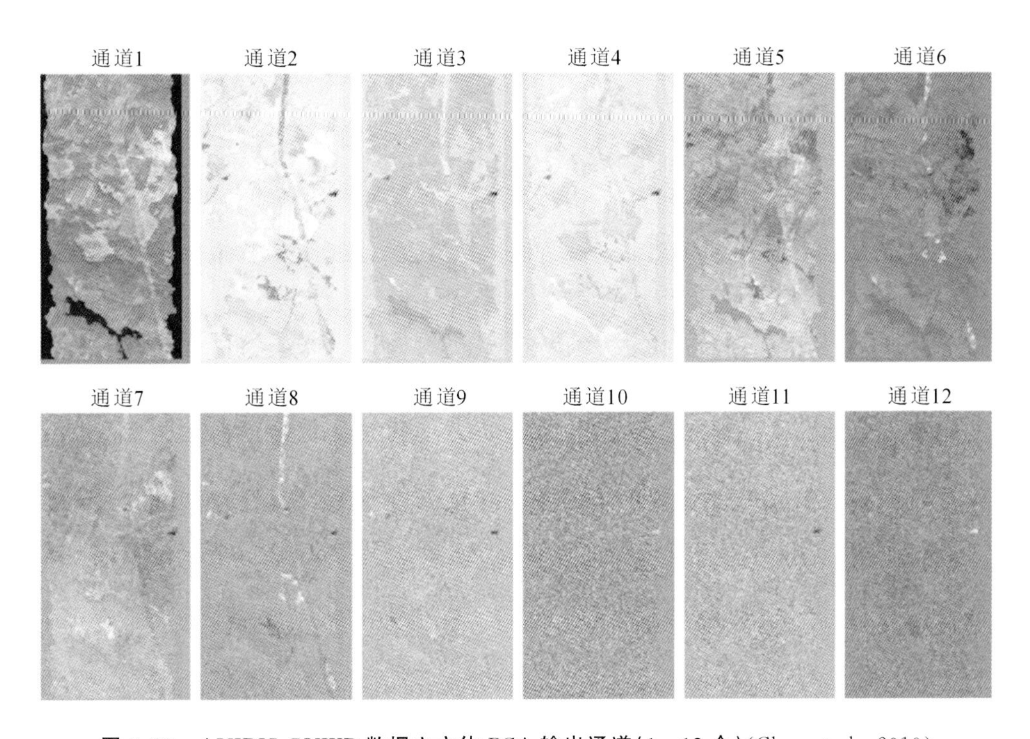

图5.37 AVIRIS GVWD **数据立方体** PCA **输出通道(1～12个)**(Chen et al.,2010)

图5.38显示了Cuprite含噪声数据立方体前12个PCA输出通道。可见，前3个输出通道包含细微的特征，而第3个以后的输出通道包含大量的噪声。因此，提出的PCA+WT降噪方法可用于该数据立方体的第4～12个通道的降噪处理。

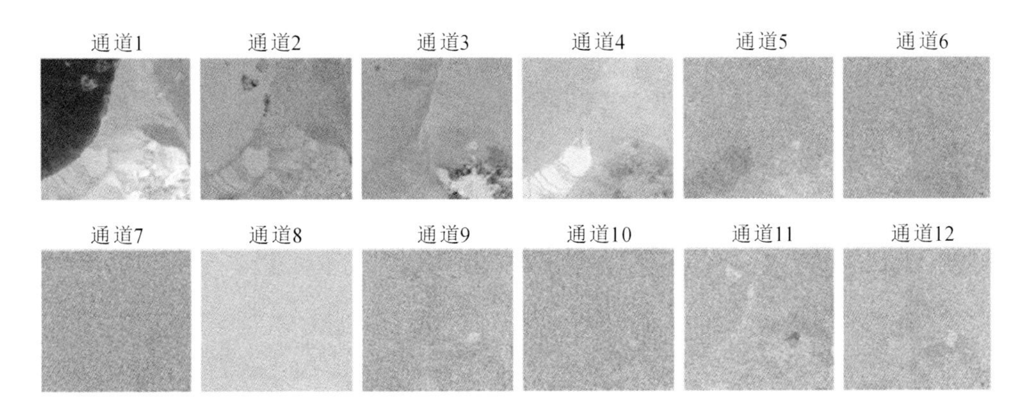

图5.38 模拟产生的 Cuprite **数据立方体** PCA **输出通道(1～12个)**(Chen et al.,2010)

图5.39显示了无噪声GVWD和Cuprite数据立方体中任选的一像元的光谱，以及该像元无噪声光谱与通过不同的降噪方法获得的光谱的差值。在这一特定像素中，PCA+WT

降噪方法比其他讨论的降噪方法产生了更好的或与其他方法可比拟的光谱。

高光谱数据立方体包含大量的数据，因此小波降噪对于邻域尺寸十分挑剔。如果邻域尺寸过大，降噪过程会变慢。本节选择 7×7 的中型窗口尺寸计算二元小波阈值。表 5.10 列出了使用 PCA+WT 降噪方法所产生的信噪比，窗口尺寸为 3 窗口至 13 窗口尺寸。窗口尺寸越大，PCA+WT 降噪法产生的信噪比越大；然而，处理速度会变得越来越慢。

表 5.10　PCA+WT 在不同窗口大小下的降噪效果

窗口	GVWD 数据立方体	Cuprite 数据立方体
3×3	5 599.23	12 944.65
5×5	5 999.05	13 311.76
7×7	6 206.18	13 473.89
9×9	6 340.92	13 569.45
11×11	6 446.79	13 640.73
13×13	6 538.56	13 700.42

PCA+WT 降噪方法已经包括一个先行的一维光谱降噪步骤，为评价这一步骤的有效性，图 5.39 列出了 PCA+WT 方法有与没有这一步骤的实验结果。从图中可以看出，有一维光谱降噪的方法比无一维光谱降噪的方法要好得多。

5.3.3　利用探测器空间畸变特性增强高光谱影像分辨率水平

空间分辨率，有时亦表达为地面采样距离，是卫星成像探测器在设计和制造过程中的关键技术指标之一。人们总是希望获得更高空间分辨率的图像，以便更好地服务于应用。然而，考虑到系统设计的限制，有时往往是难以实现的。例如，加拿大环境资源高光谱成像仪 HERO(hyperspectral environment and resource observer)实现了 30 m 的空间分辨率，这是经工程上光谱分辨率和空间分辨率权衡的结果，这种权衡的设计目的是在达到高光谱分辨率的同时，能够满足载荷图像灵敏度的要求。然而，人们更希望得到更高的空间分辨率，比如 10 m 或 20 m。

为了提高卫星图像的空间分辨率，图像融合是一种可选择的解决方案。用同一探测器对同一目标在同一时刻拍摄的多幅图像，或者用不同探测器对同一目标在同一时刻或不同时刻拍摄的多幅图像进行图像融合，来获取一幅高空间分辨率的图像(Pohl et al.,1998)。无论是高光谱探测器还是多光谱探测器，图像空间分辨率都可以通过图像融合增强。人们将低空间分辨率的高光谱或多光谱图像与高空间分辨率的全彩色图像进行融合。通常这些高空间分辨率的全彩色图像是由搭载在同一卫星系统上的全彩色设备同步获取的。然而，基于图像融合的提高空间分辨率的方法需要同一目标的多幅观测图像或者额外的单幅高空间分辨率的全色图像。实际应用中，这些图像并不总是容易获得，即使成功得到了这些图像，通过图像融合准确地提高空间分辨率也是一项复杂的工作。

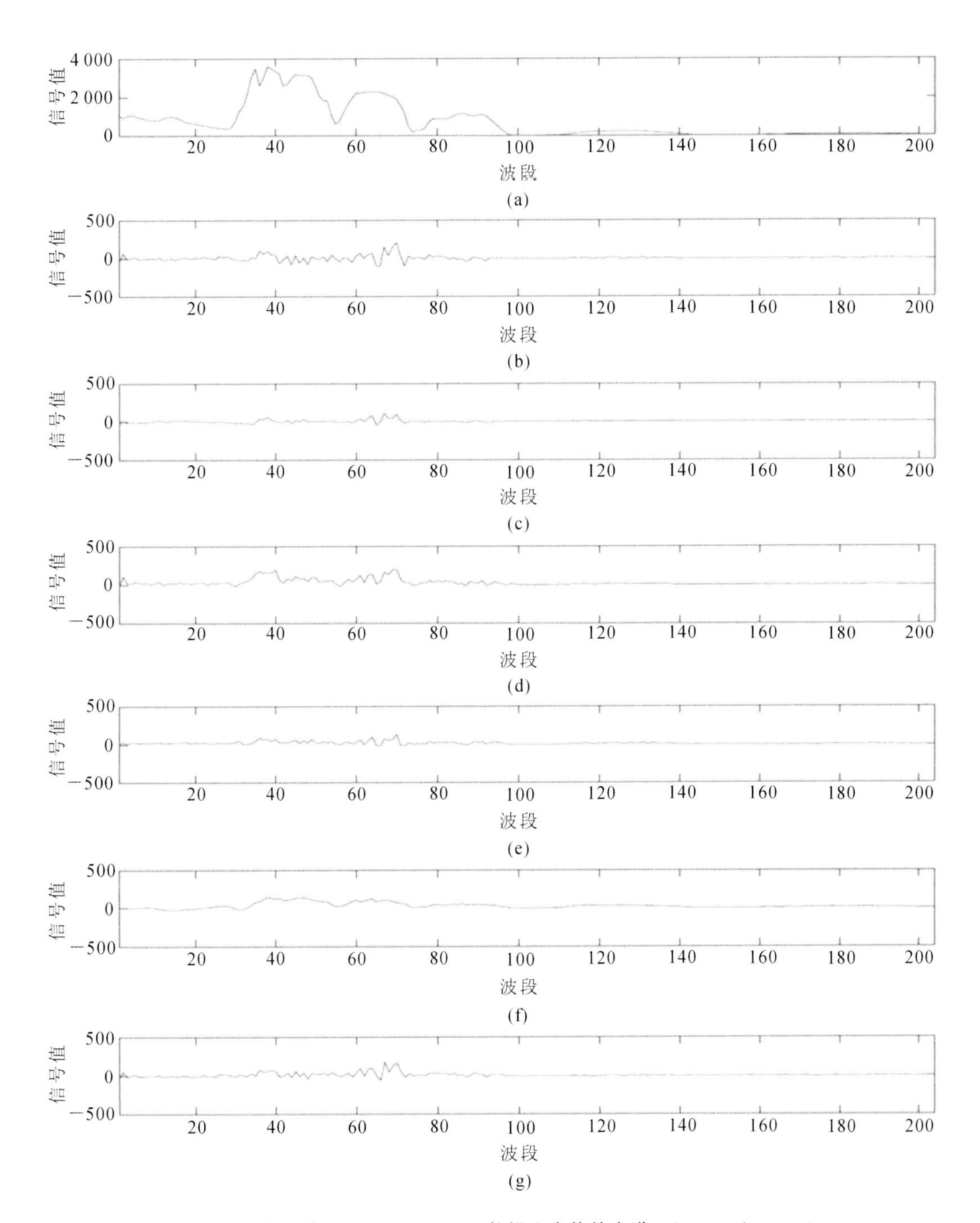

图 5.39 去噪前后 AVRIS GVWD 数据立方体的光谱(Chen et al.,2010)

(a)噪声数据立方体任一像元的光谱;(b)像元的无噪声光谱与含噪声光谱的差值;
(c)无噪声光谱与 PCA+WT 法去噪后的光谱的差值;(d)无噪声光谱与使用 HSSNR 法去噪后的光谱的差值;
(e)无噪声光谱与使用二元小波收缩法去噪后的光谱的差值;(f)无噪声光谱与使用 VisuShrink 法去噪后的光谱的差值;
(g)无噪声光谱与 Wiener 滤波器法去噪后的光谱的差值

准确的几何位置信息和辐射量归一化对于将要融合的图像十分重要，因为同一目标的多幅图像(来自不同的探测器或来自同一探测器的不同时间)是不一样的(Coppin et al.，1996)。这些图像的拍摄不是处于同一几何和辐射环境。如果同一目标的多幅图像几何位置不一样，那么它们的空间信息之间也没有关联，这使得精确的空间分辨率的提高变得困难。图像融合的准确与否取决于进行图像融合的多幅图像是否在同一个空间环境中准确配准(Roy，2000；Zavorin et al.，2005)。如果进行图像融合的这些图像不处于同一辐射环境之下，那么这些图像的光照和大气环境、视场角和探测器技术参数也会不同，这些变化会造成图像之间像素级别的差异，这种差异并不是目标之间的真实不同，因此图像融合也变得困难。同一目标的多幅图像必须要进行准确的辐射归一化，不准确的归一化会对图像融合的质量产生很大影响。

由对高空间分辨率卫星图像的需求，以及传统图像融合方法提高空间分辨率的限制和技术困难的驱使，一种基于图像探测器本身的特性的新型技术手段被提出(Chen et al.，2012；Qian et al.，2012；Qian，2015)。这种技术手段可以在不需要额外图像的基础之上提高图像空间分辨率。这种方法利用高光谱成像仪的固有特性——光谱仪的空间畸变——把它当作额外信息来提高空间分辨率。由于不需要目标的多幅图像，这种提高空间分辨率的方法和几何信息与辐射归一化无关。

推帚式成像光谱仪包含一个二维探测器阵列。一维用作分光后的光谱维，例如沿探测器阵列中列那一维当作光谱维，那么阵列中行方向的那一维就当作空间维。理论上，这种成像光谱仪采集的两维图像探测器阵列的每一列对应的是同一地面目标，如5.40左图所示。实际上，由于空间畸变和色差，或者是两者结合的影响，不同波段之间会存在空间失配，如5.40右图所示。左图中，蓝色线B、绿色线G和红色线R都是平行直线，与探测器阵列齐平，右图中，红色线和绿色线比蓝色线短一些，因为空间畸变的存在；畸变量是通过计算蓝色线和红色线长度的差值来度量的(Qian et al.，2012)。这种空间畸变或失配对应于光谱仪中多个波段地面采样像素垂直于轨迹方向的空间失配。

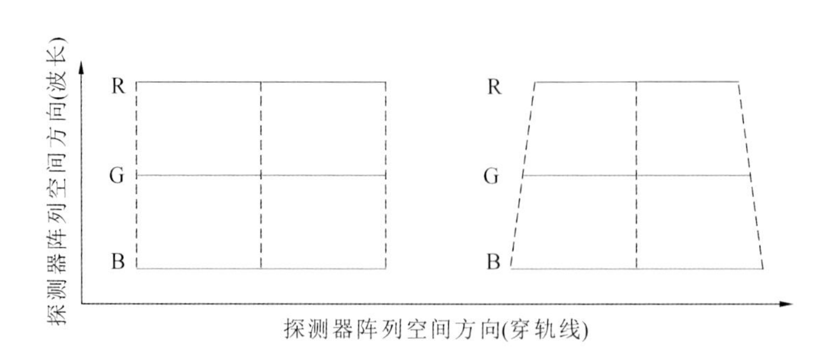

图5.40 推帚式成像光谱仪空间畸变原理图

点探测器按一个矩形网格依次排列，空间梯形畸变的存在使得特定的地面采样像素在探测器面阵上的每一列上失配,或者说,在一个光谱波段中一个特定的空间像元,对应于一个在穿轨维上特定的探测器像元,不能与其他波段中相对应的像元的地面采样点相配准。这意味着如果两个相邻的地面采样点是不同目标(就像图 5.41 中 A 和 B 那样),并具有不同光谱,那么探测器采集的光谱将是目标的混合光谱。在这个混合光谱中,每种材料的含量和对应的光谱将会随波长或光谱波段的变化而变化。

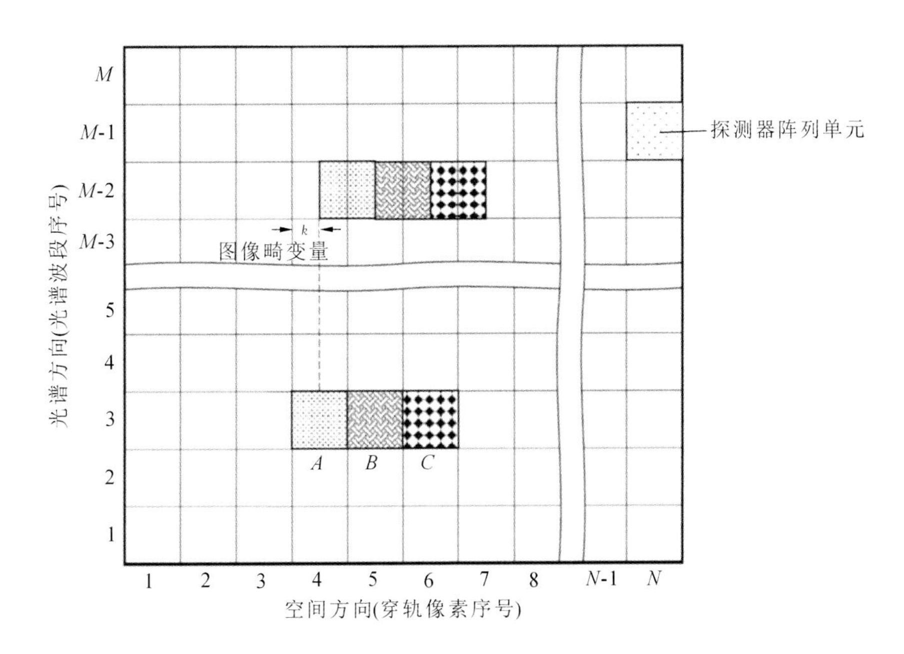

图 5.41 由于空间畸变造成的 A、B 和 C 三点随波段不同而发生了空间位移(Qian et al.,2012)

图像空间畸变普遍存在于推帚式成像光谱仪,即便是摆扫式成像光谱仪也表现出了一定的图像空间畸变(Neville et al.,2004),这种畸变随着探测器阵列上的空间位置和光谱波段不同而不同。一个成像光谱仪空间畸变的总量是“经典空间畸变”和旋转失配的叠加。Neville 等(2004)提出了一种方法来检测成像光谱仪空间畸变的量。这种方法利用了仪器获取的图像数据集中地物场景空间特征的波段相关性。

空间畸变使得从一幅包含多种不同物质的图像中分辨出物质种类变得十分困难。在设计和制造成像光谱仪的过程中,空间畸变是一个关键的技术参数。设计制作相当小的空间畸变是高光谱成像仪研发过程中一项十分有挑战性的工作(Hollinger et al.,2006)。对于获取的图像来说,空间必须有效地矫正,才能获取有效信息以便应用(Staenz et al.,1998)。

除了负面影响,空间畸变还使得地面目标以波段编号或波长映射到探测器阵列上不同位置。例如,波段 M-2 上的地面像元 A、B 和 C(图 5.42)相比于波段 3,位移了 k 个像素。这种由空间畸变造成的同一地面像元不同波段之间的空间偏移是额外的信息。它包含的信息与同一目标的多幅图像所包含的信息是相似的。如果此信息可以被很好地利用,那么就可以提高图像的空间分辨率。

接下来介绍如何挖掘由空间畸变造成的、不同波段之间的空间位移图像所包含的额外信息，并用于提高单波段图像的空间分辨率。

1. 具有子像素位移的图像的融合

图像融合技术通过融合同一目标的多幅子像素位移的低分辨率(low-resolution，LR)图像来重构一幅高分辨率(high-resolution，HR)图像。这些技术可以总结归纳为五种方式：非均匀插值、频域重建、正则化重建、凸集投影算法以及迭代反投影(iterative back-projection，IBP)法(Park et al.，2003)。

非均匀插值首先估计出低分辨率图像的相对位移，然后非均匀地在像素之间插值产生一幅高分辨率图像，最后基于观测模型对高分辨率图像进行锐化处理(Brown，1981；Clark et al.，1985；Kim et al.，1990)。频域重建基于LR图像和希望得到的HR图像之间的关系，即HR图像产生于LR图像和其各个LR图像由于相对移动而存在的混叠(Tsai et al.，1984)。由于LR图像的数量不足以及病态模糊运算符的存在，根据处理病态反问题稳定解的过程，正则化重建包括约束最小二乘法和最大后验概率HR图像重构法(Katsaggelos，1991；Cheeseman et al.，1994；Tom et al.，1995；Schultz et al.，1996；Hardie et al.，1997)。凸集投影法是把先验知识应用于重构过程中的一种迭代方法。基于对相关参数的估计，凸集投影法同时解决恢复和插值问题来得到HR图像(Stark et al.，1989；Tekalp et al.，1992)。迭代反投影法反复使用当前最佳预测的HR图像来产生模拟的LR图像，然后将这些模拟LR图像和实测LR图像进行比较，计算出误差。这些比较出的误差进行迭代"反投影"得到HR图像(Irani，1991；Irani et al.，1992)。

本节采用迭代反投影(iterative back projection，IBP)法，利用由于空间畸变特性而形成的若干幅子像素位移的图像来获取一幅单波段HR图像。采用IBP法是因为这种方法对图像之间像素位移的种类没有限制，例如平移、旋转或缩放。它收敛很快，并允许包含其他快速收敛的方法。IBP运算并不复杂：它仅进行一个简单的投影计算以满足实时处理的需求，也包含了一个迭代反卷积的过程。IBP法也可以被视作一个迭代锐化的过程，不需要前置滤波和后置滤波，其他方法都需要做这两种滤波来得到HR图像。

不失一般性地，让我们来看一下如何利用从空间畸变特性中得到的若干幅子像素位移的图像，来得到两倍空间分辨率的HR图像。两倍空间分辨率HR图像需要2×2=4幅子像素位移的LR图像。利用空间畸变效应，以下提出了三种如何从高光谱数据立方体提取出四幅子像元位移图像的方法，并且介绍两种方案来展示如何在利用IBP获得高分辨率图像之前来对这些衍生的子像素级像移的图像进行排序。图5.42列出了如何利用空间畸变特性来获得单波段HR图像的流程图。

1)方法1：基于空间畸变效应引起的子像素位移提取出波段图像

我们首先从待提高空间分辨率的数据立方体中选出一个波段的图像作为参考图像(此

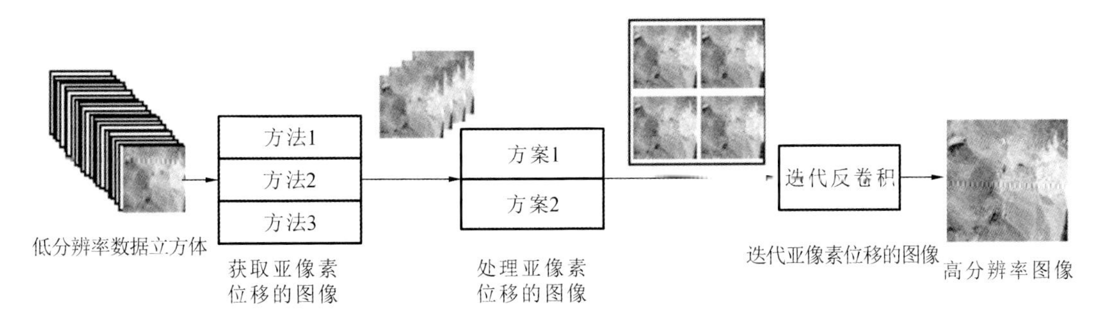

图 5.42　利用空间畸变得到一幅单波段高分辨率图像的流程图(Qian et al.,2012)

图像被称为"基准图像"),其他随后获得的波段的图像以此图像为参考,计算出子像素位移量。根据从 KS 计算出的所需的子像素位移量,从数据立方体中选择出其他三个波段的图像,此种方法如图 5.43 所示。这些图像通常是从一个光谱幅值相对大、光谱变化相对小的区域中选取,以此减小噪声和波段变化的影响。对于两倍空间分辨率提高的情况来说,不同波段之间半个像素的位移是最理想的。在这个位移量的条件下,LR 图像的像素点正好全部位于 HR 图像的网格点上,不需要进行插值。通常情况下,基准图像和选择的波段图像之间的空间像素位移是不同的。这是因为在探测器上,某个波段图像像素点的畸变量在空间方向上是变化的,如图 5.44 所示。得益于在 IBP 融合中迭代的连续估计特性,任何子像素位移都会贡献到空间分辨率的提高。图 5.44 给出了一个基准图像和提取出图像之间的像素位移的例子(曲线 1),从图中可以看出,两幅图之间的空间位移量为−0.05～0.52 个像素。

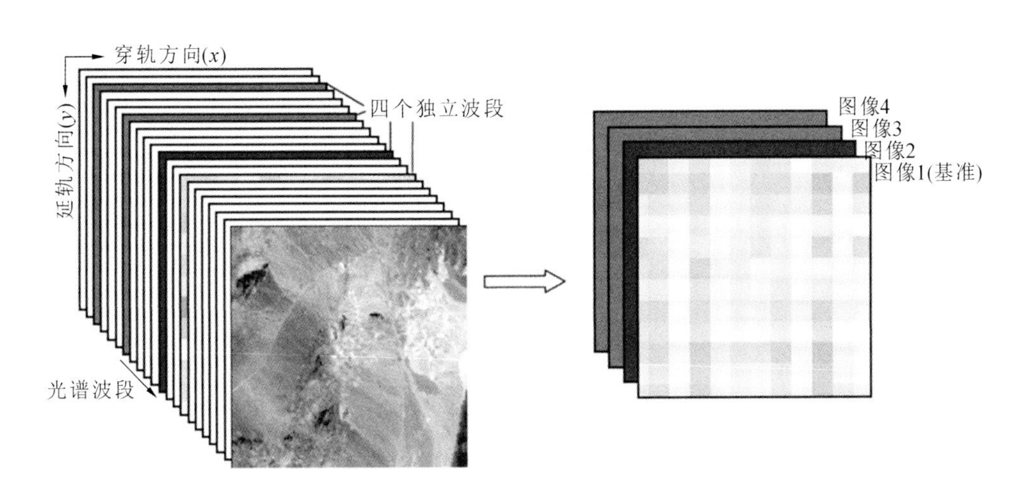

图 5.43　利用方法 1 获取基准图像和四个波段图像示意图(Qian et al.,2012)

这些图像的像素强度动态范围可能是不同的,因为这些图像的波段不同。因此将这些图像归一化以减少强度不同的影响是十分有必要的。本节中,其他提取出的图像的均值和方差都以基准图像为参考进行归一化。假设基准图像的均值和方差分别为 μ_b 和 σ_b,像素点

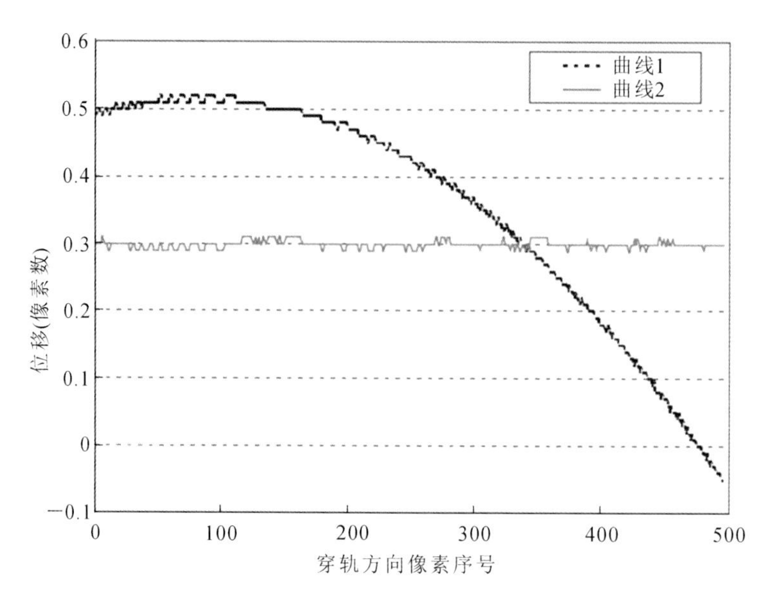

图 5.44 像素位移和像素穿轨方向上空间位置的关系(Qian et al.,2012)

曲线 1:基准图像和其他提取出的波段图像之间的空间位移;

曲线 2:基准图像和利用方法 2 得到的图像之间的空间位移

(i,j)的像素点强度是 $p_b(i,j)$,图像的行、列数分别为 M、N:

$$\mu_b = \frac{1}{NM}\sum_{j=1}^{N}\sum_{i=1}^{M}p_b(i,j) \tag{5.77}$$

$$\sigma_b = \left(\frac{1}{NM}\sum_{j=1}^{N}\sum_{i=1}^{M}[p_b(i,j)-\mu_b]^2\right)^{\frac{1}{2}} \tag{5.78}$$

非基准图像的像素强度是 $p_k(i,j)$,图像的均值为

$$\mu_k = \frac{1}{NM}\sum_{j=1}^{N}\sum_{i=1}^{M}p_k(i,j) \tag{5.79}$$

首先,从非基准图像中减去其图像均值:

$$p_{k\text{-}m}(i,j) = p_k(i,j)-\mu_k;i=1,2,3,\cdots,M;j=1,2,3,\cdots,N \tag{5.80}$$

然后,减去均值后的图像的标准差利用下式计算:

$$\sigma_{k\text{-}m} = \left[\frac{1}{NM}\sum_{j=1}^{N}\sum_{i=1}^{M}p_{k\text{-}m}(i,j)^2\right]^{\frac{1}{2}} \tag{5.81}$$

最后,归一化该非基准图像的像素值按照下式计算:

$$p_{k\text{-norm}}(i,j) = p_{k\text{-}m}(i,j)\frac{\sigma_b}{\sigma_{k\text{-}m}}+\mu_b;i=1,2,3,\cdots,M;j=1,2,3,\cdots,N \tag{5.82}$$

2)方法 2:基于预定的子像素位移量获取合成图像

首先从数据立方体中选定一个基准图像,就像方法 1 中选择的那样。其他三幅合成图像的获取是通过选择波段图像的某些列来完成的,这些列相对于基准图像具有所需要

的像素位移,一列一列地从数据立方体中选出(图 5.45)。每幅合成图像由不同波段的若干列组成,这些列具有相同预设的像素位移。图 5.44 中曲线 2 展示了合成图像和基准图像之间当预设像素位移为 0.3 个像素点时的情况,可以看出像素位移实际值接近于预设值。

非基准图像某一列像素值动态范围往往和基准图像同一列的不同,因为两者波段不同。因此,为了减少强度变化造成的影响,对其进行归一化十分有必要。(本章中,某一列的均值和方差以基准图像中对应的那一列进行归一化。)假设基准图像第 i 列的均值和方差分别为 μ_b^i 和 σ_b^i:

$$\mu_b^i = \frac{1}{N}\sum_{j=1}^{N} p_b(i,j) \tag{5.83}$$

$$\sigma_b^i = \{\frac{1}{N}\sum_{j=1}^{N}[p_b(i,j) - \mu_b^i]^2\}^{\frac{1}{2}} \tag{5.84}$$

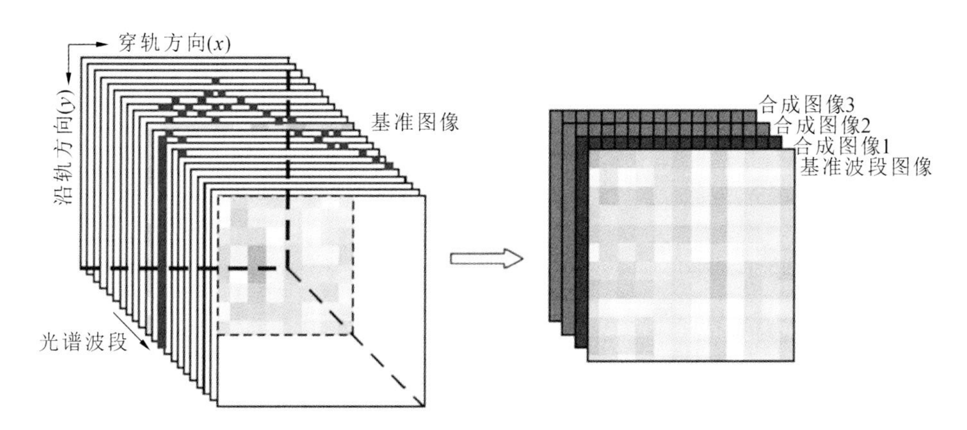

图 5.45 利用方法 2 获取基准图像和三幅合成图像示意图(Qian et al.,2012)

每幅合成图像由来自不同波段的若干列组成,

这些列具有相同的预设的像素位移;本图只展示了第一幅合成图像所选择的列

所选择的第 i 列的均值为

$$\mu_k^i = \frac{1}{N}\sum_{j=1}^{N} p_k(i,j) \tag{5.85}$$

其中,$p_k(i,j)$是所选那一列位于(i,j)像素点的强度值。

首先,减去这一列的均值:

$$p_{k\text{-}m}^i(i,j) = p_k(i,j) - \mu_k^i; j = 1,2,3,\cdots,N \tag{5.86}$$

然后,标准差在减去均值之后以下式进行计算:

$$\sigma_{k\text{-}m}^i = (\frac{1}{N}\sum_{j=1}^{N}[p_{k\text{-}m}^i(i,j)]^2)^{\frac{1}{2}} \tag{5.87}$$

最后,这一列以下式进行归一化:

$$p_{\text{k-norm}}^{i}(i,j) = p_{\text{k-m}}^{i}(i,j)\frac{\sigma_{\text{b}}^{i}}{\sigma_{\text{k-m}}^{i}} + \mu_{\text{b}}^{i};j = 1,2,3,\cdots,N \tag{5.88}$$

3)方法 3:基于像素点强度值的接近程度获取合成图像

从数据立方体中选择基准图像的方法和前面两种方法与前文所述一致。其他三幅非基准图像是通过以下规则获取:对于基准图像中的每一个像素点(x,y)(其中 $x=1,2,3,\cdots,M$;$y=1,2,3,\cdots,N$),在所有波段图像中寻找与其像素点强度值 $p_{\text{b}}(i,j)$最接近的同一位置的点。第一幅合成图像是由各个位置上最接近基准图像的点组成的;第二幅合成图像是由各个位置上次接近基准图像的点组成的;第三幅合成图像是由各个位置上第三接近基准图像的点组成的(如图 5.46)。这种方法下,三幅合成图像的各个点的强度值接近于基准图像,因此,像素点强度值的动态范围不需要处理。注意到在这种情况下,基准图像和合成图像的像素位移在沿轨方向和穿轨方向上都存在。

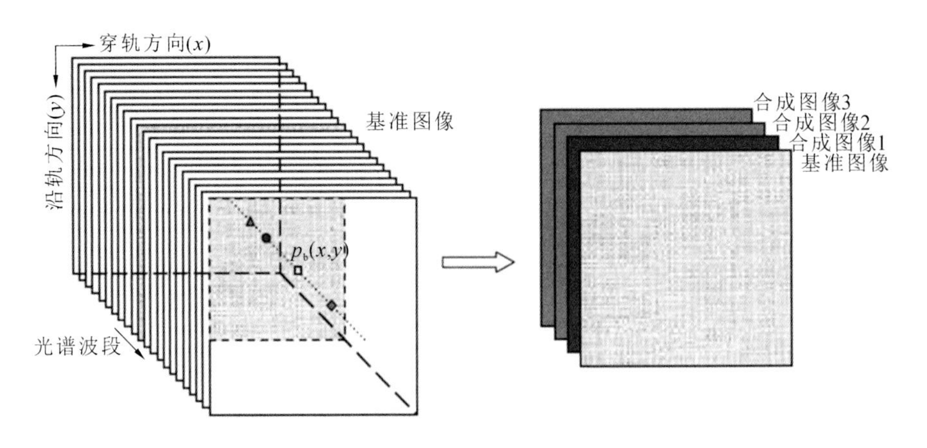

图 5.46 利用方法 3 获取基准图像和三幅合成图像示意图(Qian et al.,2012)

2.两种处理子像素级位移图像的方案及 IBP 的实现方法

对于空间分辨率提高两倍的情况来说,需要四幅同一目标的在两个空间方向上都有半个像素位移的图像,如图 5.47 所示。利用上述三种方法获取的四幅图像在用 IBP 之前需要处理和排序。已经知道从空间畸变效应得到的数据立方体中提取的不同波段图像之间的空间像素位移仅仅在穿轨方向上存在,而且这个位移量往往并不一定是半个像素。在进行 IBP 之前,需要先对它们进行处理,处理后的四幅图像被标记为 I_{01}、I_{00}、I_{10}和 I_{11}。这里提出以下两种处理方案(图 5.48)。

在方案 1 中,基准图像称为 I_{00}。从合成图像选出一幅,对其进行重采样来补偿已经存在的位移,使得其位移量相对于基准图像为半个像素。该重采样后的图像称为 I_{10}。第二幅合成图像被矫正到相对于基准图像没有空间畸变漂移,使得它在穿轨方向上可以和基准图像匹配。然后将其在沿轨方向下移半个像素,称为 I_{01}。对第三幅合成图像重采样已存在的位移,使其穿轨方向位移为半个像素,同时在沿轨方向也下移半个

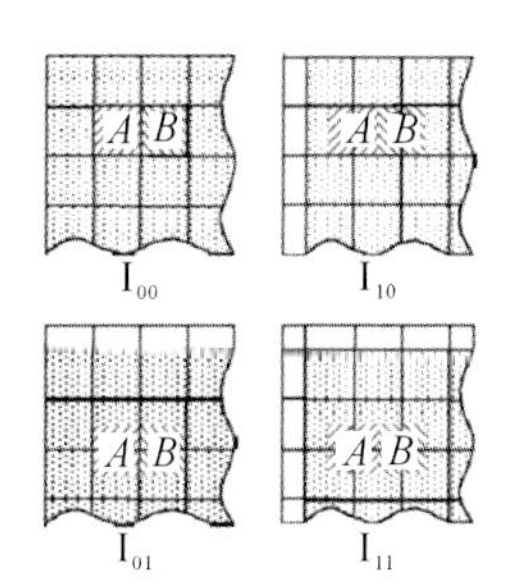

图 5.47 四幅同一目标多次观察获得的具有子像素位移的图像(Qian et al.,2012)

这些图像将要用 IBP 进行图像融合。I_{10}与 I_{00}相比右移了半个像素,

I_{01}与 I_{00}相比下移了半个像素,I_{11}与 I_{00}相比同时右移和下移了半个像素

像素,称为 I_{11}。

在方案 2 中,四幅图像的处理方式和方案 1 中十分相似,除了 I_{10}和 I_{11}不重采样,补偿位移量使其恰好是半个像素。它们的空间畸变位移保持不变。在此方案中,由于空间畸变位移没有被重采样到半个像素,选择空间畸变漂移量接近于半个像素的合成图像作为 I_{10}或者 I_{11},并且选择空间畸变位移量接近 0 的合成图像作为 I_{01},这样的选择是十分重要的。

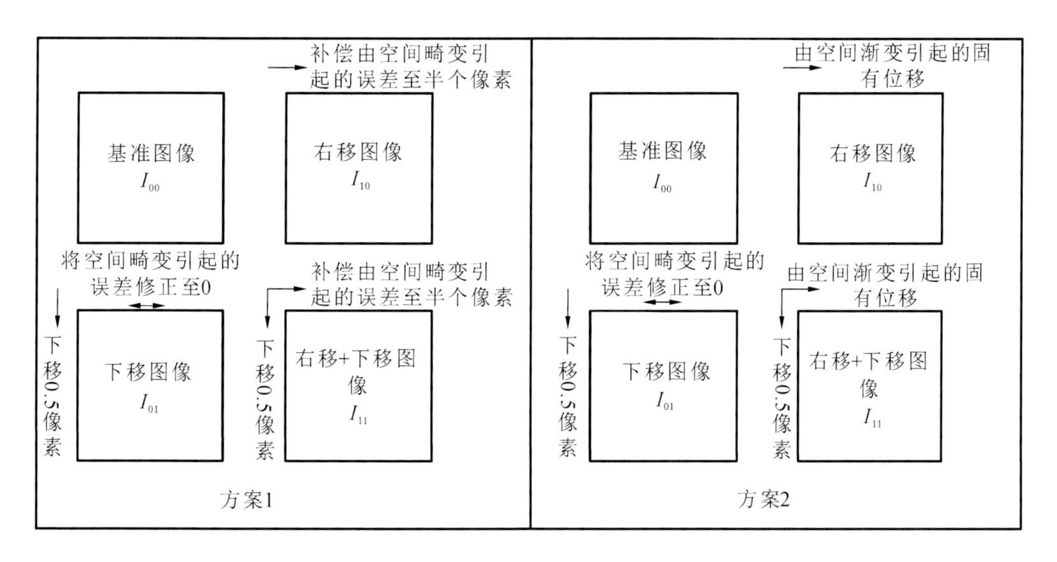

图 5.48 两种排序四幅合成具有子像素位移的图像的方案(Qian et al.,2012)

IBP 算法包含两步:投影和反投影。反复迭代这两个步骤,直到得出满意的结果为止。首先粗略地估计一幅 HR 图像 $f^{(0)}$,然后利用模糊函数 h_k 和降采样运算符 $\downarrow s$ 模拟图像处理过程得到一系列 LR 图像$\{g_k^{(0)}\}$。如果 $f^{(0)}$等于实际 HR 图像(这在实际中是不知道的),那么模拟的 LR 图像几何$\{g_k^{(0)}\}$等同于观测图像$\{g_k\}$;否则,根据$\{g_k - g_k^{(0)}\}$的差将 $f^{(0)}$更新

至 $f^{(1)}$。重复这个过程直到模拟 LR 图像和观测图像之间的最小误差达到：

$$e^{(n)}=[\frac{1}{K}\sum_{k=1}^{K}(g_k-g_k^{(n)})^2]^{1/2} \tag{5.89}$$

其中，$g_k^{(n)}$ 是第 n 次迭代中的模拟 LR 图像；K 是 LR 图像的数目。模拟 LR 图像 $\{g_k^{(n)}\}$ 是通过下式获取的：

$$g_k^{(n)}=[T_k(f^{(n)})*h_k]\downarrow s \tag{5.90}$$

其中，T_k 是从 f 到 g_k 两维变换函数；$*$ 是卷积运算符；$\downarrow s$ 代表降采样 s 倍。新的 HR 图像通过下式得到：

$$f^{n+1}=f^{(n)}+\frac{1}{K}\sum_{k=1}^{K}T_k^{-1}\{[(g_k-g_k^{(n)})\uparrow s]*p\} \tag{5.91}$$

其中，$\uparrow s$ 代表增采样 s 倍；p 是反投影核，由 h_k 和 T_k 决定。

在投影步骤的第一次迭代过程中，四幅图像 I_{00}、I_{10}、I_{01} 和 I_{11} 作为初始反投影的输入。在其他迭代过程中，估计出的 HR 图像 $f^{(n)}$ 用于生成四幅模拟 LR 图像。首先，通过移位来估计出其他三幅 HR 图像：第一幅在穿轨方向移动一个像素，第二幅在沿轨方向上移动一个像素，第三幅在两个方向上都移动一个像素。加上最初的估计的 HR 图像，共有四幅 HR 图像。然后通过减采样四幅 HR 图像，来得到四幅 LR 图像，即每 $2\times2=4$ 个像素点平均为一个像素点。为了防止在 LR 图像中出现像素位移，将平均值与 HR 图像的四个像素点的值进行比较，最接近的那个点的位置被选为新的像素点，平均值被赋予这个点。

在反投影过程中，四幅模拟 LR 图像和四幅初始输入图像的差值图像首先增采样到 HR 图像的大小，通常都是通过零阶线性插值或者双线性插值的方法来完成。然后将差值图像去位移化，新的 HR 图像 $f^{(n+1)}$ 根据式(5.91)把 LR 图像中相关像素点结合起来得到。本节中，迭代次数设置为 10，以得到一个满意的结果。

5.3.4 部分卫星高光谱传感器的灵敏度数字提升方法实例

本节介绍 Jiang 等(2009)提出的一种改进的小波阈值去噪方法，并将其应用于 Hyperion 高光谱图像的去噪案例。将光谱变换到小波域后，得到大量小(或零)值的小波系数和少量数值较大的小波系数。假设噪声是白噪声时，将噪声变换到小波域会产生噪声能量在所有尺度和平移上的散乱分布。变换后的立方体中的每一个分量都被视为一个小波系数，代表了输入数据的频率分布。降噪系统的关键是确定一个低于系数设置为零的阈值，对高于该阈值的阈值系数进行缩小。该方法通过指定要在滤波后的小波变换中保留的累积功率的百分比做小波系数的软阈值分割(Donoho，1995)，实现在频谱域内降低噪声。软阈值将幅值小于 T(阈值)的所有小波系数 DWT 设置为零，并将每个保留下来的小波系数的幅值线性地减小 T，数值为正的小波系数设置为 $\mathrm{DWT}-T$，而数值为负的小波系数设置为

DWT＋T。在处理过程中，Jiang 等(2009)用一系列实验测试了四类母小波(Symlets、Daubechies、Haar 和 Coiflet)来估计这些小波的功能和阈值参数。实验结果表明基于 Coiflet 的算法对高光谱数据的信噪比有明显的改善，如图 5.49 所示。实验所采用的测试数据为 Hyperion 高光谱数据，于 2007 年在一个以沙漠为主的地点获得，测试数据立方体的尺寸为 50×50×45。图 5.50 为噪声去除前后的光谱曲线，所选择的 Hyperion 高光谱数据的初始信噪比为 400∶1，经小波去噪后的信噪比达到 635∶1。

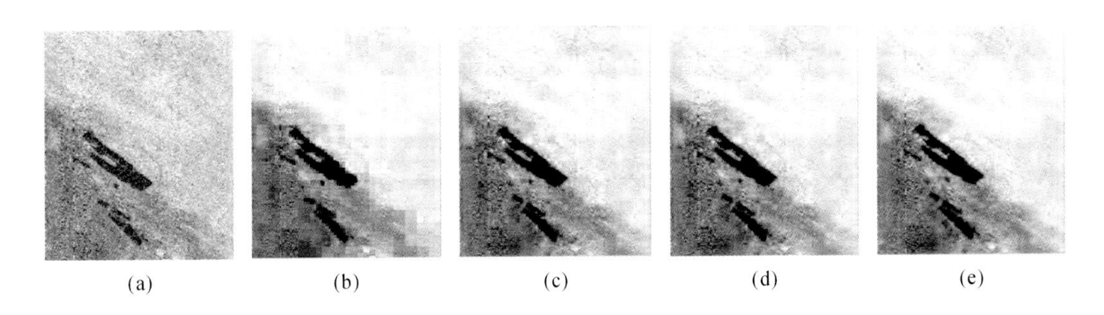

图 5.49 不同母小波的去噪效果的比较(Jiang et al.，2009)

(a)原始高光谱数据；(b)Haar1；(c)Daubechies2；(d)Symlets1；(e)Coiflet1

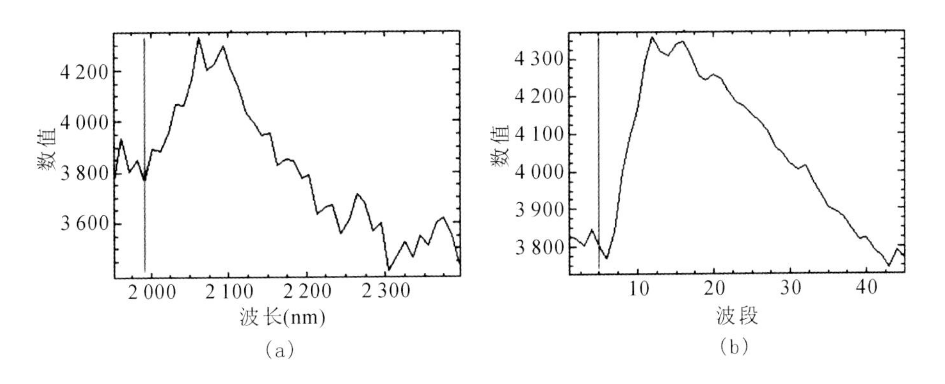

图 5.52 Coiflet1 去噪前后光谱曲线(Jiang et al.，2009)

(a)原始光谱曲线；(b)去噪后光谱曲线

参考文献

李云松，吴成柯，陈军，等，2001. 基于小波的干涉多光谱卫星图像压缩方法[J]. 光学学报，21(6)：691-695.

刘成康，袁祥辉，张晓飞，2002. CMOS 读出电路中的噪声及抑制[J]. 半导体光电，(3)：170-173.

吕群波，2007. 干涉光谱成像数据处理技术[D]. 西安：中国科学院西安光学精密机械研究所.

马静，2009. 干涉高光谱图像高效压缩技术研究[D]. 西安：中国科学院西安光学精密机械研究所.

马冬梅，2009. LASIS 高光谱干涉图像压缩技术研究[D]. 西安：中国科学院西安光学精密机械研究所.

吴航行，华建文，王培纲，等，2004. 傅里叶变换光谱仪中干涉信号的畸变[J]. 红外技术，26(4)：25-30.

肖江，吴成柯，邓家先，等，2004. 卫星干涉高光谱遥感图像序列差值压缩编码[J]. 空间科学学报，24(3)：211-218.

肖松山，范世福，李昀，等，2003. 光谱成像技术进展[J]. 现代仪器，(5)：5-8.

张凤林，孙学珠，1988. 工程光学[M]. 天津：天津大学出版社.

郑玉权，禹秉熙，2002. 成像光谱仪分光技术概览[J]. 遥感学报，6(1)：75-80.

ATKINSON I，KAMALABADI F，JONES D L，2003. Wavelet-based hyperspectral image estimation[C]// IGARSS 2003. 2003 IEEE International Geoscience and Remote Sensing Symposium. Proceedings (IEEE Cat. No. 03CH37477). IEEE，2：743-745.

BRACEWELL R N，1986. The Fourier transform and its applications[M]. New York：McGraw-Hill.

BROWN J L，1981. Multi-channel sampling of low-pass signals[J]. IEEE Transactions on Circuits and Systems，28(2)：101-106.

BRUCE A G，GAO H Y，1996. Understanding WaveShrink：Variance and bias estimation[J]. Biometrika，83(4)：727-745.

BUI T D，CHEN G，1998. Translation-invariant denoising using multiwavelets[J]. IEEE transactions on signal processing，46(12)：3414-3420.

CHANG S G，YU B，VETTERLI M，2000. Adaptive wavelet thresholding for image denoising and compression[J]. IEEE transactions on image processing，9(9)：1532-1546.

CHEESEMAN，KANEFSKY B，KRAFT R，et al.，1994. Super-resolved surface reconstruction from multiple images[R]. Technical Report FIA-94-12，NASA Ames Research Center，Moffett Field，CA.

CHEN G，QIAN S E，2008. Simultaneous dimensionality reduction and denoising of hyperspectral imagery using bivariate wavelet shrinking and principal component analysis[J]. Canadian Journal of Remote Sensing，34(5)：447-454.

CHEN G，QIAN S E，2010. Denoising of hyperspectral imagery using principal component analysis and wavelet shrinkage[J]. IEEE Transactions on Geoscience and remote sensing，49(3)：973-980.

CHEN G，QIAN S E，ARDOUIN J P，et al.，2012. Super-resolution of hyperspectral imagery using complex ridgelet transform[J]. International Journal of Wavelets，Multiresolution and Information Processing，10(3)：1250025.

CLARK J J，PALMER M R，LAURENCE P D，1985. A transformation method for the reconstruction of functions from nonuniformly spaced smaples[J]. Acoustics Speech & Signal Processing IEEE Transactions on, ASSP-33: 1151-1165.

COPPIN P R, BAUER M E, 1996. Digital change detection in forest ecosystems with remote sensing imagery [J]. Remote sensing reviews, 13(3-4): 207-234.

CROUSE M S, NOWAK R D, BARANIUK R G, 1998. Wavelet-based statistical signal processing using hidden Markov models[J]. IEEE Transactions on signal processing, 46(4): 886-902.

DE BACKER S, PIŽURICA A, HUYSMANS B, et al., 2008. Denoising of multicomponent images using wavelet least-squares estimators[J]. Image and Vision Computing, 26(7): 1038-1051.

DONOHO D L, 1995. De-noising by soft-thresholding[J]. IEEE transactions on information theory, 41(3): 613-627.

DONOHO D L, JOHNSTONE I M, 1994. Threshold selection for wavelet shrinkage of noisy data[C]//Proceedings of 16th Annual International Conference of the IEEE Engineering in Medicine and Biology Society. IEEE, 1: 24-25.

DONOHO D L, JOHNSTONE I M, 1995. Adapting to unknown smoothness via wavelet shrinkage[J]. Journal of the American statistical association, 90(432): 1200-1224.

GREEN A A, BERMAN M, SWITZER P, et al., 1988. A transformation for ordering multispectral data in terms of image quality with implications for noise removal[J]. IEEE Transactions on geoscience and remote sensing, 26(1): 65-74.

GYAOUROVA A, KAMATH C, FODOR I K, 2002. Undecimated wavelet transforms for image de-noising [R]. Lawrence Livermore National Lab., CA (US).

HARDIE R C, BARNARD K J, ARMSTRONG E E, 1997. Joint MAP registration and high-resolution image estimation using a sequence of undersampled images[J]. IEEE Transactions on Image Processing, 6 (12): 1621-1633.

HOLLINGER A, BERGERON M, MASKIEWICZ M, et al., 2006. Recent developments in the hyperspectral environment and resource observer (HERO) mission[C]//2006 IEEE International Symposium on Geoscience and Remote Sensing. IEEE: 1620-1623.

HUANG B, AHUJA A, HUANG H L, 2006. Lossless compression of ultraspectral sounder data[M]//Hyperspectral Data Compression. Springer, Boston, MA: 75-105.

IRANI M, PELEG S, 1991. Improving resolution by image registration. Improving resolution by image registration[J]. Journal of Visual Communication and Image Representation, 53(3): 231-239.

JIANG L, CHEN X, NI G, 2009. Wavelet threshold denoising with four families of mother wavelets for hyperspectral data[C]//2008 International Conference on Optical Instruments and Technology: Optical

Systems and Optoelectronic Instruments. International Society for Optics and Photonics,7156:71564D.

JOLLIFFE I T,2002. Principal component analysis[M]. New York:Springer.

KATSAGGELOS A K,1991. Digital image restoration[M]. Heidelberg:Springer-Verlag.

KIM S P,BOSE N K,1990. Reconstruction of 2-D bandlimited discrete signals from nonuniform samples[J]. IEE Proceedings F (Radar and Signal Processing). 137(3):197-204.

LANG M,GUO H,ODEGARD J E,et al. ,1995. Nonlinear processing of a shift-invariant discrete wavelet transform (DWT) for noise reduction[C]//Wavelet Applications II. International Society for Optics and Photonics,2491:640-651.

LANG M,GUO H,ODEGARD J E,et al. ,1996. Noise reduction using an undecimated discrete wavelet transform[J]. IEEE Signal Processing Letters,3(1):10-12.

MAILHES C,1990. Modeling and compression of interferograms-application to interferometric images[J]. Signal Processing,20(2):186-187.

MOHL B,WAHLBERG M,MADSEN P T,2003. Ideal spatial adaptation via wavelet shrinkage[J]. The Journal of the Acoustical Society of America,114:1143-1154.

NEVILLE R A,SUN L,STAENZ K,2004. Detection of keystone in imaging spectrometer data[C]//Algorithms and Technologies for Multispectral,Hyperspectral,and Ultraspectral Imagery X. International Society for Optics and Photonics,5425:208-217.

OTHMAN H,QIAN S E,2008. An evaluation of wavelet-denoised hyperspectral data for remote sensing[J]. Canadian Journal of Remote Sensing,34(supl):S59-S67.

PARK S C,PARK M K,KANG M G,et al. ,2003. Super-resolution image reconstruction:A technical overview[J]. IEEE Signal Processing Magazine,20(3):21-36.

POHL C,VAN GENDEREN J L,1998. Review article multisensor image fusion in remote sensing:concepts, methods and applications[J]. International journal of remote sensing,19(5):823-854.

PORTILLA J,STRELA V,WAINWRIGHT M J,et al. ,2003. Image denoising using scale mixtures of Gaussians in the wavelet domain[J]. IEEE Transactions on Image processing,12(11):1338-1351.

QIAN S E,2011. Enhancing space-based signal-to-noise ratios without redesigning the satellite[J]. SPIE Newsroom.

QIAN S E,2015. Method and system of increasing spatial resolution of multi-dimensional optical imagery using sensor's intrinsic keystone:U. S. Patent 9,041,822[P]. 2015-5-26.

QIAN S E,CHEN G,2012. Enhancing spatial resolution of hyperspectral imagery using sensor's intrinsic keystone distortion[J]. IEEE transactions on geoscience and remote sensing,50(12):5033-5048.

RICHARDS J A,1999. Remote sensing digital image analysis[M]. Berlin:Springer.

ROY D P, 2000. The impact of misregistration upon composited wide field of view satellite data and implications for change detection[J]. IEEE Transactions on geoscience and remote sensing, 38(4): 2017-2032.

SAVITZKY A, GOLAY M J E, 1964. Smoothing and differentiation of data by simplified least squares procedures[J]. Analytical chemistry, 36(8): 1627-1639.

SCHEUNDERS P, 2004. Wavelet thresholding of multivalued images[J]. IEEE Transactions on Image Processing, 13(4): 475-483.

SCHEUNDERS P, DRIESEN J, 2004. Least-squares interband denoising of color and multispectral images [C]//2004 International Conference on Image Processing, 2004. ICIP'04. IEEE, 2: 985-988.

SCHMIDT K S, SKIDMORE A K, 2004. Smoothing vegetation spectra with wavelets[J]. International Journal of Remote Sensing, 25(6): 1167-1184.

SCHULTZ R R, STEVENSON R L, 1996. Extraction of high-resolution frames from video sequences[J]. IEEE Transactions on Image Processing, 5(6): 996-1011.

SENDUR L, SELESNICKI W, 2002. Bivariate shrinkage with local variance estimation[J]. IEEE signal processing letters, 9(12): 438-441.

SHARKOV E A, 2003. Passive microwave remote sensing of the Earth: Physical foundations[M]. Berlin: Springer-Verlag.

STAENZ K, SZEREDI T, SCHWARZ J, 1998. ISDAS-A system for processing/analyzing hyperspectral data [J]. Canadian Journal of Remote Sensing, 24(2): 99-113.

STARK H, OSKOUI P, 1989. High-resolution image recovery from image-plane arrays, using convex projections[J]. Journal of the Optical Society of America A, 6(11): 1715-1726.

SUZUKI T, KUROSAKI H, ENKYO S, et al., 1997. Application of an AOTF imaging spectropolarimeter [C]//Polarization: Measurement, Analysis, and Remote Sensing. International Society for Optics and Photonics, 3121: 351-360.

TEKALP A M, ÖZKAN M, SEZAN I, 1992. High-resolution image reconstruction from lower-resolution image sequences and space-varying image restoration[C]//IEEE International Conference on Acoustics, Speech, and Signal Processing.

TOM B C, KATSAGGELOS A K, 1995. Reconstruction of a high-resolution image by simultaneous registration, restoration, and interpolation of low-resolution images[C]//Proceedings of International Conference on Image Processing, Oct. 1995, Washington, DC: 23-26.

TRIVEDI S, ROSEMEIER J, JIN F, et al., 2006. Space qualification issues in acousto optic tunable filter (AOTF) based spectrometers[C]//Solid State Lasers XV: Technology and Devices. International Society for Optics and Photonics, 6100: 61001W.

TSAI R, HUANG T, 1984. Multi-frame image restoration and registration[J]. Advances in Computer Vision and Image Processing, (2): 317-339.

ZAVORIN I, LE MOIGNE J, 2005. Use of multiresolution wavelet feature pyramids for automatic registration of multisensor imagery[J]. IEEE Transactions on Image Processing, 14(6): 770-782.

第6章 高光谱遥感系统中的定标和数据定量化

高光谱遥感系统中的定标和数据定量化是其进一步反演、分析和应用的基础，经过高精度的定标和数据定量化，不同时空条件下获取的高光谱遥感数据才具有可比性，才能做进一步的定量化分析。同时，高光谱遥感数据的定标和数据定量化也是连接高光谱成像技术研究领域和高光谱应用研究领域的纽带。定标和数据定量化精度的提高，既需要高光谱成像仪研制人员的不懈努力，也需要遥感数据处理技术开发人员的鼎力支持。从硬件和软件两方面共同发力，以获取高质量的高光谱遥感数据，推进遥感科学的发展。本章总结了近些年来高光谱遥感数据的定标和数据定量化所取得的成就。

6.1 辐射定标

在利用遥感数据进行定量化研究的过程中，遥感辐射定标是其前提与基础。辐射定标，就是要建立高光谱成像仪记录的数字信号量化值与对应的辐射能量之间的定量关系。美国国家标准化与技术研究所(National Institute of Standards and Technology，NIST)的联合报告对辐射定标的定义：定标是在一系列的测量过程中决定仪器在空间域、时间域、光谱域的辐射性能，它的输出是一个与实际辐射能量测量值相关的数值。辐射定标对于遥感数据的应用具有非常重要的意义。首先，只有经过严格的辐射定标，才可以将高光谱遥感数据提供的辐射图像与各种地学、生物学参量相联系起来，以实现遥感信息的定量化；其次，随着时间的推移与应用环境的改变，高光谱成像仪的辐射特性会存在不同程度的改变，这时就需要通过辐射定标来监测高光谱成像仪的特性；最后，随着遥感检测技术向着全球性、全天候方向发展，往往需要综合利用不同遥感器、不同地区、不同时间获得的遥感数据，只有通过辐射定标才可以保证多源数据解译的一致性。

根据定标环境与定标方法的不同，辐射定标主要可以分为六种基本的定标方式：实验室辐射定标、外场辐射定标、场地替代辐射定标、机上/星上辐射定标、交叉辐射定标以及最近发展起来的基于数据的辐射定标。实验室辐射定标的目的是要确定遥感器输出数字量化值(DN)与目标光谱辐射量的对应关系；外场辐射定标，一方面光谱成像仪场景与实际遥感场景相同，另一方面增加了不同成像情况下的辐射定标系数；场地替代辐射定标特指在遥感器处于正常运行状态以及外界环境条件正常的情况下，选择特定辐射定标场地，通过同步测量以实现对遥感器的定标；机上/星上辐射定标经常用来进行检测遥感器辐射特性；交叉辐射定标主要是通过以较高定标精度的遥感器为参考来对目标遥感器进行辐射定标。基于数据的辐射定标主要是在实验室辐射定标和机上/星上定标基础上，进一步提高高光谱遥感数据辐射定标精度，满足用户需求。本节就以上六种辐射定标方法分别从定标设备、数据处理以及定标精度等方面进行介绍。

6.1.1 实验室辐射定标

实验室辐射定标主要任务是确定高光谱成像仪各通道的响应并评估不确定性。实验室辐射定标是高光谱成像仪产品交付前的出厂标定，定标结果是该仪器的原始定标数据，也是其他定标方法的基础参照数据，因此实验室辐射定标很重要(王立朋，2011)。

6.1.1.1 可见光、短波红外实验室辐射定标方法

实验室辐射定标主要包括两方面：相对辐射定标和绝对辐射定标。

(1)相对辐射定标是为了确定仪器在均匀光强输入的情况下，图像传感器各探测像元之间的响应不一致性。实验室通过设置均匀照明光源，使仪器入瞳处获得均匀的入瞳能量，此时采集图像数据，通过计算可以得到在此种定标方法下的像元响应不均匀性和相对定标修正系数，通过系数修正使光谱仪每个探测单元的响应不一致性降到最低。

(2)绝对辐射定标是为了确定各探测单元的光谱响应函数，建立复原光谱值与目标光谱辐亮度间的定量关系。定标的过程实质是标准亮度的传递和定标过程。获得纠正后的响应输出值(纠正包括暗信号的去除以及相对辐射定标修正)与光谱辐射度计获取的光谱辐亮度对比，来获得该高光谱成像仪的绝对辐射定标系数，通过绝对定标系数修正使光谱仪所反演的光谱辐亮度曲线尽可能地接近光谱辐射度计实际光谱辐亮度曲线(白军科 等，2013)。

高光谱成像仪的实验室辐射定标方法主要有辐照度标准灯作为辐射计量标准的积分球定标法、标准探测器作为计量标准的积分球定标法、标准黑体作为定标源的漫反射板定标法。

6.1.2 外场辐射定标

高光谱成像仪成像环境变化所导致的光电器件变形、机械振动所导致的光电元件错位以及光电元件本身的日久老化使得传感器每个波段的辐射定标系数随成像环境变化而发生

较大的变化。因此,实验室光谱定标所获取的各个波段的辐射定标系数并不能完全代表航空遥感数据获取时传感器的辐射定标系数。尤其是对于没有星上/机上辐射定标装置的高光谱成像仪,其可供参考的辐射定标系数一般只有实验室所获取的辐射定标系数。外场定标与实验室辐射定标的流程相似,只是对于反射谱段的高光谱成像仪来说,其光源一般改为太阳。这样,一方面使光谱成像仪处于与实际遥感相同的场景,另一方面增加了不同成像情况下的辐射定标系数。而对于热红外高光谱成像仪来说,其内置辐射定标黑体,基本流程与实验室辐射定标相同,只是成像环境不同。图 6.1(a)和(b)分别为民用高分机载全谱段多模态高光谱成像仪试样机外场定标和风云二号 07 星扫描辐射计外场可见光定标。

(a)

(b)

图 6.1 外场定标实验现场

6.1.3 场地替代辐射定标

场地替代辐射定标是预先选定辐射定标场地,在遥感器处于正常运行条件下,通过地面同步测量对遥感器进行定标。其主要思想就是通过同步测量选定场地内若干像元区(自然靶标、人工靶标)对应的各波段地物的光谱反射率和大气光谱参量,结合大气辐射传输模型给出遥感器入瞳处各光谱带的辐亮度,最后确定它与遥感器输出的量化值的函数关系,求解定标系数并进行误差分析。

6.1.3.1 反射谱段

1. 三种场地替代辐射定标方法

反射率法是在当传感器过境时同步测量地面目标的反射率、大气光学参量(大气光学厚度、大气柱水汽含量等)和地面目标的地理位置,再利用大气辐射传输模型计算出遥感器入瞳处的辐亮度值,经过几何校正后定位地面目标,提取并计算测区图像的平均计数值,进一步确定图像计数值与地面对应像元入瞳处辐亮度值之间的定量关系(Slater et al.,1987),反射率法定标基本流程如图 6.2 所示(巩慧,2010)。

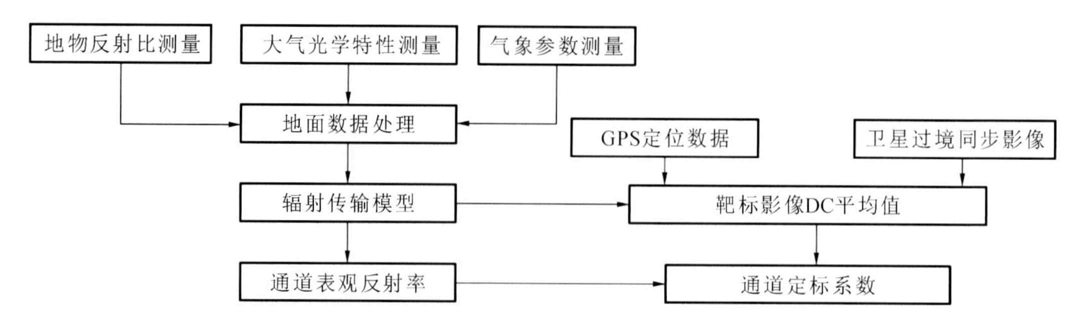

图 6.2　反射率法定标流程图

辐照度法是对反射率法的改进。其基本过程与反射率法基本相同，但是通过利用地面测量的漫射与总辐射值来确定遥感器的表观反射率，以减少由于气溶胶模式假设而带来的误差，其基本流程图如图 6.3 所示。

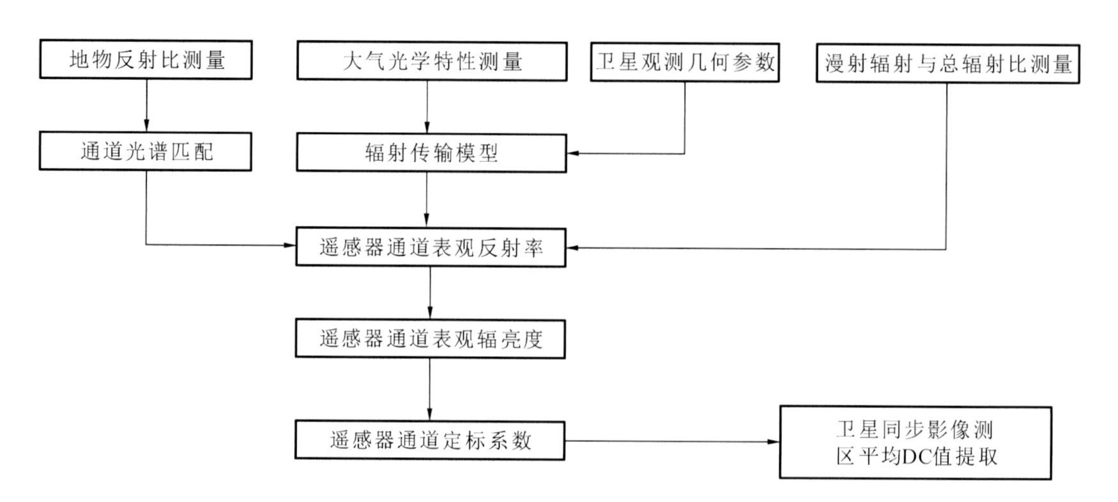

图 6.3　辐照度法定标流程图

辐亮度法是利用经过严格光谱与辐射标定的辐射计，通过航空平台固定在某一确定高度，在卫星过境时同步测量，保证参考辐射计和待标定辐射计同时进行观测，将得到的飞机高度处的参考辐亮度作为已知量，去标定飞行中卫星遥感器的辐射量（Hovis et al.，1985；Smith et al.，1989）。参考辐射计的工作高度往往在 3 000 m 以上，这样就可以减少水汽和气溶胶对大气校正的影响。从原理上看，辐射计所在高度越高，大气校正越小（Slater et al.，1987）。辐亮度法定标基本流程如图 6.4 所示。

反射率法、辐照度法、辐亮度法三种场地替代辐射校正的方法都可以得到可靠的标定结果，但同时又分别具有自己的优点与不足，国内外学者对其进行了深入的研究，对三种方法的优缺点进行了总结，结果如表 6.1 所示（独立辐射定标方法比对的卫星辐射定标精度检验方法研究）。

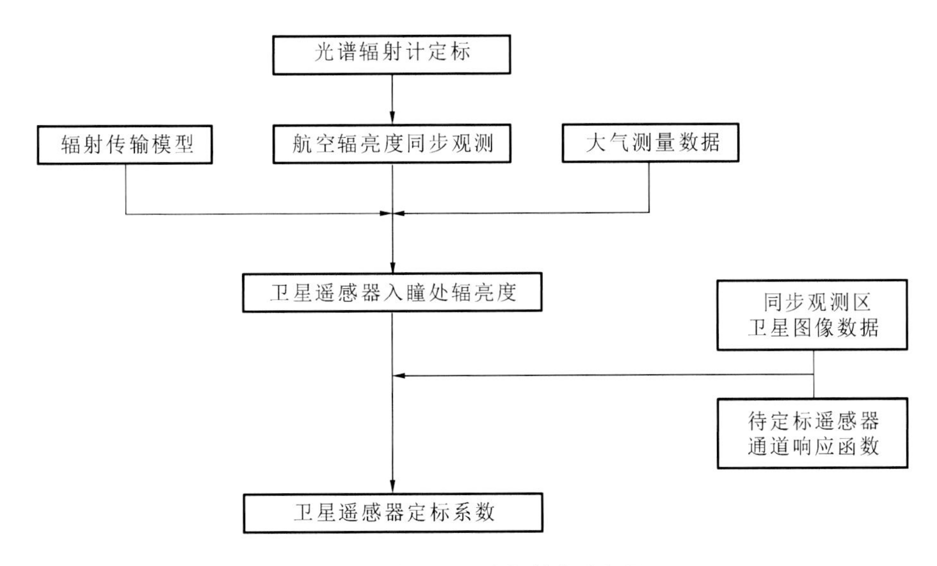

图 6.4 辐亮度法定标基本流程图

表 6.1 三种场地定标方法特点比较(Biggar et al.,1994;Thome et al.,1997b;贺威 等,2005;王承俭 等,2000)

方法类型	反射率法	辐照度法	辐亮度法
测量参数	地面目标反射率; 大气光学特征参量	地面目标反射率; 大气光学特征参量; 漫射与总辐射比	地面目标反射率; 大气光学特征参量
测量条件	星-地同步观测; 星-地观测几何一致或进行观测角校正	星-地同步观测; 星-地观测几何一致	星-地同步观测; 星-地观测几何一致; 机载辐射计经过严格光谱和辐射定标
大气传输模型	大气辐射传输模型	大气辐射传输模型	大气辐射传输模型
最终结果	遥感器入瞳处辐亮度	遥感器高度的表现反射率,进而求得遥感器入瞳处辐亮度	遥感器入瞳处辐亮度
精度	尚高	较高	高
优点	投入的测试设备和获得的测量数据相对较少。不仅省工、省物,而且满足了精度要求	利用漫射与总辐射比描述大气气溶胶的散射特性,减少了反射率法中对气溶胶光学参量假设带来的误差	飞机飞行高度越高,需要的大气校正越简单,精度就越高
缺点	需要对大气气溶胶的一些光学参量做假设	数据测量相对较多,漫射与总辐射比在高纬度地区带来的误差较大	为了进行大气校正,还需要反射率的全部数据,因此该方法投入的设备、人力、资金就越多

6.1.3.2 发射谱段

在实验室定标系数失效的情况下,热红外高光谱遥感数据的辐射定标系数主要依靠场地替代定标来获得。场地替代定标主要包括标准参考靶标布设、大气参数测量、基于场景的光谱定标、入瞳辐亮度模拟、热红外高光谱数据的辐射定标等过程，场地替代定标流程如图6.5所示。

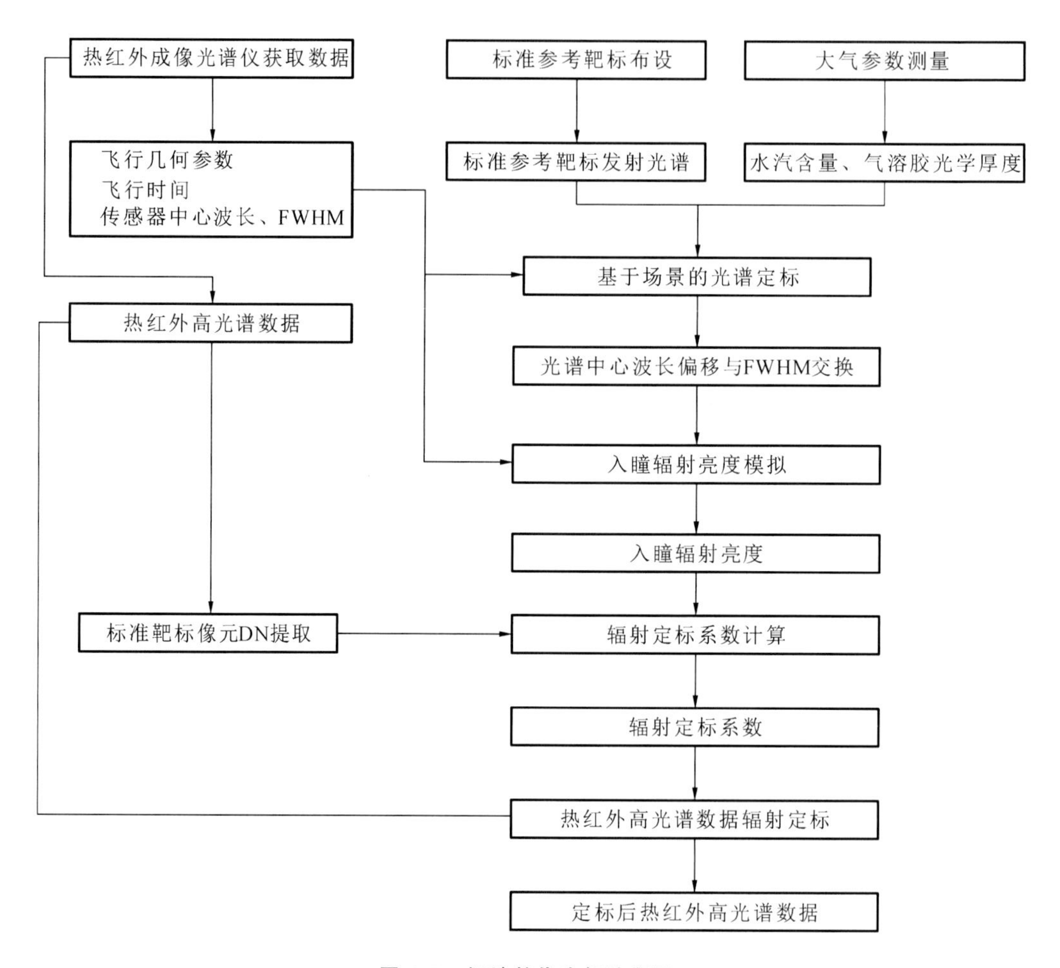

图6.5　场地替代定标流程图

6.1.4　机上/星上辐射定标

机上/星上辐射定标主要任务是飞机起飞过程中、飞行期间和卫星发射过程中以及在轨运行期间，机载/星载高光谱成像仪的光学、结构和电子学部件会发生性能改变，导致实验室辐射定标建立的数字化输出和地面景物辐亮度之间的关系发生改变，同时也会使像面上的谱线位置发生改变。为了得到准确的光谱图像数据，必须对这些变化进行校正，这就要求在实验室定标的基础上对高光谱成像仪进行机上/星上辐射定标(李晓晖 等，2009)。

6.1.4.1 原理

机上/星上辐射定标利用外部参考标准或内部参考标准对高光谱成像仪在轨运行期间的辐射响应关系进行标定，对其在轨期间性能的稳定性做出评估，得到准确的定量化的光谱图像数据。机上/星上辐射标定是由高光谱成像仪的数字化输出得到 DN 与之对应的地物的绝对光谱辐亮度。

6.1.4.2 可见光、短波红外机上/星上辐射标定和校正方法

根据采用的定标参考标准不同，高光谱成像仪机上/星上辐射定标技术可以分为外部参考标准和内部参考标准两大类。机上/星上常用的外部参考标准有太阳、月球等；常用的内部参考标准有星上标准灯、机上/星上积分球、滤光片、具有光谱特征线的漫射板和具有典型光谱输出的光源（如汞灯、激光二极管）等。

1.利用太阳光＋漫射板＋比值辐射计

该辐射定标方法（Palmer et al.，1991）内部参考标准有星上标准灯、星上积分球、滤光片、具有光谱特征线的漫射板和具有典型光谱输出的光源（如汞灯、激光二极管）等。该方法是通过调整平台姿态，使太阳光照射到漫射板上，经漫射板反射后进入高光谱成像仪，完成辐射定标。比值辐射计则用于轮流观测太阳光和被太阳光照射的漫射板，监测漫射板反射特性在轨期间的变化，在美国地球观测一号 Hyperion（Barry et al.，2002；Jarecke et al.，2002）高光谱成像仪上得到应用（图 6.6）。

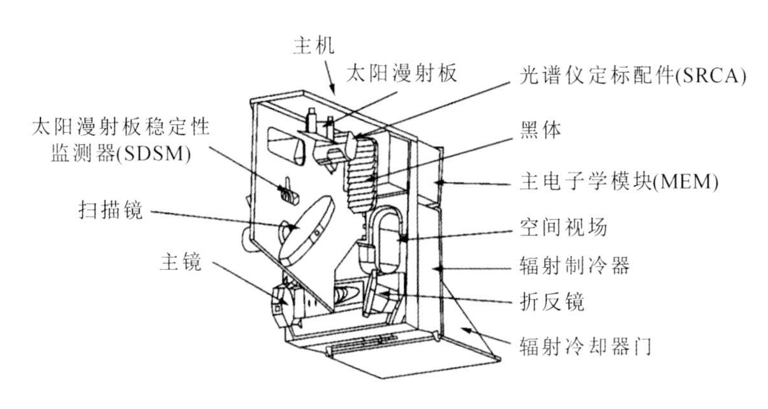

图 6.6 星上定标装置图

2.利用太阳光＋反射棱镜

欧空局 PROBA（project for on-board autonomy）平台上的成像光谱仪 CHRIS 利用反射棱镜将太阳光引入其入瞳，作为星上辐射定标的亮目标，而暗电流输出则利用人工设定的地面暗目标来定标。

3.利用月球

月球表面具有十分稳定的反射率，是一种理想的外部辐射参考标准。因此，可以在轨道

的适当位置将高光谱成像仪对准满月时的月球，实现辐射定标。Hyperion(Barry et al.,2002)利用月球进行了星上辐射标定(图6.7)。

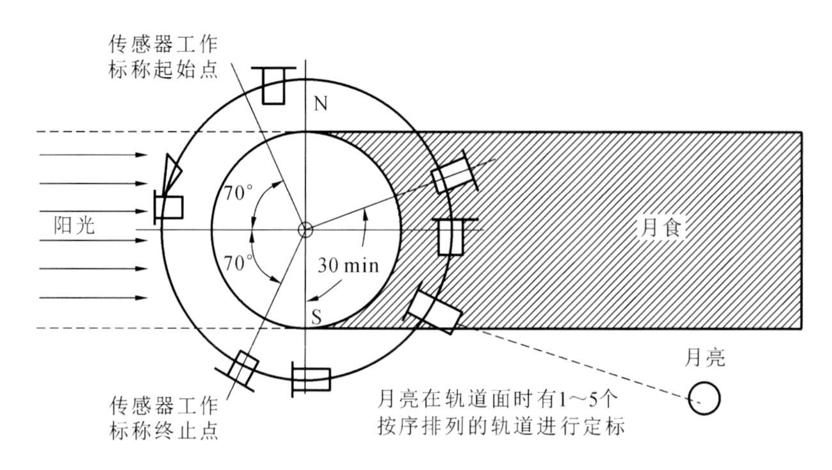

图6.7　利用月球进行标定的时机

4.机上/星上定标光源

辐射定标内部参考标准即星上定标光源，多数采用光谱辐射特性已经标定好的宽谱灯或宽谱灯照明的积分球。Hyperion上就配备了微型定标灯用于相对辐射定标(图6.8)。

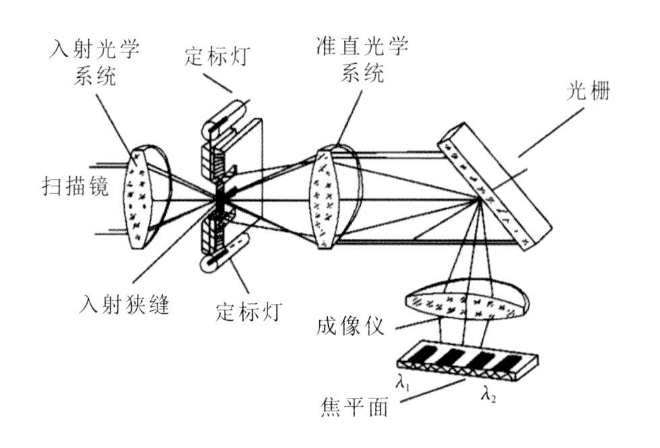

图6.8　星上标定灯原理图

6.1.4.3　可见光、短波红外机上/星上辐射标定和校正实例

EO-1平台Hyperion星上辐射定标方面采用了外部参考标准和内部参考标准综合使用，其中就利用了太阳定标、月球定标和星上标准定标等方法，综合应用多种定标方法，从而提高定标精度(Jarecke et al.,2002;Barry et al.,2002)。

通过精确控制入射的太阳光来进行准确的辐射定标。太阳定标将是保证绝对定标精度的基础。遥感器还通过其内部的定标光源定期进行定标，以监控遥感器的运行状态。

在 Hyperion 内部靠近望远镜的背面使用了石英卤钨灯来照亮，进行使用星上标准灯的辐照度进行测量。

通过月球标定，不需要估计大气的影响。EO-1 每月收集一次月球的辐亮度进行校正。航天器在飞行期间轻微的角度偏移导致在 Hyperion 中月球位置发生变化。用于辐射校正的月球辐亮度同太阳辐射标定在一起共同作用于星上的辐射标定(图 6.9)。

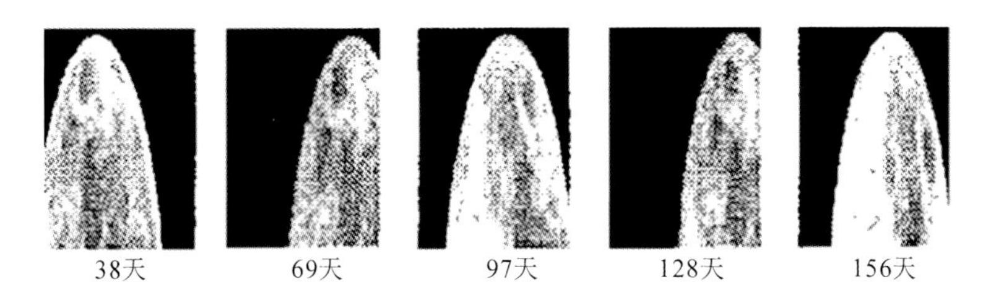

图 6.9 用来校正 Hyperion 的月球辐亮度图像组图

Hyperion 设备无法直接获取太阳的辐亮度，所以通过反射辐射太阳校正板进入设备的孔径。太阳辐亮度为 Hyperion 提供了一个正规稳定的参考。太阳校正系数被收集后直接用于像素到像素间的绝对辐射标定。EO-1 每两周获取一次太阳标定图像，并同月球的标定图像一起标定辐射光谱。

三个辐照度模型被用来进行相互对比(图 6.10)。这些光谱辐照度曲线获得的绝对精度能达到 1%。三个模型中太阳辐照度的对比在 VNIR(500～850 nm)光谱区域拟合度为±2%。

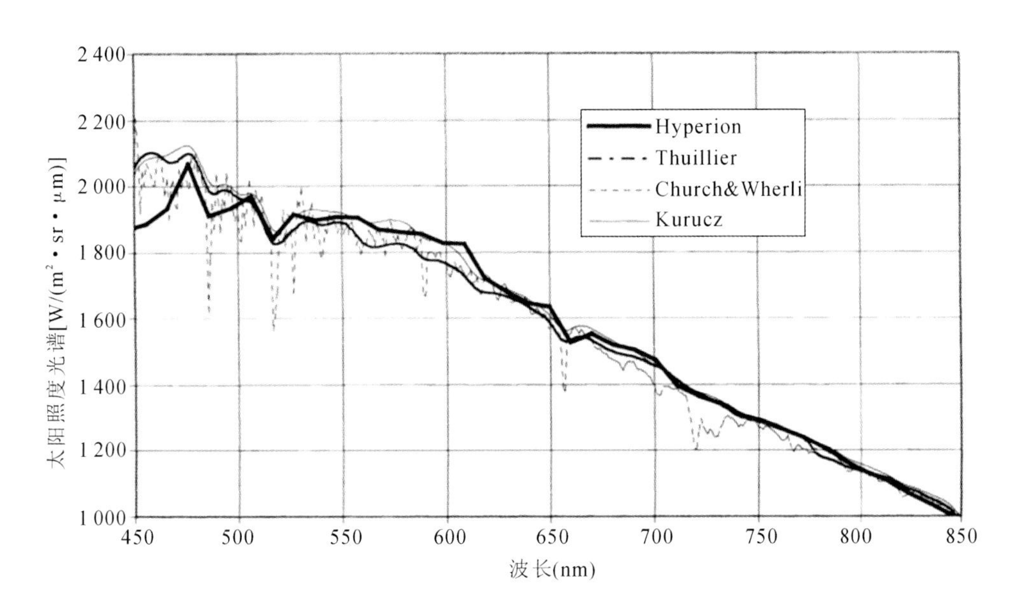

图 6.10 Hyperion 太阳光谱辐射度测量对比

图 6.11 和图 6.12 是 2001 年在 VNIR 和 SWIR 中重复对太阳进行辐射标定辐照度响应图。

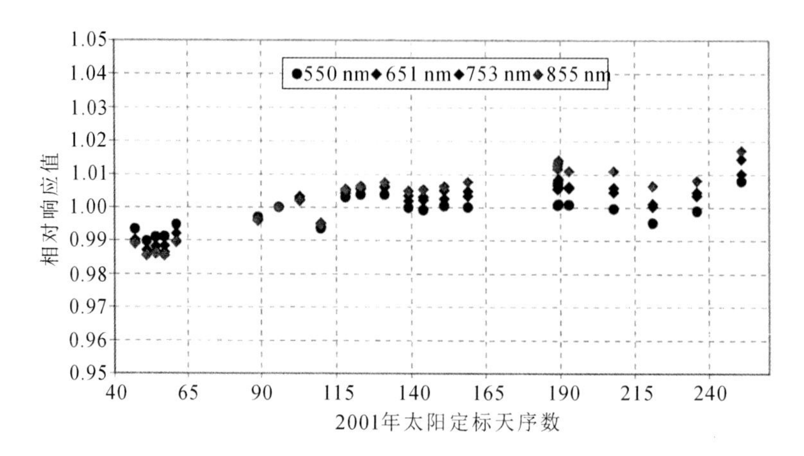

图 6.11　在 VNIR 长时间重复太阳辐射标定图

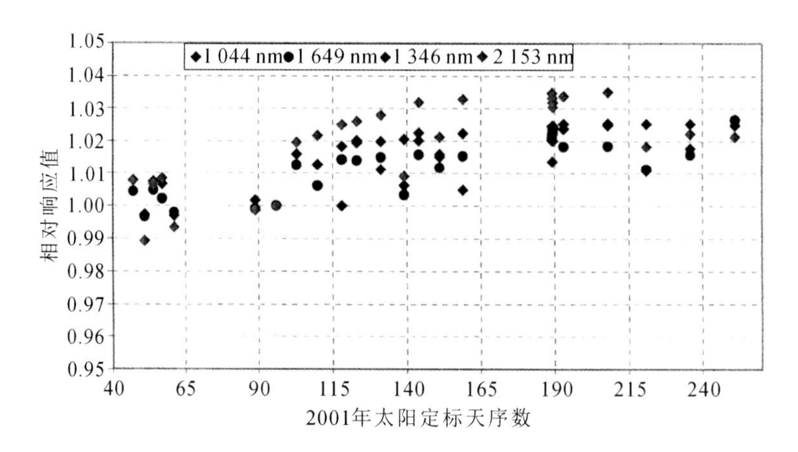

图 6.12　在 SWIR 长时间重复太阳辐射标定图

6.1.5　交叉辐射定标

6.1.5.1　交叉辐射定标基本原理

交叉辐射定标主要是采用待定标遥感器与参考遥感器同步观测，利用定标精度较高的参考遥感器的已知入瞳辐亮度及反射率定标系数，综合考虑两个遥感器观测几何、大气条件、遥感器光谱响应等差异后来推算待定标遥感器的入瞳辐亮度，并结合待定标卫星图像的 DN 就可以得到待定标遥感器的定标系数。交叉辐射定标的基本原理框图如图 6.13 所示。

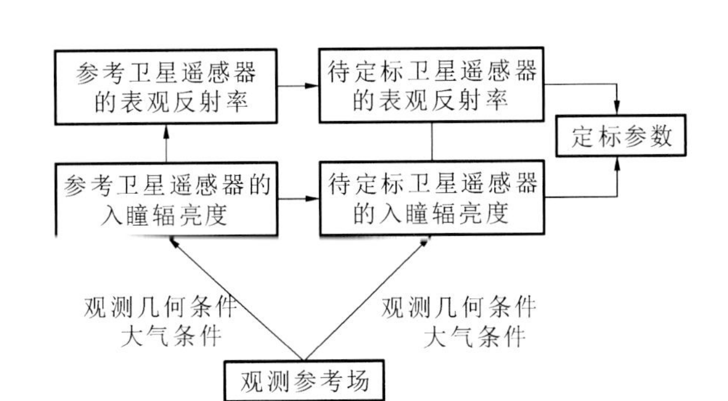

图 6.13 交叉辐射定标基本原理框图(高彩霞 等,2013)

6.1.5.2 交叉辐射定标基本方法

交叉辐射定标主要有以下四种基本方法:光线匹配交叉辐射定标、光谱匹配交叉辐射定标、基于辐射传输模型的交叉辐射定标以及高光谱卷积法。

1. 光线匹配交叉辐射定标

该方法首先要将不同遥感器获取的同时同地同观测角的卫星图像进行配准,在配准后图像上寻找满足匹配条件的区域,当两个遥感器观测该区域时,它们的入瞳辐亮度是相同的,因此可以将参考卫星遥感器的入瞳辐亮度作为待定标遥感器的入瞳辐亮度,结合待定标卫星图像的 DN 进行回归分析,得到定标系数。光线匹配交叉辐射定标流程如图 6.14 所示。

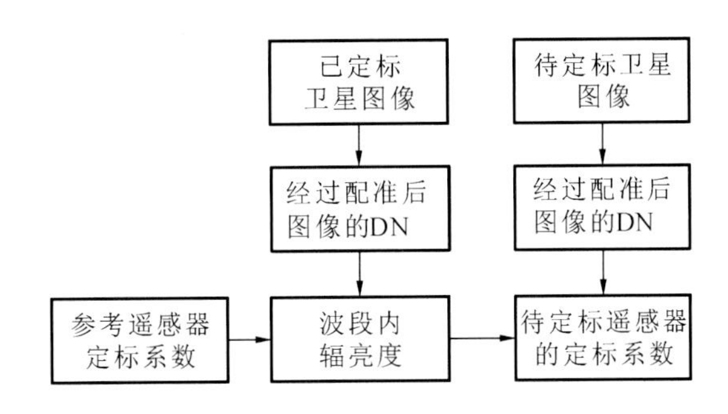

图 6.14 光线匹配交叉辐射定标流程

2. 光谱匹配交叉辐射定标

该方法是对光线匹配交叉辐射定标方法的改进,考虑了不同传感器的光谱响应间的差异。光谱匹配交叉定标首先同样要将不同遥感器获取的同时同地同观测角的卫星图像进行配准,在配准后图像上寻找满足匹配条件的区域,虽然不同传感器的光谱响应存在差异,但是两幅遥感图像在满足光线匹配交叉辐射定标的匹配条件下,它们的入瞳辐亮度应该存在固定的比例关系,即

$$L_c = k_1 \times L_m \text{ 或 } \rho_c = k_2 \times \rho_m \tag{6.1}$$

$$k_1 = \frac{\int_{\lambda_1}^{\lambda_2} F_1(\lambda)\rho(\lambda)\mathrm{d}\lambda \Big/ \int_{\lambda_1}^{\lambda_2} F_1(\lambda)\mathrm{d}\lambda}{\int_{\lambda_1}^{\lambda_2} F_2(\lambda)\rho(\lambda)\mathrm{d}\lambda \Big/ \int_{\lambda_1}^{\lambda_2} F_2(\lambda)\mathrm{d}\lambda} \tag{6.2}$$

$$k_2 = \frac{\int_{\lambda_1}^{\lambda_2} F_1(\lambda)E_{s_1}(\lambda)\rho(\lambda)\mathrm{d}\lambda \Big/ \int_{\lambda_1}^{\lambda_2} F_1(\lambda)E_{s_1}(\lambda)\mathrm{d}\lambda}{\int_{\lambda_1}^{\lambda_2} F_2(\lambda)E_{s_2}(\lambda)\rho(\lambda)\mathrm{d}\lambda \Big/ \int_{\lambda_1}^{\lambda_2} F_2(\lambda)E_{s_2}(\lambda)\mathrm{d}\lambda} \tag{6.3}$$

其中，L_c 为待定标遥感器的入瞳辐亮度；L_m 为参考遥感器入瞳辐亮度；ρ_c 为待定标遥感器表观反射率；ρ_m 为参考遥感器表观反射率；$\rho(\lambda)$为地物光谱反射率；$F_1(\lambda)$、$F_2(\lambda)$为两类遥感器的光谱响应函数；$E_{s_1}(\lambda)$、$E_{s_2}(\lambda)$为两类遥感器的大气上界太阳光谱辐照度。光谱匹配交叉辐射定标流程如图 6.15 所示。

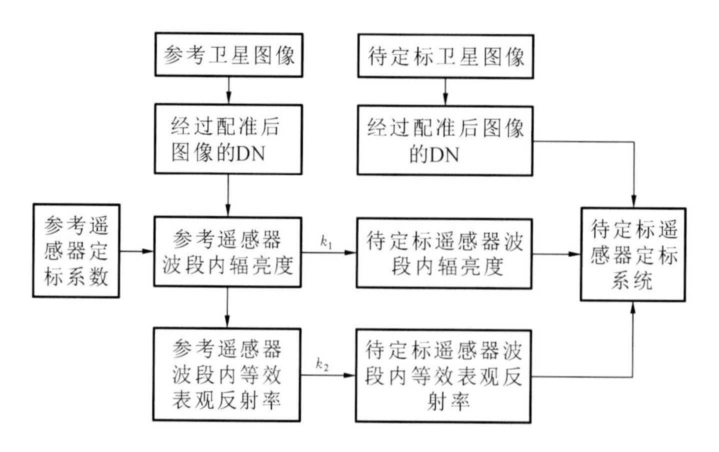

图 6.15　光谱匹配交叉辐射定标流程图

3. 基于辐射传输模型的交叉辐射定标

该方法充分考虑了观测几何、大气条件对定标结果的影响，根据参考卫星遥感器的大气参数和定标参数，利用大气辐射传输模型可以计算得到参考卫星遥感器观测方向上参考场的等效波段内的反射率，经过场地的双向反射分布函数(bidireotional reflectance distribution fuction，BRDF)特性校正，得到待定标卫星观测方向上相应观测参考场的等效波段内反射率，再结合待定标卫星遥感器的大气参数、几何参数利用大气辐射传输模型得到待定标卫星遥感器的表观反射率和入瞳辐亮度，并结合待定标卫星图像观测场内的平均 DN 计算得到待定标卫星的定标系数。基于辐射传输模型的交叉辐射定标流程如图 6.16 所示。

4. 高光谱卷积法(high spectral convolution，HSC)

该方法利用定标精度高且稳定的高光谱数据与待定标传感器波段的光谱响应函数进行卷积，在同时间、同地点和同观测角度的条件下，利用卷积值结合待定标传感器图像的 DN 进行回归分析，实现定标系数的求解。

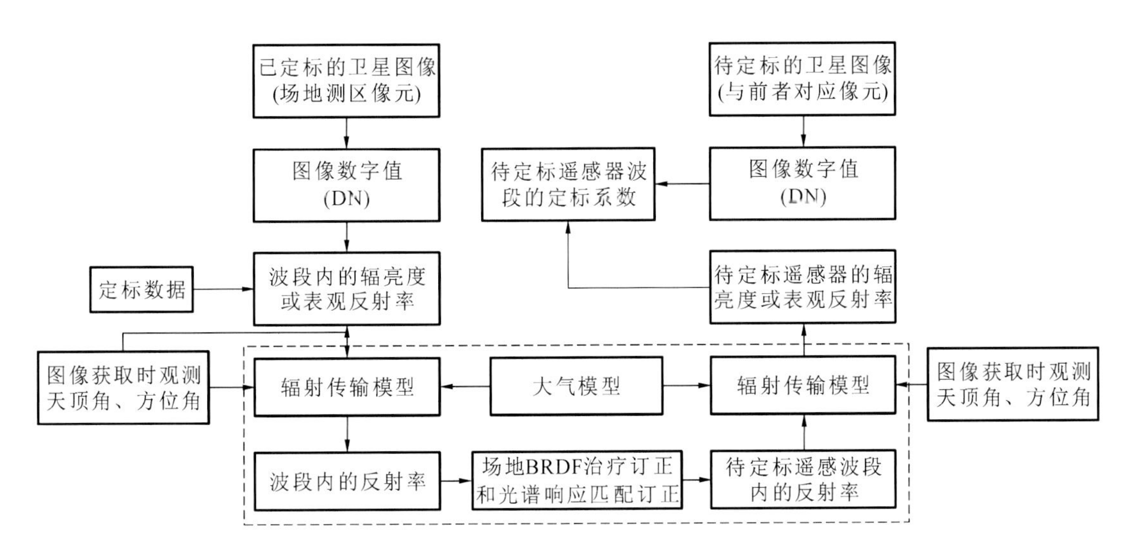

图 6.16　基于辐射传输模型的交叉辐射定标流程图

6.1.6　基于数据的辐射定标

当实验室辐射定标系数或机上/星上辐射定标系数失效时，或者其精度无法满足高光谱遥感数据进一步处理与应用要求时，就经常依靠数据自身信息再次进行辐射定标。一般来说，依靠数据自身信息较容易实现的主要是相对辐射定标。在这里我们以推帚式高光谱成像仪为例，对反射谱段(可见近红外、短波红外)和发射谱段(热红外)分别做介绍。

6.1.6.1　反射谱段辐射定标

对于推帚式高光谱传感器往往会出现非均匀性问题，出现图像非均匀性的原因主要在于焦平面传感器探元阵列响应存在不一致性。另外，在相机通光口出现的毛刺、灰尘或冷凝的水汽等也会造成图像差出现非均匀性，对于一个响应为线性的传感器来说，非均匀性校正通常包含一个乘性噪声和一个加性噪声；而对于响应非均匀的传感器来说，就需要高阶的因子进行校正了。一般来说，传感器的响应随着光强度的增强呈线性变化。传感器的加性因子主要是系统暗电流，在实际测量过程中关闭传感器的通光口，获取的均匀数据就可以当作系统暗电流，也就是校正过程中的加性因子。高光谱遥感数据的相对辐射定标主要就是消除其非均匀性。高光谱遥感数据常用的相对辐射定标方法主要有均值法、中值比值法和光谱空间中值比值法。

6.1.6.2　发射谱段辐射定标

热红外高光谱成像仪一般采用高低温黑体进行相对辐射定标，不像反射谱段高光谱成像仪，具有准确的暗电流。因此，一些适用于反射谱段高光谱遥感数据的相对辐射定标方法并不适用于热红外高光谱遥感数据。常用于热红外高光谱遥感数据的相对辐射定标方法主要有矩匹配法和一系列的以矩匹配法为基础的改进方法。

6.2 光谱定标

高光谱遥感因为波段多、光谱分辨率高等特点，对波长的定标要求比较严格(童庆禧等，2006)。光谱定标主要用于确定光谱仪各个波段的光谱响应函数，即确定探测器各个像元对于不同波长光的响应，进而确定各波段的中心波长、光谱分辨率等。由于光谱响应函数是遥感器把接收到的地物辐射量转换到遥感信号的关键参数，是定量遥感实现“定量”的前提和基础，因此光谱定标的精度会影响遥感定量化应用的精度。与辐射定标一样，光谱定标也分为实验室光谱定标和机上/星上光谱定标等方式。

6.2.1 实验室光谱定标

6.2.1.1 波长扫描法

波长扫描法一般需要光源、平行光管等设备，通过调整光源的扫描步长，在仪器的光谱范围内进行扫描，根据响应输出值，通过合适的数据处理方法进行分析，得到最终的中心波长等定标结果。

1.单色平行光定标方法

单色平行光定标方法一般采用单色仪和平行光管的组合方式。它利用连续输出的单色准直光单色仪以一定的扫描步长在仪器的光谱范围进行扫描，高光谱成像仪连续记录输出数据及其相对应的波长，可得到每一个像元的波长-DN 曲线，这是一个近似于高斯曲线的波形，对其进行高斯拟合，就可以求出每个通道光谱分辨率和中心波长(王建宇 等，2011)。该方法可同时实现光谱分辨率和中心波长的标定，具有定标精度高、实用性强等优点(刘倩倩 等，2012)，其原理图如图 6.17 所示。

图 6.17 单色平行光定标方法原理图

很多高光谱传感器都利用这种方式进行光谱定标，如 AVIRIS(Vane et al.,1987)、Hyperion(Pearlman et al.,2000)、COMPASS(Zadnik et al.,2004)、PHI(Shu et al.,2004)等。AVIRIS 和 PHI 定标方法原理如图 6.18 和图 6.19 所示。它们的光谱定标系统的光源一般为卤钨灯光源，将其放置在单色仪入口处，调整单色仪出入口尺寸并放置于平行光管的前焦面上，调节平行光管，使其充满仪器入瞳。通过单色仪控制器扫描步长，一般为 1 nm，选择若干个光谱谱段，计算机采集定标数据并记录特定光谱谱段的响应输出值，画出某个光谱谱段波长与响应输出值之间的关系图，进而标定仪器每个像元的中心波长和半高宽，通过谱段与相应中心波长值的关系图，用最小二乘拟合的方法推测其他未测谱段的中心波长。AVIRIS 光谱定标的最大偏差为 2.1 nm。

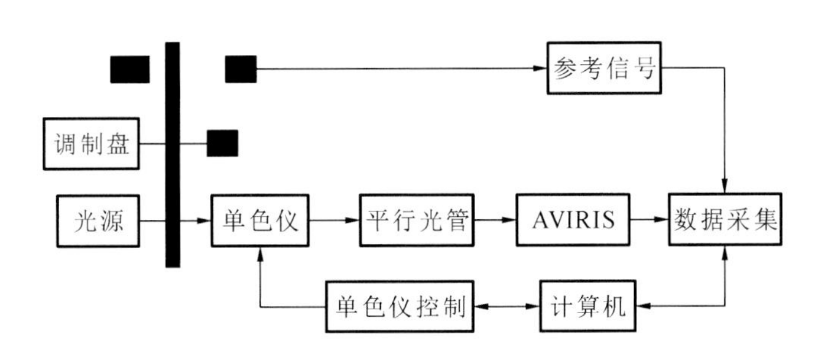

图 6.18 AVIRIS 定标方法原理图

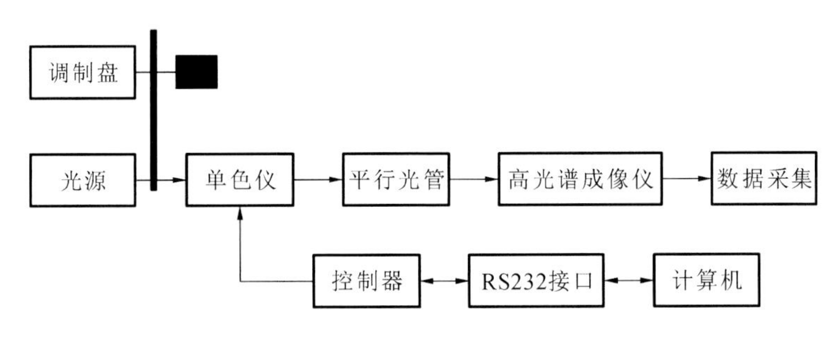

图 6.19 PHI 定标方法原理图

虽然单色平行光定标方法可以同时实现高精度标定宽光谱范围的中心波长和光谱分辨率，但是单色仪出缝可能会造成出射单色平行光不均匀，从而引起定标结果的误差。因此在有些光谱定标中，会对单色仪出射光进行匀光措施(Zadnik et al.,2004)，Hyperion 传感器在离轴抛物面镜的焦点上使用一块漫反射板进行匀光(图 6.20)。COMPASS 使用聚碳酸酯全息漫反射立方体(类似积分球)对单色仪出射的光束进行匀光，但是经过匀光后的信号会变弱，能量也会降低，而目前探测器的响应度和探测器的图像处理水平还有限，高光谱成像仪本身信噪比也不高，因而对光谱定标造成一定的困难。

2. 激光器光谱定标方法

随着可调谐激光器技术的发展，可调谐激光器在光谱定标领域得到了广泛的应用。可

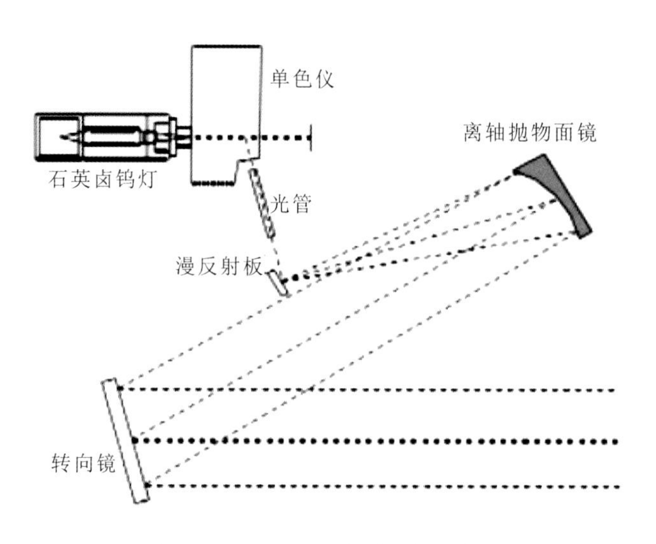

图 6.20　Hyperion 光谱定标示意图

调谐激光器具有在连续调谐范围内进行窄线扫描的特点(Anderson et al,,1992)。在光谱定标过程中,可以使激光器在一定范围内改变输出激光的波长,根据探测器在特定光谱谱段的响应输出值,利用相应数据处理算法对定标数据进行分析处理。激光器光谱定标主要由可调谐激光器、波长计、平行光管和积分球等组成。将激光器的波长调谐到待定标仪器波长范围内的特定波长,当激光器发出的激光达到稳定状态时,调节激光器输出不同的波长值,最后通过采集多幅光谱图完成光谱定标。

NASA 的第一颗天基二氧化碳观测专用卫星 OCO 使用这种光谱定标方法对其定标(Crisp et al.,2005)。采用对应光谱通道的 3 个瞬时线宽均小于 1 mHz 可调谐二极管激光器,并在激光器后放置旋转的毛玻璃消除激光散斑影响。激光器发出的激光经过光纤传输一部分进入波长计用来实时监测激光的波长,而其余部分的光则照射在位于平行光管前焦距上的积分球上,经过积分球进行匀光之后的激光经过平行光管均匀地充满真空罐内探测器的入瞳,经过可调谐激光器每次扫描,探测器得到相应的光谱响应曲线。其原理如图 6.21 所示。

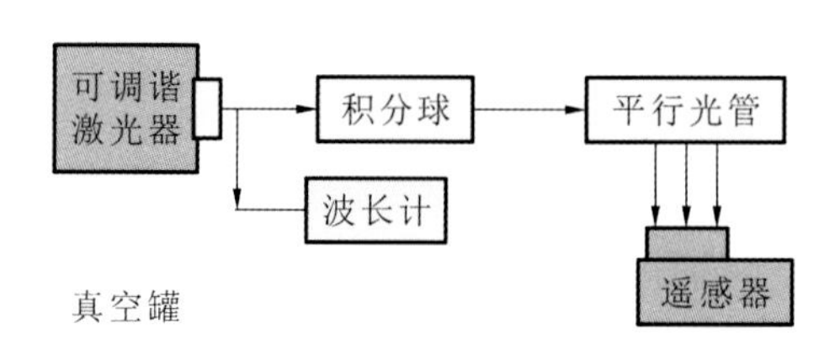

图 6.21　激光器光谱定标原理

激光的光强可以通过探测器在任何时间内的采样叠加得到,并通过对采集到的信号在采样时间内进行平均，从而消除激光信号浮动对采集信号的影响，提高仪器的信噪比。实验中可以通过激光扫描得到部分像元的光谱响应函数，然后根据各像元之间光谱响应函数的规律性变化确定所有像元的光谱特征参数(Day et al.，2011)。

可调谐激光器可以窄线宽扫描，所以与单色准直光相比可调谐激光器光谱定标法可以实现更高精度中心波长和更高光谱分辨率的标定，但是采用可调谐激光器进行光谱定标时，在探测器的光谱范围内不能同时得到多条谱线，一次性完成定标工作。另外，激光器波长不稳定等随机因素也会对定标结果造成一定的影响。

3.热红外高光谱成像仪光谱定标

目前针对热红外高光谱成像仪的光谱定标系统还很少，多光谱定标系统的定标精度目前还无法完全适用于热红外高光谱成像仪的定标需求。碳硅棒可以发出稳定的热红外辐射，发光谱段范围广，可覆盖整个热红外波段，常作为热红外传感器光谱定标的光源。红外激光器所发出的光单色性强，光谱分辨率高，波长位置稳定，可以用于热红外高光谱成像仪的光谱位置的精确标定。因此，可以将碳硅棒作为热红外高光谱成像仪的辐射光源，用波长扫描法进行光谱定标，获得各个波段的光谱响应函数，再以波长可调式 CO_2 激光器作为光源，根据波长可调式 CO_2 激光器特征波长进行光谱位置的绝对定标(刘成玉 等，2015)。

该定标方法的工作原理是，硅碳棒发出热红外辐射经过聚焦镜、反射镜及第一扩束镜形成平行光，进入响应范围为 8～14 μm 热红外波段的单色仪分光之后，出射高光谱分辨率(小于 1 nm)的热红外辐射，再经过第二扩束镜，最终到达热红外高光谱成像仪，经计算机记录，获得各个波段的光谱响应函数。再以波长可调式 CO_2 激光器发出单色的热红外辐射经过聚焦镜、反射镜及第一扩束镜形成平行光，进入单色仪分光之后再经过第二扩束镜，最终到达热红外高光谱成像仪，并通过计算机记录。改变波长可调式 CO_2 激光器的出射波长，如此循环，实现热红外高光谱成像仪的光谱绝对定标。

4.高光谱成像仪光谱自动定标方法

高光谱成像系统波段比较多，手动对每个波段进行定标，工作量较大，而且时间较长，系统参数在这个过程中可能已经发生变化。因此可以对高光谱成像仪添加自动定标装置，以简化光谱系统定标工作(林颖 等，2010)。自动定标装置包括定标光源、光谱仪、控制电路、数据采集电子学系统以及计算机控制和绘图软件等。定标光源采用可控的高精度稳流电源供电，光源亮度软件可控。光谱仪由一个出射狭缝、自校正结构、被测体统对应的特定波长的光栅、步进电机及准直光学系统组成。控制电路完成步进电机驱动控制、光源亮度控制以及自校正机构控制功能。数据采集电子学系统采用通用的 USB 采集卡采集被测系统探测器输出的光谱数据。计算机控制及绘图软件用于配置控制电路参数，并且显示经过处理后的被测系统光谱曲线。

这种方法可以对高光谱成像仪进行自动光谱定标，用户只需要设置好参数，整个定标过程自动完成并且只需要几分钟时间。同时，其包含自校正功能，可去除定标过程中背景杂光的影响，使定标结果更加精准。

6.2.1.2 特征光谱定标法

与波长扫描法不同，特征光谱定标法基于普贤匹配思想，通过特定物质的光谱曲线的吸收峰来定标，这种方法主要是针对采用线阵列或面阵探测器来获得连续光谱曲线的光谱探测系统。用高光谱成像仪采集具有已知特征光谱的面光源(如以卤素灯为光源的积分球或者掺杂了特定物质的标准灰板)的光谱曲线，与已知的光谱曲线相对比，获得特定光谱波峰或者波谷的位置，从而得到高光谱成像仪某些通道的中心波长及某些光谱波段的采样间隔。

1. 气体发射光谱灯法

气体发射光谱灯法使用气体发射光谱灯照明漫反射板，高光谱成像仪对准漫反射板，每次几秒，多次采集数据(32 次或更多次)，对采集到数据取平均值，得到一帧有每个位置的光谱数据的图像。这些数据有每种灯的发射光谱信息，这些发射光谱灯的数据可以在很多资料中找到，通过对比采集到的数据和参考资料中的数据，就可以得到通道中心波长和通道数之间的关系。便携弱光高光谱成像仪 PHILLS(Davis et al.，2002)就是用气体发射光谱灯特征谱线进行光谱定标的。

2. 气体吸收池光谱定标技术

气体吸收池一般用于高分辨率温室气体探测遥感器的光谱定标，它是基于大气分子特征吸收谱线，具有高精确度的一种高分辨率光谱定标方法。由于气体分子吸收谱线极其狭窄，远小于探测器的光谱分辨率，而且气体分子吸收光谱资料很容易通过有关数据库获取，则利用气体分子吸收光谱数据库中的相关气体吸收谱线信息可以精确标定探测器各个谱段的中心波长。温室气体探测器 TANSO-FTS(Hamazaki et al.，2004)采用气体吸收池法实现精确标定探测器的光谱特性。气体吸收池光谱定标法需要采用的定标装置包括光源、平行光管和气体池等。光谱定标过程中，光源发出的光经过平行光管准直为一束平行光，然后平行光从入射光口耦合进入气体吸收池中，光经过具有一定光程的吸收池内部气体的吸收，最后从气体池出射光口出射的光变为带有定标气体特征吸收谱线的平行光。出射平行光被探测器所接收得到一个光谱响应曲线，然后根据已知的气体分子吸收库的数据(例如 HITRAN 数据库等)，通过模拟计算出吸收谱线。把通过模拟计算出吸收谱线与实际测量得到的光谱曲线进行匹配，确定探测器的中心波长，实现高分辨率光谱定标。

6.2.2 机上/星上光谱定标

高光谱成像仪在运输、发射的过程中，由于振动、失重、温度和压强等外界环境因素，不可避免地会影响仪器的光机结构参数，另外，仪器在轨运行期间，自身性能也会逐渐衰减，光谱通道中心波长和带宽可能发生变化，会降低遥感数据产品的可靠性和稳定性。因此除了实验室定标外，还需要对光谱仪进行机上/星上定标，主要是单色仪定标法和特征光谱定标法。

6.2.2.1 单色仪定标法

为高光谱成像仪配置专用的星上光谱定标单色仪，典型的有 NOAA 卫星上搭载的太阳后向散射紫外辐射计 SBUV/2(Huang et al.，2014)，Terra 和 Aqua 平台上的中分辨率高光谱成像仪 MODIS(Xiong et al.，2003)，以及国内 FY-3A 气象卫星的有效载荷紫外臭氧垂直探测仪 SBUS(夏志伟 等，2015)。

MODIS 自带的星上单色仪属于光谱辐射定标装置 SRCA(spectro-radiometric calibration assembly)，SRCA 本身属于一台独立的星上多功能仪器。它具有三种工作模式：穿轨和沿轨方向的 MTF 测试、光谱定标以及辐射定标。SRCA 主要由积分球光源、滤光轮、单色仪系统和卡塞格林扩束装置组成，积分球直径为 25.4 mm，内嵌 6 只灯泡，灯源总功率 42 W，能够满足太阳反射波段各个光谱通道的能量需求。光源穿过滤光轮，滤光片选择性透过目标谱段，然后会聚于单色仪入射狭缝处，指令控制单色仪对目标谱段完成波长扫描。单色仪的出光孔与卡塞格林焦点位置重合，扩束后经过 45°反射镜中转被 MODIS 扫描镜接收。

6.2.2.2 特征光谱定标法

与实验室定标中特征光谱定标思想一样，利用元素能级的发射和吸收特性，使辐射源在光谱维方向生成波长已知的特征峰，这些特征峰属于光源固有属性，其波长位置不会随外界条件发生变化。典型的有位于 430 nm、517 nm、854 nm 等位置的太阳夫琅和费特征谱线，大气氧气 760 nm 吸收峰，水汽吸收峰 590 nm、700 nm、725 nm、820 nm、940 nm 等。利用这一特性，测量高光谱成像仪焦面探测器光谱维方向特征谱线的位置，通过匹配算法，计算各个光谱通道的中心波长，实现在轨光谱检验与再定标。

1. 谱线灯光谱定标技术

由于太阳大气组成的光源系统特征谱线数量有限，为了使光谱定标更加全面，星上定标系统可以增加特征谱线灯。谱线灯光谱定标技术一般采用谱线灯和漫射板(漫反射板或漫透射板)进行光谱定标。元素谱线灯是指能够发出特定波长光谱的各种不同气体或金属蒸气的蒸气放电灯，其准确的谱线信息可以从美国国家标准与技术研究院(National Institute of Standards and Technology，NIST)的元素光谱灯发射谱线数据库查到。根据遥感仪器的探测波段，选择在该波段内至少拥有两条以上发射谱线的元素光谱灯进行光谱定标。其原理如图 6.22 所示。实验装置中把漫透射板放在谱线灯和待标定仪器之间，以保证谱线灯发出的光能均匀地充满遥感器的入瞳。

采用光谱灯进行光谱定标时，首先点燃谱线灯使之稳定十几分钟后再进行测量。通过光谱定标灯提供的若干条已知波长的谱线照射，遥感器的 CCD 探测器会输出“像元序号-响应信号”光谱图，并通过计算机对测量数据进行记录并处理谱线灯光谱定标输出数据。数据处理主要包括数据的预处理、寻峰、峰位-波长配对以及回归分析。在对输出数据进行暗信

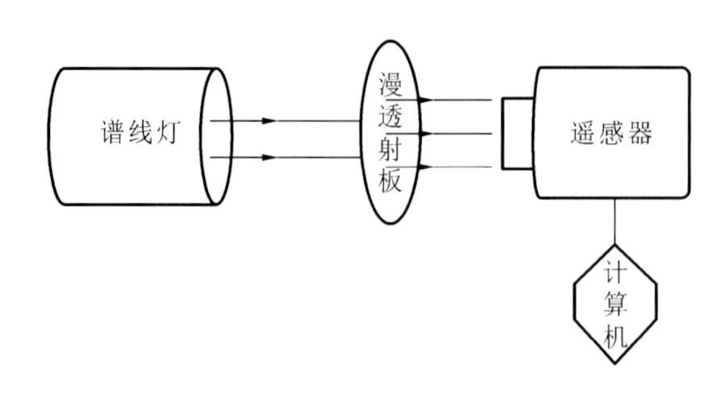

图 6.22　谱线灯光谱定标原理图

号校正等预处理后，通过寻峰处理找到光谱灯谱线对应的 CCD 像元序号，包括峰的提取、筛选与定位，然后将峰位和波长进行配对，最后采用数理统计中的回归分析找出像元序号与波长之间合适的相关关系函数表达式，建立光谱 CCD 像元位置与其波长值关系的多项式定标函数，得到仪器的光谱定标方程，从而完成像元中心波长的定标。

光谱定标要求所选择的谱线灯能够发射出待定标仪器波长范围内的谱线，且谱线数量足够、分布均匀；谱线的波长不确定度小，带宽小于待定标仪器的带宽的 1/10；谱线的强度足够，且相差不大；能够通过调整仪器积分时间，使探测器既不饱和又具有较高的信噪比。

谱线灯光谱定标结构简单、易操作，但是 NIST 所给出波长的不确定度、定标灯的稳定性、采用算法的不确定度、谱峰定位的不确定度以及回归过程的不确定度等；同时定标灯谱线的带宽与当前高光谱分辨率温室气体探测遥感探测器的光谱带宽相比较宽。这些因素都限制了该技术在高分辨率光谱定标方面的应用。

大气痕量气体扫描高光谱成像仪 SCIAMACHY 内置空心阴极谱线灯用于星上光谱辐射定标。发射前，首先在实验室采用外置光谱灯与内置空心阴极灯对探测器像元中心波长定标结果进行比较校准。实验结果表明，内置空心阴极灯光谱定标时会受到仪器内部其他光路系统的遮挡，使得使用内置谱线灯标定中心波长的位置与采用外置光谱灯标定中心波长的位置偏移 0.07 nm，通过比较两次光谱定标的谱线线形对内置光源定标结果数据表进行校正。SCIAMACHY 在轨进行谱线灯星上光谱定标时，把其作为不确定因素，并且通过 Falk 算法得到谱线的像元位置，最后根据实际与理论计算谱线位置拟合推演各谱段准确的中心波长，从而精确监测探测器中心波长的稳定性。

2. 掺杂稀土元素漫反射板定标法

其定标过程(Hedman et al.,2000)：首先，在高光谱成像仪的视场中插入一块在相关光谱区反射比大致为 100% 的聚四氟乙烯(PTFE)板，用石英卤钨灯照射该板，使来自该板的辐射充满光谱仪的视场，记录下光谱仪产生的图像。然后，将 PTFE 板移开，并用一块掺有一种稀土元素如氧化钬、氧化镝、氧化铒或其他掺杂物的 PTFE 板取代它；掺杂物可在已确切知道波长间隔和吸收谱线宽度的反射光谱中产生许多明晰的吸收特征、存储图像。最后，将两次相应图像进行比较，便可实现光谱定标。2000 年发射的 EO-1 上的高光谱成像仪载荷 Hyperion 就采用了掺杂漫反射板法标定探测器像元的中心波长。利用掺杂稀土元素的特征谱线进行光谱定标时，首先使光源照射到一块光谱反射比基本为 100% 的 PTFE 板上，该板反射的辐射充满探测器的视场并记录下数据；然后，将该聚四氟乙烯板移开并用一块掺有一种稀土元素的 PTFE 板取代，两帧数据对应的比值去除了探测器光谱响应和光源光谱输出的影响，再将测得的比值去除系统的参数模型的影响；最后与掺有稀土元素平板的光谱曲线做最小方差拟合，便可以得到探测器每个像元的中心波长值。欧空局环境卫星搭载的遥感器 MERIS(Ramon et al.，2003)采用掺杂稀土元素的漫反射板进行光谱定标时，MERIS 分别对准掺杂稀土元素的漫反射板和光谱反射率接近 100%的漫反射板，通过二者数据的比较对 MERIS 进行光谱定标。其定标结构及工作原理如图 6.23 所示。

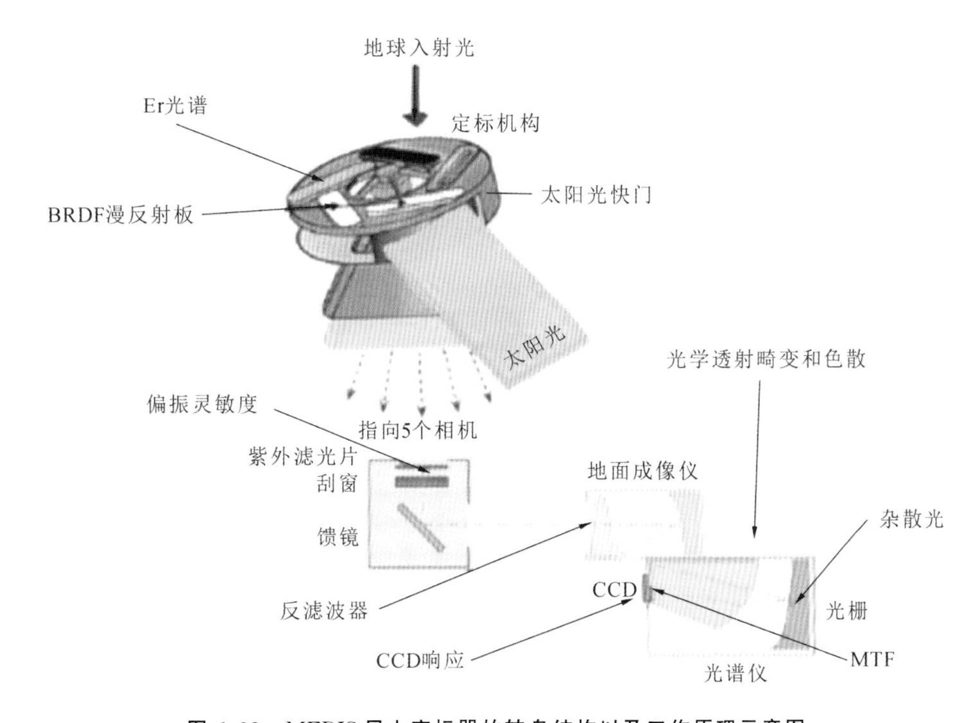

图 6.23　MERIS 星上定标器的转盘结构以及工作原理示意图

6.2.3　基于场景的光谱漂移校正

传感器成像环境变化引起的光电器件变形、机械振动而导致的光电元件错位以及光电元件本身的日久老化，使得传感器每个波段的中心波长和半高全宽(full width at half maximum，FWHM)随成像环境变化而发生较大的系统性漂移。因此，实验室光谱定标所获取的中心波长和半高全宽并不能完全代表航空遥感数据获取时传感器的中心波长和半高全宽(Kaiser，2000)。传感器各个波段的中心波长极容易受到光电器件变形和机械振动的影响而产生偏移，进而影响发射率和温度的反演精度，尤其是在大气吸收波段附近的发射率反演精度，它很容易受到中心波长偏移的影响。高光谱一般带宽较窄，波段内中心波长的偏移会对光学遥感器的辐射定标精度产生较大影响。

基于场景的热红外高光谱数据光谱定标主要包括超高分辨率入瞳辐亮度光谱模拟、入瞳辐亮度光谱模拟、归一化光学厚度导数(normalized optical depth derivative，NODD)变换、最优中心波长偏移($\delta\lambda_i$)与 FWHM 变化($\delta\Delta\lambda_i$)求解等过程(图 6.24)。首先，将数据获取时的大气参数、成像参数输入 MODTRAN 大气辐射传输模拟软件，得到模拟的超高分辨率入瞳辐亮度光谱。然后，按调整后的中心波长($\lambda_i+\delta\lambda_i$)和 FWHM($\Delta\lambda_i+\delta\Delta\lambda_i$)对超高分辨率入瞳辐亮度光谱进行卷积运算，得到模拟的入瞳辐亮度光谱。选择模拟的大气吸收波段及其附近入瞳辐亮度光谱与测量的辐亮度光谱进行比较，通过最优化算法得到最优的 $\delta\lambda_i$ 和 $\delta\Delta\lambda_i$。

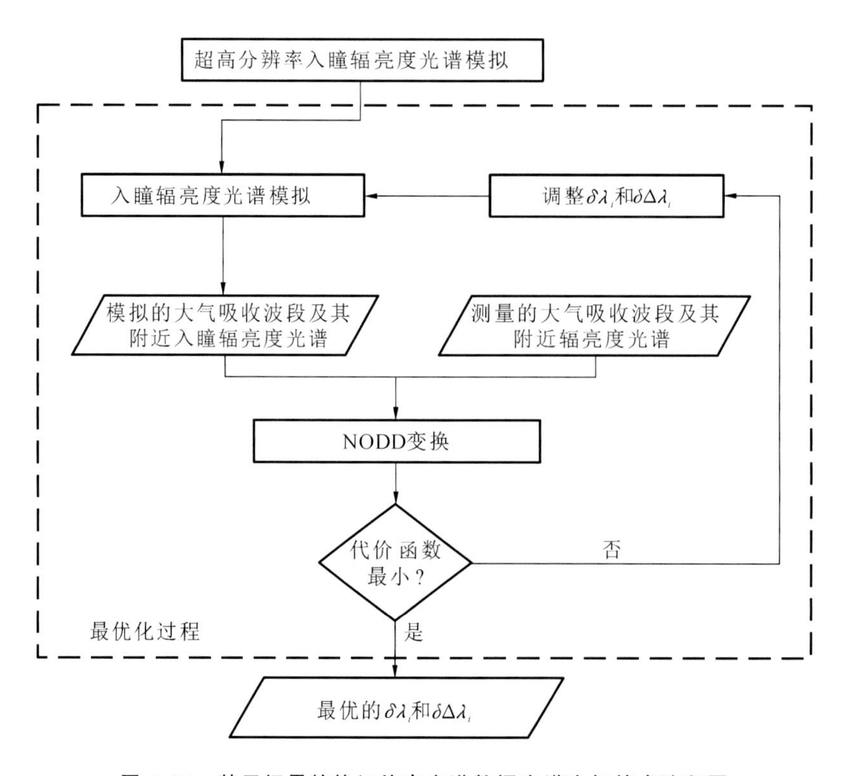

图 6.24　基于场景的热红外高光谱数据光谱定标技术流程图

6.3　几何校正

遥感影像几何校正的目的就是要纠正遥感影像中由系统以及非系统性因素引起的图像

变形，并将遥感影像数据转换到标准的地理空间之中，使影像具有空间属性。不论以何种方式成像，均需通过成像模型建立地面点坐标与对应图像像平面坐标间的转换关系，这里主要涉及传感器坐标系和地面坐标系（主要指地心坐标系）。遥感成像的几何模型有多种，主要分为以下两类。

(1)严格成像模型：考虑成像过程的物理意义，它利用成像传感器位置和姿态等成像物理参数来描述成像关系，每个参数都有物理意义并彼此相互独立，其理论上是严密的，故被称为严格成像模型。

(2)通用成像模型：不考虑成像传感器的物理因素，它采用有理函数或多项式形式利用控制点来拟合地面点和对应像点的几何转换关系，其理论上不甚严密，故也被称为广义拟合成像模型。

6.3.1 严格成像模型

以共线约束为基础建立的成像模型是一种典型的严格成像模型，直接描述了成像空间的几何形态，对地面点的定位精度较高。以此模型表达地面点与像点之间的关系需已知较完整的传感器成像参数，可由下式表示：

$$\begin{cases} x = g_x(f, X, Y, Z, X_S, Y_S, Z_S, \varphi, \omega, \kappa) \\ y = g_y(f, X, Y, Z, X_S, Y_S, Z_S, \varphi, \omega, \kappa) \end{cases} \tag{6.4}$$

其中，f 为成像焦距；(x, y)为像平面坐标；(X, Y, Z)为地面点坐标；$(X_S, Y_S, Z_S, \varphi, \omega, \kappa)$为传感器成像参数。

根据摄影测量学原理，中心投影图像的成像几何关系可用共线方程来表达，式(6.4)也可以表示为

$$\begin{cases} x = -f\dfrac{a_1(X-X_S)+b_1(Y-Y_S)+c_1(Z-Z_S)}{a_3(X-X_S)+b_3(Y-Y_S)+c_3(Z-Z_S)} \\ y = -f\dfrac{a_2(X-X_S)+b_2(Y-Y_S)+c_2(Z-Z_S)}{a_3(X-X_S)+b_3(Y-Y_S)+c_3(Z-Z_S)} \end{cases} \tag{6.5}$$

其中，$(a_1, b_1, c_1, a_2, b_2, c_2, a_3, b_3, c_3)$是由外方位角元素$(\varphi, \omega, \kappa)$组成的旋转矩阵参数。

进一步简化得到共线方程：

$$\begin{bmatrix} X-X_S \\ Y-Y_S \\ Z-Z_S \end{bmatrix} = \lambda \boldsymbol{M} \begin{bmatrix} x \\ y \\ -f \end{bmatrix} \tag{6.6}$$

其中，$\boldsymbol{\lambda}$ 是摄影比例尺；$\boldsymbol{M}$ 是旋转矩阵，即不同坐标转换的旋转矩阵。以 Y 轴为主轴的 φ-ω-κ 旋转矩阵可表示为

$$\boldsymbol{M} = \begin{bmatrix} \cos\varphi\cos\kappa - \sin\varphi\sin\omega\sin\kappa & -\cos\varphi\sin\kappa - \sin\varphi\sin\omega\cos\kappa & -\sin\varphi\cos\kappa \\ \cos\omega\sin\kappa & \cos\omega\cos\kappa & -\sin\omega \\ \sin\varphi\cos\kappa + \cos\varphi\sin\omega\sin\kappa & -\sin\varphi\sin\kappa + \cos\varphi\sin\omega\cos\kappa & \cos\varphi\cos\kappa \end{bmatrix} \tag{6.7}$$

任何成像传感器的成像过程都可用一系列点的坐标转换进行描述，根据成像平台和测试系统不同，在做系统转换过程中分为星载坐标系统转换和机载坐标系统转换，下面分别介绍会用到的一系列坐标系统。

6.3.1.1 星载坐标系统及严格成像模型构建

1. 瞬时影像(insimage)坐标系

瞬时影像坐标系以影像上每条扫描线的中点为原点，沿着扫描线方向为 Y 轴，垂直于扫描线方向即卫星运行方向为 X 轴。对于线阵扫描成像传感器，在瞬时影像坐标系中，每条扫描线像元的 $x=0$，y 的值由像元大小及像元位置确定。

2. 影像(image)坐标系

影像坐标系以影像的左上角为原点，沿着扫描线方向为 Y 轴，沿着卫星运行方向为 X 轴。在影像坐标系中，x 坐标的值可根据影像的行数和每行影像的成像时间计算得到。

3. 传感器(sensor)坐标系

传感器坐标系的原点在线阵投影中心，Y 轴平行于扫描行方向，X 轴垂直于扫描行指向线阵列推扫方向，Z 轴按照右手法则确定。

4. 本体(body)坐标系

本体坐标系是以卫星的质心为原点，三个坐标轴由卫星姿态控制系统来定义，一般取卫星的三个主惯量轴，又称为主轴坐标系。Y 轴与卫星横轴一致，X 轴沿着纵轴指向卫星飞行方向，Z 轴按照右手法则确定。

5. 轨道(orbit)坐标系

轨道坐标系的原点在卫星的质心，以卫星轨道平面为坐标平面。Z 轴方向由地心指向卫星质心，X 轴在轨道平面内与 Z 轴垂直并指向卫星运行方向，Y 轴按右手法则确定。

6. 协议天球坐标系(conventional inertial system，CIS)

其简称空固系，是用来描述卫星在其轨道上的运动，通常卫星星历的计算基于该坐标系，它是轨道坐标系中的一种。其原点为地球质心，Z 轴指向天球的北极，X 轴指向春分点，Y 轴则按照右手法则确定。其一般采用国际大地测量协会和国际天文学联合会会议于 1984 年启用的协议天球坐标系 J2000。

7. 协议地球坐标系(conventional terrestrial system，CTS)

其一般是用来描述地面点位置和卫星监测结果，坐标系 Z 轴指向国际协议原点，与之相对应的地球赤道面称为平赤道面或协议赤道面，X 轴指向协议赤道面与格林尼治子午线的交点，Y 轴按右手法则确定，卫星严格成像模型中的物方坐标系一般采用协议地球坐标系，如 WGS84 坐标系。

星载线阵列 CCD 传感器严格成像模型是以共线条件方程为依据，根据传感器几何成像特性，通过一系列坐标转换建立卫星影像像点坐标与相应地面点坐标的正确关系，主要经过如图 6.25 所示的过程。

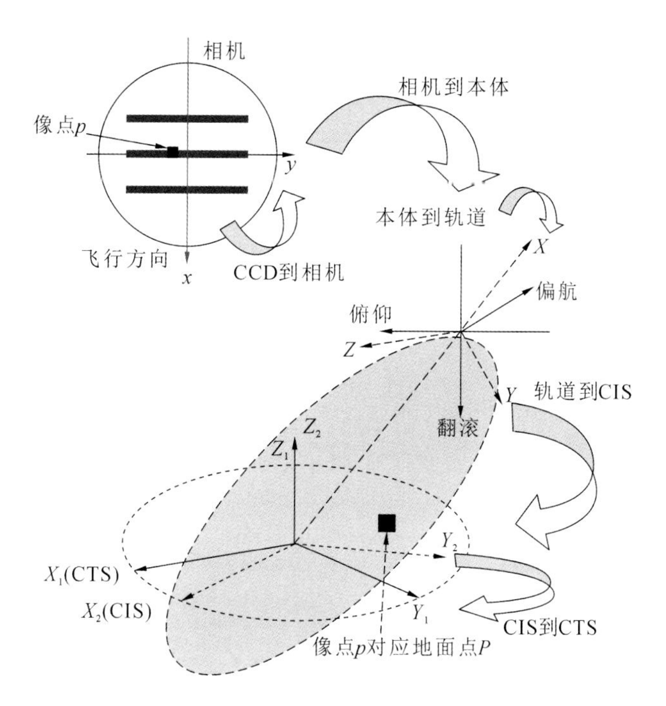

图 6.25 星载线阵列 CCD 传感器严格成像模型坐标示意图

因此，

$$\boldsymbol{M} = \boldsymbol{C}_{\mathrm{CIS}}^{\mathrm{CTS}} \boldsymbol{C}_{\mathrm{orbit}}^{\mathrm{CIS}} \boldsymbol{C}_{\mathrm{body}}^{\mathrm{orbit}} C_{\mathrm{sensor}}^{\mathrm{body}} \tag{6.8}$$

其中，$\boldsymbol{C}_{\mathrm{sensor}}^{\mathrm{body}}$代表传感器坐标系到本体坐标系转换关系矩阵，$\boldsymbol{C}_{\mathrm{body}}^{\mathrm{orbit}}$代表本体坐标系到轨道坐标系转换关系矩阵，$\boldsymbol{C}_{\mathrm{orbit}}^{\mathrm{CIS}}$代表轨道坐标系到协议天球坐标系转换关系矩阵，$\boldsymbol{C}_{\mathrm{CIS}}^{\mathrm{CTS}}$代表协议天球坐标系到协议地球坐标系转换关系矩阵。

6.3.1.2 机载坐标系统及严格成像模型构建

1. 像空间坐标系(i 系)

像空间坐标系是以摄影中心 S 为坐标原点，沿飞行方向为 Y 轴，垂直于飞行方向为 X 轴，Z 轴与主光轴重合，形成像空间右手坐标系。

2. 传感器坐标系(c 系)

传感器坐标系的原点位于传感器的投影中心，X 轴指向飞行方向，Y 轴平行于 CCD 阵列方向，Z 轴向上，Y 轴与 X、Z 轴构成右手坐标系，可将其看作是摄影测量中的像空间坐标系。

3. 惯性测量单元(inertial measurement unit，IMU)载体坐标系(b 系)

载体坐标系有不同的定义方法，本文采用的载体坐标系的原点位于 IMU 的几何中心，坐标轴为 IMU 的三个惯性轴。

4. 导航坐标系(n 系)

导航坐标系又称为当地水平坐标系，是以地球椭球面、法线为基准面和基准线建立的局部空间直角坐标系。其原点位于飞行器中心，X 轴沿参考椭球子午圈方向并指向北，Y 轴沿参考椭球卯酉圈方向并指向东，Z 轴沿法线方向并指向天底，又称北东地坐标系。

5. 地心地固坐标系（E 系）

其定义同星载坐标系统的地心地固坐标系。

6. 测图坐标系（m 系）

测图坐标系是用户定义的局部右手坐标系，可将其看作摄影测量中的地辅坐标系。原点一般位于测区中央某点上，Z 轴沿法线方向指向椭球外，Y 轴在大地子午面内与 Z 轴正交且指向北方向，X 轴与 Y、Z 轴构成右手坐标系统。

因此，

$$\boldsymbol{M} = \boldsymbol{C}_{\mathrm{E}}^{\mathrm{m}}\boldsymbol{C}_{\mathrm{n}}^{\mathrm{E}}\boldsymbol{C}_{\mathrm{b}}^{\mathrm{n}}\boldsymbol{C}_{\mathrm{c}}^{\mathrm{b}}\boldsymbol{C}_{\mathrm{i}}^{\mathrm{c}} \tag{6.9}$$

其中，$\boldsymbol{C}_{\mathrm{E}}^{\mathrm{m}}$ 是成图坐标系到地心坐标系旋转矩阵，$\boldsymbol{C}_{\mathrm{n}}^{\mathrm{E}}$ 是地心坐标系到导航坐标系旋转矩阵；$\boldsymbol{C}_{\mathrm{b}}^{\mathrm{n}}$ 是导航坐标系到 IMU 坐标系旋转矩阵，$\boldsymbol{C}_{\mathrm{c}}^{\mathrm{b}}$ 是 IMU 到传感器坐标系旋转矩阵，IMU 到传感器坐标系旋转矩阵通常称为安置角旋转矩阵，将安置角分解为绕 X、Y、Z 三轴旋转的三个角 r、p、h，安置角旋转矩阵计算方法如下：

$$\boldsymbol{C}_{\mathrm{c}}^{\mathrm{b}} = \begin{bmatrix} \cos p \cdot \cos h & \cos p \cdot \sin h \\ \sin r \cdot \sin p \cdot \cos h - \cos r \cdot \sin h & \sin r \cdot \sin p \cdot \sin h + \cos r \cdot \cos h \\ \cos r \cdot \sin p \cdot \cos h + \sin r \cdot \cos h & \cos r \cdot \sin p \cdot \sin h - \sin r \cdot \cos h \end{bmatrix} \tag{6.10}$$

其中，$\boldsymbol{C}_{\mathrm{i}}^{\mathrm{c}}$ 是传感器坐标系到像空间坐标系旋转矩阵，根据坐标系定义不同会略有差异。外方位元素的旋转角为

$$\begin{cases} \varphi = \arctan[-\boldsymbol{M}(1,3)/\boldsymbol{M}(1,3)] \\ \omega = \arcsin[-\boldsymbol{M}(2,3)] \\ \kappa = \arctan[\boldsymbol{M}(2,1)/\boldsymbol{M}(2,2)] \end{cases} \tag{6.11}$$

高光谱成像目前星载和机载多为推帚式或摆扫式。

推帚式传感器成像方式如图 6.26(a)所示，投影中心位于像元扫描行的中心处，内方位元素计算方式如下：

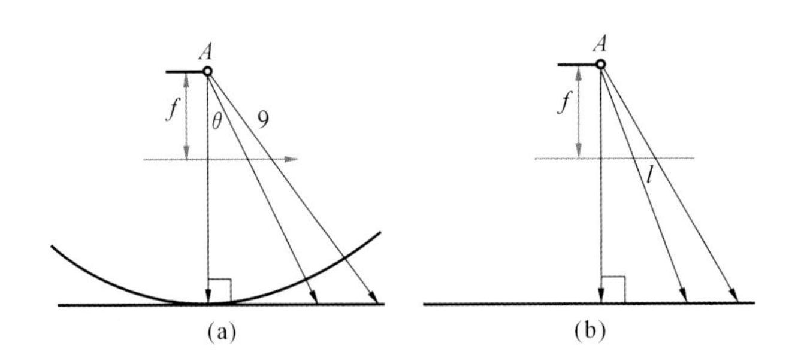

图 6.26　不同传感器成像方式

$$\begin{bmatrix} x \\ y \\ -f \end{bmatrix} = \begin{bmatrix} ns \\ 0 \\ -f \end{bmatrix} \tag{6.12}$$

式中，f 为焦距；s 表示像元尺寸；n 表示偏离中心点的位置，$n = \text{width}/2 - j$，j 表示像元编号，width 表示行像元数。

摆扫式传感器成像方式如图 6.26(b)所示，由于同一行扫描时间极短，可将其简化为行扫描方式进行计算。由于扫描线为一个切线，则内方位原始计算方式为

$$\begin{bmatrix} x \\ y \\ -f \end{bmatrix} = \begin{bmatrix} f\tan\theta \\ 0 \\ -f \end{bmatrix} \tag{6.13}$$

式中，θ 为扫描角，$\theta = n\vartheta$，ϑ 为瞬时视场角，$n = \text{width}/2 - j$，j 表示像元编号，width 表示行像元数。

传感器曝光时刻的瞬时位置(X_S, Y_S, Z_S)：

$$\begin{bmatrix} X_S \\ Y_S \\ Z_S \end{bmatrix} = \begin{bmatrix} X \\ Y \\ Z \end{bmatrix} + \boldsymbol{\lambda M} \begin{bmatrix} x \\ y \\ -f \end{bmatrix} \tag{6.14}$$

令

$$\boldsymbol{P} = \boldsymbol{\lambda M} \begin{bmatrix} x \\ y \\ -f \end{bmatrix} \tag{6.15}$$

则有

$$\begin{cases} X = X_S + (Z - Z_S) \dfrac{\boldsymbol{P}[0]}{\boldsymbol{P}[2]} \\ Y = Y_S + (Z - Z_S) \dfrac{\boldsymbol{P}[1]}{\boldsymbol{P}[2]} \end{cases} \tag{6.16}$$

根据传感器成像原理，利用中心共线方程对原始影像进行几何纠正，有直接几何纠正和间接几何纠正两种方法。

6.3.2 通用成像模型

严格几何成像模型描述了传感器真实的成像几何关系，具有很高的目标定位精度。然而该类模型的构建相对复杂，不可避免要设计不同空间坐标系统之间的坐标转换，并且转换参数的定义以及数学形式因传感器的不同而有所区别。实际应用中，用户有时候无法得到这些参数，往往难以利用严格成像模型对遥感影像进行几何处理。此外，传感器成像方式的多样性也对遥感处理软件提出了影像几何处理模型通用化的要求，采用通用几何处理模型

可大大提高程序的通用性，易于软件维护升级，不必再为新的传感器专门构建严格的几何处理模型。

通用成像模型不考虑传感器成像的物理因素和空间几何过程，将遥感图像变形看作平移、缩放、仿射、旋转、弯曲以及更高层次的综合作用结果，其形式简单且独立于传感器成像的物理参数，适用于各种类型传感器成像。常用的通用几何处理模型有一般多项式模型、直接线性变换模型和有理函数模型等。前两种模型具有形式简单、参数易于求解的特点，但由于精度较低而无法满足遥感影像精确几何处理的要求；而有理函数模型凭借其优良的内插性能和对地目标定位精度，得到了越来越广泛的应用。

6.3.2.1 一般多项式模型

一般多项式模型是一种简单的遥感影像通用几何处理模型，无须顾及影像的具体成像几何，而是对其进行直接的数学拟合。该模型常常将遥感影像的几何变形视作平移、旋转、缩放、仿射、偏扭、弯曲以及更高层次的基本变形综合作用的结果，用一个适当的多项式表达地面点物方空间坐标(X,Y,Z)与相应像点的像平面坐标(x,y)之间的函数关系：

$$\begin{cases} x = a_{00} + a_{10}X + a_{01}Y + a_{20}X^2 + a_{11}XY + a_{02}Y^2 + a_{30}X^3 + a_{21}X^2Y + a_{12}XY^2 + a_{03}Y^3 + \cdots \\ y = b_{00} + b_{10}X + b_{01}Y + b_{20}X^2 + b_{11}XY + b_{02}Y^2 + b_{30}X^3 + b_{21}X^2Y + b_{12}XY^2 + b_{03}Y^3 + \cdots \end{cases} \tag{6.17}$$

式中，(x,y)为像平面坐标，(X,Y)为其对应的大地坐标，a_{ij}、b_{ij}为多项式的系数(i表示X的幂，j表示Y的幂)。

一般多项式解算简便、运算量小，但是忽略了地形起伏引起的影像变形，仅适合于地形起伏平缓地区的校正。为克服这一缺陷，改进的一般多项式校正算法引入了地面高程值，得到下面的改进：

$$\begin{cases} x = a_{000} + a_{100}X + a_{010}Y + a_{001}Z + a_{200}X^2 + a_{020}Y^2 + a_{002}Z^2 + a_{110}XY + a_{101}XZ + a_{011}YZ + \cdots \\ y = b_{000} + b_{100}X + b_{010}Y + b_{001}Z + b_{200}X^2 + b_{020}Y^2 + b_{002}Z^2 + b_{110}XY + b_{101}XZ + b_{011}YZ + \cdots \end{cases} \tag{6.18}$$

改进的多项式解算方便、运算量小，且考虑了地形起伏的影响，影像几何处理精度有所提高，但是依然会受到地面控制点的数量、分布及实际地形的影响。

6.3.2.2 直接线性变换模型

直接线性变换模型表达了像点的像平面坐标(x,y)与其对应地面点的物方空间坐标(X,Y,Z)之间的几何关系，变换模型表达式：

$$\begin{cases} x = \dfrac{l_1X + l_2Y + l_3Z + l_4}{l_9X + l_{10}Y + l_{11}Z + 1} \\ y = \dfrac{l_5X + l_6Y + l_7Z + l_8}{l_9X + l_{10}Y + l_{11}Z + 1} \end{cases} \tag{6.19}$$

式中，共包含11个变换参数$l_i(i=1,2,\cdots,11)$，直接线性变换直接建立像平面坐标与物空间坐标的关系式,形式简单,不需要轨道星历参数和传感器参数,但没有考虑每景影像外方位元素随时间变化的特点,将动态推帚式影像等同于画幅式影像进行处理,所以理论上校正精度低于共线方程算法。

针对线阵列 CCD 传感器的成像特点,Okamoto 等(1988)提出了扩展的直线线性变换(extended direct linear transformation,EDLT)模型

$$\begin{cases} x = \dfrac{l_1 X + l_2 Y + l_3 Z + l_4}{l_9 X + l_{10} Y + l_{11} Z + 1} + l_{12} x^2 \\ y = \dfrac{l_5 X + l_6 Y + l_7 Z + l_8}{l_9 X + l_{10} Y + l_{11} Z + 1} + l_{13} xy \end{cases} \tag{6.20}$$

EDLT 模型第一次将直接线性变换引入航天摄影测量中,仅加入了像点坐标改正项,虽然计算量并没有增加太多,但是目标定位精度却有了明显的提高。

6.3.1.3 有理函数模型

有理函数模型是对一般多项式和直接线性变换模型的扩展,是各种遥感影像通用几何处理模型的更广义和更完善的一种表达形式。

有理函数模型即为将卫星影像像方坐标(r,c)用物方坐标(X,Y,Z)的有理函数形式表达的一种转换关系。确切地说,有理函数模型就是使用地面点坐标(X,Y,Z)为自变量基于有理函数精确表达像素坐标(r,c)的一种通用传感器模型,其模型形式为

$$\begin{cases} r_{\mathrm{n}} = \dfrac{P_1(X_{\mathrm{n}}, Y_{\mathrm{n}}, Z_{\mathrm{n}})}{P_2(X_{\mathrm{n}}, Y_{\mathrm{n}}, Z_{\mathrm{n}})} \\ c_{\mathrm{n}} = \dfrac{P_3(X_{\mathrm{n}}, Y_{\mathrm{n}}, Z_{\mathrm{n}})}{P_4(X_{\mathrm{n}}, Y_{\mathrm{n}}, Z_{\mathrm{n}})} \end{cases} \tag{6.21}$$

式中,$(r_{\mathrm{n}}, c_{\mathrm{n}})$ 和$(X_{\mathrm{n}}, Y_{\mathrm{n}}, Z_{\mathrm{n}})$ 是像素坐标(r,c) 和地面点坐标(X,Y,Z) 经平移和缩放后的标准化坐标;$P_1 \sim P_4$ 表示有理多项式,$P_i(X,Y,Z) = \sum_{l=0}^{L}\sum_{m=0}^{M}\sum_{n=0}^{N} a_{lmn} X^l Y^m Z^n, l + n + m \leqslant \max(L,M,N)$,其中 L、M、$N \in \{1,2,3\}$,a_{lmn} 是有理多项式系数。以(L,M,N) 被设置为$(3,3,3)$ 为例,多项式的形式为

$$\begin{aligned} P_i(X,Y,Z) &= \sum_{l=0}^{L}\sum_{m=0}^{M}\sum_{n=0}^{N} a_{lmn} X^l Y^m Z^n \\ &= a_{000} + a_{100} X + a_{010} Y + a_{001} Z \\ &\quad + a_{200} X^2 + a_{020} Y^2 + a_{002} Z^2 + a_{110} XY + a_{101} XZ + a_{011} YZ \\ &\quad + a_{300} X^3 + a_{030} Y^3 + a_{003} Z^3 + a_{210} X^2 Y + a_{120} XY^2 + a_{201} X^2 Z \\ &\quad + a_{102} XZ^2 + a_{021} Y^2 Z + a_{012} YZ^2 \end{aligned} \tag{6.22}$$

在该模型中,$(r_{\mathrm{n}}, c_{\mathrm{n}}, X_{\mathrm{n}}, Y_{\mathrm{n}}, Z_{\mathrm{n}})$的取值为$[-1,1]$,其变换关系为

$$\begin{cases} r_{\mathrm{n}} = \dfrac{r - r_0}{r_{\mathrm{s}}} \\ c_{\mathrm{n}} = \dfrac{c - c_0}{c_{\mathrm{s}}} \end{cases} \tag{6.23}$$

$$\begin{cases} X_n = \dfrac{X - X_0}{X_s} \\ Y_n = \dfrac{Y - Y_0}{Y_s} \\ Z_n = \dfrac{Z - Z_0}{Z_s} \end{cases} \tag{6.24}$$

式中，$(r_0, c_0, X_0, Y_0, Z_0)$为标准化平移参数；$(r_s, c_s, X_s, Y_s, Z_s)$为标准化比例参数，对于确定的影像来说均为常量。

在有理函数模型中，光学系统产生的误差可以用一次项来描述；地球曲率、大气折光和镜头畸变等产生的误差可用二次项来表示；一些具有高阶分量的未知误差，如传感器的震动等可用三次项来表示。

对比传统的通用传感器模型，有理函数模型的优缺点如下文。

(1)优点：可适用于各类传感器，包括航空和航天传感器；不受坐标系统的约束；在某种程度上可替代严密传感器模型。

(2)缺点：以整幅影像作为处理单元，无法针对特定区域构建独立模型；有理函数系数无量纲无物理意义，迄今为止，该参数的影响尚无定性的解释和表达，当取值过小甚至逼近于0时，会直接影响模型的稳定性；模型表达的精度会随着区域范围的增大而降低，而且当影像存在高频的变形时，精度会随之降低。

6.4 大气校正

高光谱遥感数据大气校正是高光谱遥感数据预处理中的重要一步，主要是指以大气辐射传输过程为理论基础，通过一定的数学物理方法，将高光谱成像仪获得的经过辐射定标和几何校正(地理定位)后的高光谱遥感数据转换为地表光谱数据(反射率、离地辐亮度、发射率)过程。大气校正的主要目的是去除在高光谱成像仪对地成像过程中大气这个必经通道对成像过程的影响，即去除高光谱遥感数据所含大气信息，获得准确的地表光谱信息，用于后续应用分析。大气对电磁波的作用主要可归纳为两种物理过程，即吸收与散射。在大气校正中，对于可见近红外、短波红外谱段来说，既要考虑大气的吸收作用，又要考虑大气的散射作用；对于热红外波段，其散射作用极小，一般忽略大气散射作用，只考虑大气吸收作用。本节在介绍大气辐射传输过程基础上，分别介绍当前常用的适用于可见近红外、短波红外谱段等反射谱段的大气校正方法和适用于热红外波段谱段等发射谱段的大气校正方法，并进一步讨论了兼有反射太阳能量和地物发射能量的中波红外谱段的高光谱遥感数据大气校正问题。

6.4.1 遥感视角下的大气辐射传输模型

在当前技术条件下，由于缺乏有效的像元尺度大气参数，包括高光谱遥感数据的遥感数据大气校正问题仍然是一个不适定问题。为了发展实用化的大气校正方法，经常需要把复杂的大气辐射传输过程适当简化，得到实用化的大气辐射传输模型，可以称之为遥感视角下的大气辐射传输模型。

6.4.1.1 大气辐射传输模型

反射谱段主要是指高光谱成像仪接收到的能量主要来自地物反射太阳辐射能量的谱段，一般主要指光学的短波谱段，典型的大气窗口为可见近红外、短波红外谱段。在可见近红外、短波红外谱段，目前公认的大气辐射传输模型为 Vermote 等(2006)所提出的 6S(second simulation of a satellite signal in the solar spectrum)模型。如图 6.27 所示，高光谱成像仪接收到的反射谱段的电磁辐射主要包括：①直接由观测目标反射至高光谱成像仪的辐射；②大气向上反射辐射，即程辐射；③由背景地物反射，后又被散射进入高光谱成像仪视场的辐射。在平坦的朗伯体地表和水平方向上均匀的大气条件下，辐射传输模型描述为

$$\pi L(\lambda_i) = E_0(\lambda_i)\cos\theta_s\rho_a(\lambda_i) + E_0(\lambda_i)\cos\theta_s T(\lambda_i,\theta_s)T(\lambda_i,\theta_v)\frac{\rho(\lambda_i)}{1-\rho(\lambda_i)S(\lambda_i)} \quad (6.25)$$

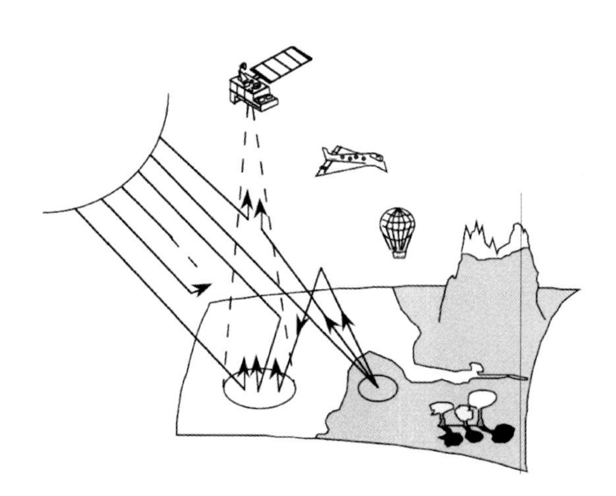

图 6.27 反射谱段遥感示意图(Vermote et al.，2006)

其中，λ_i 为第 i 波段的中心波长；$\pi L(\lambda_i)$ 为高光谱成像仪接收到的辐通量密度，$L(\lambda_i)$ 为高光谱成像仪接收到的辐亮度；$E_0(\lambda_i)$ 为大气上界太阳辐射通量密度；$\rho_a(\lambda_i)$ 为大气向上反射率；θ_s 为太阳入射天顶角；θ_v 为高光谱成像仪观测天顶角；$T(\lambda_i,\theta_s)$ 为太阳入射方向上的总透射率；$T(\lambda_i,\theta_v)$ 为观测方向上的总透射率；$S(\lambda_i)$ 为大气向内半球反射率；$\rho(\lambda_i)$ 为地表反射率。

式(6.25)可以表达为表观反射率的形式，表观反射率即为高光谱成像仪处反射能量与

入射能量的比值，计算方法为

$$\rho^*(\lambda_i) = \frac{\pi L(\lambda_i)}{E_0(\lambda_i)\cos\theta_s} \tag{6.26}$$

其中，$\rho^*(\lambda_i)$为表观反射率。那么，6S 模型最终可以表示为

$$\rho^*(\lambda_i) = \rho_a(\lambda_i) + T(\lambda_i,\theta_s)T(\lambda_i,\theta_v)\frac{\rho(\lambda_i)}{1-\rho(\lambda_i)S(\lambda_i)} \tag{6.27}$$

这样一来，大气校正就变成了一个求解辐射传输模型中未知的大气参数的过程。式(6.27)中，$\rho^*(\lambda_i)$可以通过经过辐射校正和几何校正的高光谱遥感数据与所观测的大气上界太阳辐射光谱计算得到，大气参数 $\rho_a(\lambda_i)$、$T(\lambda_i,\theta_s)$、$T(\lambda_i,\theta_v)$和 $S(\lambda_i)$为未知量。可以认为，自高光谱遥感出现至今，高光谱遥感数据大气校正(乃至近几十年的整个光学遥感数据大气校正)的研究焦点就是如何求得接近真实的像元级大气参数，或者绕过求解大气参数而直接求得地表反射率，使其不受大气信息干扰，还其真实面目，处于一个基准之上。

6.4.1.2 发射谱段大气辐射传输模型

发射谱段主要是指高光谱成像仪接收到的能量主要来自地物自身辐射能量的谱段，一般主要指光学的长波谱段，典型的大气窗口为热红外谱段。如图 6.28 所示，高光谱成像仪接收到的发射谱段的电磁辐射主要包括：①直接由观测目标发射透过大气至传感器的辐射；②大气向上发射辐射，即程辐射；③大气下行辐射被地物反射后透过大气进入高光谱成像仪视场的辐射。假设大气处于局地热平衡状态，并忽略散射作用(对于大气中一般的粒子来说可以忽略)，热红外高光谱成像仪接收到的入瞳辐亮度可表示为

$$L(\lambda_i) = B(T_s,\lambda_i)\varepsilon(\lambda_i)t(\lambda_i) + [1-\varepsilon(\lambda_i)]L^{\downarrow}(\lambda_i)t(\lambda_i) + L^{\uparrow}(\lambda_i) \tag{6.28}$$

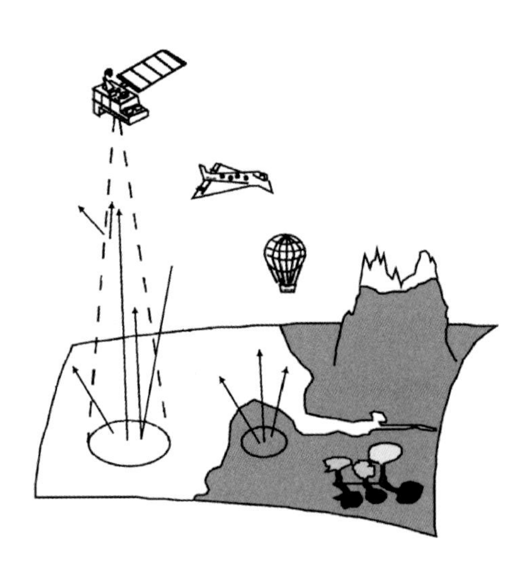

图 6.28 发射谱段遥感示意图(改编自 Vermote et al.，2006)

其中，λ_i 为第 i 波段中心波长；$L(\lambda_i)$为传感器接收到的辐亮度；T 为物理温度；$B(T_s,\lambda_i)$为温

度 T_s 所对应的黑体辐亮度；$\varepsilon(\lambda_i)$ 为波长为 λ_i 时发射率；$t(\lambda_i)$ 为大气透过率；$L^{\downarrow}(\lambda_i)$ 为大气向下辐亮度；$L^{\uparrow}(\lambda_i)$ 为大气向上辐亮度。记 $L_g(\lambda_i)$ 为离地热红外辐亮度，离地热红外辐亮度可以表示为

$$L_g(\lambda_i) = B_i(T_s, \lambda_i)\varepsilon(\lambda_i) + [1 - \varepsilon(\lambda_i)]L^{\downarrow}(\lambda_i) \tag{6.29}$$

则入瞳辐亮度为

$$L(\lambda_i) = L_g(\lambda_i)t(\lambda_i) + L^{\uparrow}(\lambda_i) \tag{6.30}$$

与反射谱段类似，热红外谱段大气校正也是一个求解辐射传输模型中未知的大气参数的过程。不同的是，热红外谱段能量与地表温度有关，地表温度也是一个未知量，而且是遥感所要反演的主要变量之一。因此，热红外谱段的高光谱遥感数据大气校正主要任务是求解出离地辐亮度和大气下行辐亮度光谱，或者大气校正和温度反演同时迭代进行。

6.4.1.3 大气辐射传输模拟软件

简化前的用于描述大气辐射传输过程的大气辐射传输方程是一个积分微分方程，不存在解析解。对于原始大气辐射传输方程的求解一般采用数值解法，如离散纵标法或蒙特卡罗法。为了使用方便，研究人员通常把这些求解大气辐射传输方程的成果开发成软件。到目前为止，研究人员应开发了 30 多个可用于大气辐射传输模拟的软件，这些软件在响应谱段、求解方法、光谱分辨率、适用范围等方面各有所长，并广泛应用于天气预报、地球物理、全球气候变化等领域。

近些年，在遥感领域中，常用的大气辐射传输模拟软件主要有 MODTRAN、6S/6SV、4A/OP 等，简要状况见表 6.2。一般来说，MODTRAN 既可以用于反射谱段又可以用于发射谱段，6S/6SV 主要用于反射谱段的高光谱遥感数据大气校正，4A/OP 则主要用于红外谱段（近红外、短波红外和热红外）。

表 6.2 常用的大气辐射传输模拟软件简况

缩写	全称	参考文献	可见光	近红外	短波红外	热红外	积分	散射	偏振
MODTRAN	moderate resolution atmospheric transmission	Berk et al.，2013	是	是	是	是	带模式和逐线积分	是	否
6S/6SV	second simulation of a satellite signal in the solar spectrum-vector	Vermote et al.，2006	是	是	是	否	带模式	是	是
4A/OP	automatized atmospheric absorption atlas	*Scott and ChAtmospheric*	否	是	是	是	逐线积分	否	否

6.4.2 反射谱段大气校正

目前，一般的大气辐射传输模拟软件都可以解决大气参数的计算问题，不能解决的问题

主要是气溶胶和水汽(尤其是气溶胶)时空分布差异大所造成的大气参数变化多端。另一种思路是,在高光谱成像仪获取数据时,同时用一些适用于大气遥感的超高光谱精度光谱仪测量一些大气参数,以减少辐射传输模型中的未知量,如EO-1搭载的大气校正仪。一般来说,适用于多光谱遥感数据大气校正的方法,大都适用于高光谱遥感数据大气校正。因此,很多遥感大气校正方法并没有单独区分高光谱和多光谱。常用的方法有经验线性法、暗目标法、空间特征匹配法和地物光谱矢量空间分析法等。常用的大气校正软件模块主要有FLAASH(fast line-of-sight atmospheric analysis of spectral hypercubes)、ATCOR(atmospheric and topographic correction)和ACORN(atmospheric correction now)等。

6.4.3 发射谱段大气校正

热红外谱段是遥感中典型的发射谱段。热红外高光谱数据大气校正方法主要有以下两类。第一类方法是利用反演或者实测的大气廓线,辅以成熟的大气辐射传输模型来实现。大气廓线探测精度并不完全满足精确求解地表温度和比辐射率的需要(Ouyang et al.,2010;Wang et al.,2011)。第二类方法是从热红外高光谱数据空间和光谱信息出发,直接由星载/机载传感器数据计算出大气透过率、上行辐射等大气参数。主要的代表性方法有AAC(autonomous atmospheric compensation)方法和ISAC(in-scene atmospheric compensation)方法(Gu et al.,2000;Young et al.,2002;Vaughan et al.,2003)。这类大气校正方法在应用时不需要大气廓线信息,也不必调用大气辐射传输模型,操作简单,便于应用。Borel(2008)将ISAC与光谱平滑方法相结合发展了一套完整的高光谱热红外数据地表温度和比辐射率反演系统,充分显示了这类方法的优势。其中第二类方法是热红外高光谱数据大气校正的主流方向,也是解决热红外高光谱遥感数据大气校正的重要可行途径。

参考文献

白军科,刘学斌,闫鹏,等,2013. Hadamard变换高光谱成像仪实验室辐射定标方法[J]. 红外与激光工程,(2):503-506.

高彩霞,姜小光,马灵玲,等,2013. 传感器交叉辐射定标综述[J]. 干旱区地理(汉文版),36(1):139-146.

巩慧,田国良,余涛,等,2011. HJ-1星CCD相机场地辐射定标与真实性检验研究[J]. 遥感技术与应用,26(5):682-688.

贺威,秦其明,付炜,2005. 可见光和热红外辐射定标方法浅述[J]. 影像技术,(1):34-36.

李晓晖,颜昌翔,2009. 成像光谱仪星上定标技术[J]. 中国光学,2(4):309-315.

林颖,徐卫明,袁立银,2010. 一种高光谱成像仪光谱自动定标装置及方法:CN201010101897.9[P]. 2010-01-27.

刘成玉,谢锋,王建宇,等,2014. 一种适用于热红外高光谱成像仪光谱定标系统:201410748416.1[P]. 2014-12-09.

刘倩倩,郑玉权,2012. 超高分辨率光谱定标技术发展概况[J]. 中国光学,5(6):566-577.

童庆禧,张兵,郑兰芬,2006. 高光谱遥感:原理、技术与应用[M]. 北京:高等教育出版社.

王承俭,刘婧莎,2000. 独立辐射定标方法比对的卫星辐射定标精度检验方法研究[J]. 铀矿地质,16(5):309-314.

王建宇,舒嵘,刘银年,2011. 成像光谱技术导论[M]. 北京:科学出版社.

王立朋,2011. 高光谱成像仪辐射定标概览[J]. 光机电信息,28(12):73-77.

夏志伟,王凯,方伟,等,2015. 基于航天单色仪的在轨辐射定标应用与发展[J]. 光学精密工程,23(7):1880-1891.

ANDERSON V E,FOX N P,NETTLETON D H,1992. Highly stable,monochromatic and tunable optical radiation source and its application to high accuracy spectrophotometry[J]. Applied optics,31(4):536-545.

BARRY P,SHEPANSKI J,SEGAL C,2002. Hyperion on-orbit validation of spectral calibration using atmospheric lines and an on-board system[C]//Imaging Spectrometry VII. International Society for Optics and Photonics,4480:231-235.

BERK A,ANDERSON G P,ACHARYA P K,2013. MODTRAN 5.3.2 user's manual [Z].

BIGGAR S F,SLATER P N,GELLMAN D I,1994. Uncertainties in the in-flight calibration of sensors with reference to measured ground sites in the 0.4-1.1μm range[J]. Remote Sensing of Environment,48(2):245-252.

BOREL C C,2008. Error analysis for a temperature and emissivity retrieval algorithm for hyperspectral imaging data[J]. International Journal of Remote Sensing,29(17/18):5029-5045.

CRISP D,JOHNSON C,2005. The orbiting carbon observatory mission[J]. Acta Astronautica,56(1):193-197.

DAVIS C O,BOWLES J,LEATHERS R A,et al.,2002. Ocean PHILLS hyperspectral imager:design,characterization,and calibration[J]. Optics Express,10(4):210-221.

DAY J O,O'DELL C W,POLLOCK R,et al.,2011. Preflight spectral calibration of the Orbiting Carbon Observatory[J]. IEEE Transactions on Geoscience and Remote Sensing,49(7):2793-2801.

GU D,GILLESPIE A R,KAHLE A B,et al.,2000. Autonomous atmospheric compensation (AAC) of high resolution hyperspectral thermal infrared remote-sensing imagery[J]. IEEE Transactions on Geoscience and Remote Sensing,38(6):2557-2570.

HAMAZAKI T,KUZE A,KONDO K,2004. Sensor system for greenhouse gas observing satellite (GOSAT)[C]//Optical Science and Technology,the SPIE 49th Annual Meeting. International Society for Optics and Photonics:275-282.

HEDMAN T R,JARECKE P J,LIAO L B,2000. Hyperspectral imaging spectrometer spectral calibration:U.S. Patent 6,111,640 [P]. 2000-8-29.

HOVIS W A,KNOLL J S,SMITH G R,1985. Aircraft measurements for calibration of an orbiting spacecraft sensor[J]. Applied Optics,24(3):407.

HUANG L K,DELAND M T,TAYLOR S L,et al. ,2014. Characterization of in Band Stray Light in SBUV-2 Instruments[J]. Atmospheric Measurement Techniques,7(1):267-268.

JARECKE P J,YOKOYAMA K E,BARRY P,2002. On-orbit solar radiometric calibration of the Hyperion instrument[C]//Imaging Spectrometry VII. International Society for Optics and Photonics, 4480: 225-230.

KAISER R D,2000. Wavelength calibration and instrument line shape estimation of a LWIR hyperspectral sensor from in-scene data[C]//AeroSense 2000, International Society for Optics and Photonics: 284-287.

OKAMOTO A,1988. Orientation theory of CCD line-scanner images[J]. International Archives of Photogrammetry and Remote Sensing,27(B3):609-617.

OUYANG X Y,WANG N,WU H,et al. ,2010. Errors analysis on temperature and emissivity determination from hyperspectral thermal infrared data[J]. Optics Express,18(2):544-550.

PALMER J M,SLATER P N,1991. Ratioing radiometer for use with a solar diffuser[C]//Calibration of Passive Remote Observing Optical and Microwave Instrumentation. International Society for Optics and Photonics,1493:106-117.

PEARLMAN J,SEGAL C,LIAO L B,et al. ,2000. Development and operations of the EO-1 Hyperion imaging spectrometer[C]//International Symposium on Optical Science and Technology. International Society for Optics and Photonics:243-253.

RAMON D,SANTER R P,DUBUISSON P,2003. MERIS in-flight spectral calibration in O_2 absorption using surface pressure retrieval[C]//Third International Asia-Pacific Environmental Remote Sensing Remote Sensing of the Atmosphere,Ocean,Environment,and Space. International Society for Optics and Photonics:505-514.

SHU R,XUE Y Q,YANG Y D,2004. Calibration and application of airborne pushbroom hyperspectral imager (PHI)[C]//Remote Sensing. International Society for Optics and Photonics:668-675.

SLATER P N,BIGGAR S F,HOLM R G,et al. ,1987. Reflectance and radiance-based methods for the in-flight absolute calibration of multispectral sensors[J]. Remote Sensing of Environment,22(1):11-37.

SMITH G R,LEVIN R H,KOYANAGI R S,et al. ,1989. Calibration of the visible and near-infrared channels of the NOAA-9 AVHRR using high-altitude aircraft measurements from August 1985 and October 1986[J]. Earth Resources and Remote Sensing:1-19.

THOME K J,CROWTHER B G,BIGGAR S F,2014. Reflectance and irradiance:Based calibration of landsat-5 thematic mapper[j]. canadian journal of remote sensing,23(4):309-317.

VANE G,CHRIEN T G,MILLER E A,et al. ,1987. Spectral and radiometric calibration of the airborne visible/infrared imaging spectrometer[C]//31st Annual Technical Symposium. International Society for Optics and Photonics:91-107.

VAUGHAN R G,CALVIN W M,TARANIK J V,2003. SEBASS hyperspectral thermal infrared data:surface emissivity measurement and mineral mapping[J]. Remote Sensing of Environment,85(1):48-63.

VERMOTE E,TANRE D,DEUZE J,et al.,2006. Second simulation of a satellite signal in the solar spectrum-vector[Z].

WANG N,WU H,NERRY F,et al.,2011. Temperature and emissivity retrievals from hyperspectral thermal infrared data using linear spectral emissivity constraint[J]. IEEE Transactions on Geoscience and Remote Sensing,49(4):1291-1303.

XIONG X,CHIANG K,ESPOSITO J,et al.,2003. MODIS on-orbit calibration and characterization[J]. Metrologia,40(1):S89.

ZADNIK J,GUERIN D,MOSS R,et al.,2004. Calibration procedures and measurements for the COMPASS hyperspectral imager[C]//Defense and Security. International Society for Optics and Photonics: 182-188.

第7章 高光谱遥感系统中的数据实时压缩

数据压缩是指在尽量保持有用信息的前提下，用一定的方法对数据重新进行组织，缩减数据所占用的存储空间，提高数据传输、存储和处理效率的一种技术方法，包括有损压缩和无损压缩两种。自遥感技术诞生以来，遥感数据的压缩就一路伴随。尤其是在带宽有限的情况下，要将波段数量数以百计的高光谱遥感数据从遥感平台(如卫星)高效、顺利地传回地面，在这种情况下数据压缩技术显得尤为重要。高光谱遥感系统中的数据实时压缩主要是解决遥感平台到地面之间的数据高效、快速存储与传输问题，尤其是卫星载荷与地面站之间的数据高效传输问题。本章总结了近些年来高光谱遥感系统中的数据实时压缩技术方法。

7.1 高光谱遥感数据实时压缩的基本概念

7.1.1 高光谱遥感数据实时压缩的需求

随着遥感技术的发展，高光谱遥感已成为光学遥感发展的趋势，无论是反射谱段，还是发射谱段，抑或反射与发射兼具的谱段，国内外多个载荷研制机构和航天机构都提出了相应的研发和发射计划。高光谱传感器一般都具有成百上千个波段图像，产生巨大的数据量。Hyperion 传感器每 4.4 ms 可以获得大约覆盖可见近红外到短波红外(400～2 500 nm)谱段、光谱分辨率为 10 nm 左右的 220 个波段，空间分辨率为 30 m，穿轨方向达 255 像元数据，其星上产生的数据率为 220 波段×255 像元×4.4 ms×12 bit＝151 Mb/s。搭载在 TacSat-3 卫星(Aiazzi et al.，1999)上的美国国防部的先进有效战术响应军事成像光谱仪(advanced responsive tactically effective military imaging spectrometer，ARTEMIS)将光谱分辨率提高到 5 nm，空间分辨率提高到 4 m，穿轨扫描线的像元数提高到 1 000，ARTEMIS 产生的数据率增加到 400 波段×1 000 像元×4.4 ms×16 bit＝1.44 Gb/s，这是在假设积分时间不变、量化位数位为16位的情况。搭载在NASA Aqua星上的大气红外探测器(atmospheric infrared sounder,AIRS)(Aiazzi et al.,2001),AIRS数据有2 378个光谱通道,覆盖了红外区的3.74～15.4 μm波段。AIRS数据一天有240个3D数据块,每个持续6 min。每个数据块包含135个扫描行,每行穿轨方向有90个足印。因此,每个数据块总计有135×90=12 150个足印。16位的原始辐亮度转换为亮温,并转换为16位无符号整数。240个3D数据块的数据量可达110 GB。

数据压缩是一种可有效降低遥感平台数据量的方式,可以高效地将数据从遥感平台传回地面,实现数据在地面的归档、管理与处理。在信息科学与计算机科学中,数据压缩、信源编码或比特率简化都涉及用少于原始表示的bit(位)来编码信息数据。对于SPOT系列卫星来说,从第一颗SPOT卫星就开始使用星上数据压缩,以平衡星上产生的数据传输速率和数据下传遥测通道的承载力。SPOT 1.4得益于其1.33的数据压缩比使星上数据传输率和遥测通道传输比特率承载力提高。当SPOT 5的全色和多光谱传感器的空间分辨率提高1倍时,星上数据传输率变为4倍(Aiazzi et al.,2007)。另一方面,为了与遍布世界的SPOT卫星地面接收站衔接,遥测通道数据传输比特率要维持在50 Mb/s不变。为了适应空间分辨率的提高,使用了双遥测通道(取代了SPOT 1.4的一个通道),同时工作数据传输比特率可达100 Mb/s。在这种数据下传能力下,仍然无法处理SPOT 5星上产生的星上数据传输速率。为了解决这个问题,SPOT 5采用了压缩率为2.4～3.4的离散余弦变换压缩器。中分辨率成像光谱仪MERIS是搭载在欧空局环境卫星上的一个高光谱传感器,它主要用于观测海洋水色(包括大洋和近海),用于研究全球碳循环的海洋部分和这些区域的生产力以及其他应用(Mielikainen et al.,2003)。根据设计,MERIS可以以1.25 nm的光谱分辨率记录可见近红外谱段(412～900 nm)的光谱数据。然而,受限于它的下行信道传输能力,MERIS仅仅传回了15个波段的数据,每个波段是8～10个精细波段的平均。如果卫星上部署了压缩比可达26∶1的数据压缩器,MERIS就可以把390个波段的数据全部传回。在2000年初,MERIS发射后,Qian(2013)随即开展了相关研究,评估了在同等下行信道传输能力下,星上数据压缩和波段平均的优缺点,比较了二者所含信息量。所得出的结论是,数据压缩更具优势。因为采用压缩比为26的方法,所有390个波段数据都被传回地面,尽管中间存在一些误差。压缩数据所能提供的信息量明显要大于15个平均后的宽波段数据。

数据压缩是处理能力和数据量(不管是存储还是传输)之间的权衡。在选择压缩技术之前,重要的是要了解它们运行的环境和约束条件。在遥感平台上的实时压缩数据和地面上数据的数据压缩差异较大。在遥感平台上,计算能力有限,错误是不可恢复的,而在后者的情况下,压缩是用来加快网络传输或处理,如有必要,可以将整个数据传输过去。相信,在同等下行信道传输能力下,如果较好地控制压缩带来的可能的信息损失,数据压缩就可以向地面传输更多的数据,缓解遥感平台数据存储和传输压力。

7.1.2 高光谱遥感数据实时压缩评价标准

高光谱遥感数据在压缩过程中不可避免地会造成信息的丢失。为了减小数据传输率，使之与下传遥测通道的能力相匹配或传回更多的图像，有损压缩时会发生部分信息丢失。对于有损压缩，非常有必要对数据压缩后的图像质量进行评价。图像质量标准和畸变度量定义需要准确地量化数据压缩所造成的信息损失。质量指标要保证在数据压缩过程中，没有重要信息丢失，原始数据的科学价值得到保护。按照 Qian(2003)的划分，基于有无参考，图像质量指标可以分为三类：全参考(full-reference，FR)指标、半参考(reduced-reference，RR)指标和无参考(no-reference，NR)指标。全参考指标通常以一个参考图像(用于评价的参考图像常指原始图像)为基础，衡量测试图像的质量。因为全参考图像包含了所有要评价的信息，所以该类指标可以给出更加精确的评价。在很多情况下，全参考图像或原始图像是无法保存的。这时，半参考指标只用全参考图像的简化表达(如均值、方差、简化的空间表达等)作为基准评价测试图像的质量。它要么是将测试图像的简化表达与全参考图像的简化表达相比较，要么是将测试图像与全参考图像的简化表达相比较。无参考指标不是用任何参考图像作为基准来评价测试图像质量，主要是基于测试图像的先验知识来检验畸变。

7.1.2.1 全参考指标

可以用于高光谱遥感数据质量评价的全参考指标有很多。全参考指标以参考图像为基准，计算测试图像与参考图像之间的差异(误差)为基础。统计学中的统计量常常被当作全参考指标，这些统计量是通过参考图像和测试图像之间计算得到，包括均方误差(MSE)、相对均方误差(relative-mean-square error，ReMSE)、信噪比(SNR)、峰值信噪比(PSNR)、最大绝对差(maximum absolute difference，MAD)、百分比最大绝对差(percentage maximum absolute difference，PMAD)、相关系数(correlation coefficient，CC)、光谱均方误差(mean-square spectral error，MSSE)、光谱相关(spectral correlation，SC)、光谱角(spectral angle，SA)和最大光谱信息散度(maximum spectral information divergence，MSID)。这类指标是以参考数据的客观事实为基础的。

还有一类常用的考虑感官上的视觉质量全参考指标(Magli et al.，2004；Rizzo et al.，2005；Slyz et al.，2005；Wang et al.，2005；Jain et al.，2007)，如一种被称为通用图像质量指数(universal image quality index，UIQI，也称为 Q 指数)就是这样的指标。它是基于人眼可提供图像骨架信息的思想。因此，它从以客观误差测量为主转换到以结构畸变测量为主。通用图像质量指数是通过将任意的 2D 图像畸变看成是相关损失、亮度失真和对比度失真这三个因素的共同影响而建立的。用 $v=\{v_i|i=1,2,\cdots,N\}$ 和 $u=\{u_i|i=1,2,\cdots,N\}$ 分别表示测试图像和参考图像。Q 指数的定义为

$$Q = \frac{4 \cdot \sigma_{uv} \cdot \bar{u} \cdot \bar{v}}{(\sigma_u^2 + \sigma_v^2)(\bar{u}^2 + \bar{v}^2)} \tag{7.1}$$

其中，σ_{uv}为图像u和v的协方差；$\bar{u}$和$\bar{v}$为图像u和v的均值；σ_u^2和σ_v^2为图像u和v的方差。Q的动态范围是[−1,1]。如果$u=v$，即测试图像的所有像元值与参考图像相等，得到最优值1。对所有的$i=1,2,\cdots,N$，当$v_i=2\bar{u}-u_i$时得到最小值−1。Q的定义可以改写为三个分量的乘积：

$$Q = \frac{\sigma_{uv}}{\sigma_u \cdot \sigma_v} \times \frac{2 \cdot \bar{u} \cdot \bar{v}}{\bar{u}^2 + \bar{v}^2} \times \frac{2 \cdot \sigma_u \cdot \sigma_v}{\sigma_u^2 + \sigma_v^2} \tag{7.2}$$

第一个分量是图像u和v间的CC。第二个分量通常小于或等于1，并且相较于u对于v的均值偏差更为敏感。第三个分量也小于或等于1，并且给出了u和v之间的相对变化。相对变化表明，如果两个对比度σ_u和σ_v同时乘以相同的常数，则对比度不会改变。为了提高指数三个分量的分辨能力，所有的统计量都在合适的$N\times N$图像块上计算，Q的结果是基于整幅图像平均得到的，从而产生一个全局的分数。这样可以更好地顾及测试图像的空间差异性。除了Q指数，考虑感官上的视觉质量全参考指标还有高光谱图像的质量指数、结构相似度指数、视觉信息保真度等。

高光谱图像的质量指数$Q2^n$是在单波段图像质量Q指数的基础上扩展得到的，它适用于有任意光谱波段的图像(Gelli et al.,1999)。$Q2^n$指数来源于超复数的理论(Linde et al.,1980)，特别是2^n元数(Witten et al.,1987)。该指数由相关性、各个波段的均值、波段内局部方差和光谱角等不同的因素组成。因此，$Q2^n$指数考虑到了波段内和波段间的(光谱)畸变。该指数计算简单并且可以适用于有参考数据立方体的任意光谱波段数目的多光谱或高光谱图像。2^n元数可以用2^{n-1}元数的递归方式表示。2^n元数是一个超复数，可以用以下式子表示：

$$z = z_0 + z_1\boldsymbol{i}_1 + z_2\boldsymbol{i}_2 + \cdots + z_{2^n-1}\boldsymbol{i}_{2^n-1} \tag{7.3}$$

其中，$z_0,z_1,z_2,\cdots,z_{2^n-1}$是实数；$\boldsymbol{i}_1,\boldsymbol{i}_2,\cdots,\boldsymbol{i}_{2^n-1}$是超复数的单位向量。与复数类似，共轭复数$z^*$定义为

$$z^* = z_0 - z_1\boldsymbol{i}_1 - z_2\boldsymbol{i}_2 - \cdots - z_{2^n-1}\boldsymbol{i}_{2^n-1} \tag{7.4}$$

模定义为

$$|z| = \sqrt{z_0^2 + z_1^2 + z_2^2 + \cdots + z_{2^n-1}^2} \tag{7.5}$$

给定两个2^n元超复数随机变量z和z_r；超复数方差σ_z和σ_{z_r}，z和z_r间的协方差σ_{zz_r}和相关系数CC(z,z_r)的定义与式(1.37)～式(1.40)类似。

测试数据和参考数据间的$Q2^n$指数在$N\times N$的空间大小内计算得到：

$$Q2^n_{N\times N} = \frac{|\sigma_{zz_r}|}{\sigma_z \cdot \sigma_{z_r}} \times \frac{2 \cdot |\bar{z}| \cdot |\bar{z}_r|}{\bar{z}^2 + \bar{z}_r^2} \times \frac{2 \cdot \sigma_z \cdot \sigma_{z_r}}{\sigma_z^2 + \sigma_{z_r}^2} \tag{7.6}$$

$Q2^n$是数据的整个空间区域的所有$Q2^n_{N\times N}$的平均值：

$$Q2^n = E[|Q2^n_{N\times N}|] \tag{7.7}$$

$Q2^n$ 的值越统一，融合数据的辐射和光谱质量越高。作为 Q 指数的延伸，$Q2^n$ 指数也是位于 0～1 的实数，1 是其最优值。$Q2^n$ 评估了图像的空间畸变和光谱畸变，它还考虑到了各个波段的相关性、每个光谱波段的均值和波段的局部方差。另外，$Q2^n$ 指数还可以评价测试图像和参考图像的 SA，反映在多变量数据的超复数 CC 的模上。

7.1.2.2 半参考指标

半参考指标用来衡量只含有部分信息参考图像的测试图的图像质量，如半参考指标用于衡量经过空间分辨率增强的高光谱图像视觉质量。它可以评价没有全参考图像但是有低空间分辨率参考图像的高光谱图像的视觉质量。一些半参考指标由全参考指标衍生而来，如 PSNR、Q 指数、MSSIM 以及 VIF 是广泛应用于图像处理的全参考指标。这四个全参考指标衍生出相应的半参考指标的推导过程如下：低空间分辨率图像 f 的大小为 $P\times Q$，相应的空间分辨率增强图像 g 的大小为 $2P\times 2Q$。这意味着图像 f 空间分辨率增强因子为 2×2。四个图像（以 2×2 因子降采样）定义如下：

$$g_{11}=\boldsymbol{g}(1:2:2P,1:2:2Q) \tag{7.8}$$

$$g_{12}=\boldsymbol{g}(1:2:2P,2:2:2Q) \tag{7.9}$$

$$g_{21}=\boldsymbol{g}(2:2:2P,1:2:2Q) \tag{7.10}$$

$$g_{22}=\boldsymbol{g}(2:2:2P,2:2:2Q) \tag{7.11}$$

其中，$\boldsymbol{g}(i:2:2P,j:2:2Q)(i=1,2;j=1,2)$ 是一个矩阵，它以图像 g 的像元 (i,j) 为起点，沿着 x 和 y 方向，以步长为 2 来提取 g 中的像元。上面四个半参考指标的定义如下：

$$\mathrm{PSNR}(f;\boldsymbol{g})=\frac{1}{4}\sum_{i=1}^{2}\sum_{j=1}^{2}\mathrm{PSNR}(f;g_{ij}) \tag{7.12}$$

$$Q(f;\boldsymbol{g})=\frac{1}{4}\sum_{i=1}^{2}\sum_{j=1}^{2}Q(f;g_{ij}) \tag{7.13}$$

$$\mathrm{MSSIM}(f;\boldsymbol{g})=\frac{1}{4}\sum_{i=1}^{2}\sum_{j=1}^{2}\mathrm{MSSIM}(f;g_{ij}) \tag{7.14}$$

$$\mathrm{VIF}(f;\boldsymbol{g})=\frac{1}{4}\sum_{i=1}^{2}\sum_{j=1}^{2}\mathrm{VIF}(f;g_{ij}) \tag{7.15}$$

上述四个全参考指标来源于特定的 2×2 空间分辨率增强因子；很容易将其扩展到另外的空间分辨率增强因子 $M\times N$，其中 M 和 N 都是正整数。

有一些半参考指标也考虑从频率方面构建(Bilgin et al.，2000)，被提出一种基于小波变换域的自然图像统计模型。该方法将测试图像和参考图像的小波变换系数的边缘概率分布的 Kullback-Leibler 距离作为图像畸变的度量方法(Weinberger et al.，1996)。小波变换广泛地应用于视觉系统的处理，成为许多图像处理和计算机视觉算法的首选形式。有结果表明，从原始图像水平子波段计算的小波变换系数的直方图与广义的高斯密度模型可以很好地拟合。研究表明，子波段小波变换系数的边缘直方图分布在不同类型的图像畸变中有不同的变化方式。因此，直方图分布的变化可以作为评价图像质量的一种方法。

7.1.2.3 无参考指标

参考图像不存在时，无参考指标就成为唯一可用来评价图像质量的方法。无参考指标也可以视为盲畸变测量。它无须参考图像，仅仅通过处理测试图像来获取其质量。从应用角度来看，无参考指标使用范围广，更具可操作性。但是，无参考指标的问题在很大程度上没有解决，这就将其应用范围仅限制在一些特定畸变类型上，如基于块的块压缩算法或者模糊算法等。无参考指标数量较少，它们主要是为压缩图像或视频中的块效应而设计的，如图像压缩中的熵、编码增益和能量压缩。

熵是在信息论里用来度量随机变量的不确定性（Wu et al.，1996），熵一般用比特来度量（Grangetto，2002）。香农熵是随机变量的平均不可预测性，与其信息内容一致（Witten et al.，1987）。假设通信可以表示为一系列独立的和相同分布的随机变量，对于任何通信最佳可能的无损编码或者压缩，香农熵提供了一个绝对限制。香农的源编码理论表明，在给定字母表中编码信息的最短距离的平均长度是它们的熵除以目标字母中符号数的对数。熵经常用来评价无损压缩算法的有效性以及估计有损压缩图像的可压缩性。对于无损压缩算法，压缩图像的熵与原始图像的熵越接近，压缩算法越有效。对于有损压缩算法，图像的熵越低，图像的可压缩性越强。如果一个来自离散的源（如数据序列、图像、图像立方体）的输出是独立的并且相同概率 p_1, p_2, p_{2n-1} 分布的，则源的熵为

$$H = -\sum_{i=0}^{2^{n-1}} p_i \log_2 p_i \tag{7.16}$$

能量压缩（energy compaction，EC）值定义为图像方差的算术平均（arithmetic mean，AM）值与图像方差的几何平均（geometric mean，GM）值的比值（Golomb，1966）：

$$\mathrm{EC} = \frac{\frac{1}{N}\sum_{i=0}^{N-1}\sigma_i^2}{\sqrt{\prod_{i=0}^{N-1}\sigma_i^2}} \tag{7.17}$$

其中，σ_i^2 是图像的方差，N 是图像的总像元个数。EC 值一般大于或等于 1。当图像有着较高的 EC 值时，图像能量压缩量高，更适合于数据压缩。

编码增益（coding gain，CG）值定义为脉冲编码调制（pulse code modulation，PCM）编码的均方重建误差与转换编码 T 的均方重构误差的比值（Kiely，2007）：

$$\mathrm{CG} = \frac{\sum_{i=0}^{N-1}(x_i - x_{\mathrm{PCM}_i})^2}{\sum_{i=0}^{N-1}(x_i - x_{T_i})^2} \tag{7.18}$$

其中，x_i 是原始图像中位于 i 处的像元，x_{PCM_i} 对 PCM 编码中位于 i 处的像元，x_{T_i} 是经过转换编码 T 后位于 i 处的像元。

7.2 高光谱遥感系统的无损实时数据压缩

无损压缩技术是一项完全可逆的数据压缩技术。重构的图像等同于原始图像。因为没有信息的损失,这一类压缩技术一般应用于重构图像和原始图像之间不能容忍任何差异的情况。然而,无损压缩技术由于图像的冗余,一般不可能实现很高的压缩率。只有冗余越高,图像的压缩率才能越高。如对于场景光滑或带有较低的空间和光谱信息的遥感数据,无损压缩可实现较高压缩比。无损压缩技术大致可以分为两类:基于预测的无损压缩和基于变换的无损压缩。

基于预测的无损压缩是基于可预测编码范例,通过较早的像素点预测当前像素点,预测的误差是编码熵(Aiazzi et al.,1999,2001)。图 7.1 为基于预测的无损压缩过程流程图。输入时高光谱数据立方体 $I(x,y,\lambda)$,这里 x、y 和 λ 分别表示数据立方体像元坐标和中心波长。压缩过程的第一步是波段重排序。不过,该步骤是可选的,有时也可以跳过。在排列后的数据立方体 $I'(x,y,\lambda)$ 基础上进行预测。常用的预测方法有卷积预测,在空间或谱段间或两者同时的最邻近预测方法、查找表(look-up-table,IUT)方法或者矢量量化(VQ)方法。在原始数据 $I(x,y,\lambda)$ 或重排序数据 $I'(x,y,\lambda)$ 和预测值 $\hat{I}(x,y,\lambda)$ 之间作差得到残差 $E(x,y,\lambda)$。最后,将残差输入编码熵生成压缩数据。

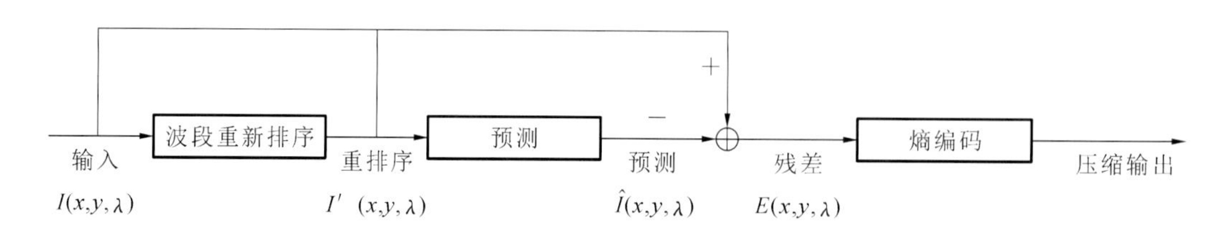

图 7.1 基于预测的无损压缩过程流程图(Qian,2013)

基于变换的压缩方法在无损压缩中比在有损压缩中的应用更为成功,主要是因为所使用的变换都是可逆的,如离散余弦变换(discrete cosine transform,DCT)或小波变换(WT)。在这种情况下,可以根据被压缩数据相干性变换的能力进行让步。图 7.2 是基于变换的无损压缩过程流程图。变换函数可以是可逆 DCT、可积分的 WT,也可以是主成分分析(principal component analysis,PCA)变换,亦可以两种变换结合,一个用于光谱间解相关,另一个用于空间信息的解相关。变换系数同冗余的移除无关,将变换系数进行适当地重组后输入编码熵生成压缩数据。

图 7.2 基于变换的无损压缩过程流程图(Qian,2013)

7.2.1 基于预测的方法

对于高光谱数据来说,波段间的相关性比起波段内空间上的相关性更强,这也是大多数基于预测的高光谱数据无损压缩技术使用波段间压缩来追求更高压缩能力的原因。同多光谱数据不同,高光谱图像在连续的波段范围产生更多的窄波段,这个结果导致了波段间的相关性更高。

7.2.1.1 模糊预测方法

Aiazzi 等(1999)提出了模糊预测方法,它基于模糊逻辑规则在预定的集合中来回转换。Aiazzi 等(2001)通过使用边缘的分析来提高预测精度。Aiazzi 等(2007)进一步提出将分类预测用于无损和近无损压缩。像素间关系领域可以使用模糊 C 均值进行聚类。对于每个聚类,可以通过这些类像元和超过一定隶属度的像元来计算最佳线性预测器。最后对于一个像元值的预测就是各个预测器的加权平均,权重值就是隶属度。Aiazzi 等(2007)同时提出了光谱模糊匹配追踪(spectral fuzzy matching pursuit,SFMP)方法,该方法利用了纯粹的光谱预测;同时,光谱松弛标签预测方法也被提出来,这个方法将图像的波段划分为不同的块,然后预测器根据不同集合进行选择。

7.2.1.2 差分脉冲编码调制聚类方法

Mielikainen 等(2003)提出了差分脉冲编码调制聚类方法。高光谱数据立方体光谱被聚成空间同质类。在每个类内使用一个单独的线性预测,最大限度地减少平方预测误差的期望值。计算每个类的最佳预测器,以移除光谱相干性,并计算预测误差,使用区间编码器来编码。

7.2.1.3 内容自适应预测方法

Wu 等(1996)提出了基于内容自适应预测方法的无损图像编码。该方法根据在连续波段之间的相关性在波段内和波段间预测模式之间相互转换。Magli 等(2004)提出了一种多波段预测方法,它使用在前一波段同位置的两个像素作为当前像素。这个预测器的系数通过离线过程在训练集上训练得来。Rizzo 等(2005)提出了自适应最优最小二乘法预测技术,称为光谱方向最小二乘法。

7.2.1.4 基于块的波段间压缩预测

Slyz 等(2005)提出了基于块的波段间压缩预测算法。高光谱数据立方体的每波段图像被分成方块,每一个块依据前一层图像的相应块进行预测。Wang 等(2005)提出了基于相干的条件平均预测方法,该方法通过相应像元的当前上下文像元来估计采样平均值,根据上下文相关性系数来决定是否作为预测或无损 JPEG 的输入像元。Jian 等(2007)提出了高光谱图像非线性预测方法,该方法基于在当前图像层上下文因果信息和参考图像波段同位置像元来预测当前波段像元值。拓展到基于边缘技术的方法称为基于边缘高光谱图像预测器,它将像元分为非边缘像元和边缘像元。利用在上下文相同的类的像元预测每个像素。

7.2.1.5 查找表方法

查找表方法是另一类预测方法。Mielikaine(2006)和 Huang 等(2006)通过搜索在当前图像波段和前一波段图像像元来预测当前像元,源于最邻近搜索。查找表方法有利于加快速度。查找表方法主要有单查找表预测、局部平均波段间查找表预测、量化索引查找表预测、多波段查找表预测(Qian,2013)。

7.2.1.6 矢量量化方法

高光谱数据立方体中两维为空间维度,第三维是光谱维。VQ 方法被用来预测无损压缩像元值。Ryan 等(1997)使用不同的矢量构造技术并用 VQ 方法研究了对于无损数据压缩适合的量化参数。他们提出使用均值规格化 VQ 方法来达到理论上在 AVIRIS 数据上最小 5 bit/pixel 压缩图像熵。图像从原始图像熵 8.29～10.89 bit/pixel 减小到 4.83～5.90 bit/pixel。Mielikainen 等(2002)使用 VQ 方法来压缩 AVIRIS 数据立方体,通过使用泛化 Lloyd 算法压缩后的数据立方体训练出的码本来压缩。压缩后在解压缩产生重构的数据立方体被用作预测的数据。原始图像立方体和重构图像立方体相减得到残差数据立方体,计算残差数据立方体两个连续的波段之间的差值图像,对差值图像进行熵编码。索引和码本值也分别进行熵编码。用该方法对 AVIRIS 数据立方体进行压缩,压缩比接近 3∶1。Motta 等(2003)提出了分区 VQ 方法,该方法对多个码本进行量化。首先,将每条光谱形成的向量分为不同长度的子矢量,对这些子矢量用合适的码本进行编码;然后,对子矢量的索引进行条件熵编码。

7.2.2 基于变换的方法

7.2.2.1 主成分分析和整数小波变换

Kaarna(2001)提出一种用于多光谱图像的无损压缩技术,它应用了 PCA 和整数小波变换(integer wavelet transform,IWT)来去除光谱和空间的冗余。Mielikainen 等(2002)对该技术进行了改进,使其同时适用于多光谱和高光谱数据。整数小波变换基于提升策略,通过结合预测和更新过程得到不同的滤波器。在自然界中，整型的小波变换是一维的。在二维的情况中，一维的方法可以被推广到图像的行和列。在三维的情况中，一维的方法分别推广到空间维和光谱维三个维度上。在 PCA 变换后，特征向量被存储和系数的不同代表熵编码。残差图变换后的所有波段使用不同熵编码器分别被编码，有时候只有一个波段。

7.2.2.2 可逆离散余弦变换

Wang 等(2009)提出了基于变换的有损到无损高光谱压缩技术，该技术采用了可逆离散余弦变换(reduced discrete cosine transform，RDCT)对空间维解相干性，用可逆整数低复杂度 Karhunen-Loeve 变换(Karhunen-loeve transform，KLT)对光谱维解相干性。离散余弦变换有它特别的优点，比如低内存占用率、在块和块之间的灵活性、并行处理等。Tran 等(2003)设计了预滤波器和后滤波器来提高离散余弦变换的效果称它们为时域折叠变换(time domain lapped transform，TDLT)。TDLT 在能量兼容和有损压缩中的表现比离散余弦变换(DCT)更好，但它在无损压缩技术中的表现并不突出，因为无损压缩需要可逆变换。可逆整数 TDLT 发展并取代整数小波变换，克服了 TDLT 的缺点。由于 DCT 和 KLT 是可逆的，所提出的方法可以用单一的嵌入码流文件从有损到无损压缩高光谱图像。

7.2.2.3 矢量量化方法和离散余弦变换

Baizert 等(2001)提出使用 VQ 方法和 DCT 实现高光谱数据无损压缩。通过在空间维度平均值正规化向量量化(mean-normalized vector quantization，M-NVQ)和在光谱维进行 DCT 是压缩系统的首选组合。由光谱维 DCT 和空域 M-NVQ 编码产生的压缩率能达到 1.5～2.5 倍，比起仅仅使用 M-NVQ 技术获得更高的压缩率。其工作表现了对于低失真级别，可以通过替换空域 M-NVQ 方法为二维的 DCT 来获得更好的压缩效果。

7.2.2.4 整数小波变换

Grangetto 等(2002)提出了基于 2D 变换的有损到无损压缩算法，该算法使用整数小波变换实现。整数小波变换达到的压缩率十分接近离散小波变换结果。它们评估提升系数和部分结果的有限精度表现的效果。

7.2.2.5 基于整数小波变换 3D 压缩

Bilgin 等(2000)提出了基于整数小波变换三维压缩算法和零树结构编码方法(zerotree coding)。带有小波变换的零树结构算法被应用到三维，基于内容的自适应结构编码被用来提高它们的表现。这些混合的算法被认为是基于上下文的嵌入式零树三维小波变换(3D contex-based embedded zerotrees of wavelet transform，3D-CB-EZW)。当在同一个比特流中进行有损和无损解压缩时，这个算法利用所有维度的依赖进行高效的 3D 编码。同时对比可获得的最好的二维无损压缩技术，3D-CB-EZW 算法产生平均 22%、25%和 20%的压缩效果，好于 X 射线摄影、核磁共振影像和 AVIRIS 高光谱图像(Weinberger et al.，1996；Wu et al.，1996)。

7.2.3 熵编码器

目前,对于无损数据压缩的努力方向主要集中在高效预测器的发展或者是更强有力的变换方法。所有提出的无损压缩方法都使用算术编码(Witten et al.,1987)、格伦布(Golomb)编码(Golomb,1966)和 Golomb 二次幂编码(Rice et al.,1971)三种熵编码器。熵编码是无损压缩环节的最后一部分,用于产生压缩的比特流。为了最大化比特流表示的紧密度,熵编码将会分配更短的比特流码字给频率更高的符号。

7.2.3.1 自适应算术编码

算术编码广泛使用在熵编码中(Witten et al.,1987),是可变长熵编码器的一种形式。字符串数据每个字符用定长比特数来表示。当字符串转换到算术编码,频率高的字符将会以更少的比特数来存储,频率低的字符将会用更多的比特数来进行存储,这会产生比总体上更少的比特数。算术编码不同于其他形式的熵编码器,例如霍夫曼编码,将输入分成部分的符号用一个码来替换,算术编码用单数和分数 $n(0\leqslant n\leqslant 1.0)$控制编码整个信息。

自适应算术编码(adaptive arithmetic coding,ACC)包括变化概率(或频率)表处理数据时,只要在解码端概率表用相同方法被替换为和编码端同样的设置,解码后的数据就能匹配原始数据。同步通常是根据符号在编解码期间的结合。自适应算术编码能有效提高编码效率,对比于静态的方法,它在效果上提升 2～3 倍。

自适应算术编码用长度接近理论上最小的限制编码符号流进入比特流。假设源 X 产生概率为 p_i 的符号 i,源 X 的熵被定义为

$$H(X)=-\sum_{i}p_i\log_2 p_i \tag{7.19}$$

其中,$H(X)$单位是每个符号的比特数(bps)。信息论的基本原理是对于源 X 的高效无损(即不可逆的)压缩比特数中的平均比特流不可能低于 $H(X)$。实际中,自适应算术编码根据其编码符号流发生时的频率来估计源符号的概率,经常产生十分接近 $H(X)$的比特流。本质上,获得可以更好地估计 p_i 的自适应算术编码,就越接近编码最低的下限。自适应算术编码的效益可以通过用已知的上下文信息和对于每部分内容保持分离的符号概率估计调节编码器起到提高的作用。也就是说,自适应算术编码限定在特别内容的关注通常减少了符号的变化,然后允许在该内容中产生更好的概率估计和产生更高效的编码。

7.2.3.2 Golomb 编码

Golomb 编码使用可调参数 M 来将输入的 x 切分成两个部分:q,除以 M 的商;r,除以 M 的余数。商被送进一元编码器,接着将余数送入缩短的二进制编码器。当 $M=1$ 时,Golomb 编码可以等价于一元编码器。对于几何分布的随机变量 x,适当地选择 Golomb 编码最小化在所有可能对于 x 无损的二进制编码下预期的码字长度。两个部分是由下列表达

式给出：

$$q = \frac{x-1}{M} \tag{7.20}$$

$$r = x - qM - 1 \tag{7.21}$$

其中，x 是一个随机的编码变量。

最终的结果如下式：

$$(1\text{ 的 } q \text{ 片})r \tag{7.22}$$

这是一个“1 的 q 片”代码串，其次是对余数 r 的 $q=\log_2 M$ (bit)。参数 M 是相应伯努利过程的方程，通过 $p=P(X=0)$ 参数化，表示在给定伯努利试验中成功的概率。M 是分布的中位数或中位数±1，它可以通过下列不等式得到：

$$(1-p)^M + (1-p)^{M+1} \leqslant 1 \leqslant (1-p)^{M-1} + (1-p)^M \tag{7.23}$$

Golomb 认为对于大 M，很少有惩罚通过取：

$$M = \text{round}\left[\frac{-1}{\log_2(1-p)}\right] \tag{7.24}$$

对于相同分布，Golomb 对于这个分布的编码等同于 Huffman 编码。

7.2.3.3 Golomb 二次幂编码

Golomb 二次幂编码使用了 Golomb 编码集的子集来产生简单但可行的次优字头编码。Golomb 编码有一个可调参数正整数 M。GPO2 是指可调参数为二次幂的编码。它使 GPO2 编码可在计算机中使用，因为乘除都是通过在计算机寄存器中字符左右移位实现的。

在 GPO2 编码中，$M=2^k$，k 是非负整数。对于随机整数变量 x 的码字包含了 $[x/2^k]$ 个零，后面接着“1”串联的 x 二进制 k 个最低有效位，称为带参数 k 的 GPO2 编码。

使用 GPO2 编码时，关键在于如何选择参数 k 来产生对于输入源变量或者图像的最小比特流。Rice 编码使用从多个(通常包含多个)不同的 GPO2 编码的候选编码中选出对于块最好的编码选项进行变量块编码。Rice 方法不需指定如何找到最好的编码选项。最小比特流的参数 k 从穷尽尝试所有对于块获得最好的编码的选项值中选出。额外比特的固定数目被用在编码块之前的指示可选编码的选择，来自前一编码块的信息不会被利用。

7.3 高光谱遥感系统的近无损实时数据压缩

虽然高光谱图像无损压缩能够实现数据的完全重建，但是无损压缩中所采用的诸多预处理手段在很大程度上增加了算法的运算量，难以完成公共数据的实时编解码；另一方面，高光谱数据无损压缩的压缩比普遍较低。对于星载成像光谱仪获取的高光谱数据，受星上存储能力及卫星链路传输带宽的限制，要实现高光谱数据的实时传输，高效的近无损压缩也是一种重要的方式。

高光谱数据通常包含各种噪声,包括各类仪器噪声,例如热噪声、散粒噪声、椒盐噪声和量化噪声等。热噪声由仪器的探测器阵列和放大器引起,与信号强度独立;散粒噪声与信号强度的均方根成正比,探测器阵列中不同像元间的噪声是互相独立的,散粒噪声服从泊松分布;椒盐噪声是脉冲噪声,由模数转换器误差引起;量化噪声是通过将遥感像元的模拟电子信号转换为数字信号引起的,它大致呈均匀分布并且取决于信号。以上噪声可统一定义为"固有噪声",用于与压缩算法带来的噪声(误差)相区分。为了保留卫星数据的科学信息,设计有损压缩算法,将压缩过程中引入的误差限制在于原始数据固有噪声水平相一致甚至更低。这种有损压缩定义为"近无损",这种等级的压缩误差相较于固有噪声来说,对卫星数据的遥感应用的影响小到可以忽略。近无损压缩以较低的编码率较高水平地重建图像,逐渐成为图像压缩的一个重要研究方向。

7.3.1 基于预测的方法

高光谱图像的谱带间有着相当强的相关性,说明高光谱在谱带间有着很大的冗余,而这恰恰是高光谱图像本身的特点。正是因为高光谱图像在光谱维上有着相当强的相关性,所以谱带间的去相关在高光谱图像的压缩中很重要。

7.3.1.1 基于差分脉冲编码调制方法

差分脉冲编码调制方法(differential pulse code-modulation,DPCM)是一种最为常用的近无损压缩方法。Chen 等(1994)提出熵编码的 DPCM 方法,使用具有多个上下文和算术编码的源模型来增强该方法的压缩性能,在实现该方法时,考虑两个不同的量化器,每个量化器具有大量的量化级别。Roger(1996)随后提出了自适应的 DPCM 方法。该方法有两个阶段:预测解相关(产生残差)和残差编码。其性能接近传感器噪声所施加的极限,这些预测因子必须利用谱段之间的相关性。使用可变长度编码(rariable length code,VLC)方法对残差进行编码,并且通过使用设计取决于传感器的噪声特性的八个码本来改善压缩。Aiazzi 等(2001)提出基于合理拉普拉斯金字塔整合(Laplacian pyramid blending,RLP)的无关联 DPCM 方法,RLP 的基带图标是 DPCM 编码的,中间层是均匀量化的,底层是对数量化的,由此原始图像与解码图像的像素比可以严格地由 RLP 的底层量化步长。

7.3.1.2 基于线性模型最优预测方法

陈雨时等(2007)建立高光谱图像谱带间的线性模型,利用递归双向预测的思想,通过建立谱带间的现象模型,实现了高光谱图像在信噪比意义下的最优预测。孙蕾等(2008)在谱间线性预测的基础上,根据各个波段的方差大小进行码率分配。Zhou 等(2006)在自适应波段分组的基础上,在各个分组中选取合理的参考波段,利用线性预测去除谱间相关性,最后对各个波段进行 JPEG2000 压缩。

7.3.2 基于变换的方法

基于变换的方法大都采用三维变换的方式去除相关性，由于能够提供可分级编码能力，并且不存在误码传递的问题，已被广泛应用于高光谱图像的近无损压缩，取得了理想的近无损压缩性能。

KLT、DCT 和 DWT 是三种常用的基于变换的方法。Penna 等(2006)提出了基于 KLT 低复杂度的高光谱数据的有损压缩方案，其中复杂性和性能可以以可扩展的方式进行平衡，从而允许选择最佳的折中方案以更好地匹配特定应用程序。Du 等(2007)利用 PCA 和 JPEG2000 中相结合的方法进行谱段去相关以及谱段降维，该方法编码器的失真率和信息保存性能优于基于小波的编码器。

7.3.3 基于矢量量化的方法

本节主要介绍目前常用的两种近无损实时数据压缩方法：逐次逼近多级矢量量化方法(successive approximation multi-stage vector quantization，SAMVQ)(Qian et al.，2012)和分等级的自组织聚类矢量量化方法(hierarchical self-organizing cluster vector quantization，HSOCVQ)(Qian et al.，2004)。这两种方法是专门针对高光谱图像的近无损压缩，即使在高压缩比下，它们也是简单、快速和接近无损的。

7.3.3.1 SAMVQ

SAMVQ 将区域数据划分为可管理的子集进行并行处理，它是根据数据内光谱相似性将区域数据划分为 M 个集群，而不是将数据切分为 M 个小块。地面样本的相似光谱可能与场景中特定目标集群(如植被、水体等)相关联。一个子集包括一组相似的光谱，但不与交轨特定位置相关联。SAMVQ 不仅摆脱了区域数据中穿轨边界，还提升了压缩性能。一个集群中的光谱是相似的，因此更容易被压缩，需要更少的码矢量或者拟合阶段来获取与小块方法相同的重建保真度。因此，如果保真度保持不变，可以实现更高的压缩比。

由于压缩是逐区域独立进行的，因此在沿轨方向的两个相邻区域间仍会存在边界。为了消除这个问题，引入了用于码本训练的两个相邻区域重叠的方法。在先前区域中选择最接近当前区域的多个穿轨线，将其包含在训练集中用于当前区域的在码本训练过程。由于当前区域的光谱矢量和与先前区域重叠区域的光谱矢量具有相关性和相似性，因此用于训练当前区域的码矢量和用于训练先前区域的码矢量间高度相关，特别是在两个区域的交叉地带。用这种方法训练的码矢量对当前区域的光谱矢量进行编码，两个相邻区域间不会存在边界。

7.3.3.2 HSOCVQ

HSOCVQ 首先用待压缩数据作为训练集来训练非常少数目的试验码矢量(通常用 N_1 代),然后用这些试验码矢量将数据中光谱矢量分为 N_1 类,并逐个编码这 N_1 个集群。这相当于根据数据内光谱相似性进行区域数据的集群 SAMVQ 分类形成 M 个集群,从而消除块效应。从本质上说,HSOCVQ 将待压缩的数据分割为多个小尺寸的集群。为了消除相邻区域间的边界,HSOCVQ 是重复使用先前区域训练的码矢量编码当前区域的光谱矢量来获取两个相邻区域的无缝连接。先前区域的最后几帧(特别是最后一帧)和当前区域的前几帧(特别是第一帧)被称为边界区域。因为边界是人为的,边界区域的光谱矢量一定是相似的。用相同的码矢量来编码边界区域中两个区域的光谱矢量。因为使用的是相同的码矢量,因此两个区域间没有可视的空间边界,前一个区域重复使用的码矢量将转移到下一个区域。

7.3.4 基于分布式信源编码的方法

分布式信源编码(listributel sonrce coding,DSC)是近年来逐步发展起来的一项新颖的数据压缩技术,其思想是在编码端对各个信源单独进行编码,各信源之间并不发生联系(至少理论上不需要),在解码端利用信源之间的相关性进行联合解码,这种编码方式在理论上可以获得与联合编解码方法相近的压缩效果(Wyner et al.,1976;Slepian et al.,1973)。

7.3.4.1 基于二元纠错码的方法

利用二元纠错码(low-density parity-check,LDPC)实现高光谱图像的分布式有损压缩,主要是将信源 X 与边信息 Y 分别分解为一系列位平面,利用高效的二元信道码对 X 的每一个位平面分别进行编码。LDPC 具有优于 Turbo 码以及其他码的良好性能,因此,基于 LDPC 码的高光谱图像分布式有损压缩被广泛关注。

7.3.4.2 基于多元陪集码的方法

多元陪集码在高光谱图像分布式压缩中获得了广泛应用,这是因为实际应用中大部分数据都是多进制。对于高光谱图像的 Slepian-Wolf 无损压缩,其边信息在编解码端并不需要完全一致,只要解码端获得的边信息 Y 与信源 X 之间的欧氏距离不超过陪集中相邻元素之间距离的一半,解码端仍可正确重建原始信息,这正是分布式压缩具备抗误码性的原因所在。此外,高光谱图像分布式压缩通常采用分块的方式,光谱方向上具有相同空间位置的编码块作为整体进行压缩,这种处理方式的优点:①在一定程度上能够利用图像的局部空间相关性;②易于实现并行处理;③可以有效抑制误码在空间方向上的扩散。

7.4 矢量量化数据压缩

矢量量化(VQ)是量化信号矢量的有效编码技术,广泛应用于信号和图像处理中,例如模式识别、语音和图像编码。VQ压缩过程主要有两步:码本训练(也称为码本生成)和编码(例如码矢量匹配)。在训练步骤中,训练序列中相似的矢量分到同一群组中,每一组分配给一个单一的具有代表性的矢量,即码矢量。在编码步骤中,将每个输入矢量用一个简单的群组索引引用的最近的码矢量替换后进行压缩。码本中匹配的码矢量的索引(或地址)将会通过信道传递到解码器中,并用于从相同的码本中检索相同的码矢量。这是对相应输入矢量的复制重建。因此,压缩是通过码矢量的索引传输进行的,而不是通过整个码矢量的本身来进行压缩。

与标量量化不同,VQ需要将数据源分解成矢量。在二维图像数据中用VQ进行压缩,一般将$m\times n$(n可以等于m)的块作为一个矢量,其维数也等于$m\times n$。以这种方式构成的矢量没有物理意义。由于块是根据图像的行和列的索引进行分割的,这种方式生成的矢量会随着块与块之间的像元变化发生随机变化。对于大压缩比的重建图像会表现出明显的块效应。

有几种方法可以用于构成高光谱图像三维数据立方体的矢量。最简单的方法是将三维数据立方体看成一系列的单色图像,然后如二维图像一样,分别对每一个单色图像分割矢量。然而,这种方式没有利用数据在光谱域的高相关性。本书构建VQ压缩矢量的方法是将地面上足印相对应的光谱曲线作为矢量。对于空间维为N_r行和N_c列的三维数据立方体一共有$N_r\times N_c$个矢量,每一个矢量的维数等于光谱波段数N_b。这种方式构成的矢量有物理意义:每一个矢量是一个光谱,每一个光谱都是地球表面物质的一个指示器,位于高光谱传感器视野范围内。由于场景中物质的数量一般是有限的,因此不同的编码光谱的数量比总矢量$N_r\times N_c$小得多。因而所有的光谱矢量都可以用一个包含相对较少码矢量的码本表示,并实现良好的重建保真度。这种矢量结构很好地利用了光谱域中波段间的高度相关性,实现了高压缩比。接下来的部分中展示了其带来的快速码本生成和快速码矢量匹配。

图7.3为按之前定义的那样构建矢量对高光谱数据立方体进行VQ压缩的概念。在图中,将空间大小为N_r行和N_c列,光谱波段为N_b的高光谱数据立方体作为输入数据。对应于地面足印的光谱曲线(即光谱方向有N_b个元素)作为矢量。在训练步骤中,生成并存储包含N个码矢量的码本。在编码步骤中,为了压缩数据立方体,数据立方体中的每一个矢量都应与码本中N个码矢量进行对比,从而找到其最佳匹配。最佳匹配的码矢量的索引作为输入矢量编码结果的输出;将它分配至索引图中与该矢量在数据立方体中相同的空间位置元素中。在数

据立方体的所有矢量编码完成后，形成了一个包含所有索引的索引图。该索引图就是数据立方体的压缩结果。对于有 N 个码矢量的码本需要 $\log_2(N)$ 个比特数来表示索引。

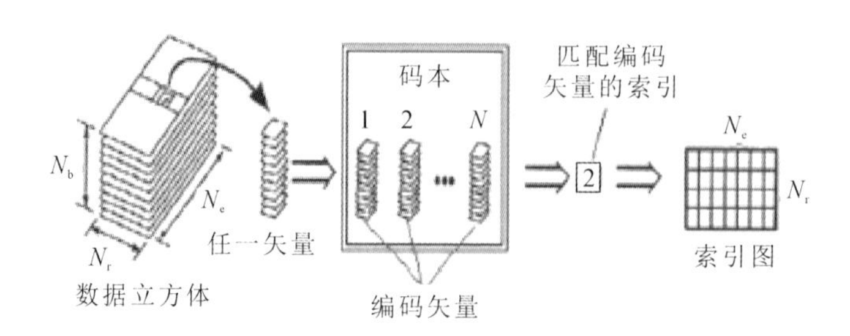

图 7.3　VQ 压缩算法概念图

因此，用于数据立方体编码的比特数为 $N_r N_c \log_2(N)$。压缩比为

$$C_r = \frac{N_r N_c N_b L}{N_r N_c \log_2 N} = \frac{N_b L}{\log_2 N} \tag{7.25}$$

其中，L 是原始数据立方体的字长，即用于表示原始数据立方体值的比特数。式(7.25)表明压缩比与光谱波段数 N_b、原始数据立方体字长 L 以及码本大小 N 相关。码本大小是控制压缩比的唯一参数，对于将要压缩的数据立方体来说，N_b 和 L 是固定的。压缩比与数据立方体的大小无关。如果高光谱数据立方体的尺寸增加但是码本大小 N 保持不变，压缩比仍然保持一样但是压缩保真度会下降。假设 AVIRIS 获取的三维高光谱数据立方体 $L=16$ bit，$N_b=224$，使用 $N=4\ 096$ 个码矢量的码本，压缩比 $C_r=298.7$。

许多现有 VQ 算法的码本设计是可用的，例如 LBG(Linde-Buzo-Gray)算法、树形结构码本算法以及自组织特征映射(self-organizing feature map，SOFM)算法。其中，LBG 算法以其保真度良好应用最为广泛。[该算法假定训练序列 $X_j(j=1,2,\cdots,n)$，n 个 k 维的矢量用于生成 N 个码矢量的码本，给出含有 N 个码矢量的初始码本 $\hat{A}_m=\{Y_i;i=1,2,\cdots,N\}$。]该算法在训练序列 $X_j\in S_i$ 如果 $d(X_j,Y_i)\leqslant d(X_j,Y_l)$，$l=1,2,\cdots,N$ 中寻找每一个矢量的最小距离分区(minimum distance partition，MDP)$P(\hat{A}_m)=\{S_i;i=1,2,\cdots,N\}$。码本训练是一个迭代的过程：算法在迭代循环结束的时候更新码本 $\hat{A}_m$，其中 m 是调整码本的迭代次数。最常用的畸变度量是欧几里得距离，它是一个平方误差畸变度量：

$$d(X,Y) = (X-Y)^2 = \sum_{i=1}^{N_b}(x_i - y_i)^2 \tag{7.26}$$

如果用这个度量，该算法需要对每一个训练矢量 $X_j(j=1,2,\cdots,n)$ 计算 N 次 $d(X,Y)$ 来获取 MDPS_i。计算一个 $d(X,Y)$ 需要 k 次乘法和 $k-1$ 次加法，其中 k 是矢量的维数。因此，一共需要 $N\times k$ 次乘积和 $N\times(k-1)$ 次加法计算出一个矢量的 MDPS_i。对于一个包含 n 个矢量的训练序列，在码本训练中，它需要 $n\times N\times k$ 次乘积和 $n\times N\times(k-1)$ 次加法并且不止一次迭代计算出 MDP$P(\hat{A}_m)=\{S_i;i=1,2,\cdots,N\}$。迭代循环的次数由畸变阈值 $\varepsilon(\varepsilon\geqslant 0)$ 决定。一般来说，要生成一个码本，需要超过 10 次的迭代训练。

经典的通用 Lloyd 算法(generalized Lloyd algorithm,GLA)以其简单性和相对较好的保真度被广泛应用于全搜索 VQ 方法中。然而,其严重的复杂性限制了它的实际使用。对于 VQ 压缩算法进行快速搜索的研究非常活跃。一个通用的用于降低 GLA 全搜索计算复杂度的方法是基于识别 Voronoi 单元的地理边界和存储为适宜的数据结构来简化搜索过程。这样,大部分的搜索复杂度就转移到了数据结构的离线设计上(Gersho et al.,1992)。

其中一个方法是基于 k 维的($k-d$)树(Equitz,1989)。因为树的每个结点仅需要检测训练矢量的一个成分高于或低于阈值,因此简化了搜索过程。$k-d$ 树对于码矢量搜索非常有效,但是需要基于训练数据进行非常精心的设计。

另外一个减少全搜索复杂度的方法是基于三角不等式排除(triangle inequality elimination,TIE)(Hsieh et al.,2000)。该方法使用了参考点,即锚点。它们到每一个码矢量的距离已经经过预先计算和存储。然后编码器计算训练矢量和每一个锚点之间的距离。之后,一些使用预先计算数据,经过简单比较可消除大量的候选最佳码矢量。这里也存在一个搜索速度和预计算数据表之间的权衡(Ramasubramanian et al.,1997)。因为基于 TIE 的方法需要大量的内存存储预先计算的数据表格,研究人员提出了一种用于减小内存空间的均值排序算法(Ra et al.,1993),之后提出了多三角不等式排除进一步降低计算的复杂性(Chen et al.,1997)。

还有其他的不等式排除方法。Wu 等(2000)提出了范数顺序快速搜索算法,在搜索前先计算码矢量的范数并根据其对码矢量进行排序。在搜索过程中,根据存储范数和训练矢量范数定义的不等式,可以去除一些码矢量。

还有一种更复杂的码矢量搜索算法(Lu et al.,2003)。在 Wu 等(2000)方法的基础上引入了两个额外的基于均值和方差的码矢量消除准则,用于进一步减少搜索空间。使用码本拓扑结构的快速搜索算法同样也被引用进来,用以消除不必要的码矢量匹配(Lee et al.,1995;Pan et al.,2000;Song et al.,2002)。

Kaukoranta 等(2000)提出了一种用于加速 GLA 的算法,它既没有用 $k-d$ 树的方法,也没有用不等式消除的方法。它先检测码矢量的活性然后根据这一信息来分类训练矢量。对于目前未修改的码矢量的训练矢量,只计算它们和活跃码矢量之间的距离。在不牺牲 GLA 最优性的前提下,可以忽略大部分的距离计算。当其应用到几个快速 GLA 变体,如部分距离搜索(Bei et al.,1985)、TIE(Chen et al.,1991)和平均距离部分搜索(Ra et al.,1993)中时,进一步加快了处理速度,使其速度提高了 2 倍多。

Qian(2004)提出了一种简单有效的同类型码矢量搜索算法。它对 GLA 进行了修改,在当前迭代中如果其与 MDP 的距离得到了增大,那么训练矢量则不需要搜索其最佳匹配矢量。这与 Kaukoranta 等(2000)在时间处理上的改进类似,但是它更简单,仅仅需要对 GLA 做一点点的改进。Qian(2004)生成的码本可能与 GLA 码本不一样。这是因为如果矢量在当前迭代中向 MDP 靠近,算法会将训练矢量分到与先前迭代一样的最佳匹配矢量中,然而在 GLA 中,训练矢量不一定分到与先前迭代相同的 MDP 中,尽管在当前迭代中它更接近于 MDP。

在这些成果的基础上，Qian(2004)进一步改进了VQ压缩技术的搜索算法。该改进的搜索方法利用了GLA的一个事实，训练序列中的矢量要么位于先前迭代中同一个MDP中，要么是在一个很小的分区中。该方法仅仅在分区的子集中以及先前迭代MDP的单一分区中搜索训练矢量的MDP。因为该子集的大小要比码矢量总数小得多，因此搜索过程明显加速。该方法产生的码本与GLA生成的码本一致，但是速度更快。

7.5 高光谱遥感系统的星上数据压缩引擎

本节以逐次逼近多阶段矢量量化(SAMVQ)和分等级的自组织聚类矢量量化(HSOCVQ)算法为案例，简要介绍算法的硬件实现方式。星上实时数据压缩主要包括三个顶层拓扑结构：基于引擎的数字信号处理器(digital signal processing，DSP)方法(Liptak，2006)、基于CPU的高性能通用方法和专用集成电路(application specific integrated circuit，ASIC)(Golshan，2007)和现场可编程门阵列(field-programmable gate array，FPGA)方法(Wisniewski，2009)。其中，基于ASIC/FPGA方法的压缩引擎可以实现最佳性能和可扩展性，ASIC/FPGA方法的优点包括：①应用并行处理来提高吞吐量；②提供压缩算法和电子元件长期的持续升级；③支持高速直接存储器访问(direct memory access，DMA)传输，用于数据读写操作；④优化设计规模到任务要求；⑤在整个数据处理过程中提供数据完整性特征。

通过使用超高速集成电路硬件描述语言(very high speed integrated circuit hardware description language，VHDL)对FPGA进行编码，可提供快速重设计或调整大小的通用功能。通过这些基础工具，压缩引擎可以适应不同规模高光谱数据压缩需求。图7.4显示了实时硬件数据压缩器的框图，基于该框图构建了概念验证原型压缩器。图7.5为压缩引擎板原型，该原型由多个独立的压缩引擎组成，每个压缩引擎都具有并行压缩光谱矢量集的能力。这些自动设备一旦程序启动，就以连续模式逐集合地执行压缩。压缩引擎是由FPGA芯片组成，原型压缩器板还具有网络交换机、快速存储器和PCI总线接口。由FPGA芯片组成的网络交换机用于服务每个压缩引擎的数据流传输，使用高速串行链路并行服务最多达8个压缩引擎。

在原型压缩器中，快速存储器被临时看作高光谱传感器焦平面帧的连续数据流源。数据通过控制器计算机的宽总线和PCI总线进入压缩引擎，并通过网络交换机分发给每个压缩引擎。从快速存储器到网络交换机的传输数据速率可能低于由高光谱传感器产生的焦平面帧的实际数据速率，但是数据从到达网络交换机到压缩器输出，压缩器的吞吐量必须大于或等于真实的数据速率。在实际情况下，快速存储器将被高光谱传感器A/D转换或预处理后的数据缓存区取代。

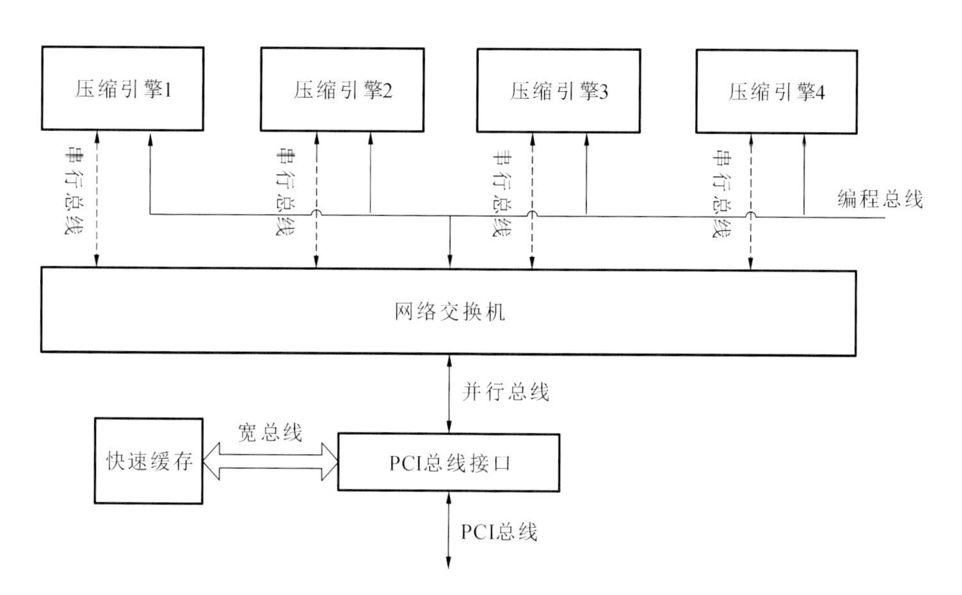

图 7.4 基于 ASIC/FPGA 方法的实时硬件数据压缩器框图(Qian,2013)

图 7.5 压缩器引擎板原型(Qian,2013)

LBG 算法是基于 VQ 数据压缩技术中广泛使用的矢量训练算法，在 SAMVQ 和 HSOCVQ 算法中均有使用（Linde，1980）。在使用 SAMVQ 或 HSOCVQ 开发星上实时数据压缩器算法过程中，LBG 算法的实现对压缩系统的性能有显著影响。在 LBG 码矢量训练中，光谱矢量与码矢量之间矢量距离的计算是最常用的运算。计算矢量距离的架构主导了压缩引擎的性能。有两种新型有效的矢量距离计算器（Qian et al.，2012），即沿光谱波段矢量距离计算器、跨光谱波段矢量距离计算器。在这两种矢量距离计算器的基础上，Qian 等（2007）研制出了两种码矢量训练器，同时构建了四种不同配置的压缩引擎。

7.5.1 矢量量化数据压缩引擎

压缩引擎是一个独立自主的机器，其使用 SAMVQ 或 HSOCVQ 技术来压缩光谱矢量的子集，内置在单个集成电路中，如 FPGA。压缩引擎由编码矢量训练器（Qian，2013）、状态机控制器、内部随机存取存储器（radom access memory，RAM）、两个直接存储器访问（direct memory access，DMA）接口和编程总线接口组成。虚线表示编程总线，点虚线表示请求或握手线，粗连续线表示数据总线。可以设计状态机控制器，使得压缩引擎可以运行 SAMVQ 或 HSOCVQ。DMA 接口将原始光谱矢量高速传输到内部 RAM，另一个 DMA 将压缩数据传送出压缩引擎。编程总线接口支持压缩引擎编码矢量训练器和状态机控制器的编程。以这种方式，编码矢量训练器可以被选择性地实现为沿光谱波段或跨光谱波段矢量训练器（Qian，2013）。编程总线接口从网络交换机接收编程信号，对编码矢量训练器和内部 RAM 进行编程以支持波段编码矢量训练，同时对状态机控制器进行编程选择执行 SAMVQ 或 HSOCVQ。

DMA 接口从网络交换机接收输入光谱矢量，并将光谱矢量高速传输到内部 RAM。同时，DMA 接口将压缩数据传输到网络交换机。DMA 接口通过高速串行链路控制器连接到网络交换机，用于快速输入光谱矢量和输出压缩数据。输入光谱矢量在压缩前存储在内部 RAM 中。内部 RAM 支持沿光谱波段编码矢量训练以及跨光谱波段编码矢量训练。在通过 DMA 接口传输之前，压缩数据（编码矢量和索引映射）也存储在内部 RAM 中。

压缩引擎能够自主地执行压缩过程而无须外部通信，大大提高了处理速度。仅需要几个命令，例如“输入向量”和“开始压缩”来启动压缩过程，压缩过程的完成是由一个提示信号发出的。此外，压缩引擎独立于系统的时钟。一旦接收到输入数据，就使用内部时钟进行压缩处理。串行链路的作用是将压缩引擎及其环境的时钟域解耦，编程总线接口是异步的，不会限制压缩引擎的时钟。

7.5.2 星上实时压缩器

7.5.2.1 配置

实时压缩器由多个并行压缩引擎和高速网络交换机组成，如图 7.6 所示。图 7.7 为网络交换机，它可以将输入光谱矢量数据分配到每个压缩引擎中，然后接收并发送所得到的压缩数据。集群 SAMVQ 和递归 HSOCVQ 技术支持将原始高光谱图像数据分解为子集，并允许它们在单个压缩引擎内并行压缩。

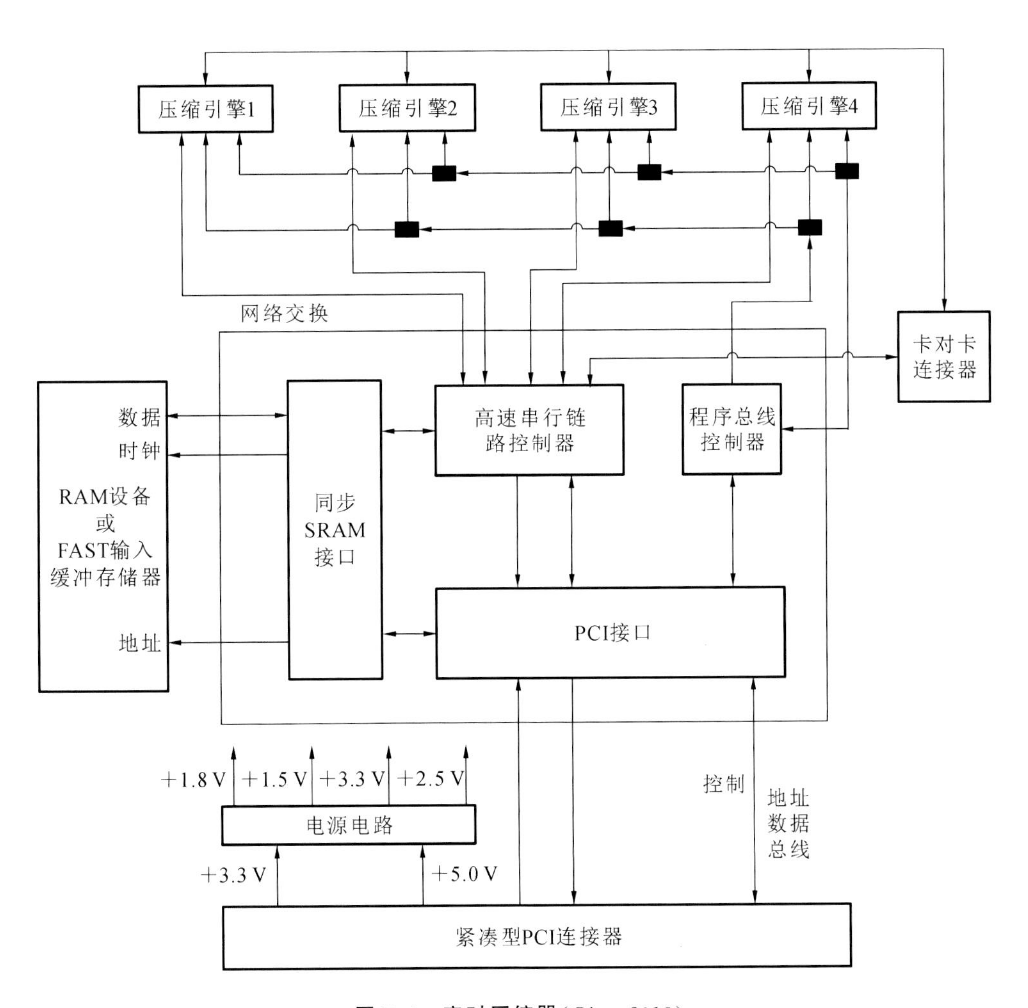

图 7.6 实时压缩器(Qian,2013)

输入 RAM 经由宽度数据总线(例如 128 bit)连接到网络交换机。输入 RAM 以非常高的速率存储和读取多个数据子集，以克服压缩引擎的串行链路通信中的瓶颈。实时压缩器一般构建在印刷电路板(printed circuit board,PCB)上。PCB 可以在网络交换机和压缩引擎之间实现高速串行链路。此外，PCB 能够通过诸如卡对卡连接器的通信链路将网络交换机

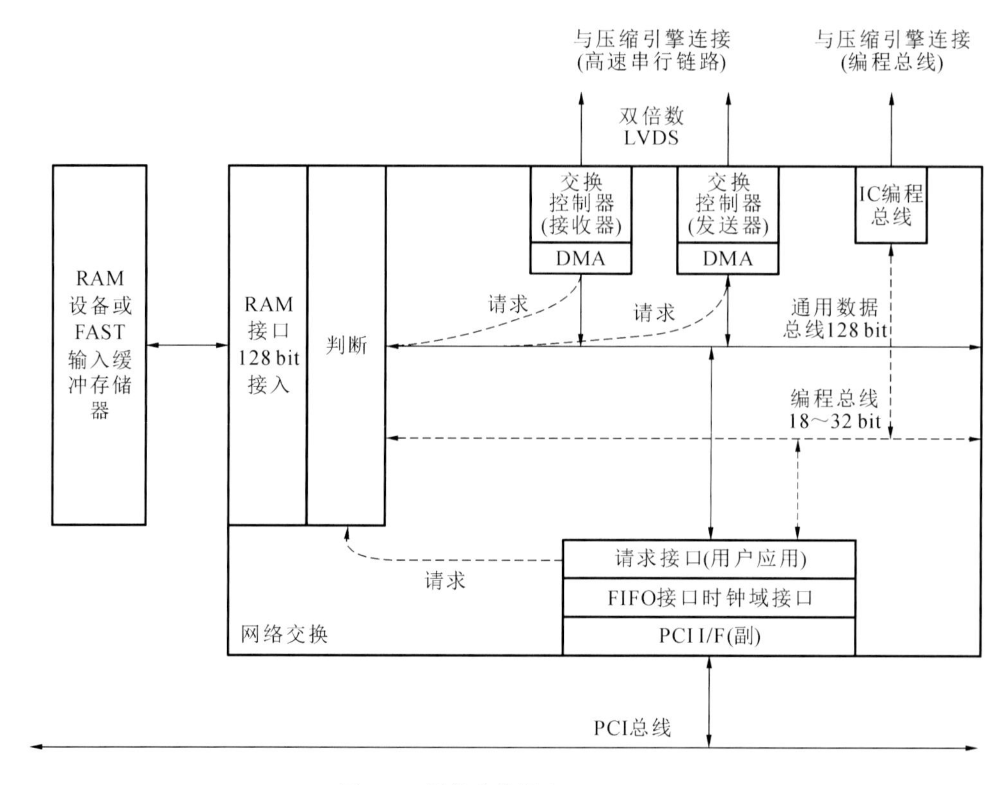

图 7.7　网络交换机(Qian,2013)

的串行链路扩展到第二个 PCB,即将压缩器中的压缩引擎数量加倍。使用现有技术,4 个压缩引擎可以实现在一个 PCB 上同时处理 4 个数据子集,或者在两个 PCB 连接时使用 8 个压缩引擎。压缩器集成到应用系统环境中,并通过诸如紧凑型 PCI 连接器之类的通信链路与其相连,用于传输控制信号、数据和功率,接收的功率通过电源电路传输到压缩器的各种部件。如图 7.6 所示,硬件架构以及 PCB 和 FPGA 的使用提升了压缩器的模块化,允许压缩器以最少的重新设计适应多种系统应用。总体来说,实时处理压缩器有以下特征:①硬件架构使压缩器具有模块化和可扩展性,从而可以以最少的重新设计满足任何高光谱卫星系统的应用要求;②可以使用可重新配置的 IC 芯片组(如 FPGA),允许使用与航天器相同硬件的多个实时配置;③PCB 允许网络交换机与 PCB 内部和外部压缩引擎之间的高速串行链路;④网络交换机的串行链路扩展可用于第二个 PCB,网络交换机可以连接多达 8 个压缩引擎;⑤它适应调试需求。

7.5.2.2　网络交换机

网络交换机(图 7.7)位于单个 IC(如 FPGA)中,网络交换机的主要职责:①为 PCB 提供 PCI 接口;②提供访问 FAST 输入缓冲存储器的接口;③提供访问 CE(编程总线)的接口;④允许连接到 8 个压缩引擎;⑤允许扩展以添加其他功能,例如求和单元。

网络交换机通过 PCI 接口连接到 PCB,该接口包括用于通过网络交换机的编程总线(细虚线）和 IC 间编程接口配置压缩引擎的编程总线链路，以及通过 RAM 接口配置快速输入缓冲 RAM。PCI 接口还包括用于传输输入光谱矢量数据和输出压缩数据的 PCI 数据链路。网络交换机内的数据通信，使用例如 128 位的公共数据总线连接 PCI 接口、RAM 接口和两个 DMA 接口。DMA 接口发送器提供了一个高速串行链路来提供输入数据，因此，DMA 接口接收端为接收来自压缩引擎的压缩数据提供了一个高速串行链路。

网络交换机从 PCI 接口接收输入的光谱矢量数据，并通过 RAM 接口将接收到的数据发送到输入缓存储中进行存储。根据所接收的编程数据，然后使用 RAM 接口对即将分配给多个压缩引擎的光谱矢量数据进行访问和划分，经由公共数据总线和 DMA 接口发送器将划分的光谱矢量数据提供给多个压缩引擎。经由 DMA 接口接收器从多个压缩引擎接收压缩数据，经由公共数据总线和 RAM 接口提供给快速输入缓冲器 RAM 存储，或者所接收的压缩数据被直接发送到 PCI 接口。网络交换机的硬件采用 FPGA 等集成电路实现，它允许在一个压缩器内实现 8 个压缩引擎，此外，可以添加其他功能，例如求和单元。如图 7.7 所示，硬件架构可通过高速串行链路将高光谱传感器直接连接到网络交换机。RAM 接口的使用可以让网络交换机在压缩过程中接收输入数据，并通过高速串行链路向压缩引擎提供相同的数据，大大提高了处理速度。此外，使用快速输入缓冲器 RAM 大大方便了多个压缩引擎同时工作。

7.5.3 典型矢量编码算法的硬件实现过程

7.5.3.1 编码矢量训练过程

SAMVQ 和 HSOCVQ 算法均使用了 LBG 算法迭代进行矢量训练。LBG 算法是一个迭代的矢量聚类算法，将大量的光谱矢量分组成一个个小类（4、8 或 16），每个都与编码矢量相关联，通过该编码矢量，所有输入的光谱矢量都用码本中最佳匹配编码矢量的索引进行编码。编码矢量训练的输入输出数据包括：①输入数据，包含光谱矢量的数组；②编码矢量输出，为一小组矢量，采用最小失真测量用于编码输入光谱矢量；③索引映射输出，为和输入数据一样空间大小的二维数组，索引映射空间位置每个数值代表该位置处特定输入光谱矢量被编码的最佳匹配编码矢量索引。

使用迭代处理，在矢量训练过程获得最佳匹配编码矢量，并且对输入数据集中的每个光谱矢量进行编码，此即为矢量训练过程。当矢量编码过程完成时，将产生两个压缩数据集：一小组编码矢量（4、8 或 16）和索引映射（大小等于行数乘以列数）。这些数据集被保存并最终通过下行链路信道发送到地面。可以看出，在地面上当每个索引（在索引映射中）被其相关联的编码矢量（被称为编码的数据存储体）代替时，可以非常好地重构原始输入数据。

7.5.3.2 SAMVQ 硬件实现过程

原始输入数据减去重建的数据，可以得到一个原始数据和重建数据之间差异的一个残差数据立方体。将残差数据立方体进行向量训练处理，并生成另一组编码矢量和索引图。

一个完整的矢量训练处理、数据重建和残余过程称为 SAMVQ 阶段。SAMVQ 压缩算法具有固定或可变数量级(基于保真度测量)。压缩数据在每个阶段都有一个码本和索引映射,码本和索引映射均会被传送到地面进行数据重建。

SAMVQ 压缩的第一阶段对输入高光谱数据进行矢量训练处理,当在第一阶段近似结束时进行残差计算处理,从高光谱输入数据中减去重建的立方体生成残差数据。在第二阶段进行压缩处理时,输入数据是第一阶段获得的残差数据,在第二阶段压缩残差结束时,本阶段的原始残差数据减去重建残差数据,生成残差数据的残差数据。重复以上过程,继续进行 M 阶段,生成 M 组索引图和编码矢量(每级一组),并发送到地面进行重建。

7.5.3.3 HSOCVQ 硬件实现过程

HSOCVQ 涉及层次化自组织聚类过程。高光谱输入数据首先进行矢量训练处理,该步骤的输出是一组编码矢量(如分为四个)和指定每个像素与编码矢量相关联的索引映射。然后,将这四个群集中的每一个分开处理(作为不同的组),因为这些群集中的每一个将通过向量训练处理再次被分析。

以其中一个群集为例,在矢量训练处理的第二深度,将群集细分为四个子群集,继续该过程(树扩展),直到集群满足以下一个或多个标准为止:①每个集群的光谱矢量的数量小于预定值;②该群集的峰值信噪比满足预定义值;③该群集的均方根误差满足预定义值。

当集群收敛时,通过该集群中的矢量训练处理发现的编码矢量与这些代编码矢量引用的像元一起被发送到地面(或者压缩引擎外部的临时存储器)。因此,所有的集群和所有像元将最终会聚,所有像元的索引将被确定。同样地,与所有融合集群相关的所有编码矢量都将被确定并发送到地面进行解压缩。

7.6 航天应用的部分数据压缩国际标准

现有的 JPEG 和 JPEG2000 图像压缩标准,并不是针对卫星数据设计的。根据在轨卫星数据的特点,国际空间系统咨询委员会(Consultative Committee for Space Data System, CCSDS)发布了三个航天数据压缩标准。CCSDS 发展和发布了 53 条关于空间数据和信息系统的建议标准(蓝皮书),里面由国际标准化组织(International Organization for Standardization,ISO)作为国际标准发行,有超过 600 个空间任务使用了这些规范。CCSDS 建议的算法复杂度较低,以满足高速硬件设计,允许高效内存实现,从而不需要大量中间帧进行缓存。另外,CCSDS 标准是限制了发生在通信下行通道中的数据的损失。因此,压缩算法更适合基于帧的图像格式(同时获取两个维度)。

三个 CCSDS 航天数据压缩标准如下:①无损数据压缩:CCSDS 121.0-B(ISO 15887;

2000)对于一维数据的无损压缩;②图像数据压缩:CCSDS 122.0-B(ISO 26868:2009)对于近无损图像压缩;③无损多光谱和高光谱图像压缩:CCSDS 123.0-B(ISO 18381:2013)对于无损多光谱和高光谱图像压缩。

7.6.1 无损数据压缩

CCSDS 无损数据压缩(lossless data compression,LDC)主要包括预处理和自适应熵编码两个部分,如图 7.8 所示。

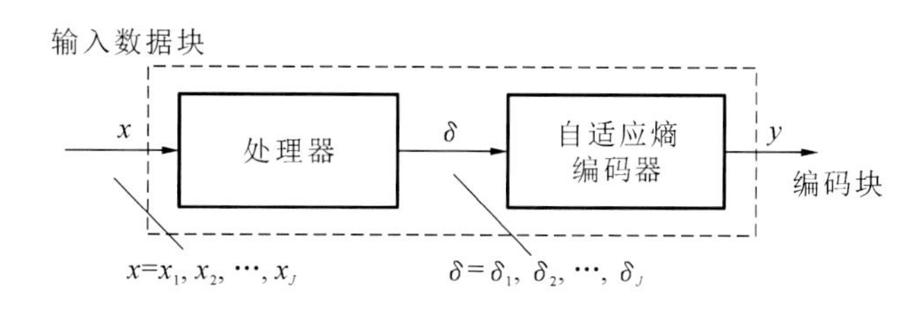

图 7.8 CCSDS LDC 编码器流程图

7.6.1.1 预处理

预处理是将数据转换成易被熵编码器压缩的样本,一般为了保证压缩是无损的,预处理器应该是可逆的。为了实现有效压缩,需要对原始数据变换,以便短码字出现的概率比长码字高。如果有好几个预处理阶段,首选产生平均码字最短的预处理阶段。预处理器消除了输入数据块中样本间的相关性,从而提高了熵编码器的性能。在标准 CCSDS 121.0-B 中,预处理过程是通过预测器和预测误差映射器来完成的,对于一些类型的数据,需要更复杂的基于变换的技术来提高压缩效率,但是复杂度也会随之增高。

预处理器主要包含两个功能:预测和映射。预测器的选择不仅仅需要考虑预期的数据,还需要考虑背景噪声可能的变化和获取数据传感器的增益。应当选择可以最小化由传感器非均匀性导致的噪声量的预测器。若图像强度为 $x(i,j)$,i 是扫描行,j 是每一行的像元数,可能的预测器类型有以下 3 种。

1. 一维一阶预测器

预测亮度值 $\hat{x}_i$ 是等价于同一扫描行中的前一个采样样本值 $x(i,j-1)$ 或者前一扫描行的同列采样样本值 $x(i-1,j)$。单位延迟预测器即为一维一阶预测器。

2. 二维二阶预测器

预测亮度值 $\hat{x}_i$ 是共轭样本 $x(i,j-1)$、$x(i-1,j)$ 的平均值。

3. 二维三阶预测器

预测亮度值 $\hat{x}_i$ 等于三个邻域值 $x(i,j-1)$、$x(i-1,j)$、$x(i-1,j-1)$ 的加权和。基于预测值 $\hat{x}_i$,预测误差映射器将预测误差值 Δ_i 转换成 n 比特非负整数 δ_i,方便后续熵编码器处

理。对于熵编码阶段最有效的压缩方式，δ_i 应满足

$$p_0 \geqslant p_1 \geqslant p_2 \geqslant \cdots p_j \geqslant \cdots p_{(2^n-1)} \tag{7.27}$$

其中，p_j 是 δ_i 等于整数 j 的概率。这保证了更多可能的符号用较短的码字进行编码。预测误差映射函数为

$$\delta_i = \begin{cases} 2\Delta_i, 0 \leqslant \Delta_i \leqslant \theta_i \\ 2 \mid \Delta_i \mid -1, -\theta_i \leqslant \Delta_i < 0 \\ \theta_i + \mid \Delta_i \mid, \text{其他} \end{cases} \tag{7.28}$$

其中，$\theta_i = \min(\hat{x}_i - x_{\min}, x_{\max} - \hat{x}_i)$。

对于有符号的 n 比特信号值，

$$x_{\min} = -2^{n-1}, x_{\max} = 2^{n-1} - 1 \tag{7.29}$$

对于非负 n 比特信号值，

$$x_{\min} = 0, x_{\max} = 2^n - 1 \tag{7.30}$$

当预测器选择合适的话，预测误差将会趋近于很小的值。

7.6.1.2 自适应熵编码

自适应熵编码功能是计算可变长码字相应的每个来自预处理器的样本块。它转化预处理样本 δ 变为编码比特序列。编码选择利用 Rice 算法的可变长编码(Ryan et al.，1997；Mielikainen et al.，2002)。Rice 算法利用一组可变长编码来实现压缩。每个编码对于特别的几何分布源最优。可变长编码，例如霍夫曼编码和 Rice 算法使用的编码，通过分配最短的码字给高频率出现的标志进行压缩数据。通过使用不同的编码和传递编码标识符，Rice 算法可以应用到很多熵值从低(可压缩率高)到高(可压缩率低)的源数据集中。由于源采样块独立编码，边信息不需要通过包边缘携带，并且算法的性能与包大小无关。Rice 算法如图 7.9 所示，由与数据样本解相关的预处理器和后续将其映射为适用于熵编码阶段符号的映射器组成。

自适应熵编码包含了一系列应用到 J 大小预处理样本块中的可变长编码。对于每个块，达到最好压缩的编码选项应用于编码块。编码后的块带有一个 ID 比特来表明编码选项用于解码。因为新的编码选项选来用于每个块，Rice 算法可以用来改变源统计量。然后，每个块长度参数 J 越短的值可以越快地用于改变源统计。然而，编码比特部分将会减少大的 J 值。

在熵编码中，主要有基本序列(fundamental sequence，FS)编码、分离样本编码、低熵编码。FS 编码字定义使每个“1”数字表示码字的最后，和先前的零个数表明该标志被传输。这个简单的解码过程允许 FS 编码字不通过使用查询表来解码。FS 编码可以实现压缩的原因在于标识符 s_1 发生频率高并且标识符 s_3 和 s_4 发生频率低，用平均低于每个标识符两个编码比特更低的进行传输，然而一个没有编码过的标识符总是每个标识符需要两个字符。长 FS 编码用相同的方式达到压缩。

分离样本编码中，第 k 个分离样本配置将每个 J 大小的样本块的最低 k 比特位分离并在添加分离比特到编码的 FS 数据流之前，用一个简单的 FS 编码剩下的高比特位。每个分

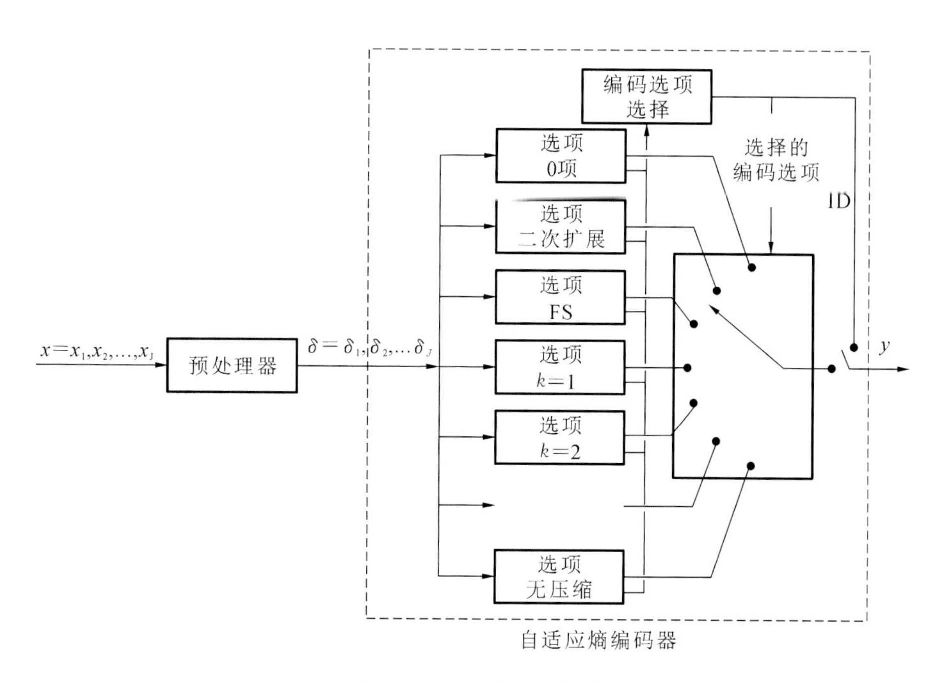

图 7.9 Rice **算法块状图**

离样本选项设计来产生约 1 字符/样本大小的压缩数据[$(k+1.5)\sim(k+2.5)$ bit/样本];编码配置满足最少的编码比特通过配置选择逻辑来选择块。这个配置选择过程确保了对于相同块数据编码配置块将会用最合适的进行编码,但是这并不意味着在这个变化中的源熵是必要的。实际上的源熵值将会更低;源统计和预处理过程的程度决定了熵的程度。

低熵编码又包括第二扩展配置、零块配置以及无压缩配置。第二扩展配置被用来产生压缩数据流为 0.5~1.5 字符/样本。当这个配置选定,编码第一对连续 J 大小样本块和用 FS 编码变换样本对到新的值。这个对于 γ 的 FS 编码字将会传递,这里 $\gamma=\frac{(\delta_i+\delta_{i+1})(\delta_i+\delta_{i+1}+1)}{2}+\delta_{i+1}$。零块配置和第二扩展的配置是两个低熵的编码配置。当预处理样本是非常小的值时,它们会非常高效。零块配置是一个特别的例子。这个配置在多个大小 J 连续样本块都为零时使用。在这种情况中,零块的个数 $n_{\text{zero\_block}}$ 用比特长度等于 $n_{\text{zero\_block}}$ 或者当 $n_{\text{zero\_block}}>4$ 时 $n_{\text{zero\_block}}+1$ 的 FS 编码。无压缩配置会在当前面配置中没有一个提供关于块的任何数据压缩时选定。在这个配置下,除了预定长的标识符,数据预处理块不会有任何改变进行传递。

7.6.2 图像数据压缩

CCSDS-122 图像数据压缩(image data compression,IDC)标准定义了用于压缩具有 16 位整数的二维图像的特定算法,该算法由许多类型的成像仪器生成。该算法旨在适用于航天器;特别地,算法复杂度被设计为足够低以使得高速硬件实现成为可能。此外,该算法允许不需要大的中间帧进行缓冲存储器即可有效的实现。因此,IDC适用于例如通过CCD阵列产生的基于帧的图像格式(同时获得的二维),以及基于条带的输入格式(即一次一行地获取的图像)传感器。

IDC算法可以提供有损和无损压缩。在无损压缩下,可以精确地再现原始图像数据;而在有损压缩下,在压缩处理中使用的量化和/或其他近似导致无法再现原始数据集。与给定源图像的有损版本相比,无损压缩通常实现较低的压缩比。

在标准中采用离散小波变换(DWT)将原始数据转换为小波域以便于压缩。IDC算法支持DWT的两个选择:整数DWT和浮点DWT。整数DWT仅需要整数运算,因此能够提供无损压缩;它具有较低的实施复杂度。浮点DWT在低比特率下提供了改进的有损压缩效果,但它需要浮点计算,并且无法提供无损压缩。

CCSDS IDC算法由两个功能部分组成(图7.10):执行图像数据的DWT分解的DWT模块和对变换后的数据进行编码的位平面编码器(bit-plane encoder,BPE)。

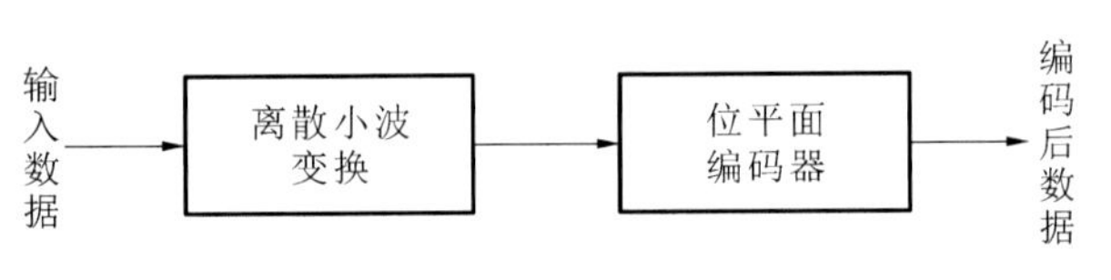

图7.10 IDC**流程图**

压缩器中DWT阶段数据处理流程如图7.11所示,左边为输入数据,DWT执行三级二维小波分解,产生10个系数子带图像,右边DWT系数缓存区存储DWT计算的小波系数。图中程序流会产生单一分割区域的DWT系数,一旦计算出该区域的系数并且存储在缓存区后,BPE则开始编码该区域,处理64个系数的小波系数,称为块。块由来自最低空间频率子带图像的单个系数组成,称为DC系数和位于第三级子带图像中的63个AC系数。一个块松散地对应于原始图像中的局部区域。块光栅扫描顺序由BPE处理,即块的行从顶到底处理,在一行内从左到右水平地进行。

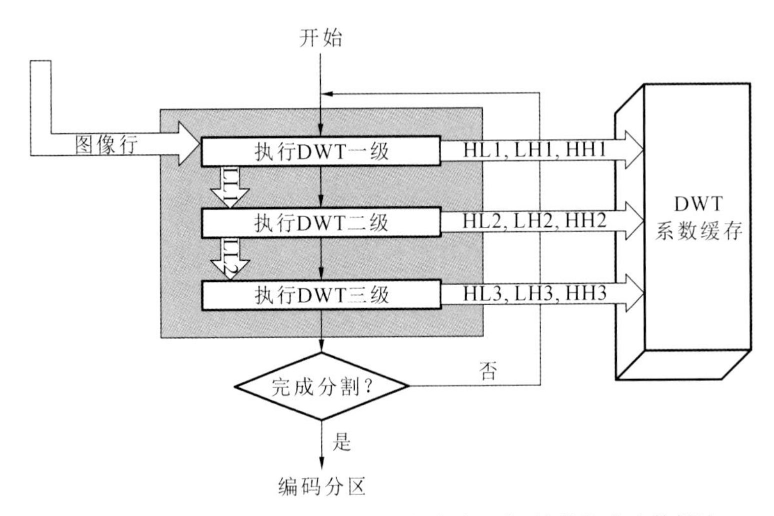

图7.11 DWT**模块程序和数据流**(实线为程序,块状箭头为数据流)

压缩器的BPE阶段的程序和数据流程图如图7.12所示。BPE采用DWT系数数据系数缓冲区,对系数数据进行编码,并将其编码输出压缩数据流。编码分为四步:编码段头、编码量化的DC系数、编码AC系数块的位长度和编码AC系数的位平面。

图7.12显示了单个段的DWT系数数据的编码流程,包括所有位平面的完整编码。事实上,段的编码可以提前终止:当达到规定的压缩段数据量限制或达到规定的段质量级别(以先到者为准)时,段的编码停止。

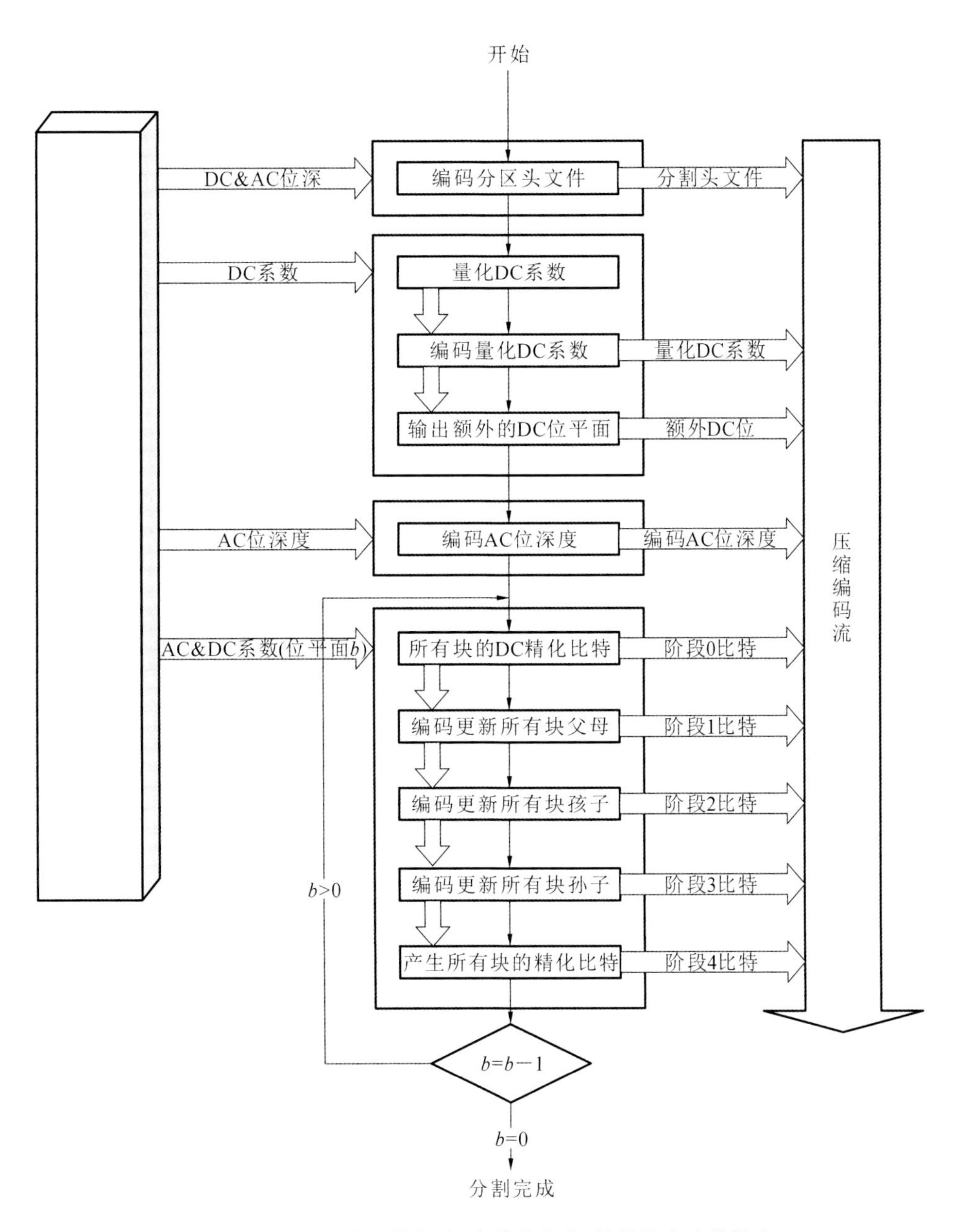

图7.12 BPE**程序和数据流**(实线为程序,块状箭头为数据流)

通过 SegByteLimit 参数控制每个压缩段中的最大字节数，并通过 DCStop、BitPlaneStop 和 StageStop 参数约束图像“质量”（更具体地说，要编码的 DWT 系数）。这些参数控制重建段质量与每个段的压缩数据量之间的权衡。

对于段的编码比特流可以被进一步截断（或者等效地，可以提前终止编码），以进一步降低数据速率，以换取相应段的降低的图像质量。

7.6.3 无损多光谱和高光谱图像压缩

多光谱和高光谱图像使用的是快速无损（fast lossless，FL）压缩器。压缩器由两个功能部分组成，即预测器和编码器，如图 7.13 所示。预测器使用自适应线性预测方法根据小 3D 邻域中附近样本的值来预测数据库中每个样本的值。在单程中依次执行预测。然后将预测残差，即预测值和样本之间的差值映射到可以使用与输入数据样本相同的位数来表示的无符号整数。这些映射的预测残差然后由熵编码器编码。熵编码器参数在编码过程中进行自适应调整，以适应映射预测残差统计的变化。

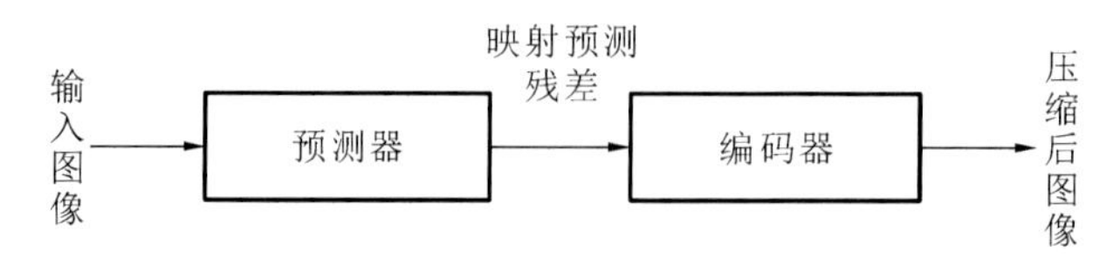

图 7.13 压缩器框图

FL 压缩器支持不同的扫描顺序，包括常见的波段按行交叉格式（band interleaved by line format，BIL）、波段按像元交叉格式（band interleaved by pixel format，BIP）和波段顺序格式（band sequential format，BSQ）扫描顺序。在所有支持的扫描顺序中，在任何给定的光谱带内，以光栅扫描顺序执行样本预测和编码。实际上，对于给定的应用，特定的扫描顺序选择可能更自然，并且允许用更简单的压缩器实现。

预测器使用低复杂度的自适应线性预测方法，基于小三维邻域中的附近样本的值来预测每个图像样本的值。预测残差，即预测样本值与实际样本值之间的差异，然后被映射到可以使用与输入数据样本相同数量的比特来表示的无符号整数。这些映射的预测残差组成预测输出。预测可以在图像中单次执行。预测器可以分别适应每个光谱带，因此所有的扫描顺序都会产生相同的样本值预测。

压缩图像包含一个头文件，用于对图像和压缩参数进行编码，以及一个由熵编码器产生的压缩参数，该编码器无损地编码映射的预测残差。熵编码器参数在此过程中被自适应地调整以适应映射的预测残差的统计变化。

映射的预测残差按用户选择的顺序编码。该编码顺序不必对应于从成像仪器输出样品或由预测器处理样品的顺序。为了对数据存储器的映射预测残差进行编码，用户可以选择使用采样自适应熵编码方法或块自适应方法。后一种方法依赖于 CCSDS-121.0-B 标准中定义的无损数据压缩。样本自适应熵编码器通常产生比块自适应熵编码器更小的压缩图像。

在采样自适应熵编码方法下，使用可变长度的二进制码字对每个映射的预测残差进行编码(Kiely,2007)。根据在每个样本进行编码后更新的统计量，自适应地选择使用的可变长度码。对于每个频谱带保持单独的统计，并且压缩的数据大小不依赖于映射的预测残差被编码的顺序。

在块自适应熵编码方法下，将映射预测残差序列划分为短块，并对每个块独立自适应地选择所使用的编码方法。根据编码顺序，块中的映射预测残差可以来自相同或不同的频谱带，因此当使用该方法时，压缩图像大小取决于编码顺序。

数据存储器的压缩比特流由一个头和一个主体组成。可变长度头记录压缩参数。主体由预测器的无损编码的映射预测残差组成。

7.7 卫星数据压缩的用户可接受性研究

7.7.1 压缩卫星数据的用户评估

为了应对高光谱遥感卫星产生的极高数据速率和巨大数据量，研究人员开发了多种有损或无损数据压缩技术，这些技术可以显著地减少机上和地面的数据量。对压缩数据的可用性进行评价，以及根据用户的最终产品和遥感应用对其进行用户可接受性检验，是很有必要的。需要注意的是，压缩技术要尽量保持高光谱数据的信息含量，因为信息含量的减少会降低数据的价值。

目前众多学者开展了许多压缩数据可用性的研究，以及分析了 VQ 数据压缩技术对于各种高光谱数据应用的影响。例如，Qian 等(2001)、Hu 等(1999,2001)认为早期 VQ 压缩算法对“红边”指数和地表反射率反演效果的评估。Qian 等(2001)认为成像光谱仪 AVIRIS 和 CASI 获取的高光谱数据立方体被用来评估压缩方法对数据的影响；在“红边”指数反演中，以 100∶1 的比率压缩 AVIRIS 和 CASI 数据立方体，而由压缩导致的总误差分别小于 2%和 3%；误差均匀地分布于整个植被区域。Hu 等(1999,2001)在工作中，利用输入参数最优估计来进行高光谱影像大气校正，并对 9 个来自 CASI 数据立方体的指定感兴趣区域的地表反射率和以压缩比为 42∶1～104∶1 的重建数据立方体的地表反射率的均值和标准差进行了对比。95%置信度的假设检验表明地表平均反射光谱的形状没有明显差异。实验表明，相比于由压缩算法引起的不确定性，地表反射率反演的不确定性受大气校正输入参数不确定性的影响更为严重。

利用在成像光谱仪数据流的不同阶段进行压缩的三个评估系统对压缩效果进行了评估。第一个评估系统将机载压缩机放置在紧随 A/D 转换器之后（即用传感器数字计数作为输入），第二个评估系统将机载压缩机放置在检测器的增益和偏移（也称为尺度）被校正之后，第三个评估系统将机载压缩机放置在完全标定之后（即用辐亮度作为输入）。利用 AVIRIS、CASI 和 Probe-1 获取的数据立方体进行实验。在所有三个系统中，对辐亮度和反射率数据立方体分别进行了统计检验，得到了压缩算法对红边、叶片叶绿素含量和光谱解混影响的初步评价结果。

Qian 等(2001)对比评估了 SAMVQ 与使用 JPEG2000 标准为高光谱图像设计的三维压缩算法的性能。结果显示，SAMVQ 算法优于 JPEG2000 算法；相同压缩比情况下，前者峰值信噪比比后者高 17 dB。通过对空间特征和光谱特征保持能力的定性和定量分析，无论是在空间维还是在光谱维，SAMVQ 都比 JEPG2000 算法保留更多的特征。用 SAMVQ 算法压缩过的数据中的样本点的光谱同原始数据样本的光谱进行对比，结果表明，重建的光谱曲线基本和原始光谱曲线一致。另外，采用光谱角制图(SAM)的方法对整个数据立方体进行特征保持能力的测量，其中，计算了同一位置重建数据立方体光谱与原始数据立方体光谱之间的光谱角。在得到的光谱角图像上，$0\sim\pi$ 的范围内，SAM 值大体上都小于 0.003 rad。光谱角图像上没有表现出明显的由压缩造成的空间格局。

Hu 等(2002,2004)研究了 SAMVQ 算法对高光谱数据反演精准农业中作物叶绿素含量精度的影响，又进一步详细地研究了 SAMVQ 压缩算法对精准农业总作物叶绿素含量和叶面积指数反演的影响。

Staenz 等(2003)研究了 HSOCVQ 算法对矿物制图产品、大气水汽和冠层液态水含量反演的影响。Dyk 等(2003)使用 Hyperion 数据分析了近无损压缩算法对森林物种分类准确度的影响。

Serele 等(2003)使用变异函数分析法评估了高光谱数据经压缩后空间特征的保持情况。结果表明，从原始数据计算半方差和变异范围与从压缩数据计算的之间没有明显的差异。

为了系统地评价压缩数据的可用性和压缩算法对高光谱数据应用的影响，研究人员开展了多学科用户可接受性研究(Qian et al.,2005)，涵盖广泛的遥感应用领域，分两个阶段参与研究。压缩和原始数据立方体由用户使用其明确定义的遥感算法或产品进行双盲测试，用户按照预先确定的标准排列并选择接收或拒绝数据立方体。

7.7.2 双盲测试

为了减少压缩对高光谱数据影响评估中的误差、自我欺骗和偏见。在测试中，评估者和主体都不知道，哪个是控制组哪个是测试组。在研究中，原始数据立方体是控制组，压缩数据立方体是测试组。主体是高光谱数据用户，他们使用自己的算法生产出遥感产品，并根据预先设定的标准对数据立方体进行排序、选择接受或拒绝。评估者是承接公司的人员，他们管理本项研究并总结用户的可接受性结果。

试验中创建了一个数据立方体集，其中既包含了压缩数据立方体，也包含了原始数据立方体。数据集中的每个数据立方体用一个随机数进行标记。在本节中，数据集中的每个数据立方体都是盲数据立方体，即无论是用户还是评估者都不知道哪个是压缩数据立方体，哪个是原始数据立方体。

7.7.3 评估标准

在用户评估开始前，已确立可接受性的准则。在任何可能时候，都可以根据盲数据立方体衍生的产品与地表真值的一致性程度来对盲数据立方体进行评价和排序。分别定性、定量地评价数据压缩效果。

定性方面，根据信息的丰富度是否足够衍生产品和是否能够支持特定应用的决策判断，每个盲数据立方体被分为可接受或不可接受。定量方面，利用统计检验方法来确定通过盲数据立方体衍生产品和地表真值之间的差异是否显著；如果二者差异不显著，则认为盲数据立方体是可接受的。考虑到衍生产品生成时所采用的数学模型的不确定性或产品的稳定性等因素，不同用户需开发自己的定量评价规则。

在研究中，尽可能地避免将盲数据立方体衍生产品与其原始数据衍生产品进行对比。在与原始数据立方体进行对比时，用户可能将重点放在由显著性评价不准确导致的细微变化上。因为原始数据立方体难免受到传感器噪声和在预处理过程中(例如辐射定标和大气校正等)引入的不确定性因素的影响，所以这些误差也会传播到原始数据立方体的衍生产品中。

要避免这种对比的另一个原因是 SAMVQ 和 HSOCVQ 算法可被设定为“近无损”模式。在这种近无损模式中，压缩过程中引入的误差与原始数据中的固有噪声处于同等水平，或者低于它。期望与预处理步骤中引入的误差相比，此等级别的误差对数据质量的影响小到可以忽略不计。Qian 等(1997)提出的算法有时可以提高衍生产品的数据质量，因为该压缩算法可以看作消除伪影(如椒盐噪声)的非线性滤波。

7.7.4 评估流程

图 7.14 为使用的评估流程图。选取 11 个高光谱数据用户，涵盖了广泛范围的产品、应用领域和传感器。研究人员向每位用户发送了一份表单，来收集用于数据立方体和产品算法的所有必要信息。研究人员对每个数据立方体进行检测，剔除负值和伪峰等异常（这些异常可能会影响压缩保真度，最终使评估结果产生偏差）。

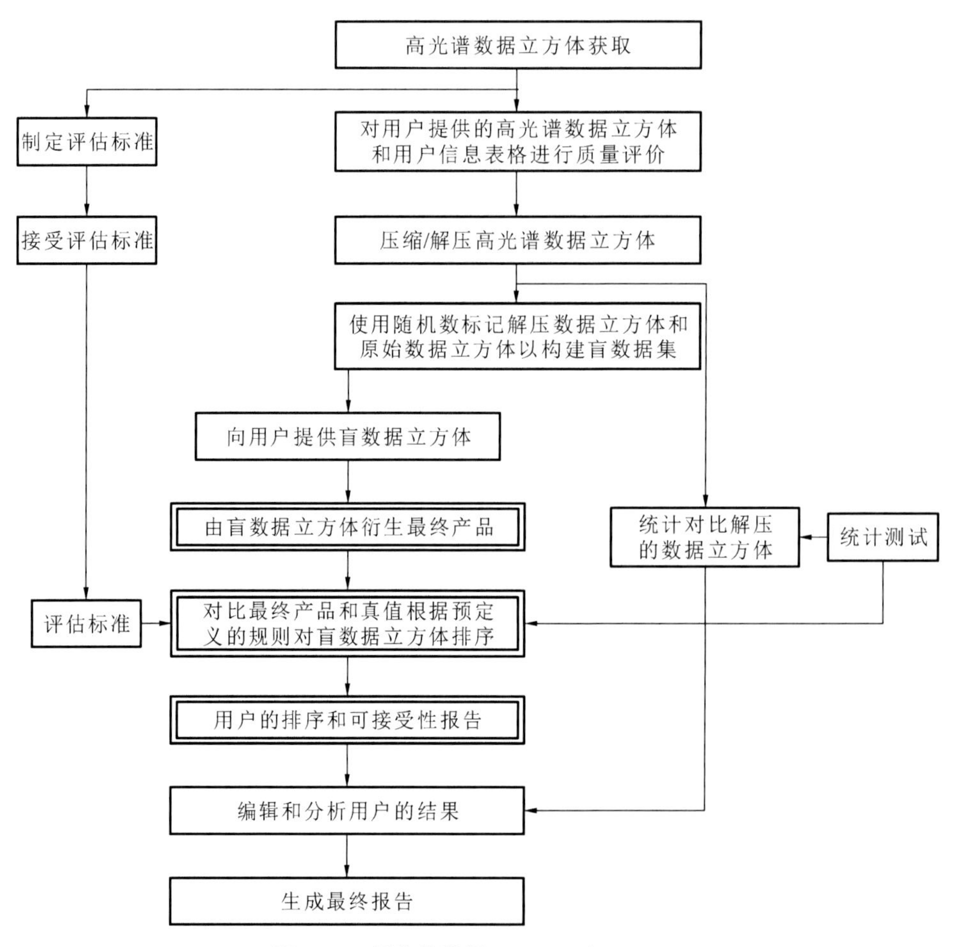

图 7.14　评估流程图（Qian et al.，2005）

用户提供的每个数据立方体都使用 SAMVQ 算法和 HSOCVQ 算法分别以压缩比 10∶1、20∶1 和 30∶1（对于只参与第一阶段测试的用户，数据压缩比为 20∶1、30∶1 和 50∶1）进行压缩，然后将压缩数据解压来获得用于评估的重建数据立方体。注意：这些重建数据立方体和原始数据具有相同的尺寸和格式，它们只是多经历了压缩过程。不同的压缩比用来覆盖受限干扰下的合理压缩性能。为了生成用于双盲测试的盲数据集，通过既不是评估者也不是用户的第三方，用随机数对重建数据立方体和原始数据立方体进行标记。

为了检查重建数据立方体的质量，应用统计假设检验来评价压缩是否显著地影响了用户提供的感兴趣区域的均值和方差。利用F、T和Z检验以及均方根误差来检验光谱波段基函数对一个光谱波段的显著性。得出一般性结论，感兴趣区域的均值和方差（在压缩前后）变化并不显著。

图7.14中的三个双边方框步骤由用户来执行。首先，用户使用自己的产品算法生产盲数据立方体的衍生产品。然后，将该产品和真值或根据原始数据产生的产品进行对比，利用对比结果，基于预先定义的评价标准和统计检验对盲数据立方体进行排序并选择接受或拒绝。最后，得出用户排序和接受性报告，并将报告发给评估者。在收集齐所有的用户报告后，评估人员编译分析用户结果，得到最终报告。

参考文献

陈雨时，张晔，张钧萍，2007. 基于线性模型最优预测的高光谱图像压缩[J]. 南京航空航天大学学报，39(3)：368-372.

孙蕾，罗建书，谷德峰，2008. 基于谱间预测和码流预分配的高光谱图像压缩算法[J]. 光学精密工程，16(4)：752-757.

AIAZZI B, ALBA P, ALPARONE L, et al., 1999. Lossless compression of multi/hyper-spectral imagery based on a 3-D fuzzy prediction[J]. IEEE Transactions on Geoence & Remote Sensing, 37(5): 2287-2294.

AIAZZI B, ALPARONE L, BARONTI S, 2011. Near-lossless compression of 3-D optical data[J]. IEEE Transactions on Geoence & Remote Sensing, 39(11): 2547-2557.

AIAZZI B, ALPARONE L, BARONTI S, et al., 2007. Crisp and fuzzy adaptive spectral predictions for lossless and near-lossless compression of hyperspectral imagery[J]. IEEE Geoence & Remote Sensing Letters, 4(4): 532-536.

AIAZZI B, BARONTI S, ALPARONE L, 2001. Near-lossless compression of coherent image data[C]//International Conference on Image Processing. IEEE.

BAIZERT P, PICKERING M R, RYAN M J, 2001. Compression of hyperspectral data by spatial/spectral discrete cosine transform[C]//IGARSS 2001. Scanning the Present and Resolving the Future. Proceedings. IEEE 2001 International Geoscience and Remote Sensing Symposium (Cat. No. 01CH37217), Sydney, NSW, Australia, 4: 1859-1861. DOI: 10.1109/IGARSS.2001.977096.

BEI C D, GRAY R M, 1985. An improvement of the minimum distortion encoding algorithm for vector Quantization[J]. IEEE Trans. Commun, 33(10): 1132-1133.

BILGIN A,ZWEIG G,MARCELLIN M W,2000. Three-dimensional image compression with integer wavelet transforms[J]. Applied Optics,39(11):1799-1814.

CHEN K,RAMABADRAN T V,1994. Near-lossless compression of medical images through entropy-coded DPCM[J]. IEEE Transactions on Medical Imaging,13(3):538.

CHEN S H,HSIEH W M,1991. Fast algorithm for VQ codebook design[J]. IEE Proceedings,Part I,138 (5):357-362.

CHEN T S,CHANG C C,1997. Diagonal axes method (DAM):A fast search algorithm for vector quantization[J]. IEEE Transactions on Circuits & Systems for Video Technology,7:555-559.

DU Q,FOWLER J E,2007. Hyperspectral image compression using JPEG2000 and principal component analysis[J]. IEEE Geoence & Remote Sensing Letters,4(2):201-205.

DYK A,GOODENOUGH D G,THOMPSON S,et al. ,2003. Compressed hyperspectral imagery for forestry [J]. Proc. IEEE International Geoscience and Remote Sensing Symposium,1:294-296.

GELLI G,POGGI G,1999. Compression of multispectral images by spectral classification and transform coding[J]. IEEE Trans. Image Process,8(4):476-489.

GERSHO A,GRAY R M,1992. Vector quantization and signal compression[M]. Boston:Kluwer Academic Publisher.

GOLOMB S W,1996. Run-length encodings[J]. IEEE Trans. Information Theory,12(3):399-401.

GOLSHAN K,2007. Physical design essentials:An ASIC design implementation perspective[M]. New York: Springer.

GRANGETTO M,MAGLI E,MARTINA M,et al. ,2002. Optimization and implementation of the integer wavelet transform for image coding[J]. IEEE Trans. Image Process,11(6):596-604.

HSIEH C H,LIU Y J,2000. Fast search algorithms for vector quantization of images using multiple triangle inequalities and wavelet transform[J]. IEEE Transactions on Image Processing,9(3):321-328.

HU B,QIAN S E,HABOUDANE D,et al. ,2002. Impact of vector quantization compression on hyperspectral data in the retrieval accuracies of crop chlorophyll content for precision agriculture[J]. Proc. IEEE International Geoscience and Remote Sensing Symposium,3:1655-1657.

HU B,QIAN S E,HABOUDANE D,et al. ,2004. Retrieval of crop chlorophyll content and leaf area index from decompressed hyperspectral data:the effects of data compression[J]. Remote Sens. Environ. ,92 (2):139-152.

HU B,QIAN S E,HOLLINGER A B,1999. Impact of vector quantization compression on the surface reflectance retrieval:A case study[J]. Proc. IEEE International Geoscience and Remote Sensing Symposium, 2:1174-1176.

HU B,QIAN S E,HOLLINGER A B,2001. Impact of lossy data compression using vector quantization on retrieval of surface reflectance from CASI imaging spectrometry data[J]. Canadian Journal of Remote

Sensing,27:1-19.

HUANG B,SRIRAJA Y,2006. Lossless compression of hyperspectral imagery via lookup tables with predictor selection[J]. Proc. SPIE:63650L-63650L-8. DOI:10. 1117/12. 690659.

JAIN S K,ADJEROH D A,2007. Edge-based prediction for lossless compression of hyperspectral images [C]//Data Compression Conference. IEEE Computer Society:153-162.

KAARNA A,2001. Integer PCA and wavelet transforms for lossless compression of multispectral images [C]//IEEE International Geoscience & Remote Sensing Symposium:1853-1855.

KAUKORANTA T,FRANTI P,NEVALAINEN O,2000. A fast exact GLA based on code vector activity detection[J]. IEEE Transactions on Image Processing,9(8):1337-1342.

KIELY A,2007. Simpler adaptive selection of golomb power-of-two codes[J]. NASA Tech Briefs,November,31(11):28-29.

LEE C H,CHEN L H,2002. A fast search algorithm for vector quantization using mean pyramids of codewords[J]. IEEE Transactions on Communications,43(234):1697-1702.

LINDE Y,BUZO A,GRAY R,1980. An algorithm for vector quantizer design[J]. IEEE Transactions on Communication,28(1):84-95.

LIPTAKB G,2006. Instrument engineers' handbook:Process control and optimization[M]. Boca Raton:CRC Press.

LU Z M,SUN S H,2003. Equal-average equal-variance equal-norm nearest neighbor search algorithm for vector quantization[J]. IEICE transactions on information and systems,86(3):660-663.

MAGLI E,OLMO G,QUACCHIO E,2004. Optimized onboard lossless and near-lossless compression of hyperspectral data using CALIC[J]. IEEE Geoence & Remote Sensing Letters,1(1):21-25.

MIELIKÄINEN J,2006. Lossless compression of hyperspectral images using lookup tables[J]. IEEE Geoence & Remote Sensing Letters,13(3):157-160.

MIELIKÄINEN J,KAARNA A,2002. Improved back end for integer PCA and wavelet transforms for lossless compression of multispectral images[C]//Proc. 16th International Conference on Pattern Recognition,2:257-260. DOI:10. 1109/ICPR. 2002. 1048287.

MIELIKÄINEN J,TOIVANENP,2002. Improved vector quantization for lossless compression of AVIRIS images[C]//2002 11th European Signal Processing Conference,Toulouse:495-497.

MIELIKÄINEN J,TOIVANEN P,2003. Clustered DPCM for the lossless compression of hyperspectral images[J]. IEEE Transactions on Geoence and Remote Sensing,41(12):2943-2946.

MOTTA G,RIZZO F,STORER J A,2003. Partitioned vector quantization application to lossless compression of hyperspectral images[C]//Proc. IEEE International Conference on Acoustics,Speech,Signal Process. 1:553-556.

PAN J S,LU Z M,SUN S H,2000. Fast codeword search algorithm for image coding based on mean-variance pyramids of codewords[J]. Electronics Letters,36(3):210-211.

PENNA B,TILLO T,MAGLI E,et al. ,2006. A new low complexity KLT for lossy hyperspectral data compression[C]//IEEE International Conference on Geoscience and Remote Sensing Symposium. DOI:10.1109/IGARSS. 2006. 904.

QIAN S E,2004. Hyperspectral data compression using a fast vector quantization algorithm[J]. IEEE Transactions on Geoence & Remote Sensing,42(8):1791-1798.

QIAN S E,2013. Optical satellite data compression and implementation[M]. Bellingham:SPIE PRESS.

QIAN S E,BERGERON M,SERELE C,et al. ,2003. Evaluation and comparison of JPEG 2000 and VQ based on-board data compression algorithm for hyperspectral imagery[C]//Proc. IEEE International Geoscience and Remote Sensing Symposium,3:1820-1822.

QIAN S E,HOLLINGER A B,2004. Method and system for compressing a continuous data flow in real-time using recursive hierarchical self-organizing cluster vector quantization (HSOCVQ)[P]. U. S. Patent No. 6,798,360. 2004-9-28.

QIAN S E,HOLLINGER A B,BERGERON M,et al. ,2005. A multi-disciplinary user acceptability study of hyperspectral data compressed using onboard near lossless vector quantization algorithm[J]. International Journal of Remote Sensing,26(10):2163-2195.

QIAN S E,HOLLINGER A B,DUTKIEWICZ M,et al. ,2001. Effect of lossy vector quantization hyperspectral data compression on retrieval of red edge indices[J]. IEEE Transactions on Geoence & Remote Sensing,39(7):1459-1470.

QIAN S E,HOLLINGER A B,GAGNON L,2007. Data compression engines and real-time wideband compressor for multi-dimensional data[P]. U. S. Patent No. 7,251,376. 2007-7-31.

QIAN S E,HOLLINGER A B,GAGNON L,2012. Codevector trainers and real-time compressor for multi-dimensional data[P]. U. S. Patent No. 8,107,747. 2012-1-31.

QIAN S E,HOLLINGER A B,WILLIAMS D,et al. ,1997. 3D data compression system based on vector quantization for reducing the data rate of hyperspectral imagery[J]. Applications of Photonic Technology,2:641-654. DOI:10. 1007/978-1-4757-9250-8_100.

RA S W,KIM J K,1993,A fast mean-distance-oriented partial codebook search algorithm for image vector quantization[J]. IEEE Transactions on Circuits System II:Analog and Digital Signal Processing,40:576-579.

RAMASUBRAMANIAN V,PALIWALK K,1997. Voronoi projection-based fast nearest-neighbor search algorithms:Box-search and mapping table-based search techniques[J]. Digital Signal Processing,7(4):260-277.

RICE R F,PLAUNT J R,1971. Adaptive variable-length coding for efficient compression of spacecraft television data [J]. IEEE Transactions on Communications, 19 (6): 889-897. DOI: 10. 1109/TCOM.

1971.1090789.

RIZZO F,CARPENTIERI B,MOTTA G,et al.,2005. Low-complexity lossless compression of 589 hyperspectral imagery via linear prediction[J]. IEEE Signal Processing Letters,12(2):138-141.

ROGER R E,CAVENOR M C,1996. Lossless compression of AVIRIS images[J]. IEEE Transactions on Image Processing,5(5):713-719. DOI:10.1109/83.495955.

RYAN M J,ARNOLD J F,1997. The lossless compression of AVIRIS images by vector quantization[J]. IEEE Transactions on Geoence & Remote Sensing,35(3):546-550.

SERELE C,QIAN S E,BERGERON M,et al.,2003. A comparative analysis of two compression algorithms for retaining the spatial information in hyperspectral data[C]//Proceedings of the 25th Canadian Remote Sensing Symposium,Montreal,Canada.

SLEPIAN D,WOLF J K,1973. Noiseless coding of correlated information sources[J]. IEEE Transactions on information Theory,19(4):471-480.

SLYZ M,ZHANG L,2005. A block-based inter-band lossless hyperspectral image compressor[C]//Proceedings. DCC 2005. Data Compression Conference,1:427-436.

SONG B C,RA J B,2002. A fast search algorithm for vector quantization using L2-norm pyramid of codewords[J]. IEEE Transactions on Image Processing,11(1):10-15.

STAENZ K,HITCHCOCK R,QIAN S E,et al.,2003. Impact of on-board hyperspectral data compression on atmospheric water vapor and canopy liquid water retrieval[C]//Proceedings of the International Symposium on Spectral Sensing Research,Santa Barbara,CA.

TRAN T D,LIANG J,TU C,2003. Lapped transform via time-domain pre and post-processing[J]. IEEE Transactions on Signal Process,51(6):1557-1571.

WANG H Q,BABACAN S D,SAYOOD K,2005. Lossless hyperspectral image compression using context-based conditional averages[J]. Geoence & Remote Sensing IEEE Transactions on,45(12):4187-4193.

WANG L,2009. Lossy-to-lossless hyperspectral image compression based on multiplierless reversible integer TDLT/KLT[J]. IEEE Geoscience and Remote Sensing Letters,6(3):587-591.

WEINBERGER M J,SEROUSSI G,SAPIRO G,1996. LOCO-I:A low complexity,context-based lossless image compression algorithm[C]//Proceedings of the 1996 IEEE Data Compression Conference-DCC '96,Snowbird,UT,USA:140-149. DOI:10.1109/DCC.1996.488319.

WITTEN I H,NEAL R M,CLEARY J G,1987. Arithmetic coding for data compression[J]. Communications of the ACM,30(6):520-540.

WU S L,LIN C Y,TSENG Y C,et al.,2000. A new multi-channel MAC protocol with on-demand channel assignment for multi-hop mobile ad hoc networks[C]//Proceedings International Symposium on Parallel Architectures,Algorithms and Networks. I-SPAN 2000. IEEE:232-237.

WU X L,MEMON N,1996. CALIC-A context based adaptive lossless image codec[C]//Proc. 1996 IEEE In-

ternational Conference on Acoustics, Speech, and Signal Processing: 1890-1893.

WYNER A D, ZIV J, 1976. The rate-distortion function for source coding with side information at the decoder[J]. IEEE Transactions on Information Theory, 22(1): 1-10.

ZHOU Z, TAN Y H, LIU J, 2006. Satellite hyperspectral imagery compression algorithm based on adaptive band regrouping[C]//2006 International Conference on Wireless Communications, Networking and Mobile Computing, Wuhan: 1-4. DOI: 10.1109/WiCOM.2006.311.

第8章　高光谱遥感系统的性能评价

高光谱成像仪是光、机、电、信号处理等功能模块组成的信息探测设备，通常被看作光电系统，对高光谱成像仪整体性能的评价称为系统评价。在高光谱成像仪的研制过程中需要进行模块检测，以期能及时地获知仪器的各个组成部分的实际性能同设计指标之间的差距，及时有效地为系统的研制提供合理正确的修改建议。系统研制结束后的检测，是确认系统指标的主要途径，并据此提交系统研制报告和用户技术说明书，是系统开发的必要过程之一。成像光谱数据是成像光谱系统应用的直接成果，其数据的质量和属性直接反映了成像光谱系统的指标和性能，因此可以通过对光谱图像数据的评价来间接对系统进行评价，也为数据的处理和应用提供参考。本章简要介绍成像光谱系统检测的主要内容、相应设备，以及遥感光谱图像质量评价的几种常用方法。

8.1　高光谱遥感系统的性能评价概况

对于高光谱成像仪而言，基于检测的系统评价是指在实验室内对高光谱成像仪的系统性能进行检测及验证，从而对仪器性能指标进行整体评估。高光谱成像仪作为获取目标地物二维空间及一维光谱特性的光电仪器，其图像立方体上每一点的亮度均反映了空间物体表面相应点反射或辐射的光谱强度信息，而该点在图像上的位置与空间物体表面相应点相对于仪器的空间视场位置有关，因此，实验室性能检测的系统评价兼具光谱、辐射、几何等方面。

光谱定标是对高光谱成像仪各光谱通道中心波长及光谱分辨率的标定，即确定每一个探测单元产生的电信号对应的中心波长及光谱带宽。辐射定标是对仪器辐射响应度的标定，它几乎存在于所有光电仪器定标过程中，辐射定标就是确定探测元产生的电信号与空间相应点的某波长光谱强度的对应关系。几何定标的主要目的是建立高光谱成像仪的像与地物目标相对于仪器的视场位置关系，即确定探测元产生的电信号对应的目标视场位置及瞬时视场角。

8.1.1 系统的光谱分辨能力及其评价

高光谱成像仪的光谱特性主要表征有光谱范围、光谱分辨率、光谱弯曲、空间畸变、光谱干扰、光谱定标等方面。

1. 光谱范围及光谱分辨率

光谱范围指仪器探测光谱的上下限所规定的光谱区间。光谱分辨率指仪器对光谱特征的分辨和分离的能力。对高光谱成像仪而言，光谱分辨率描述了仪器的光谱细分能力，通常定义为可以分开的相邻波段中心波长的最小差值。光谱分辨率的主要影响因素有光谱波段的中心波长、光谱采样间隔和波段带宽，中心波长是光谱响应函数的峰值对应的波长；光谱采样间隔是相邻波段中心波长之间的距离；波段带宽是光谱响应函数值相对于峰值50%时的波长宽度，实际评价时，常将波段带宽作为该波段的光谱分辨率。在实际应用中，对于特定的目标并非波段越多、分辨率越高就越好，高光谱成像仪光谱分辨率的设计应当从目标物体的光谱特性和信噪比等方面来综合考虑。

2. 光谱弯曲及空间畸变

光谱弯曲和空间畸变通常用偏差与像高的比值来表示，也常用探测器的像元尺寸来表示，图8.1为光谱弯曲及空间畸变示意图。光谱弯曲通常是因为分光器件对成像目标不同位置的光谱色散率不一致，而空间畸变产生的原因一般为系统对成像目标不同波长的放大率不一致(Yokoya et al.,2010)。两者均为高光谱成像仪的光谱数据处理及应用带来困难。

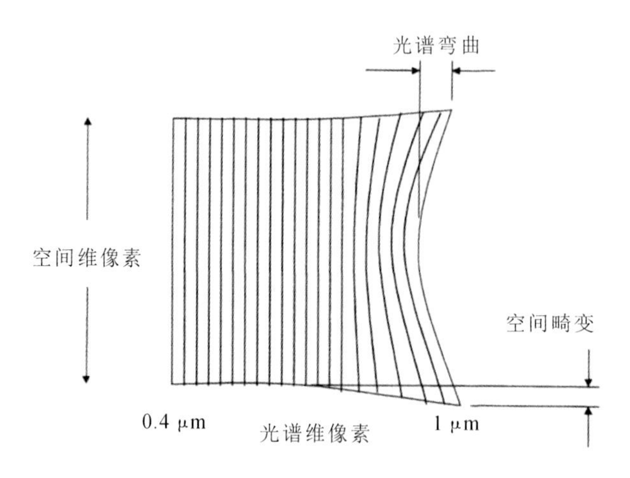

图8.1 高光谱成像仪光谱弯曲及空间畸变示意图

3. 光谱干扰

光谱干扰指的是高光谱成像仪系统中可能存在非预期光谱，如我们比较熟悉的光栅分光型高光谱成像仪的多级光谱混叠现象，比较常见的是二级光谱。根据光栅方程，光栅分光型高光谱成像仪的某波长 λ 的一级衍射角与波长 $\lambda/2$ 的二级光谱及波长 $\lambda/3$ 的三级光谱相同,它们混叠在一起,不但影响高光谱成像仪的应用效果,而且若没有得到较好的处理,极易发生错误的光谱分析及判断。

4. 光谱定标

实验室内对高光谱成像仪的光谱特性进行测试及评价一般是通过光谱定标进行的。高光谱成像仪通过平台或扫描等方式得到目标物的二维空间信息及一维光谱信息,形成数据立方体。高光谱成像仪数据立方体可以通过一系列的物像坐标变换与物空间地物坐标系联系起来。

高光谱成像仪数据立方体的各维,对应着探测目标二维的空间位置及光谱维各波段位置,其中数据图像立方体的任一维在要求的精度内与其余二维无相关性(如光谱响应曲线与二维空间位置参量无关)。光谱定标的任务就是确定高光谱成像仪数据立方体中各像元的光谱响应函数,并由此得到其中心波长及等效带宽。对于面阵推帚式高光谱成像仪来说,光谱定标的核心内容就是确定数据面阵探测器探测元的索引号 j、k 与光谱的中心波长 λ 的关系,以及光谱通道对应的点扩散函数响应半宽。

通常使用的光谱定标方法有两种:波长扫描法和特征光谱定标法。波长扫描法是以单色谱线以一定的扫描步长对高光谱成像仪进行波长扫描的方法,高光谱成像仪连续记录输出图像及其相对应的波长,从而得到每一探测元对应的光谱响应函数,计算出其中心波长、光谱分辨率等光谱特征信息。特征光谱标定法是以具有特征光谱的光源照射高光谱成像仪,得到光谱仪器探测器件上的光谱分布情况的一种定标方法,使用线性或非线性模式对所得到的光谱响应点进行插值,从而得到各探测元的光谱特征信息。

8.1.2 系统的辐射分辨能力及其评价

辐射分辨率能反映遥感仪器分辨在光谱辐射度和反射率上的差异,辐射分辨率越高,说明识别两个等空间分辨率的目标的概率越大。高光谱成像仪的辐射特性主要表征有灵敏度、信噪比、动态范围、辐射定标等方面(马德敏,2004)。

1. 灵敏度和信噪比

灵敏度表明了高光谱成像仪对输入辐射量的响应能力。在可见近红外波段通常使用信噪比或噪声等效反射率差来表示高光谱成像仪的辐射灵敏度。信噪比定义为遥感器信号与系统中所有噪声源的平方和的平方根之比。噪声等效反射率差是可探测到的地面目标最小反射率的变化,它定义为产生一等效于系统噪声的信号所要求的目标源的变化。

2. 动态范围

动态范围,最早是信号系统的概念,一个信号系统的动态范围被定义成最大不失真电平与噪声电平的差。而在实际应用中,多用对数和比值来表示一个信号系统的动态范围,对于高光谱成像仪来说，动态范围是指仪器能探测的光谱辐射量的范围，即表示光谱图像中所包含的从“最暗”至“最亮”的范围。动态范围越大，所能表现的光谱辐射细节就越丰富。

3. 辐射定标

实验室内对高光谱成像仪的辐射特性进行测试及评价一般是通过辐射定标进行的。辐射定标是将高光谱成像仪所得的信号值变换为反射/辐亮度或变换为与地表反射率、表面温度等物理量有关的相对值的处理过程。高光谱成像仪的辐射定标就是建立探测器输出值与该探测器对应的实际地物辐亮度之间的定量关系。实验室通常利用积分球来对高光谱成像仪进行辐射定标，高光谱成像仪分别对积分球的多个能级进行光谱成像，经过平均处理消除随机噪声后，分别得到每个探测单元的像元亮度值，即灰度值或 DN；积分球的能级所对应的辐射光谱亮度是已知的，由此对高光谱成像仪的辐射特性进行定标及评价。

8.1.3 系统的几何光学性能及其评价

高光谱成像仪的几何特性主要表征有视场及瞬时视场，空间分辨率，畸变、波段间的配准精度，几何定标等方面。

1. 视场及瞬时视场

视场代表着高光谱成像仪能够观察到的最大范围，通常以角度来表示，视场越大，观测范围越大。瞬时视场角(IFOV)，是指高光谱成像仪在某一瞬间，探测单元对应的瞬时视场。IFOV 通常以毫弧度(mrad)计量，其对应的地面大小被称为地面分辨率单元(ground resolution cell，GR)，它们的关系为 $GR=2\times\tan(IFOV/2)\times H$。

2. 空间分辨率

空间分辨率表示能够以何种细微的程度观测目标的指标，是光学成像系统性能的重要指标之一，也是遥感图像质量评价的重要指标之一，它是空间分布型图像质量评价指标的典型代表。高光谱成像仪的空间分辨率与成像高度有关，成像高度越高，分辨率越低；同样，空间分辨率也与视角有关，视角越倾斜，观测面积越大，分辨率就越差。在光学领域，把可以观测到的目标上的亮点的最小间隔叫作分辨极限，其倒数定义为分辨率。对它的测量有若干种不同的方法。高光谱成像仪的空间分辨率的描述通常使用 MTF，MTF 是把光学成像系统看成空间频率滤波器时，作为与振幅相关的空间频率响应而定义的，所以不存在以上所说的问题。空间频率是用正弦波的频率定义的，MTF 则表示各种空间频率的正弦波的明暗之差通过光学系统后，所相对发生的何种程度的恶化。

3. 畸变、波段间的配准精度

畸变是由主光线的光路偏离引起的成像缺陷。我们在光谱特性中描述过光谱畸变，是因垂轴放大率在整个光谱范围内不能保持常数导致，从而引起二维目标的不同波段图像并不完全匹配，需要测试出不同波段的配准系统，保证波段间的配准精度。

4. 几何定标

实验室内对高光谱成像仪的几何特性进行测试及评价一般是通过几何定标进行的。几何定标的目的是建立成像光谱影像与地物目标间的几何位置关系，当仪器的内参数及仪器作业时的外方位元素确定后，这个几何关系可以通过实验及计算得出。几何定标的任务就是确定高光谱成像仪数据立方体中各像元的视场响应函数，并由此得到其空间分辨率、瞬时视场、畸变等几何特性。对于面阵推帚式高光谱成像仪来说，几何定标的核心内容就是确定数据面阵探测器探测元的索引号 j、k 与成像视场位置角 θ 的关系，以及穿轨空间维对应的点扩散函数响应半宽。

8.2 基于高光谱遥感图像特性的性能评价

8.2.1 基于高光谱图像的光谱分辨力评价

判断系统对地物光谱测量准确度需要有可比较的标准，最简单的方式就是用已经经过标定的光谱仪进行同步的地物光谱采集，两者都经过辐射校正后进行光谱相似程度的计算。为了进行光谱比较，地面同步测量需要选择面积大于或等于高光谱成像仪地面分辨率 3 倍的均质目标，并且方便识别和定位。

光谱相似程度的计算有多种算法，与光谱匹配的算法类似，如相关运算、基于欧氏距离的相似指数、光谱偏差指数等。图像光谱和地面测量光谱越相近则可以认为成像光谱数据所获取的光谱信息越准确。

在大气校正后，也可以和标准波谱库的同类地物光谱进行比较，但是因为地物的复杂性和大气校正的误差，与同步测量获得的数据相比，误差会更大。

还可根据应用效果对图像数据的光谱特性进行评价。根据应用目标进行基于遥感数据光谱信息的分类（或者目标识别），与人工调查结果相对比，把分类（识别）精度作为对系统光谱测量精度的评价指标。该方法的评价结果受所采用的分类方法和调查精度的影响，但是对用户来说却是更直接的评价指标。这种成像光谱数据光谱特性的评价又称为真实性检验，是在遥感应用不断深入的情况下的重要研究领域和应用过程，是更侧重于应用角度的数据评价方法，国内外已有多篇文献对此项内容进行描述。

在本章中，“分辨力”与“分辨率”的使用区别：前者往往是表示仪器的采集信息的能力，后者表示数据本身的属性。也就是说到仪器的指标时，更常用分辨力，如高光谱成像仪的光谱分辨力、相机的空间分辨力；说到图像的特征时，则用分辨率，如图像的空间分辨率、成像光谱数据的光谱分辨率等。日常表述中有时候也常见描述仪器时采用分辨率的说法,但是描述图像时极少采用分辨力一词,好在两者不会产生歧义,不会带来理解上的问题。

8.2.2 基于高光谱图像的辐射分辨力评价

基于图像的评价参数和基于系统检测的评价参数中有些参数的名称是相同的,虽然两者试图描述同一个系统性能指标或者特征,但是因为给予定义的角度不同,物理意义也会存在差异。同时,由于参数的获得途径或者获得方法的不同,其数值有所差别也是合理的,例如系统检测中的信噪比和图像评价中的信噪比,都是试图描述系统信号的质量,但是数值有明显的差异。

1. 信噪比

信噪比是图像评价的基本指标,与系统检测中的信噪比测量一样都是评价系统性能的重要手段。高光谱成像仪的信噪比可采用以下两种图像数据来计算。

(1)实验室信噪比测量:对均匀性和稳定度都非常好的均匀面光源(一般是积分球)获取图像数据,可认为该目标图像是理想的,则图像中每个波段的图像平均值为信号值,均方差值为噪声大小。

(2)利用遥感图像计算信噪比:图像包含丰富的场景信息,噪声估计难以同实验室测量一样简便,因此诸多的估计方法被设计来计算不同类型图像的噪声,如基于均匀区域的噪声估计、基于邻域差分的噪声估计、基于位平面的噪声估计、基于空间滤波的噪声估计、基于主成分分析的噪声估计、基于信号正交子空间投影的噪声估计等。

2. 动态范围

光谱图像的动态范围指每个波段图像的最大值与最小值之间的范围,与基于系统评价的动态范围定义不同。直方图是评价一个图像灰度分布的最常规和方便的工具,而光谱图像可以看作诸多灰度图像的集合,每个波段的灰度图像可以分别用直方图描述其灰度范围和分布,为了更简单直观地表示,可用简化的灰度光谱分布曲线来描述,例如用最大值、最小值、平均值等随光谱分布的曲线来直观描述光谱图像灰度的范围,如图 8.2 所示。

在图 8.2 中,其横坐标为波段号或者中心波长,纵坐标为对应波段图像的最大值、最小值、平均值以及平均值加减均方差的值,根据此曲线就可以很清晰地了解不同波段灰度值的范围和基本分布情况。

3. 图像清晰度

图像清晰度这个概念也来自常规的灰度图像的评价。由于光学系统离焦、运动模糊、大气散射、噪声影响等,造成边缘过渡范围扩大,图像视觉效果模糊,图像质量降低,图像清晰度就是用以评价图像该方面特征的基本指标。常用的方法主要有空域参数方差、熵以及调制传递函数等,也可以用基于梯度函数或基于边缘锐度函数的方法来评价。基于边缘锐度

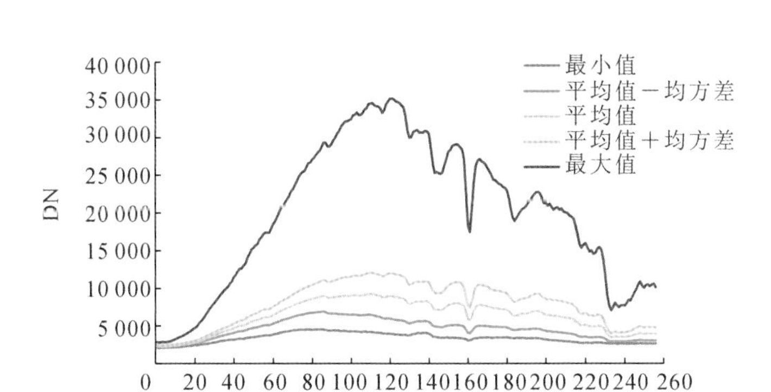

图 8.2 光谱图像的灰度分布曲线

函数的方法是通过统计图像某一边缘法线方向的灰度变化情况来进行评价，即灰度变化越剧烈，边缘越清晰，图像也越清晰，该方法和平均梯度函数一样意义明确，便于数学运算。

目前遥感图像的评价指标还没有标准化，上述基本描述方法是以中国科学院上海技术物理研究所在光谱遥感应用实践中，针对所研制的部分高光谱成像仪(OMIS、PHI、全谱段多模态成像光谱仪)进行评价和参数调整为目标，所采用的常规描述参数，特此注明。

8.2.3 基于高光谱图像的几何光学性能评价

高光谱成像仪图像几何方面的评价主要从地面分辨率和定位精度两方面进行。地面分辨率反映了高光谱成像仪空间分辨的能力，定位精度反映了位置姿态测量数据精度和高光谱成像仪同步控制精度以及几何校正算法的效果。

8.2.3.1 地面分辨率评价

地面分辨率表示能被分辨的地面线度或面积，随着航高的不同，对应的地面线度或面积是不同的，即不同比例尺的影像，同样大小的像元所代表的地面实际面积大小不同。可以采用分辨率板法、场景目标法和梯度法分别评价。

1. 分辨率板法

根据高光谱成像仪瞬时视场指标和计划飞行高度，估计图像的空间分辨率，制作相应的分辨率检测板，在飞行航带下方地面铺设，飞行结束后在图像中直接目视读取分辨率板上可分辨的最小间隔，图 8.3 为中国科学院上海技术物理研究所在某遥感设备遥感测试飞行实验中所铺设的光谱定标板与空间分辨率板的飞行图像，光谱定标板和空间分辨率板的尺寸是根据被测仪器的设计指标来设计的。

2. 场景目标法

这是一种近似估计方法，选择图像场景中可知道尺寸的目标，如道路白色斑马线、操场

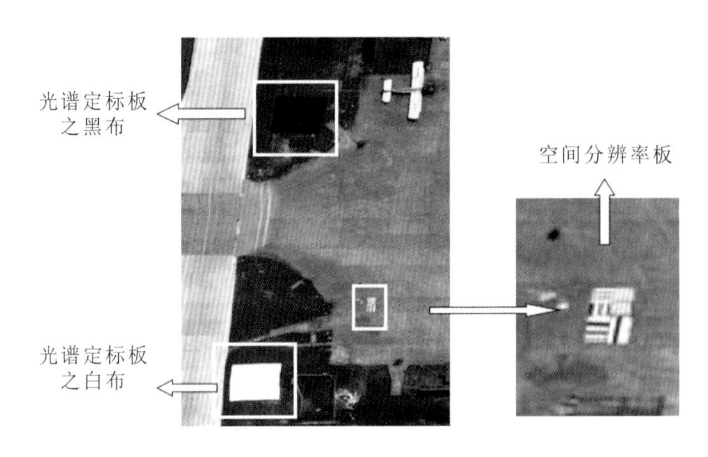

图 8.3　光谱定标板和空间分辨率板

跑道以及其他可分辨小目标，作为分辨率板的替代，根据图像能分辨的最小物体，来估计图像空间分辨率。

3. 梯度法

选取图像场景中的对比度强烈的锐利边缘，计算梯度变化，根据梯度和空间分辨率定义，估算图像的空间分辨率。

8.2.3.2　定位精度评价

随着应用的扩展，人们对高光谱成像仪光谱数据的定位能力提出了要求，要求高光谱成像仪光谱数据具有一定的初步定位能力，也就是可以直接获得每个像素在一定误差范围内的地理坐标。配备了 IMU/GPS 测量数据的成像光谱数据经过后处理，具有一定的直接定位能力，但是高光谱成像仪和测绘相机在设计中侧重不同，空间定位精度方面的要求不同，测绘相机必须满足精确测量的要求，而高光谱成像仪光谱数据实现初步定位就可以满足大部分应用需求了，因此对遥感图像的定位精度要求和评价方法同测绘领域也有所差别(Hruska et al.,2012)。为了强调与测绘领域中定位精度要求的差别，高光谱成像仪光谱数据常用几何校正精度来说明其定位方面的性能。空间定位精度的度量单位是长度单位，如 m、cm，几何校正精度的描述往往用像元数度量。几何校正精度可采用下述方法来检验和评价。

1. 图像叠加检验法

将校正后的图像叠加在已有的相同比例尺的电子地图或地形图上，通过观察水体、道路、房屋等易于识别的地物的重叠情况，判断校正后的图像精度，该方法需要有相同比例尺的影像图或地形图。

2. 相邻图像接边检测法

图像几何校正的目的之一就是纠正图像的空间畸变并实现相邻图像的拼接，因此校正后的图像在镶嵌过程中的接边质量也可以在一定程度上反映图像的校正质量。相邻图像接边检测法中相邻的两幅图像的获取手段相同，几何校正算法也相同，因此能反映相邻图像的相对校正精度。

3. 随机取样验证法

在实地利用差分全球定位系统（differential global positioning system，DGPS）现场测量多个地面控制点的位置坐标，或者在相近空间尺度的地形图上识别同名点，获得影像中随机抽取的可识别点的实际经纬度坐标，然后与它们在校正后的成像光谱图像中的经纬度坐标做比较，计算每个点的误差值，以此反映该景图像的校正精度或者定位精度。

4. 直线目标评价法

在被测区域内寻找可识别的直线目标，如笔直的道路、直线型的人工建筑边缘，通过评价图像中这些线目标的畸变作为对系统相对定位精度的粗略评价。该方法简单明了，通过选取平坦地形中的目标，可适用于图像未经地形校正的情况。这种方法也是最简单的成像光谱数据几何校正精度评价的方法。

对没有经过地形校正的遥感图像，在地形起伏较大的地区，上述方法（特别是前面三种）效果都不会理想，这种情况下，可选择地势平坦地区的图像进行评价，这样的评价结果是对遥感平台姿态校正效果的评价。

8.3 部分典型高光谱传感器的系统评价方法和应用

8.3.1 基于系统的机载热红外高光谱成像仪性能评价

机载热红外高光谱成像仪是863计划“对地观测与导航技术领域”在“十二五”规划期间立项的主题项目，要求研制一台可机载应用的热红外高光谱成像仪样机（王建宇等，2017）。在完成样机的研制后开展了实验室系统测试功能、性能评价，下面给出主要性能指标的实验室测试方法和结果，这是一个典型的基于高光谱遥感系统的性能评价。

8.3.1.1 光谱分辨能力评价

对机载热红外高光谱成像仪光谱分辨能力的评价主要通过光谱响应范围和光谱分辨率两项指标进行。对机载热红外高光谱成像仪光谱响应范围的测试，采用标准单色仪（iHR550型号），利用硅碳棒作为单色仪的入射光源，控制单色仪进行波长扫描，从8.0 μm匀速扫描到12.5 μm结束，查看样机的响应特性（图8.4和图8.5）。

机载热红外高光谱成像仪在单色仪扫描的8 000～10 000 nm内均有明显的响应信号，

通过快视软件查看仪器的响应原始 DN 应大于 100。经过测试，机载热红外高光谱成像仪对单色仪分光后的波长(8 000～12 500 nm)均有响应(图 8.6 给出了经过单色仪之后的单波长 9 000 nm、10 000 nm、11 000 nm、12 500 nm 的响应信号的响应图像，原始 DN 均大于 200)，分析后得到样机各个波长对探测器面对应的光谱位置归纳如图 8.6 所示，其中第 36 列对应中心波长 8 000 nm，196 列对应中心波长 12 500 nm，探测器列序号的中心波长关系如下公式：$y=0.025x+7.1$，其中 x 表示探测器的列序号，y 表示对应的中心波长位置，单位是 μm。

图 8.4　光谱响应范围及光谱分辨率测试现场图

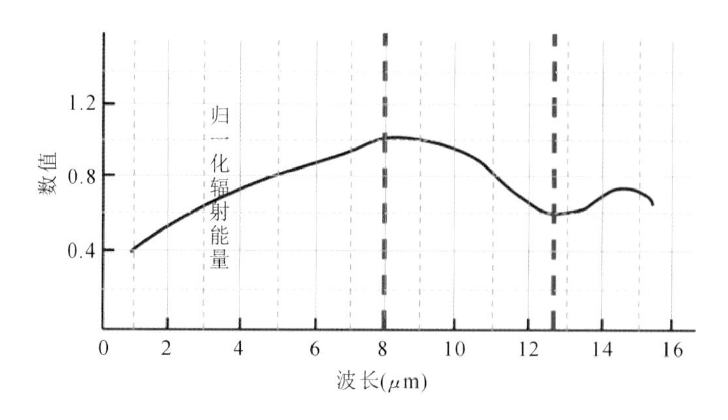

图 8.5　硅碳棒光源归一化光谱辐射曲线图

经过测试，可以明确机载热红外高光谱成像仪的光谱响应范围可以覆盖 8 000～12 500 nm。

对于光谱分辨率的评价，同样利用 iHR550 单色仪以及常规硅碳棒作为热红外光源，采用直接扫描的方法，利用单色仪从 8.0 μm 匀速扫描到 12.5 μm 结束，以 0.5 nm 为步长，其中单色仪的入射和出射狭缝开口设置为 0.2 mm，其光谱分辨率测试现场与光谱响应范围测试实验室现场一致。样机在单色仪扫描的 8 000～10 000 nm(设置步长为 0.5 nm)内均有明显的响应信号，通过后续的软件处理得到仪器的光谱分辨率应优于 50 nm，计算得到的波段数大于 64。按照测试的光谱响应范围和对应波段位于焦平面阵列的位置提取光谱数据，经

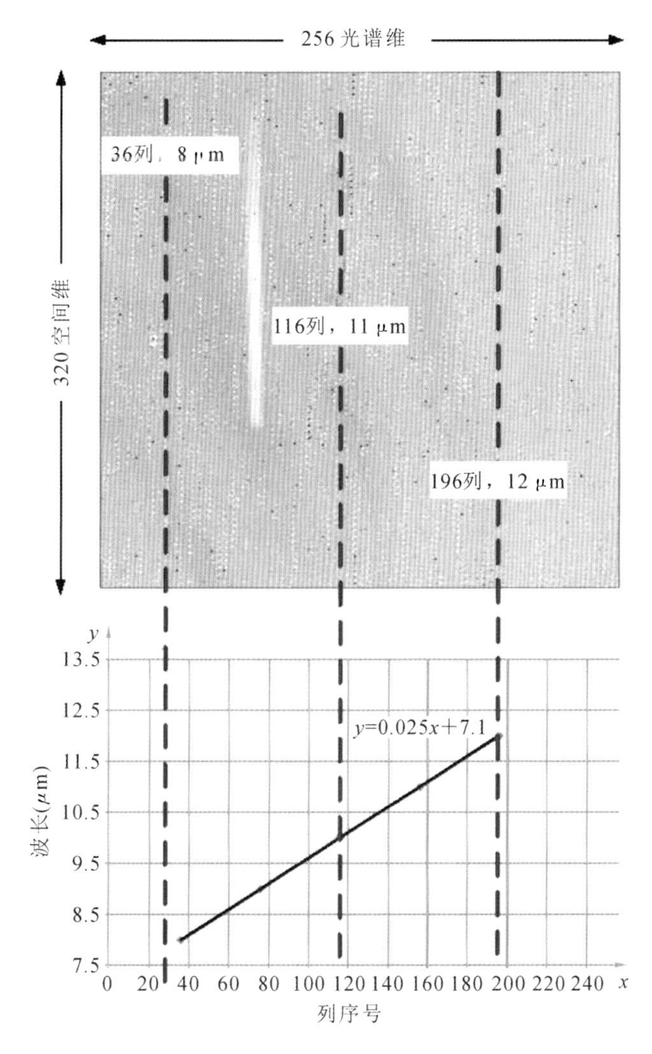

图 8.6　经过单色仪标定后的样机的光谱响应范围(覆盖 8 000～12 500 nm)

过测试,并归一化处理后,图 8.7 给出了样机在 8 000～10 000 nm 内部分波段的光谱分辨率曲线。

经过以上测试可知样机在 8 000～10 000 nm 内 80 个波段的平均光谱分辨率约为 44 nm。在此基础上,对样机在 10 000～11 500 nm 内 60 个波段的光谱分辨率也进行了测试,经过计算得到这 60 个波段的光谱分辨率约为 44 nm。

8.3.1.2　辐射分辨能力评价

对于辐射分辨能力的评价主要通过探测灵敏度进行,对于热红外谱段工作的高光谱成像仪而言,主要是噪声等效温差(DEΔT)。为了测试系统的噪声等效温差,设计了如图 8.8 所示的样机探测灵敏度测试环境,通过转折镜的转动可以迅速使样机的观测视场在两个高精度黑体之间切换。

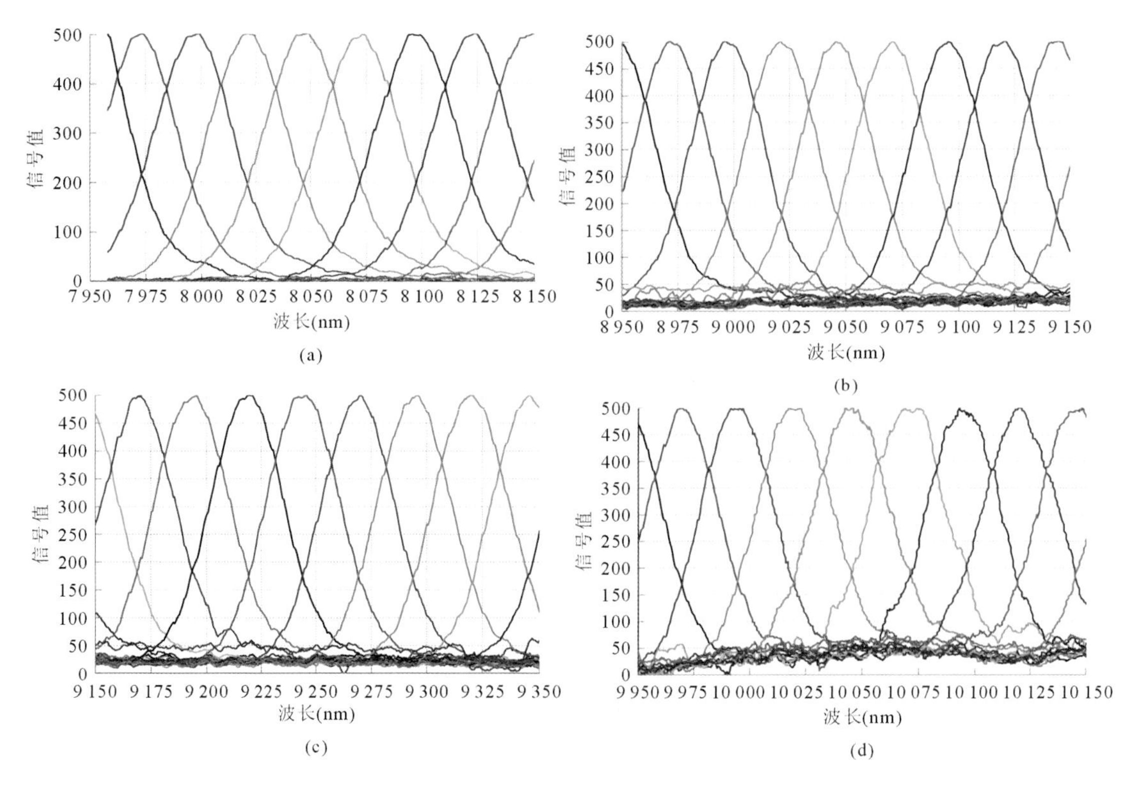

图 8.7　样机的波长波段光谱分辨率测试结果

(a)样机在 7 950～8 150 nm 内 8 个波段的光谱分辨率测试结果；(b)样机在 8 950～9 150 nm 内 8 个波段的光谱分辨率测试结果；(c)样机在 9 150～9 350 nm 内 8 个波段的光谱分辨率测试结果；(d)样机在 9 950～10 150 nm 内 8 个波段的光谱分辨率测试结果

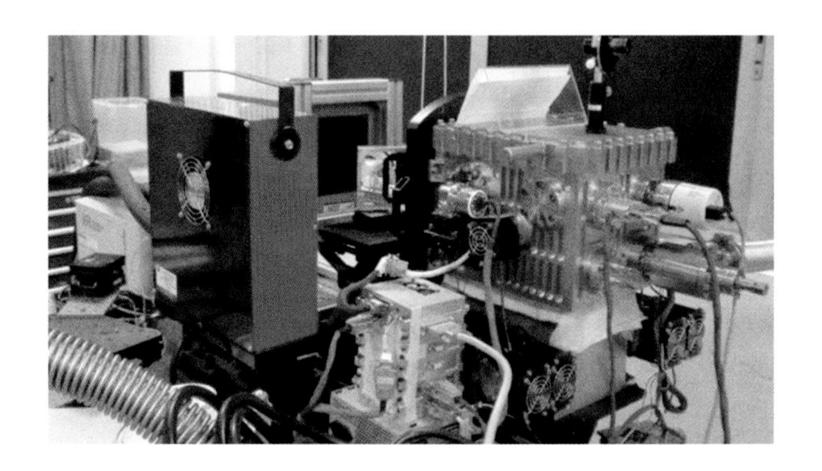

图 8.8　机载热红外高光谱成像仪样机的实验室探测灵敏度测试现场照片

转动转折镜，使得样机可以快速测试两个温度点：23 ℃、33 ℃，各采集约 3 000 帧图像数据。用 23 ℃和 33 ℃的数据评价系统的响应量，用 23 ℃的图像来评价系统的噪声特性。

按上述方法进行测试，计算仪器的探测灵敏度，用 NEΔT 值表示，如果得到在 8 000～10 000 nm的平均值优于 0.2 K，可判断样机探测灵敏度指标满足任务书要求。

对获取的图像数据在 8 000～12 500 nm 内 180 个波段进行探测灵敏度计算，用 T_1 和 T_2 两个温度点样机在各个波段的响应数据评价系统的响应量，根据 T_1 的数据来评估噪声，然后根据下述计算方法计算系统各个波段的探测灵敏度(图 8.9)：

$$\mathrm{NE}\Delta T(\lambda_i)=\frac{(T_2-T_1)\times \mathrm{RMS}(T_1\_\lambda_i)}{\mathrm{DN}(T_2\_\lambda_i)-\mathrm{DN}(T_1\_\lambda_i)} \tag{8.1}$$

式中，$\mathrm{RMS}(T_1_\lambda_i)$表示温度点对应 λ_i 波段黑体温度 T_1 时采集数据的均方根噪声 DN；$\mathrm{DN}(T_2_\lambda_i)$和 $\mathrm{DN}(T_1_\lambda_i)$分别表示对应 λ_i 波段黑体温度 T_2 和 T_1 时的信号 DN；式(8.1)中 T_1 代表 23 ℃，T_2 代表 33 ℃。计算得到样机的探测灵敏度结果统计如下文。

(1)8.0～10.0 μm 内 80 个波段的平均 NEΔT=180 mK。

(2)10.0～11.0 μm 内 40 个波段的平均 NEΔT=197 mK。

(3)11.0～12.0 μm 内 40 个波段的平均 NEΔT=375 mK。

(4)12.0～12.5 μm 内 40 个波段的平均 NEΔT=516 mK。

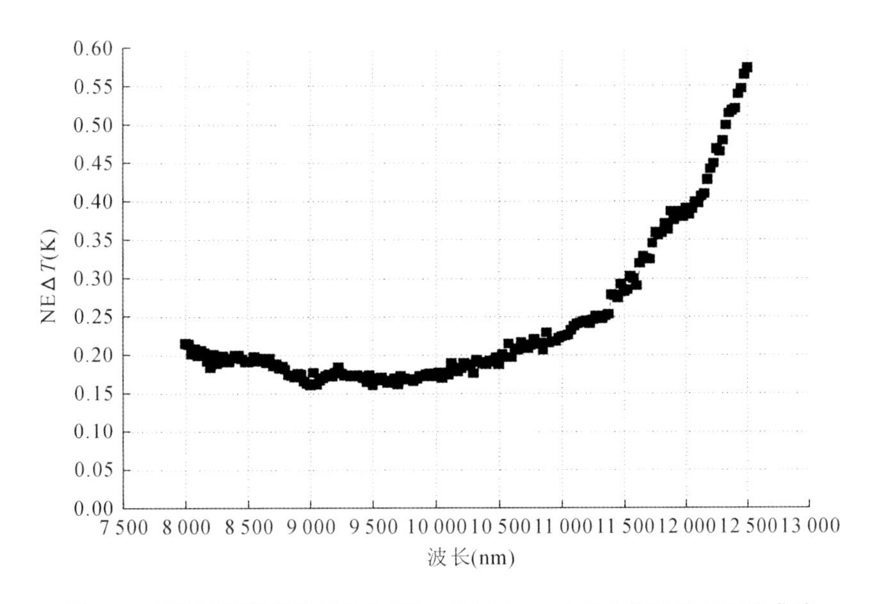

图 8.9　实际测试计算得到的 8 000～12 500 nm 内各个波段的 NEΔT 曲线

8.3.1.3　几何光学性能评价

对于几何光学性能的评价主要通过测试空间分辨率、观测总视场等指标进行。对空间分辨率的测试方案是采用 900 mm 焦距的平行光管，在其焦面上放置 0.9 mm 宽的狭缝对，狭缝对方向与仪器内狭缝垂直。采用硅碳棒作为辐射光源，直接照射到狭缝对上，经平行光管准直，入射到仪器望远物镜内，记录样机对该狭缝对的响应信号特性，并计算 1 mrad 分辨率情况下系统的 MTF 情况。按上述方法进行测试，计算 MTF 值，如果得到的 MTF 值大于

0.1，可判断样机空间分辨率满足 1 mrad。图 8.10 分别给出了焦平面第 60 列、112 列和 160 列三处波长的样机响应信号 DN 曲线，从测试的结果看，样机可以分辨出 1 mrad 的目标。同时根据测试大纲规定的计算方法计算得到在这三个波长位置样机对于 1 mrad 目标的 MTF 值如下文。

(1)焦平面第 60 列，MTF(1 mrad)≈0.13。

(2)焦平面第 112 列，MTF(1 mrad)≈0.14。

(3)焦平面第 160 列，MTF(1 mrad)≈0.18。

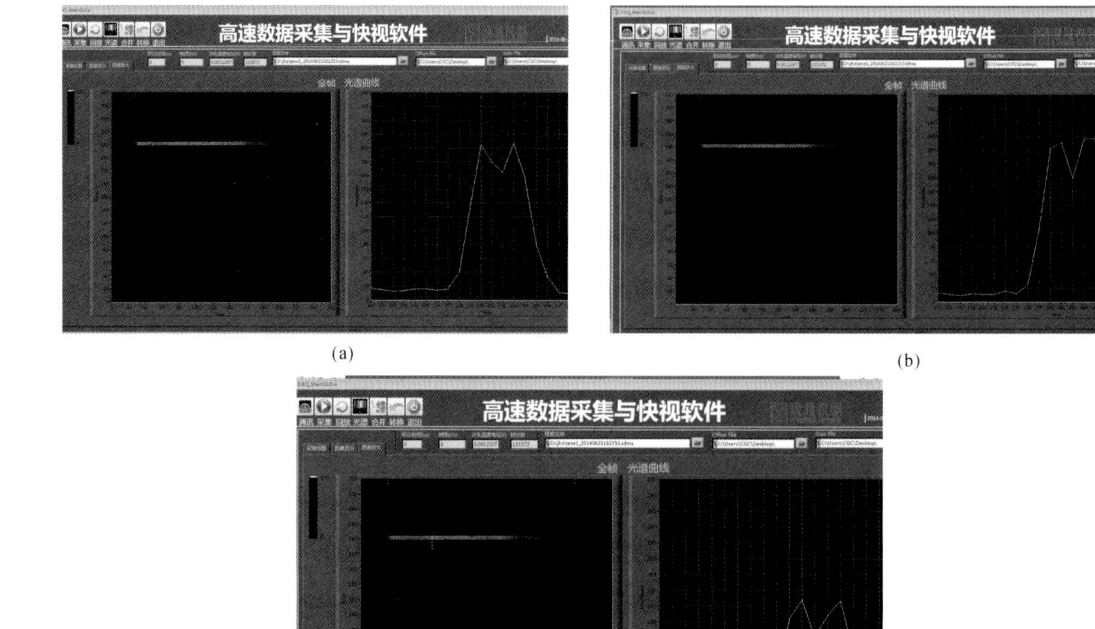

图 8.10 机载热红外高光谱成像仪用焦平面组件不同位置 MTF 测试情况

(a)焦平面 60 列样机响应 1 mrad 狭缝对信号 DN 曲线；(b)焦平面 112 列样机响应 1 mrad 狭缝对信号 DN 曲线；(c)焦平面 160 列样机响应 1 mrad 狭缝对信号 DN 曲线

根据以上测试和计算，可以判定样机可以对 1 mrad 的目标进行分辨。对于总视场的评价通过基于高光谱影像的方法，具体叙述如下：机载热红外高光谱成像仪于 2015 年 5 月底在浙江舟山普陀山机场区域开展校飞试验，共开展了 6 条航带的飞行，图 8.11 给出了样机飞行区域地图。可以根据样机飞行的航高、成像幅宽实际计算得到样机的总视场。

在获取飞行区域的热红外高光谱图像数据后，分别从图像的某一条航带中，找到与航迹垂直的直线，沿直线测量航带的宽度(图 8.12)。根据图像特征，在 Google Earth 中找到同

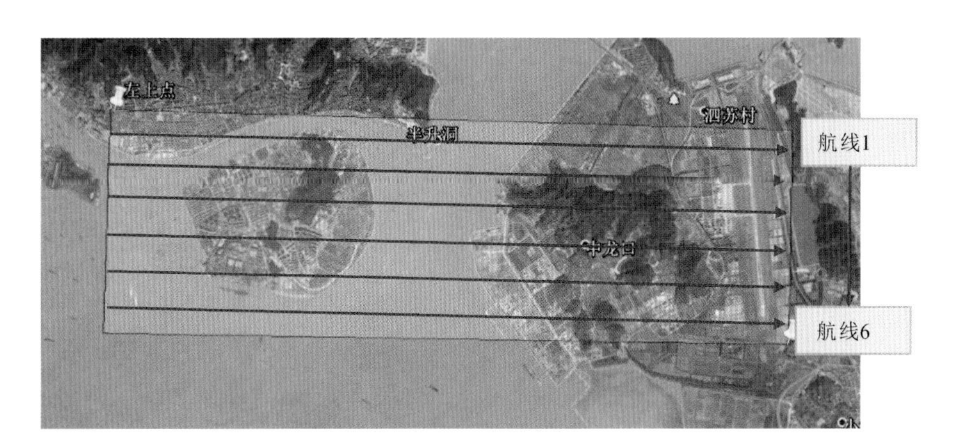

图 8.11 样机飞行区域地图

名点，并测量同名点在 Google Earth 中的距离，作为地面实际距离(误差小于 5 m)。总视场角的计算方法为

$$\mathrm{TFOV} = 2 \times \tan^{-1}\left(\frac{L}{2H}\right) \tag{8.2}$$

式中，仪器飞行航高 H，成像幅宽为 L。其中 H 由飞机 GPS 数据提供，L 可以对照 Google Earth 进行坐标点测量获取，即实际距离。

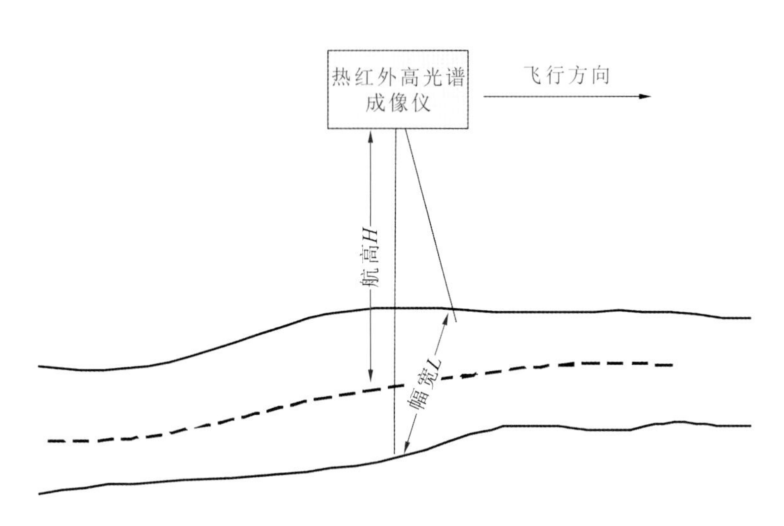

图 8.12 样机总视场测试原理图

图 8.13 为飞行区域样机获取高光谱图像距离测量示意图，表 8.1 为从样机获取图像和 Google Earth 中得到的测量数据。由表 8.1 中的结果可以看出，从实际距离计算得到的总视场角平均值为 14.5°。从 Google Earth 测量得到的实际距离误差(5 m)所导致的总视场角误差仅为 0.14°。

图 8.13 飞行区域样机获取高光谱图像距离测量示意图

表 8.1 利用实测航带信息参考测试大纲方法计算得到的 5 条航线各自的观测总视场

	航高 H(m)	幅宽 L(m)	计算得到观测总视场(°)
直线 1	2 088	532	14.5
直线 2	2 088	535	14.6
直线 3	2 087	529	14.4
直线 4	2 087	530	14.5
直线 5	2 086	531	14.5
均值	2 087.2	531.4	14.5

8.3.2 基于图像的天宫一号高光谱成像仪的在轨评价

天宫一号飞行器是中国载人航天工程二步一阶段的重要任务，搭载高空间分辨率高光谱成像仪开展了对地观测技术试验与应用。空间分辨率高光谱成像仪覆盖 0.4～2.5 μm 的可见近红外/短波红外光谱范围，其中短波红外具有 64 个波段的光谱成像能力，空间分辨率达到了 20 m(400 km 轨道高度)(李振旺 等，2013)。表 8.2 给出了高空间分辨率短波红外超光谱成像仪典型技术指标。

表 8.2 高空间分辨率短波红外超光谱成像仪典型技术指标

名称	技术指标
卫星高度(km)	400
刈幅(km)	10
光谱范围(μm)	1.0～2.5
波段数(个)	64
光谱采样间隔(nm)	约 23
星下点地面像元分辨率(m)	20
量化字节(bit)	12
调制传递函数(静态，Nyquist 频率处)	≥0.15

天宫一号高光谱成像仪于2011年9月29日在中国酒泉卫星发射中心发射入轨，在轨初步成像结果表明仪器信噪比优良、图像清晰。图8.14为该仪器在短波红外谱段获取的一幅典型高光谱图像。

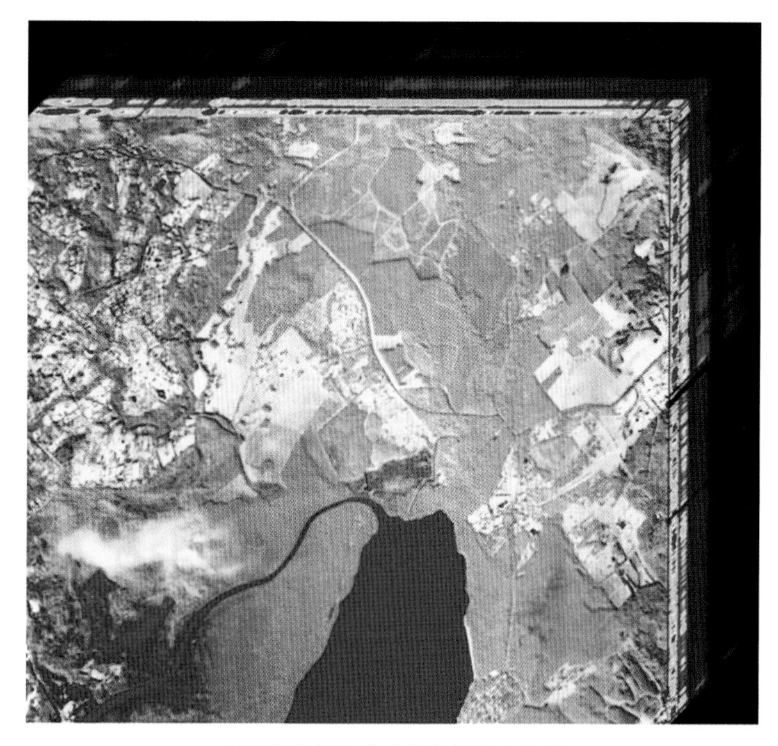

短波红外超光谱成像仪图像立方体
(摄像任务34：澳大利亚海岸 太阳高度角30.9°；拍摄时间：北京时间2011-10-05 05:46)

图8.14 高分辨率短波红外超光谱成像仪在轨图像

高分辨率短波红外超光谱成像仪在轨期间按照本章介绍的高光谱遥感系统的性能评价方法对仪器的光谱中心波长、信噪比、辐射响应、动态MTF等技术指标进行了测试和评价。测试结果表明，仪器在短波红外谱段信噪比大于150和在典型20 m分辨率的情况下MTF值大于0.35。

这里只给出基于在轨影像的辐射分辨率、光谱分辨率评价结果，如图8.15和图8.16所示。

发射入轨后，天宫一号高光谱成像仪成功地在轨运行超过4年，其间生成了大量的对地观测高分辨率高光谱数据，开展了广泛的应用，下面介绍几类主要应用。

1. 城市土地利用监测

城市土地利用是指城市中工业、交通、卫生、住宅和绿地等建设用地的状况，反映城市布局的基本形态和城市内功能区的地区差异。利用天宫一号的高光谱数据对城市土地利用类型进行监测(图8.17)，并对其空间格局进行分析，对城市可持续发展及保持良好的城市生态

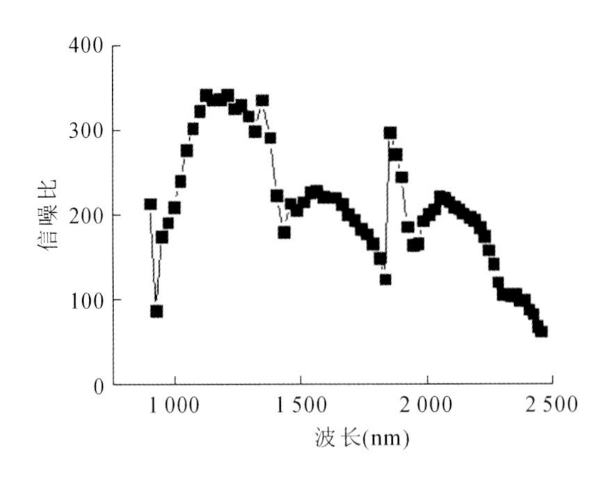

图 8.15　依据在轨影像评价高光谱成像仪辐射分辨率评价

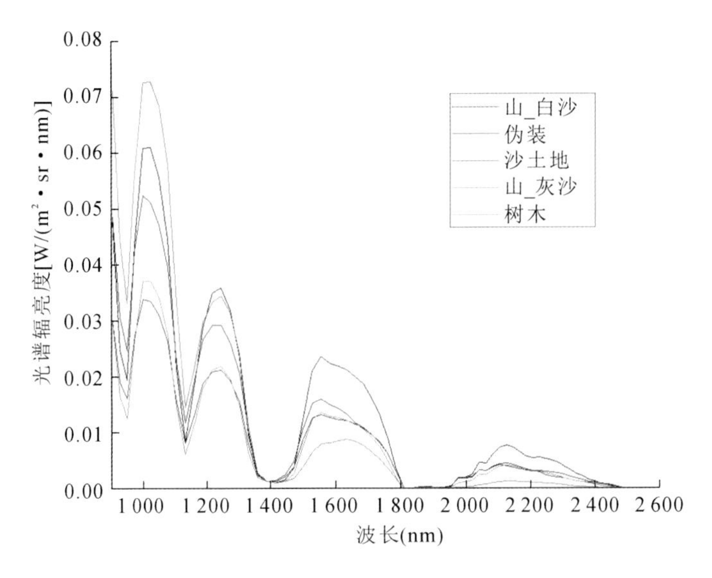

图 8.16　依据在轨影像评价高光谱成像仪光谱分辨率评价

环境具有重要的意义。

2. 地质勘查领域应用

在地质勘查领域，高光谱遥感技术通过识别多种地质作用过程中形成的矿物分布，为地质分析、资源勘查提供物质成分信息支撑（图 8.18）。目前高光谱遥感使用的光谱段主要为可见近红外/短波红外（0.35～2.5 μm）谱段，可识别 OH^-、SO_4^{2-}、CO_3^{2-}、Fe^{3+} 等矿物种类（如高岭石、白云母、蒙脱石、方解石、白云石、黄钾铁矾、石膏、绿泥石、绿帘石、蛇纹石、滑石、角闪石、辉石、橄榄石等），甚至可半定量估算其含量以及某些矿物晶格中的类质同象替换（白云母中 Si、Al 的替换，以及绿泥石中 Fe、Mg 的替换）。

该技术已广泛应用于资源勘查、行星地质领域，技术层面已具备工程化应用的能力。但

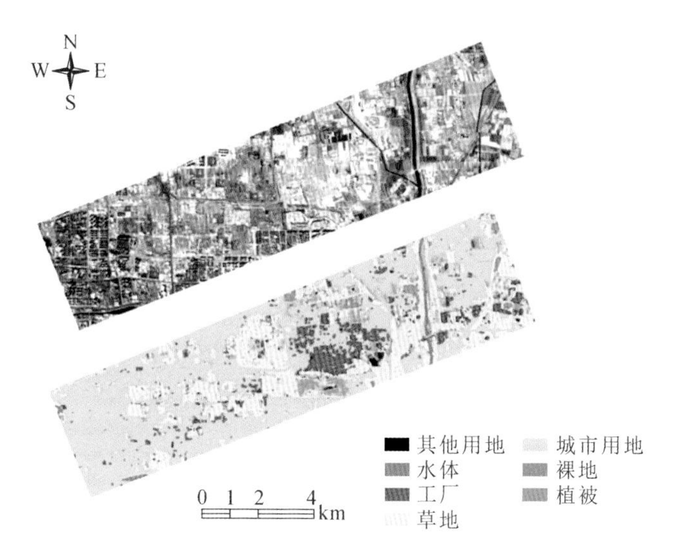

图 8.17 天宫一号高光谱成像仪拍摄的北京通州区北部图像和土地利用监测结果(摘自中国载人航天工程网)

图 8.18 甘肃北山天宫一号高光谱数据矿物分布图(摘自中国载人航天工程网)

是,由于数据源限制,至今未能开展工程化应用。典型的传感器有航天 Hyperion,航空 AVIRIS、HyMap 与 CASI/SASI 等。航天传感器空间分辨率往往较低,适合开展中小比例尺的区域性、普查性矿物填图,航空传感器空间分辨率往往较高,适合在重要地区开展大比例尺填图。目前,国内外航天高光谱传感器的幅宽有限(Hyperion 为 7.5 km),数据获取能力有限,无法满足区域性、普查性矿物填图要求。

8.3.3 嫦娥三号(CE-3)红外成像光谱仪的实验室和在轨性能评价

CE-3红外成像光谱仪任务来源为中国探月工程二期重大工程项目。其研究目的为面向月球及深空探测领域的重大需求，解决国际上首次月面就位宽谱段图谱集成同步探测及定标的技术难题，研制有效载荷满足月面巡视就位图谱探测及矿物组成与化学成分分析的科学应用需求。CE-3红外成像光谱仪具备可见近红外谱段(0.45～0.95 μm)的光谱成像及短波红外谱段(0.9～2.4 μm)光谱的月面就位同步探测与定标功能，为我国首次月面软着陆及巡视勘察任务中巡视器上配备的主要有效载荷。图8.19给出了玉兔号月球车与CE-3红外成像光谱仪的位置示意图。表8.3给出了CE-3红外成像光谱仪主要技术指标。

图8.19 玉兔号月球车与CE-3红外成像光谱仪的位置示意图

表8.3 CE-3红外成像光谱仪主要技术指标

序号	项目	谱段分布	
		可见近红外	短波红外
1	光谱范围(nm)	450～950	900～2400
2	光谱分辨率(nm)	2～7	3～12
3	视场(°)	8.5×8.5	Φ3.6
4	信噪比(dB)	31@太阳高度角15°，反照率9%	32@太阳高度角15°，反照率9%
5	功耗(W)	19.8	
6	质量(kg)	4.675(探头)～0.7(电子学)	

2013年12月23日，CE-3红外成像光谱仪在月面首次开机。红外成像光谱仪在4个月

昼中,共完成 26 次月面工作,包括 20 次月面探测,6 次月面定标,累计工作时间约为 470 min,共获约得 403 MB 的数据。CE-3 红外成像光谱仪在第一、第二月昼月面工作中,共进行了4 次月面探测及 3 次月面定标工作,获得了 105 MB 的科学数据。

在 CE-3 红外成像光谱仪进行了详细的在轨性能评价(图 8.20~图 8.22),形成了完整的评价报告。结论如下:红外成像光谱仪探头工作温度为−5~25℃。红外成像光谱仪遥测及工程数据表明:红外成像光谱仪工作正常。科学数据表明:红外成像光谱仪可见近红外图像数据与短波红外光谱数据完整有效,全谱段光谱特征明显,可见近红外通道图像清晰,其光谱范围、信噪比、动态范围等指标均满足任务要求;反射率光谱经初步分析,发现高钙辉石、橄榄石等月表典型矿物的吸收峰特征。

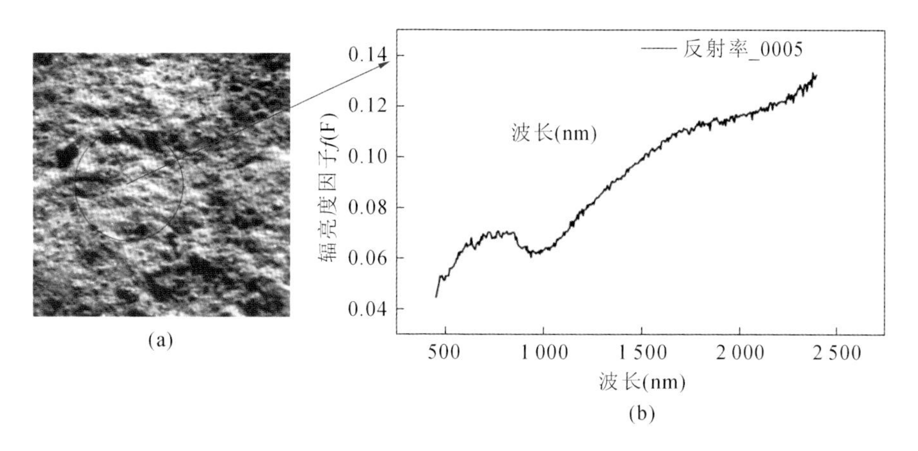

图 8.20 第一次月面探测区域全波段反射率曲线

(a)中红色圆圈区域为短波红外探测器视场对应在 CMOS 图像中的位置

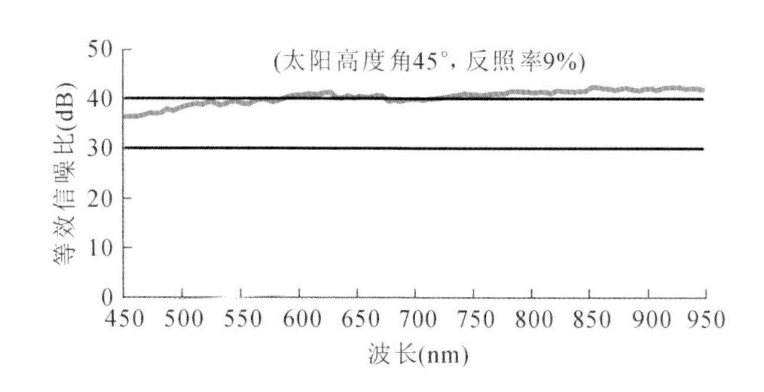

图 8.21 基于影像的 CE-3 红外成像光谱仪可见近红外通道信噪比评价

CE-3 红外成像光谱仪在第一、第二月昼巡视器正常状态下,根据其获取的科学数据(高光谱影像)进行了性能评价,其月面工作情况表明功能、性能和各项指标满足任务要求,与仪器在实验室基于系统性能的测试评价结果基本吻合(表 8.4)。

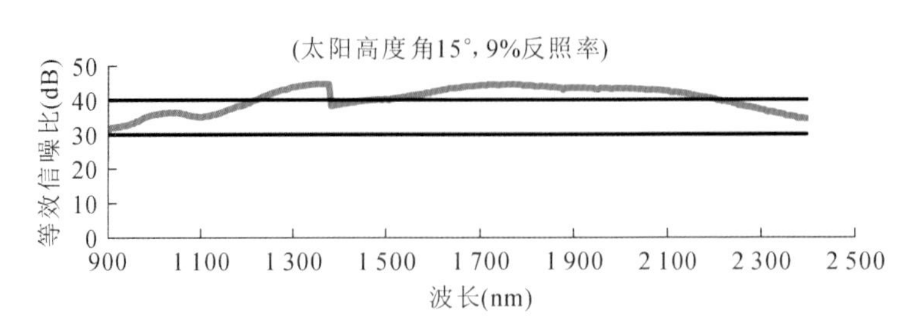

图 8.22　基于影像的 CE-3 红外成像光谱仪短波红外通道信噪比评价

表 8.4　CE-3 红外成像光谱仪实验室系统评价与在轨评价对比表

项目名称	任务要求	地面实验室评价 (基于性能测试)	在轨测试数据评价 (基于高光谱影像)
光谱范围(nm)	CMOS 450～950 SWIR 900～2 400	CMOS 450～950 SWIR 900～2 400	发射后不可测
光谱分辨率(nm)	CMOS 2～10 SWIR 3～12	CMOS 2～7 SWIR 3～11.8	发射后不可测
视场(°)	CMOS 6×6 SWIR 2×2	CMOS 8.5×8.5 SWIR Φ3.6	发射后不可测
有效像元数量	CMOS ≥256×256 SWIR 1	CMOS 256×256 SWIR 1	CMOS 256×256 SWIR 1
量化值(bit)	≥10	CMOS 10 SWIR 16	CMOS 10 SWIR 16
可见近红外通道 等效信噪比 S/N(dB)	≥40(最大信噪比) ≥30(反照率 9%, CMOS 太阳高度角 45°)	42.0(max) 31.0(min)	42.3(max) 36.3(min)
短波红外通道 等效信噪比 S/N(dB)	≥40(最大信噪比) ≥30(反照率 9%, SWIR 太阳高度角 15°)	45.0(max) 32.0(min)	44.8(max) 31.6(min)
系统静态传 递函数值	>0.1	>0.11(可见近红外)	发射后不可测
探测距离(m)	0.7～1.3	0.7～1.3	发射后不可测
功耗(W)	≤20	19.8	19.8
质量(kg)	≤6	4.675	发射后不可测

另外,CE-3 红外成像光谱仪光谱辐亮度数据质量评价方法主要通过对辐射校正后的定标板光谱辐亮度数据与理论计算的太阳光经定标板漫反射后的入瞳光谱辐亮度数据进行平均相对误差分析,定量分析红外成像光谱仪辐射校正精度。红外成像光谱仪按月面定标方

案获取的多组月面定标数据，在可见近红外谱段的辐射反演相对误差均小于5%，短波红外谱段辐射反演相对误差小于2%；定标数据在分析及处理后形成的红外成像光谱仪月面辐射定标矩阵，经验证可有效满足科学探测数据反演要求。

8.3.4 基于飞行数据的全谱段多模态成像光谱仪载荷评价

基于飞行数据，主要开展了对全谱段多模态成像光谱仪几何特性测试和辐射特性测试。几何特性测试分为相对几何精度和绝对几何精度。相对几何精度指经过系统几何校正后的二级产品图像上相邻像元之间的偏差；绝对几何精度指经过系统几何校正后的二级产品图像上地物的地理位置和真实地理位置之间的偏差。

8.3.4.1 性能测试方法

该指标通过飞行试验测试。

(1)获取测试区分辨率优于飞行图像的机载影像数据或地面控制点测量数据。

(2)相对几何精度评价：对二级产品选择特定的直线目标(道路、房屋、斑马线等)，判断量测像元相对偏移的中误差不超过1像元。

(3)绝对几何精度评价：获取控制点大地坐标，量测二级产品图中控制点的坐标，计算图上控制点坐标与地面实际坐标的距离，根据空间分辨率计算绝对像元偏差，判断绝对偏差的中误差小于或等于3～5像元。

8.3.4.2 数据处理方法

(1)相对几何精度：对二级产品中的直线目标(道路、房屋、斑马线等)进行量测，统计落在量测线两侧点的坐标距离量测线的距离，统计所有像元相对偏移的中误差。

(2)绝对几何精度：获取二级产品中的控制点图像大地坐标和实际大地坐标，计算绝对偏移的中误差。

8.3.4.3 指标计算方法

1. 相对几何精度计算方法

假设量测线为$Ax+By+C=0$，直线两侧的点假设为$p(x_0, y_0)$，则该点到量测线的距离为

$$d_0 = \frac{|Ax_0 + By_0 + C|}{\sqrt{A^2 + B^2}} \tag{8.3}$$

设共量测了n个点，相对几何校正的中误差为

$$m_1 = \sqrt{\frac{\sum_{i=1}^{n} d_i^2}{n-1}} \tag{8.4}$$

2. 绝对几何精度计算方法

假设控制点的图像大地坐标和实际大地坐标分别为 $p(x_a, y_a)$ 和 $p(x_g, y_g)$。

$$\Delta_x = \frac{|x_g - x_a|}{x_{GSD}}$$
$$\Delta_y = \frac{|y_g - y_a|}{y_{GSD}} \tag{8.5}$$
$$\Delta = \sqrt{\Delta_x^2 + \Delta_y^2}$$

式中，Δ 为绝对几何校正偏差；Δ_x、Δ_y 分别为 x 和 y 方向的校正偏差；x_{GSD} 和 y_{GSD} 分别为 x 和 y 方向的空间分辨率；x_g 代表地面 x 方向的量测坐标；x_a 代表图像 x 方向几何校正坐标；y_g 代表地面 y 方向的量测坐标；y_a 代表图像 y 方向的几何校正坐标。绝对几何校正的中误差为

$$m_2 = \sqrt{\frac{\sum_{i=1}^{n} \Delta_i^2}{n-1}} \tag{8.6}$$

8.3.4.4 样本处理要求

相对几何精度评价量测的数目不少于 3 组目标。绝对几何精度评价控制点数目不少于 10 个。

在实际应用中，实验室测试所获得的辐射定标系数并不完全适合于外场飞行数据的辐射定标，还需要在外场利用标准漫反射板和已标定的另一台光谱仪对设备进行辐射定标。根据定标环境，外场辐射定标可分为地面定标和飞行航线同步定标。

地面定标是利用能够覆盖成像光谱仪全视场的标准漫反射板，在太阳光下产生均匀面光源，并利用已标定的光谱仪采集标准漫反射板的辐亮度数据，确定成像光谱仪各个像元的响应大小与辐亮度的转换系数(图 8.23)。其详细操作步骤如下文。

图 8.23 机载成像光谱仪地面定标

(1)挑选一处空旷的区域,将标准漫反射板平铺在地面上。

(2)将成像光谱仪安装在标准漫反射板上方,使成像光谱仪的视场区域位于标准漫反射板的有效面积内,并确保视场内无阴影,周围支架进行遮挡处理,以降低周围环境反射光的影响。

(3)待太阳位于正上方时,采集每个像元的输出值,总共采集记录 500 条数据,并利用已标定的光谱仪同步采集标准漫反射板的辐亮度数据。

(4)采集完成后,更换不同反射率的标准漫反射板,重复步骤(3)。

(5)采集暗背景数据,最终求出每个像元的输出响应与入瞳辐亮度的函数关系曲线(图 8.24),计算方法与实验室辐射特性测试计算方法相同。

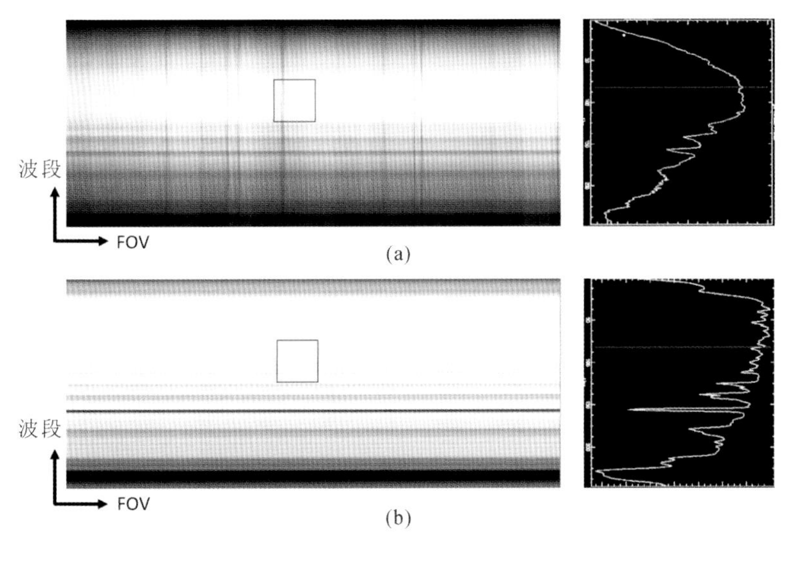

图 8.24 地面定标结果

(a)为未经过辐射校正的高光谱图像;(b)为经过辐射校正后的高光谱图像

飞行航线同步定标是在机载成像光谱仪飞行过程中,当成像光谱仪经过地面靶标区域时,在地面利用地物光谱仪同步测量地面靶标的辐射特性(图 8.25)。飞行航线同步定标与地面定标结合,可以确定飞行过程中从地面至成像光谱仪入瞳之间大气对上行辐射的衰减特性。受地面标准漫反射板的有效面积、飞行高度、飞行速度、成像光谱仪角分辨率、系统帧频等因素的限制,地面标准漫反射板在图像中一般仅占几像元,考虑像元混叠的效应,要实现飞行过程中的同步定标,标准漫反射板在图像中至少要占 3 像元×3 像元,因此需要根据实际参数对定标航线进行规划,其相关参数之间的计算关系为

$$\begin{cases} N_{\text{cross}} = \dfrac{W_{\text{cross}}}{h \cdot \text{IFOV}} \\ N_{\text{along}} = \dfrac{W_{\text{along}} \cdot \text{Fr}}{v} \\ \dfrac{v}{h} \leqslant \text{Fr} \cdot \text{IFOV} \end{cases} \tag{8.7}$$

其中，N_{cross} 为标准漫反射板在穿轨方向所占像元的数量；N_{along} 为标准漫反射板在推帚方向所占像元的数量；W_{cross} 为标准漫反射板在穿轨方向的尺寸；W_{along} 为标准漫反射板在推帚方向的尺寸；h 为飞行高度；v 为飞行速度；IFOV 为成像光谱仪的角分辨率；Fr 为系统帧频。

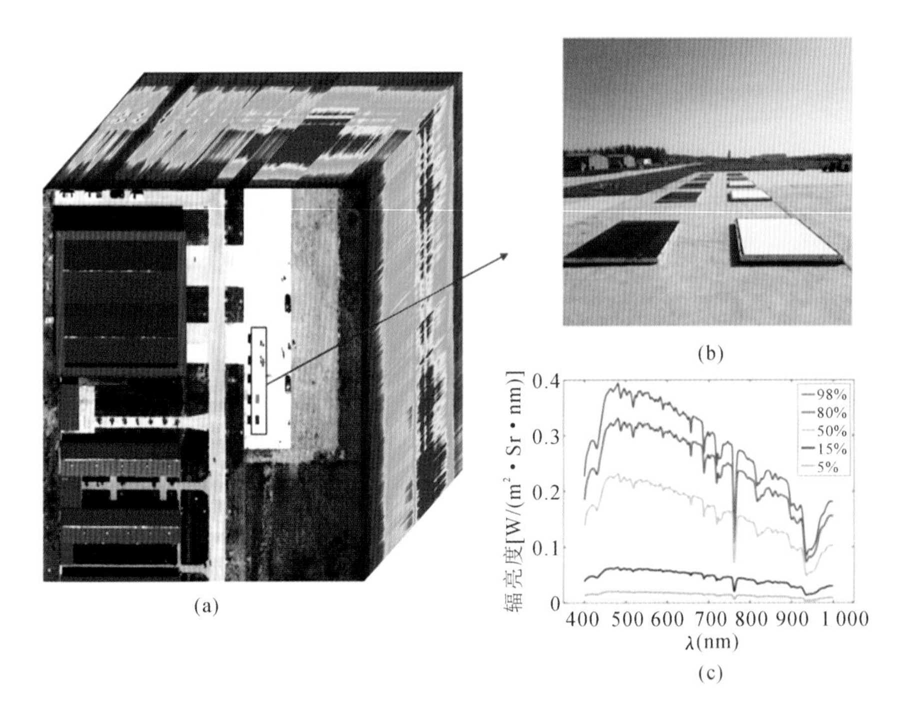

图 8.25 飞行航线同步定标(Zhang et al.，2019)

参考文献

李振旺，刘良云，张浩，等，2013. 天宫一号高光谱成像仪在轨辐射定标与验证[J]. 遥感技术与应用，28(5)：850-857.

马德敏，2004. 高光谱图像质量评价[J]. 红外，(7)：18-23.

王建宇，李春来，王跃明，等，2017. 热红外高光谱成像仪的灵敏度模型与系统研制[J]. 红外与激光工程，46(1)：9-15.

HRUSKA R，MITCHELL J，ANDERSON M，et al.，2012. Radiometric and geometric analysis of hyperspectral imagery acquired from an unmanned aerial vehicle[J]. Remote Sensing，4：2736-2752.

YOKOYA N，MIYAMURA N，IWASAKI A，2010. Detection and correction of spectral and spatial misregistrations for hyperspectral data using phase correlation method[J]. Applied Optics,49(24):4568-4575.

ZHANG D,YUAN L,WANG S,et al. ,2019. Wide swath and high resolution airborne hyperspectral imaging system and flight validation[J]. Sensors,19(7):1-17.

第9章　高光谱遥感系统实例

高光谱成像遥感系统是国际上遥感技术发展的重点和热点之一，能够同时获取地物的几何、辐射和光谱信息，集相机、光谱仪和辐射计的功能于一体，在宽的光谱范围内能够连续并精细地表征地物的光谱特征，获取的信息量相当于传统仪器的数百倍，在地物识别方面具有突出的优势，是地物识别向智能化、自动化发展的必要技术手段。

目前国内外在轨运行的星载高光谱成像载荷主要发展方向为扩展谱段覆盖范围，提升光谱分辨率、空间分辨率能力，增加单次探测成像幅宽以及提升信噪比等。本章详细介绍了两个典型的星载高光谱成像载荷的设计方法及测试情况。

9.1　星载宽幅高光谱成像仪载荷的研制与测试情况

星载宽幅高光谱成像载荷是我国在"十一五"期间由科学技术部立项研制的星载高光谱成像载荷，其直接面向于我国发射的高分五号"可见短波红外高光谱相机载荷"的先期研究(以下简称本项目)，该载荷设计的主要技术指标如表9.1所示。

表9.1　星载宽幅高光谱成像载荷主要设计指标

项目	指标
光谱范围	400～2 500 nm
地面覆盖宽度	60 km
地面像元分辨率	30 m
光谱分辨率	VNIR:5 nm;SWIR:10 nm
光谱段数	可见近红外(VNIR)≥120 波段 短波红外(SWIR)≥160 波段
影像量化等级	12 bit
辐射定标精度	绝对优于7% 相对优于4%

续表

项目	指标
光谱定标精度	1 nm
信噪比	150(平均)
功耗	约 200 W
重量	约 70 kg

9.1.1 星载宽幅高光谱成像仪总体设计

根据本书介绍的星载高光谱成像载荷的设计方法,结合上述具体的设计指标,从总体技术方面入手,宽幅高光谱成像仪的总体技术主要包括精细分光方式的选取、主光学望远镜技术路线的设计、整体布局及 VNIR 和 SWIR 通道分离、探测器及制冷技术路线、在轨高精度定标技术路线、光谱特性的优化考虑以及信噪比的优化考虑七项技术集成。下面就这七项技术作详细介绍。

9.1.1.1 精细分光方式的选取

根据分光原理和元件的不同,高光谱成像仪的三类主要分光方式的性能比较如表 9.2 所示。

表 9.2 棱镜色散、光栅衍射和傅里叶干涉分光方式的性能比较

性能比较	棱镜色散分光		光栅衍射分光		傅里叶干涉分光		
	平面	曲面	平面闪耀	凸面闪耀	空间调制有狭缝	全通量空间调制	时间调制型
光谱测量范围	小	小	大	大	小	小	小
多级光谱重叠	无	无	有	有	无	无	无
光谱分辨率	低	较高	高	高	最高	最高	最高
光通量	较高	较高	较高	较高	较高	高	高
光谱非均匀性	大	大	极小	极小	大	大	大
光谱弯曲	大	小	大	最小	—	—	—
系统信噪比	较高	较高	较高	较高	低	高	高
视场	较大	大	较大	最大	较大	较大	大
数据量	小	小	小	小	大	最大	最大
数据处理	简单	简单	简单	简单	复杂	最复杂	复杂
环境要求	一般	一般	低	低	高	很高	最高
本项目可用性	光谱弯曲严重	体积大,光谱稳定性差	光谱弯曲严重	可用	信噪比低,难以在轨可编程	数据量大,无法在轨可编程	一般用于大气探测

表 9.2 从光谱测量范围、光谱分辨率、光谱非均匀性、光谱弯曲、系统信噪比等多个方面给出了棱镜色散、光栅衍射和傅里叶干涉三种分光方式性能的比较结果，可以看出，凸面闪耀光栅光谱仪具有综合优势。从美国空军实验室发射入轨的傅里叶干涉分光方式高光谱成像仪 FTHSI 的运行情况来看，带狭缝空间调制型的高光谱成像仪系统信噪比，尤其是蓝波段信噪比极小。有分析认为，全通量空间调制型的傅里叶高光谱成像仪在相同成像参数下，其信噪比小于色散型高光谱成像仪；其数据速率成倍增加，会导致数据超过10 Gbps甚至更多；无法实现在轨光谱通道可编程下传。时间调制型傅里叶成像光谱仪主要用于大气精细探测。

9.1.1.2 主光学望远镜技术路线

望远系统将来自景物的光会聚在光谱仪的入射狭缝上，光通过狭缝后被准直，穿过色散元件，再会聚到阵列探测器上，在狭缝的长度方向上形成空间窄带的像，在狭缝宽度方向上形成窄带像元的光谱。光学系统的结构型式是根据高光谱成像仪的焦距、相对孔径及视场角的要求确定的。高光谱成像仪要求高成像质量的同时，还需权衡体积、布局和适应空间条件下的环境温度变化的影响。有三种类型可供选择，即折射式、折反射式和全反射式（同轴两反式和离轴三反式）。几种光学望远镜的比较见表 9.3。

表 9.3 不同主光学望远镜的比较

总体方案	折射式	折反射式	全反射式	
			同轴两反式	离轴三反式
像质	好	较好	好	最好
视场	大	≤3°	≤1°	大
有无次镜挡光	无	有	有	无
成像波段	受材料限制	受材料限制	材料无限制	材料无限制
对光学材料的要求	难得到	难得到	容易	容易
光学口径	受材料限制	受材料限制	大	大
加工难度	容易	一般	一般	难
对工作环境的要求	对温度敏感	一般	低	低
加工成本	低	一般	一般	高
研制周期	短	一般	一般	长

本项目视场要求大于 4.86°，只能采用离轴三反式光学望远镜。离轴三反式光学望远镜分为二次成像系统和一次成像系统。其中，一次成像系统比二次成像系统的视场更大，且成像质量优良，选用一次成像离轴三反式光学望远镜作为最终方案。

针对小 F 数大视场光学望远镜及视场分离技术、长狭缝大平场改进型凸面光栅光谱仪关键技术，进行了设计和分析，表 9.4 给出了主光学和后光学的设计参数和指标，满足任务要求。

表 9.4 主光学望远镜参数选取及设计结果

项目	指标
通光口径	250 mm
成像波段	0.4～2.5 μm
总视场	4.86°×1.4°
瞬时视场	42.37 rad
焦距	708 mm
调制传递函数	≥0.89@17 LP/mm

9.1.1.3 整体布局及 VNIR 和 SWIR 通道分离

高光谱成像仪在整体布局上有三种方案考虑：①4 个光谱仪的结构（2 个 VNIR，2 个 SWIR）；②3 个光谱仪的结构（1 个 VNIR，2 个 SWIR）；③2 个光谱仪的结构（1 个 VNIR，1 个SWIR）。

如图 9.1(a)所示，4 个光谱仪每个探测器空间维像元规模可由 2 000 降低到 1 000，有利于降低探测器研制难度，但增加了仪器的重量、体积和功耗，其中 2 个短波红外探测器带有制冷装置，结构上难以布局。如果要简化光谱仪的结构，需要提高系统的 F 数，会使系统的通光口径减小，将严重影响系统的信噪比。使用 3 个光谱仪的整体结构，短波红外谱段用 2 个红外探测器及其制冷器，仍然存在难以布局、系统光学口径小、占用较大资源的问题。

如图 9.1(b)所示，采用 2 个光谱仪的结构，简化了系统，优化了资源，可以增大系统光学口径，提高系统的信噪比。但探测器的规模在空间维达到了 2 000 像元。达到 2 000 像元规模，帧频满足 230 帧/s 的短波红外焦平面探测器未见国外报道，也不可能引进，以国内目前技术水平研制难度很大。为此提出了双狭缝凸面光栅光谱仪，如图 9.2 所示，4 个狭缝在空间上形成错位，共同组成一个长度对应 2 000 像元的线视场。错位后的狭缝经过光谱仪，在空间维和光谱维上形成了 4 个光谱图像“方块”，将 4 个 512×512 探测器放置在 4 个光谱图像“方块”处，即按“品”字形拼接成了 2 000×512 规模的探测器。512×512 的探测器已经具有相对成熟的研制基础。

9.1.1.4 探测器及制冷技术路线

短波红外探测器由 2 个 1 024×256 的探测器拼接实现 2 000 个空间采样点和 190 个光谱通道的成像。国外 1 000×256 探测器在落实中有如下问题。①引进受严格的限制。所配制冷机寿命只有几千小时，不适于在轨 5 年长寿命业务化运行。2 500 nm 处探测器响应

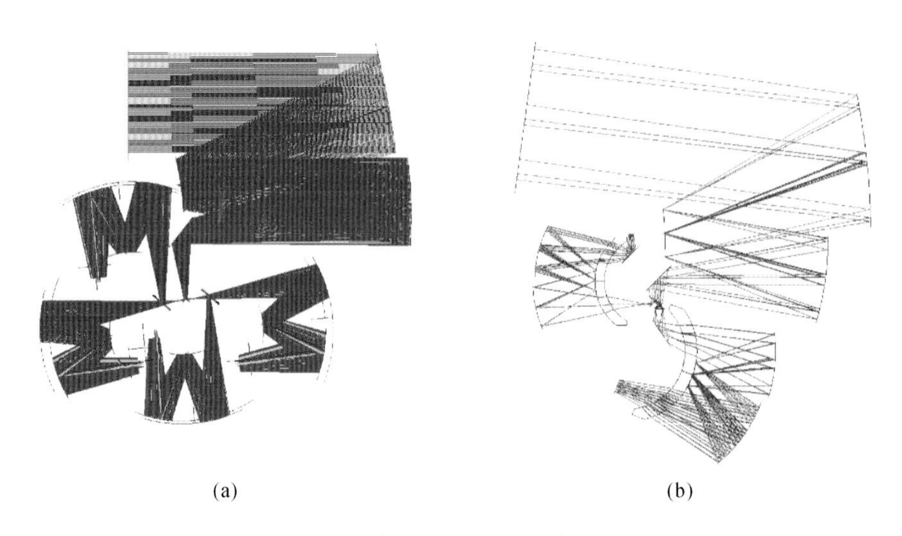

图 9.1 系统结构布局优化比较图示意

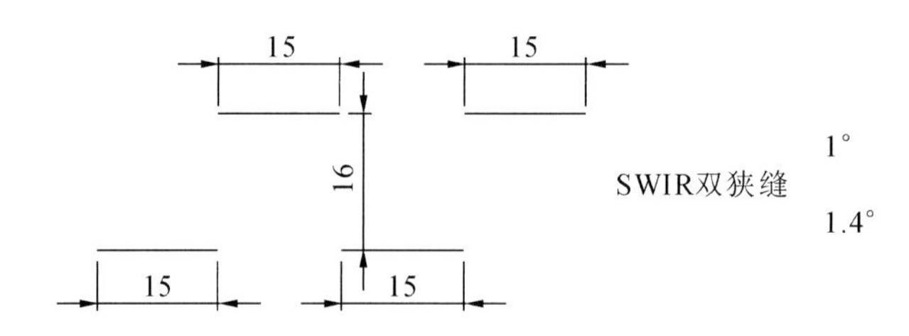

图 9.2 双狭缝光谱仪的狭缝设置

约降至峰值的 50%。②高效率凸面光栅的制作需要一定的刻线密度。凸面闪耀光栅需要较大的刻线密度。为提高刻线密度到满足光栅闪耀实现的条件,需要将色散宽度增加近一倍。190 个短波红外光谱通道的色散宽度要扩大 1 倍,对应的探测器在光谱维方向的规模要增加到 380 像元,国外探测器在此方向上有 256 像元,规模无法满足此要求。

鉴于上述原因,短波红外探测器及其制冷机由中国科学院上海技术物理研究所自行研制,探测器规模为 2 000×512,峰值响应为 50%的波长位置选在 2 550 nm 处,确保 2 500 nm 处的 100%光谱响应。该制冷机具有很好的工程研制经验,已应用于某型号卫星,寿命 5 万 h以上。

在可见近红外波段,大面阵探测器主要有 CCD 和 CMOS 两种器件。虽然 CMOS 探测器电路驱动电路简单、功耗小,但其量子响应率远小于 CCD 器件(图 9.3),主要应用于商业数码照,高光谱成像仪或成像要求不高的地方。本项目可见近红外波段采用 CCD 器件,由国外引进。规模为 2 048×280,400~500 nm 范围探测器的量子效率(quantum efficiency,QE)由一般的 10%左右提高到 50%以上,大幅改善了蓝波段的响应特性,有效保证了高光谱成像仪在蓝波段的信噪比。

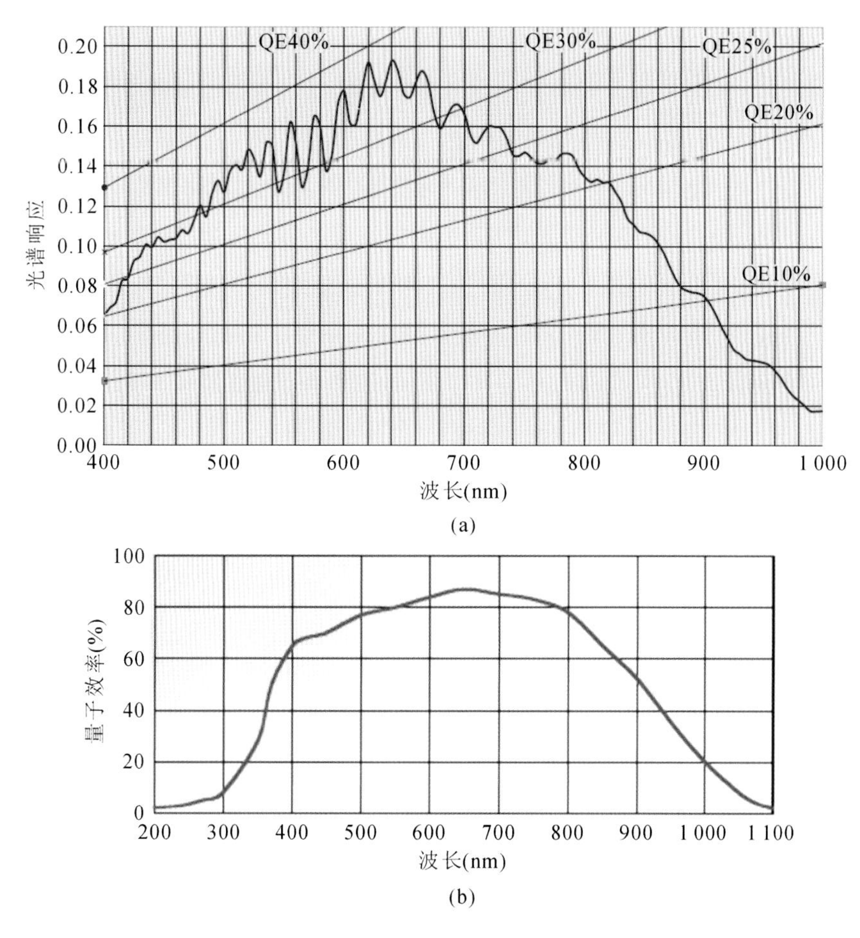

图 9.3 CMOS **和** CCD **器件量子效率比较**

9.1.1.5 在轨高精度定标技术路线

本项目在轨的光谱和辐射定标借鉴美国 EO-1 卫星 Hyperion 光谱定标的方法,即通过光的漫反射板引入太阳光,实现仪器全视场、全光路、全口径的高精度光谱和辐射定标。在该方法下,作如下改进和补充。①不采用稀土掺杂漫反射板。使用发现,漫反射板掺杂稀土后会引起反射率和双向反射因子较大的误差,会严重影响辐射定标时的精度。②增加标准探测器,监视在轨漫反射板的衰减,维持在轨期间的定标精度。③采用国外公司已改进的漫反射板,有效避免原子氧侵蚀等空间辐照对漫反射板性能的影响。④采用大气吸收廓线进行光谱定标,并增加发光二极管,与大气吸收廓线交叉定标,有效保证 0.5 nm 定标精度。

9.1.1.6 光谱特性的优化考虑

光谱分辨率和光谱横向偏差是反映高光谱成像光谱特性的重要指标,直接关系到应用的效果。在技术路线选择上充分考虑了对光谱分辨率和光谱横向偏差的保证和优化,具体如下所述。

1. 改进型 Offner 光谱仪实现大视场下的小光谱混叠和光谱横向偏差

凸面光栅分光不仅具有光谱各个通道带宽的一致性好、结构紧凑、稳定性和可靠性好的优点，在实现好的光谱特性方面也具有明显优势。在平面光栅和平面棱镜分光方式中，狭缝轴外视场光经过分光装置之后，会聚在焦面上会发生光谱弯曲(即光谱横向偏差)，造成同一地物扫描条带上不同空间像元的光谱在横向(光谱维)发生偏差。而凸面光栅其自身反射面的弯曲形状会对光谱的弯曲进行校正，使得光谱横向偏差很小。凸面光栅 Offner 光谱仪是一个完善的成像系统，在一定的视场内，理论上对于来自主光学望远镜的像不会引入像差。在过去的研究项目中，对凸面光栅 Offner 光谱仪用分辨率板测试，其分辨率优于 1 μm，充分验证了其完善成像的特性。本项目中，由于宽幅对应的狭缝更长，轴外视场光入射角更大，超出了传统 Offner 光谱仪的分光成像限度，光学的像质和光谱横向偏差都发生大的恶化，影响使用。为此，对传统的 Offner 结构进行改进，通过增加校正透镜，有效保证小的光谱混叠和光谱横向偏差性能指标。

2. 增大光谱色散宽度进一步减小光谱混叠和光谱横向偏差

通过狭缝视场进入光谱仪的地物条带光信号，经过分光后会聚到探测器焦面上，在光谱维按波长色散成一定的光谱宽度。光谱色散宽度越宽，光谱维方向单位长度内光谱横向偏差和混叠均相对减小。光谱弯曲的程度就是光谱横向偏差。光谱混叠则直接影响光谱分辨率指标，光谱混叠越小，光谱分辨率与光谱采样间隔更接近，有助于减少每个像元受相邻像元光谱信号的影响，保证自身的光谱纯度。光谱纯度跟光谱仪的焦距、狭缝宽度、光栅常数和入射角有关系：

$$\Delta\lambda_s = \frac{s}{f} \cdot d\cos\alpha \tag{9.1}$$

本项目中拟将色散宽度提高 1 倍，每 2 个探测像元对应 1 个光谱通道。相当于式(9.1)中的 s 和 d 均减小 1/2，系统的光谱纯度将提高 4 倍。此时，光谱横向偏差减小 1/2，光谱混叠减小到 1/2 以上，但对应的探测器在光谱维的像元数需求增大了 1 倍。短波红外探测器由中国科学院上海技术物理研究所自行研制，保证了该技术路线优化的可实现。

相比棱镜分光凸面光栅分光容易拉伸色散宽度，而且色散宽度宽时，凸面光栅刻线密度增大，其制作相对更易于实现。

9.1.1.7 信噪比的优化考虑

本项目信噪比的保证，在技术路线选择上的优化考虑汇总如下文。

1. 小 F 数望远镜提高光能量收集能力

本项目采用小 F 数望远镜技术，光学等效口径为 250 mm，有效提高了高光谱成像仪收集光信号的能力。如表 9.5 所示，跟国际上已有和正在发展的高光谱成像仪比较，其主要技术指标相当，甚至幅宽更大的情况下，除加拿大的 Hero 外，本项目中的口径均高于其他仪器，最大达到 2.5 倍，能量收集能力提高 6 倍多。

表 9.5 不同高光谱成像仪光学口径比较

	国家	口径(mm)	F 数	幅宽(km)	空间分辨率(nm)	光谱范围(μm)	光谱分辨率(nm)
本项目	中国	250	2.83	60	30	0.4～2.5	5/10
Hyperion	美国	125	12	7.5	30	0.4～2.5	10
CRISM	美国	100	4.4	11.9	19.7	0.36～1.05	6.55
COIS	美国	120	3	30	30/60	0.4～2.5	10
HSI	美国	120	3	7.68	30	0.4～2.5	5.8
CHRIS	英国	120	6	18.6	17/34	0.4～1.05	1.25～11
EnMAP	德国	175	3	30	30	0.42～2.45	9.3
Hero	加拿大	320	2.2	36	30	0.43～2.45	10
PRISMA	意大利	210	3.3	30	30	0.4～2.5	8.2

2. 闪耀凸面光栅提高光学效率

图 9.4 和图 9.5 分别是 VNIR 和 SWIR 凸面光栅闪耀和不闪耀时的衍射效率曲线。从图中可以看出闪耀光栅对光栅衍射效率的改善显著，能有效提高高光谱成像仪的信噪比。

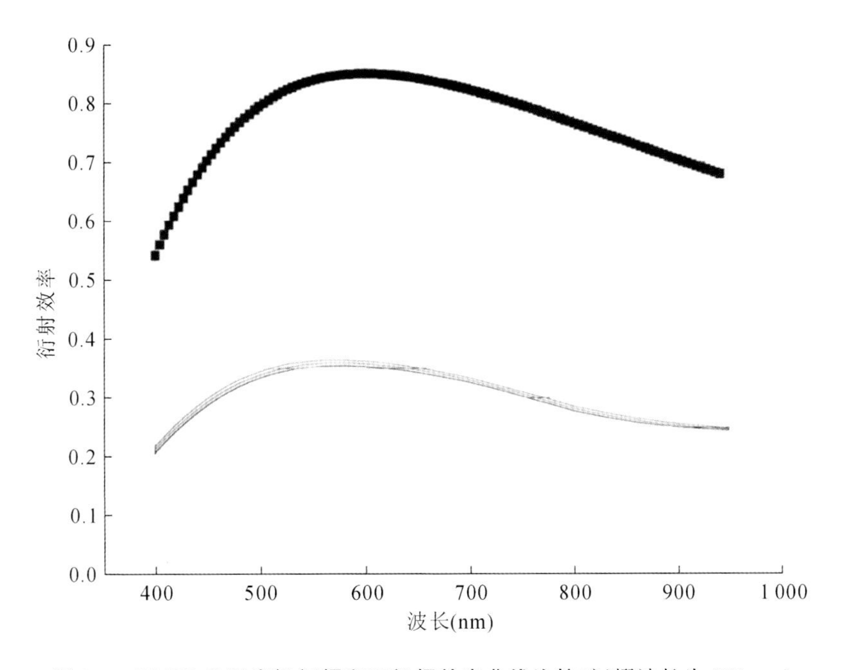

图 9.4 VNIR 凸面光栅闪耀和不闪耀效率曲线比较(闪耀波长为 600 nm)

3. 提高反射膜紫波段的反射率

本项目高光谱成像仪中，光线要经过 9 次反射到达探测器的表面，实现包括紫光在内的全谱段高反射是一件非常重要的工作。通常利用金属膜层(包含保护膜的银膜和铝膜)的反射特性，实现宽光谱反射。但是常规的金属反射膜系在可见光区有明显的反射光谱缺陷，银膜在波

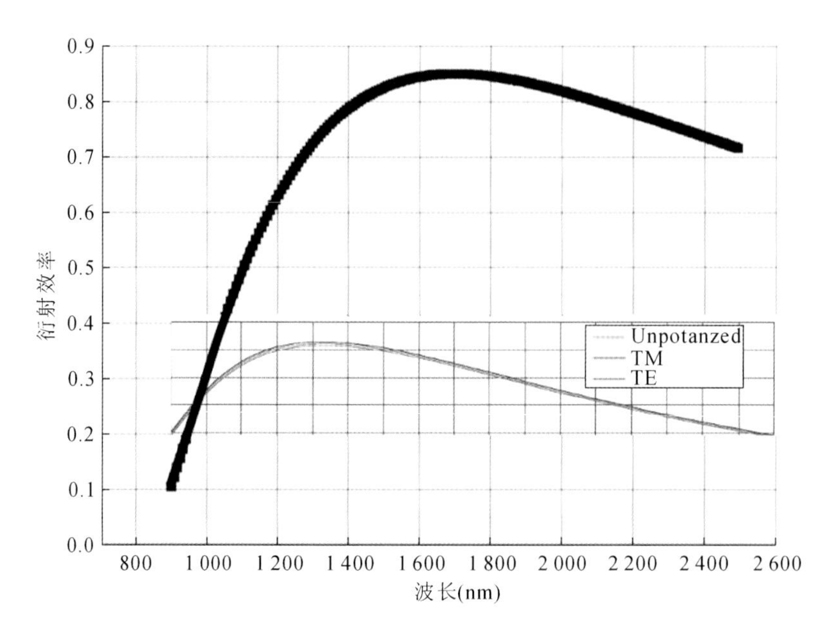

图 9.5　SWIR 凸面光栅闪耀和不闪耀效率曲线比较(闪耀波长为 1 700 nm)

长 400～450 nm 的紫光区域反射率较低,铝膜在波长 860 nm 附近区域有明显的凹谷。为了弥补这些缺陷,设计了含有金属膜层和介质膜层的多层复合膜系,克服了此不足,有效地提升了紫光波段的反射率,同时没有明显降低其他工作波段的反射率,如图 9.6 中曲线所示。

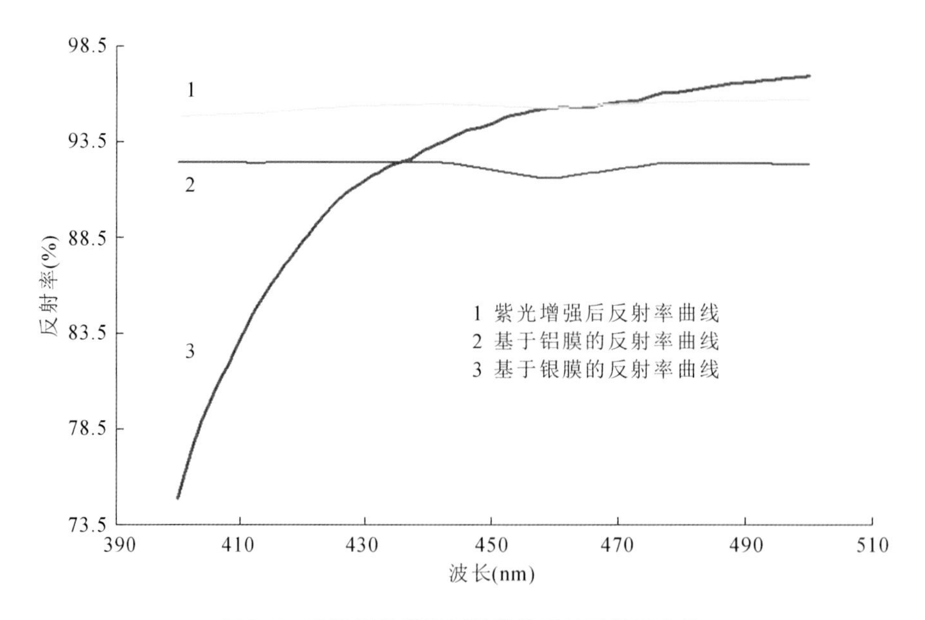

图 9.6　采取紫光增强反射措施后的反射率曲线

表 9.6 给出了紫外增强膜与两种通用膜放射效果的比较,经过 9 次反射后,三者最大差别达到了 3 倍。紫外增强膜将有效改善高光谱成像仪在紫蓝波段的光学效率,有效提高紫

蓝谱段的信噪比。

表 9.6 不同反射膜多次反射后的光学效率比较

反射膜	紫外增强膜(%)	铝膜(%)	银膜(%)
反射率	94.5	92.5	83.5
9 次反射后	60.1	49.6	19.7

4. 增强 CCD 紫蓝波段量子效率

定制了用于高光谱成像仪的 CCD，图 9.7 是其外观照片。为提高紫蓝谱段的信噪比，该 CCD 专门采取了紫蓝谱段量子效率的增强，如图 9.8 所示，在紫蓝乃至整个可见光范围，量子效率的提高都非常明显。

图 9.7 定制的 CCD 器件实物照片

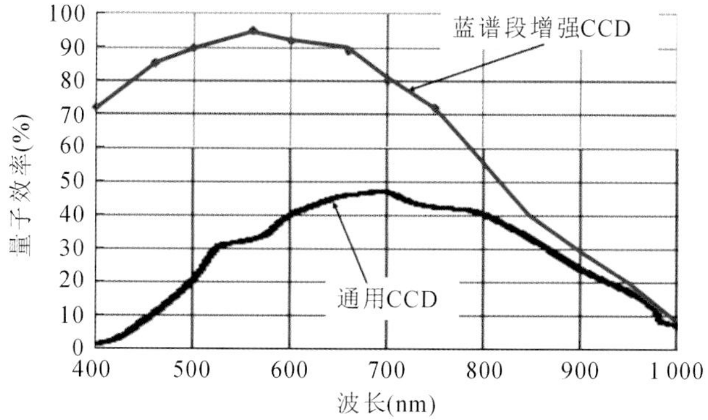

图 9.8 CCD 量子效率比较

9.1.2 星载宽幅高光谱成像载荷的关键技术

9.1.2.1 高分辨率光谱精细分光技术

高分辨率光谱精细分光是星载宽幅高光谱成像载荷的关键技术之一。根据星载宽幅高光谱成像载荷总体设计，由于幅宽大，主光学望远镜中间像面处的狭缝长度远大于常规的光谱仪狭缝长度。虽然使用凸面光栅 Offner 光谱仪校正光谱弯曲的能力强，但对于超长的狭缝，需要采取特殊的措施。为此，提出了改进型的凸面光栅 Offner 光谱仪结构，增加一块校正透镜，通过校正透镜的像差与 Offner 系统的光谱弯曲平衡，从而将光谱弯曲控制在要求范围内。VNIR 光谱仪光路图如图 9.9 所示。SWIR 光谱仪光路图如图 9.10 所示，考虑到布局空间的需要，在狭缝后使用了 55°的平面转折镜将光路转折，避免与主光学冲突。

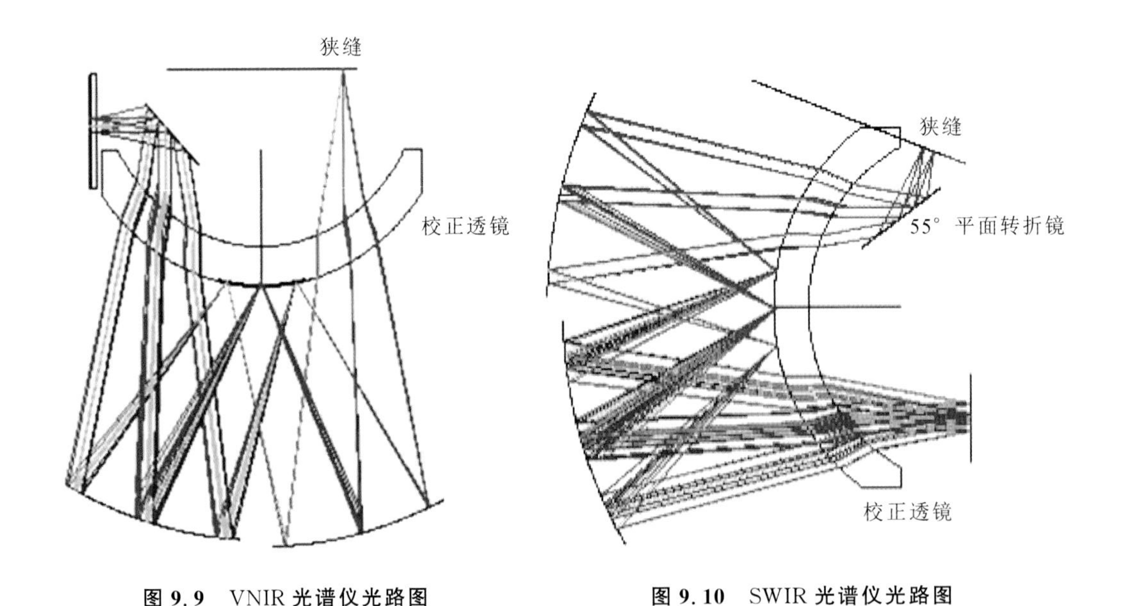

图 9.9　VNIR 光谱仪光路图　　**图 9.10　SWIR 光谱仪光路图**

9.1.2.2　高光谱在轨高精度定标技术

星载宽幅高光谱成像载荷的性能会随着时间的推移发生变化，检测仪器性能的变化情况主要依赖于仪器的在轨定标装置。在轨定标技术主要解决定标装置的稳定性和定标数据的反演算法。星载宽幅高光谱成像载荷的星上在轨定标实现相机在轨运行期间的定标，包括辐射定标和光谱定标，即利用外部参考标准或内部参考标准对成像光谱仪在轨运行期间的辐射响应关系和光谱谱线位置进行标定，对其在轨运行期间性能的稳定性做出评估，得到准确且定量化的光谱图像数据。星载遥感器的性能通常随着光学元件和电子元件的老化以及空间环境的变化而变化。星载遥感器存在性能稳定问题，地面定标设备不能完全模拟空间环境的情况，所以在轨定标是十分必要的。

为满足星载宽幅高光谱成像载荷的高精度定标的实现，设计了以下两类在轨定标方案。

1. 在轨辐射定标方案

高光谱卫星的在轨辐射定标采用漫反射板引入太阳光来实现，通过标准探测器对漫反射的衰减进行监控，来补偿定标时漫反射板反射率引入的误差。

(1)漫反射的测量与空间稳定性评估。本项目采用的漫反射板由美国 Labsphere(蓝菲光学)公司提供,该公司的太空级 Spectralon 漫反射材料,表面反射率超过 99%,可以提供最高水平的均匀光,兼有太空飞行应用所要求的稳定性、可持续性及纯净度。

(2)标准监视探测器的高稳定性技术研究。基于探测器的绝对定标方法正逐步在传感器光辐射定标中得到应用,对提高和保障光谱辐射的测量精度起了重要作用。辐亮度探测器采用三片反射式 Trap 探测器作为核心探测单元,具有量子效率高、性能稳定等优点。使用窄带干涉滤光片作为分光器件,工作波段根据用户要求设置,可用于测量漫射型面光源稳定性的监测和定期校准设备。

(3)太阳定标器的辐亮度输出稳定性设计分析与校正。由于一年四季中,太阳对卫星的照射角是变化的,因此要确定太阳定标器光学系统光轴的方位及视场角范围,以适应太阳照射角的变化,并要保证太阳定标器输出辐亮度的一致性及光斑的均匀性。

2.在轨光谱定标方案

大气廓线定标的关键技术包括大气廓线高精度仿真获取技术、基于大气廓线的中心波长和带宽定标技术。

(1)大气廓线高精度仿真获取技术。高光谱成像仪大气廓线定标拟建立的光谱定标方法主要是基于大气中气体分子吸收位置稳定的特征,利用相邻分子吸收线组成的吸收作为参考标准实施标定。这里的大气廓线是指包含大气吸收特征的光谱辐亮度或单纯的大气透过率曲线,其光谱范围覆盖 0.3～2.5 μm。高光谱成像仪大气廓线定标是在掩星观测模式下进行的,掩星观测的几何模式决定了地面实验获取其大气参数具有极大难度,因此仍需通过仿真模拟方法获取大气轮廓数据。

(2)基于大气廓线的中心波长和带宽定标技术。高光谱成像仪大气廓线定标将在实现极值映射法的基础上,结合特征指标与光谱匹配技术,提出综合的逼近指标。最优光谱匹配法是根据假设光谱与实测光谱在典型吸收位置的光谱匹配最佳程度,假设光谱是根据通道光谱响应函数和参考谱的卷积获得的,根据预定标结果,假设通道光谱响应的波长漂移量在一定的波长(如 30 nm)范围内变化,以一定的波长步长移动中心波长(如 0.2 nm)和 FWHM 可以获得多组假设光谱,对假设光谱和实测光谱采用光谱线性匹配的方法,选择匹配程度最大的一组(即光谱角最小),对应的通道光谱响应参数作为光谱定标结果。

(3)基于大气廓线在轨光谱定标误差分析。实测光谱的不确定度主要是因为仪器灵敏度引起的随机误差等。参考谱构建误差产生的来源主要是大气辐射传输计算精度、大气成分的稳定性、同步参数设置的不确定性。峰位定位的误差主要是查找表构建的误差和光谱匹配算法的误差。

(4)试验验证。为验证本项目提出的光谱定标方法,通过对美国 ASD 公司的 Field 光谱仪采用相同的定标方法进行标定,以此验证本方法的适用性与精度。2011 年 10 月 17 日,中国科学院上海技术物理研究所开展了利用本方法对 ASD Field 光谱仪进行光谱定标的实验。实验方案采用反射测量法,使用 ASD Field 光谱仪测量 99%反射率的标准板获取标准板所在处的全部入射能量 L，根据采样时间，利用 MODTRAN 模拟地表入射能量经 ASD Field 光谱仪的光谱响应后输出能量参考谱 L'，通过光谱匹配法分别比较不同特征吸收位置的 L 和 L'，获得其相对偏移量即实现对 ASD Field 光谱仪的光谱标定。利用线性光谱匹配法计算特征的光谱偏差是 760 nm 处的计算结果为偏差 0.24 nm，该结果与 2010 年中国计量科学院对 ASD Field 光谱仪的标定结果吻合(图 9.11～图 9.13)。

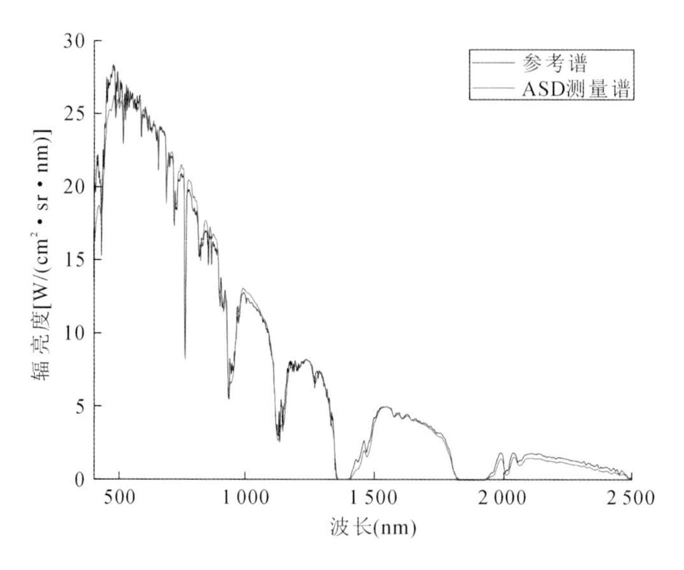

图 9.11　ASD 测量谱与参考谱

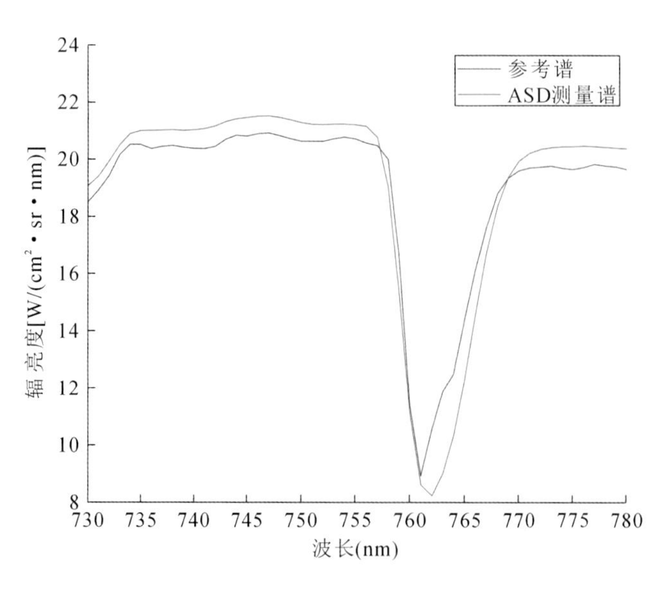

图 9.12　ASD 测量谱与参考谱(760 nm 氧气吸收特征)

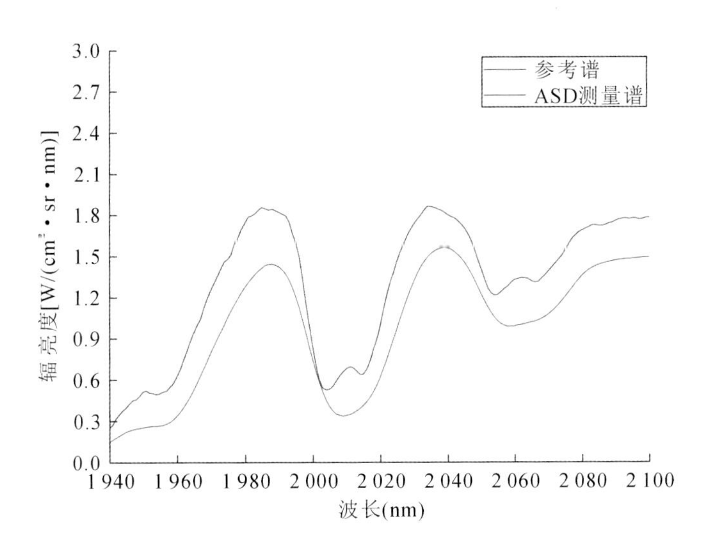

图 9.13 ASD **测量谱与参考谱**(2 010 nm、2 060 nm CO_2 吸收特征)

9.1.2.3 大面阵探测器及驱动技术

星载宽幅高光谱成像载荷设计并实现了高帧频、大规模探测器驱动及信号获取、处理和传输电路。

星载宽幅高光谱成像载荷在可见近红外波段使用了背照式帧转移 CCD 探测器,其具有规模大、帧频高、量子效率高等技术特点。在短波红外波段使用了 2 048×512 的短波红外焦平面探测器,该探测器由 4 个 512×512 探测器子模块拼接而成,具有信号输出路多(为 32 路)、读出速率高(单路 4 Mpixel/s)等特点。

对于背照式 CCD,如何优化驱动波形,提高电荷转移效率成为背照式 CCD 高帧频驱动技术的一个难点。对于本项目定制的 CCD-PROTOS,其大像元、大面阵和高帧频使得驱动时钟的容性负载较高,对时钟的驱动能力提出了很高的需求;为了抑制拖尾问题,垂直转移驱动时钟的频率高达 7.4 MHz。高频率下的高驱动能力是电路设计实现的难点。

400～2 500 nm 谱段范围两端的信号能量较低。由于小信号对电路噪声较为敏感,如何针对探测器输出信号的特点抑制读出信号噪声、提高弱信号谱段的信噪比成为信息处理电路设计的首要问题。此外,高分辨率的高光谱图像具有速率高、数据量大、突发性强的特点,如何根据高光谱仪器的集成化特点选择合适的数据传输方案也是需要重点考虑的问题。

1. 大面阵背照式 CCD 高帧频驱动技术

图 9.14 为 CCD 驱动时钟的负载模型,R_{driver} 和 C_{driver} 分别为驱动芯片的内部电阻和电容,R_{con} 为传输等效电阻,C_{load} 为 CCD 芯片的时钟输入端口的容性负载,驱动时钟延迟时间常数 τ_{dr} 可表示为

$$\tau_{dr} = R_{driver}C_{driver} + (R_{driver} + R_{con})C_{load} \tag{9.2}$$

CCD-PROTOS 的垂直驱动时钟和水平驱动时钟的驱动频率都相对较高,必须选择工作

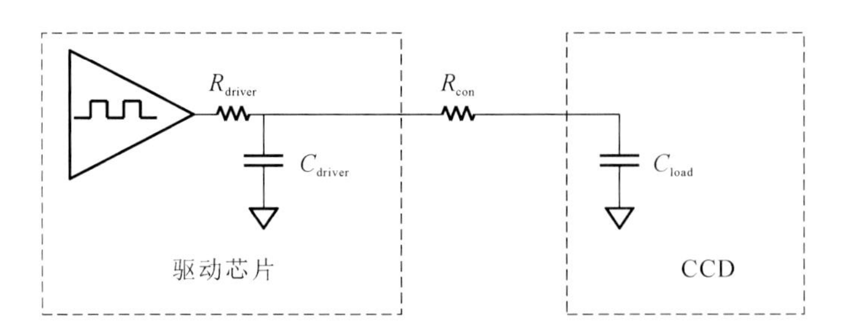

图 9.14 CCD 驱动时钟的负载模型

频率较高的驱动芯片，这种高速驱动芯片为了降低芯片自身的时钟延迟，其内部电容一般较小，典型值为 100 pF。

CCD 的驱动负载通常为大容性负载，很小的导线电阻都可能引起较大的时钟延迟，而且长线传输还有可能引起时钟的反射，所以为了驱动时钟输线上的电阻，驱动芯片通常紧挨着 CCD 芯片摆放，R_{con} 一般小于 0.1 Ω。将 $C_{driver}=100$ pF、$R_{con}=0.1$ Ω 代入式(9.2)可得到：

$$R_{driver}=\frac{\tau_{dr}-0.1\times C_{load}}{100+C_{load}} \tag{9.3}$$

驱动电路的内阻需求如表 9.7 所示。

表 9.7 驱动电路内阻需求(单位：Ω)

参数	垂直转移时钟驱动电路		水平转移时钟驱动电路
	感光区	存储区	
内阻最大值	1.52	2.48	37.94
内阻最小值	0.11	0.46	11.42

通常情况下，驱动能力较强(内阻较小)的驱动芯片的高速性能较差，较大的输出延迟造成其输出时钟无法在较高的频率下有效地控制相位，而对于输出时钟延迟较小的驱动芯片，单个输出端口的输出内阻相对较大。为了解决上述问题，电路设计上可使用多路合并的方式将符合频率需求但驱动内阻较大的多个芯片或单个芯片的多路输出端口合并在一起，这样同时可满足驱动时钟较高的频率需求和驱动能力需求，其具体设计如图 9.15 所示。

图 9.15 中，EL7457 为驱动芯片，其应用的最高频率为 40 MHz，芯片共有 4 路时钟输入和输出端口，单路输出端口的内部电容为 80 pF，时钟摆幅为 10 V 时单路端口的输出内阻为 3.8 Ω。4 路时钟端口并联时等效驱动内阻 R_{driver} 为 0.95 Ω，等效内部电容为 320 pF。可以得到垂直驱动时钟的延迟时间参数为 4.91 ns，可同时满足对感光区和存储区驱动时钟延迟时间参数的需求。

驱动电路及时钟的实际驱动效果通常可以用电荷转移效率来衡量，电荷转移效率是 CCD 最重要的性能参数之一，其大小等于单次电荷转移时残余电荷和总的电荷的百分比，

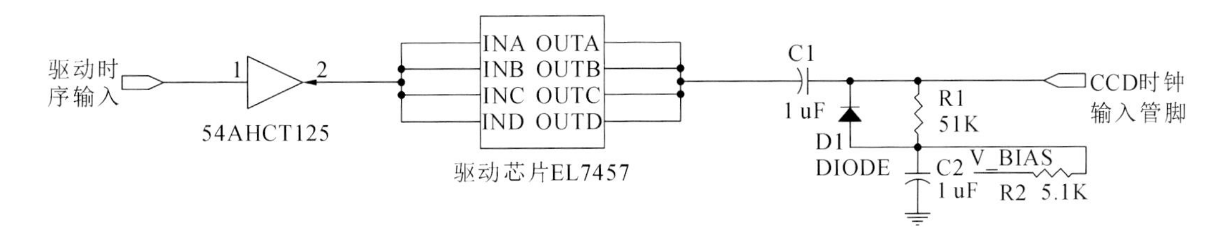

图 9.15 垂直转移驱动电路

一般可通过在均匀稳定的光源下测试过采样像元的残余电荷的方法进行估算。

图 9.16 是对残余电荷采样收敛行数的实测结果,图中红线为暗电流 DN,第 73～87 行为过采样行、87 行之后为信号行,过采样信号和暗电流信号的差值为残余电荷的信号。从图中可以看到,只有 4 行过采样信号存在残余电荷,电荷转移效率可以达到 0.999 9。所以 n_0 取值为 4。证明了驱动电路的良好的驱动效果,验证了电路设计的正确性。

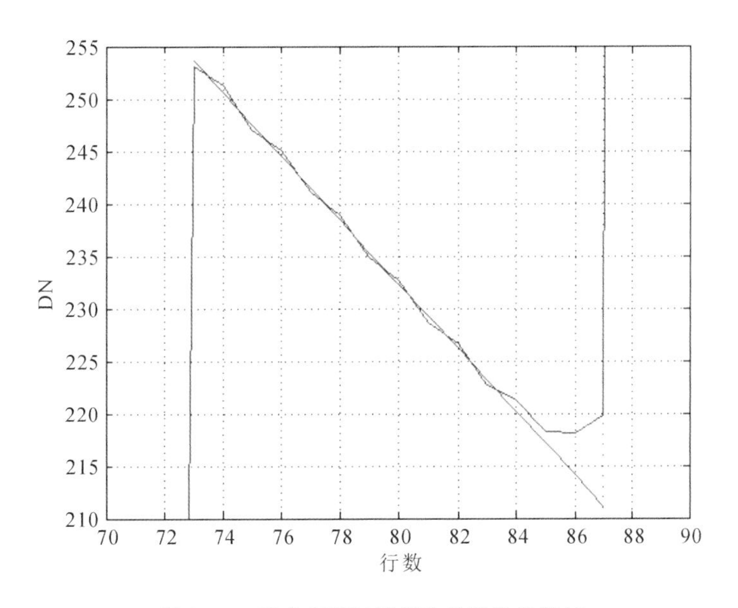

图 9.16 残余电荷过采样收敛行数的测试

系统的信息处理通道共有 16 路,为了减小电路尺寸,信息处理电路在设计上选取了一款荷兰 NXP 公司的视频处理芯片 TDA9965A(图 9.17),TDA9965A 根据 CCD 输出信号的特点将直流恢复、低通滤波、输出信号电平箝位、相关双采样、信号放大和 A/D 转换的功能在一块芯片上全部实现,大大缩减了信息处理电路的电路规模,提高了系统的集成化。

2. 短波红外探测器驱动控制技术研究

短波红外探测器总共需要 6 个直流偏置电压和 3 个电源进行工作。偏置电压部分电路的功能是向探测器提供一组使半导体光敏元阵列和读出电路能够正常工作的电平,设计输入即符合器材所提出的直流电压要求,噪声水平设定为 100 μV 数量级。由于提供的偏置电

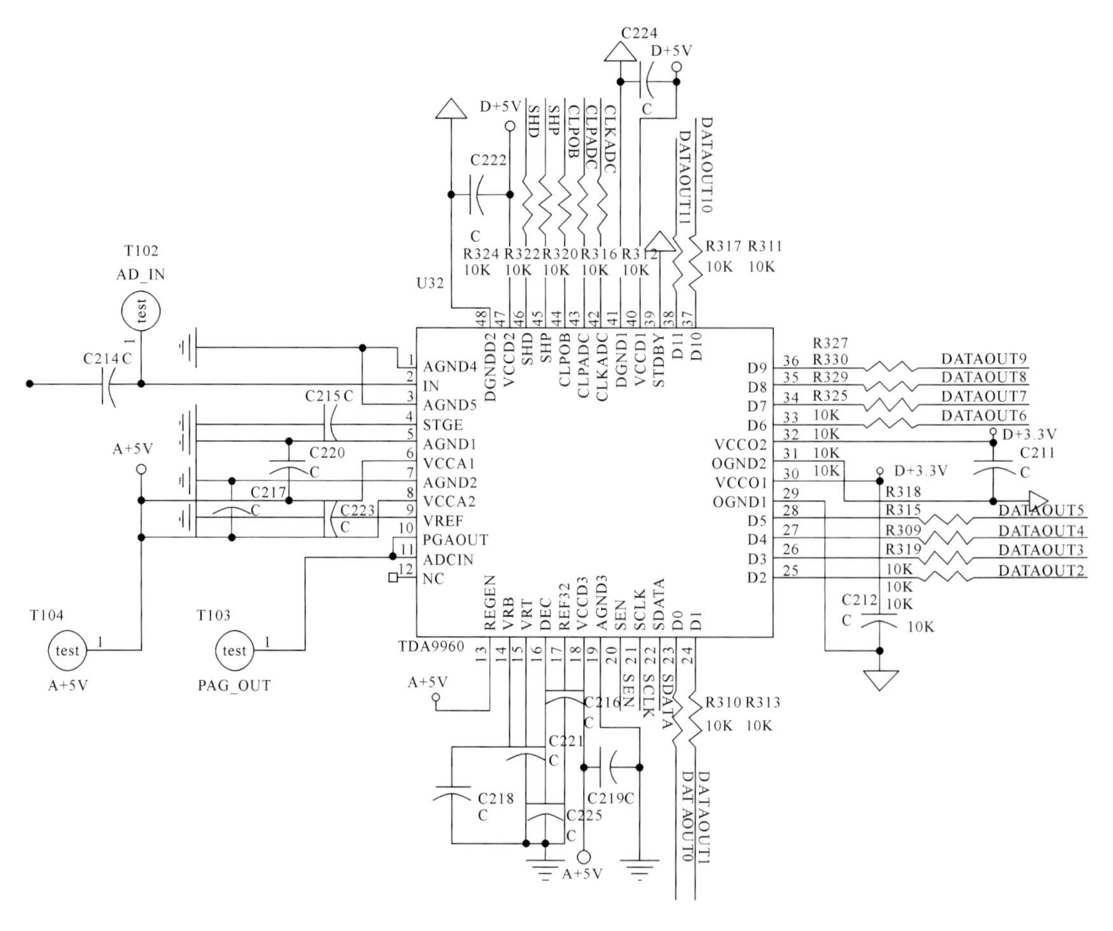

图 9.17　基于 TDA9965 的信息获取及处理电路原理图

压主要是供给探测器的内部运放的偏压,故而对偏压的纹波要求较高。如果采用一般的开关电源,需要增加大量的电感-电容滤波电路,在系统的功耗上造成额外的开销,效果不一定很好;最终决定采用低噪声、低压差电压芯片 AD580 作为提供参考电压的器件(之后可以考虑使用 AD586,5 V),然后利用低噪声运放 OP213 构成二阶有源滤波作为输出级滤波。利用 AD580 作为基准电压源,并经过 OP213 提升负载能力。实际测得参考电压噪声为3 μV 峰值,满足设计要求。

短波红外处理电路中共采用了 5 块 FPGA,而单块的信息获取电路中有 8 路 A/D 转换进行量化处理,系统共有 32 路 A/D 转换同时进行量化工作,如何设计好探测器的时钟系统从而保证多路数据采集之间的一致性、如何保证多块信息获取电路对于主控电路的一致性以及主控板和信息获取电路之间的正确通信是非常重要的问题。

根据测试和前期验证性实验,本系统的时钟方案最终确定多块 FPGA 采用同一时钟源,利用多路时钟驱动芯片进行分布式供给,这种设计的主要优势在于以下几个方面。

(1)由于分布式系统中单个分部模块都是采用主控电路时钟进行工作,故各模块间具有较高的一致性。

(2)在PCB设计中,对于分布式系统中的分部模块内部时序敏感部分进行等长处理,使得分布式系统分部模块内部具有较高的一致性。

(3)由于主控以及信息获取电路采用同一时钟源,使得主控电路以及信息获取电路之间的控制、通信以及数据传输都较为方便,不存在异步时钟域通信以及传输的问题,不需要在接收端进行缓存处理。

(4)由于系统采用同一时钟源,时钟源如果发生抖动,分布式系统中各部分间由于时钟抖动造成的不一致性较低。

3. 高速数据传输技术研究

星载宽幅高光谱成像载荷的地面分辨率和轨道高度需要CCD探测器在Binning模式下的工作帧频达到227 Hz,探测器的平均像元读出速率为65 MHz,峰值的像元读出速率超过70 MHz(由于CCD的电荷转移机制,其像元读出时间的占空比不能达到100%),如果使用12 bit量化,最大传输速率达到1.6 Gbps,而短波红外波段则要达到1.8 Gbps的码速率。由于高光谱成像仪对信息处理电路的高集成化需求,多路并行传输的方式显然并不适用,而在单路数据传输的方式下,就要求数据传输电路有较高的数据带宽以保证数据的正确传输。

数据传输的方案如图9.18所示,其核心部分是使用TLK2711芯片进行串并转换及差分输出,TLK2711为美国TI公司生产的一款8 bit/10 bit全双工并串转换芯片,最高可将16 bit、135 MHz并行信号进行串化,串行数据带宽最高可达2.7 Gbps。利用同轴电缆可以实现长距离、高速大数据量传输。TLK2711带有自回环验证以及信号预加重等功能,以方便进行数据的测试和验证。高速数据传输电路,经过了试验验证,满足1.8 Gbps的数据传输能力。

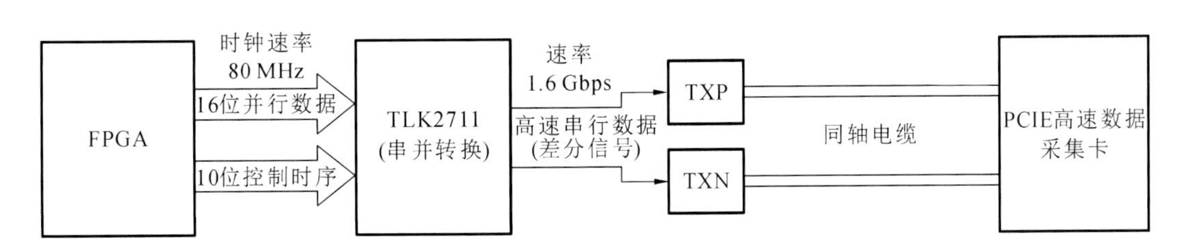

图9.18 高速串行数据传输方案

9.1.3 星载宽幅高光谱成像仪的试验及性能测试

在星载宽幅高光谱成像仪的研制过程中,需要对其进行性能测试、外景成像试验和相关环境摸底试验,用于检测其性能指标和环境适应性是否满足要求。高光谱成像仪在实验室对外景的成像主要在高精度转台上进行，转台的转动用于模拟卫星的运动，通过成像试验获得的高光谱图像（图 9.19），经过分析后，可用于对其成像功能和成像质量的检测。

图 9.19　星载宽幅高光谱成像载荷外景成像试验获得的高光谱合成图像

对星载宽幅高光谱成像载荷原型样机分别进行了光谱定标试验、幅宽和像元空间分辨率测试（表 9.8）、系统信噪比测试、辐射定标试验、样机的实验室成像试验、样机的环境力学摸底试验。

表 9.8　宽幅高光谱成像仪光谱分辨率测试结果表

光谱波段	位置	中心波长(nm)	测量值	指标值
550 nm	+1 视场	551.76	4.84	≤5.0
	0 视场	551.19	4.67	≤5.0
	−1 视场	552.03	4.76	≤5.0
650 nm	+1 视场	651.86	4.89	≤5.0
	0 视场	651.34	4.67	≤5.0
	−1 视场	652.20	4.93	≤5.0
700 nm	+1 视场	699.63	4.96	≤5.0
	0 视场	699.05	4.83	≤5.0
	−1 视场	699.92	4.98	≤5.0
1 225 nm	+1 视场	1 223.37	8.57	≤12.0
	0 视场	1 224.33	8.60	≤12.0
	−1 视场	1 222.45	8.61	≤12.0

续表

光谱波段	位置	中心波长(nm)	测量值	指标值
1 575 nm	+1 视场	1 576.73	8.81	≤12.0
	0 视场	1 577.71	8.95	≤12.0
	−1 视场	1 575.91	8.81	≤12.0
2 125 nm	+1 视场	2 122.95	9.07	≤12.0
	0 视场	2 122.69	9.12	≤12.0
	−1 视场	2 121.61	8.60	≤12.0

光谱定标精度可反映光谱定标的设备、方法及算法造成光谱标定的误差大小。实验室光谱定标精度由用于光谱定标的光源稳定性、光源平坦度、单色仪单色光纯度、系统稳定性、光学杂光等因素决定;实验室光谱定标精度是上述各项测量误差中随机误差的方差与系统误差的和(表 9.9)。

表 9.9 宽幅高光谱成像仪光谱定标精度表

影响因素	VNIR 不确定度	SWIR 不确定度
光源稳定性	0.50%	0.50%
光源平坦度	0.50%	0.50%
单色仪单色光纯度	4.00%	4.00%
系统稳定度	0.50%	0.50%
光学杂光	1.00%	1.00%
总不确定度	4.30%	4.20%
光谱定标精度	0.18 nm	0.35 nm

宽幅高光谱成像仪的信噪比是指在一个太阳常数 30°太阳高度角和 30%反照率的理想朗伯体反射信号下,相机各个光谱通道获取图像的信号大小和噪声的比值(表 9.10)。

表 9.10 宽幅高光谱成像仪信噪比测试结果表

光谱波段	测量值	指标值	符合性
550 nm	217	≥215	符合
650 nm	231	≥215	符合
700 nm	230	≥215	符合
1 225 nm	310	≥165	符合
1 575 nm	262	≥165	符合
2 125 nm	192	≥165	符合

相对辐射定标精度是指在相同的观测目标下,宽幅高光谱成像仪整个视场内各个光谱

通道之间的一致性标定精度。实验室相对辐射定标精度主要受积分球均匀性、仪器稳定性、探测器响应线性度、光学杂光等因素的影响;相对辐射定标精度是上述各项随机误差的平方和的开方(表9.11)。

表9.11 宽幅高光谱成像仪相对定标精度表

影响因素	VNIR不确定度(%)	SWIR不确定度(%)
积分球均匀性	2.00	2.00
仪器稳定性	0.50	0.50
探测器响应线性度	0.10	0.10
光学杂光	1.00	1.00
总不确定度	2.29	2.29

绝对辐射定标精度是指宽幅高光谱成像仪整个观测范围内,各个光谱通道输出信号和光学入瞳输入辐射量之间关系的标定精度。实验室绝对辐射定标精度主要受积分球稳定性、均匀性、辐亮度不确定度、仪器稳定性、探测器响应线性度、光学杂光等因素的影响;绝对辐射定标精度是上述各项定标过程中的系统误差与各项随机误差平方和开方的和(表9.12)。

表9.12 宽幅高光谱成像仪绝对定标精度表

影响因素	VNIR不确定度(%)	SWIR不确定度(%)
积分球均匀性	2.00	2.00
积分球稳定性	0.50	0.50
积分球辐亮度不确定度	3.00	4.00
仪器稳定性	0.50	0.50
探测器响应线性度	0.10	0.10
光学杂光	1.00	1.00
总不确定度	3.81	4.64

星载宽幅高光谱成像载荷的性能测试主要包括了系统调制传递函数、影像地面像元分辨率、影像地面覆盖宽度、光谱分辨率、横向光谱偏差、光谱范围、光谱波段数、信噪比等指标的测试,表9.13列出了目前已研制完成的星载宽幅高光谱成像载荷的工程样机测试结果,该样机是我国高分五号卫星可见短波红外高光谱相机的原型机。

表9.13 宽幅高光谱成像仪主要性能指标测试结果

指标名称	要求指标	测试结果
光谱范围	400～2 500 nm	395.8～2 504.18 nm
地面覆盖宽度	60 km	60.27 km

续表

指标名称	要求指标	测试结果
地面像元分辨率	30 m	29.84 m
光谱分辨率	VNIR:5 nm; SWIR:10 nm	VNIR:4.98 nm;SWIR:9.12 nm
光谱段数	可见近红外(VNIR)≥120 波段 短波红外(SWIR)≥160 波段	VNIR:128 SWIR:190
影像量化等级	12 bit	12 bit
辐射定标精度	绝对优于 7% 相对优于 4%	绝对 VNIR:3.81%; SWIR:4.64% 相对 VNIR:2.29%; SWIR:2.29%
光谱定标精度	1 nm	VNIR:0.18 nm;SWIR:0.35 nm
信噪比	150(平均)	217@550 nm;231@650 nm 230@700 nm;310@1 225 nm 262@1 575 nm;192@2 125 nm
功耗	约 200 W	197 W
重量	约 70 kg	75 kg
调制传递函数		≥0.28
横向光谱偏差		VNIR:0.73 nm SWIR:0.94 nm

注:地物反照率 30%,太阳高度角 60°。

基于星载宽幅高光谱成像载荷样机原型,中国科学院上海技术物理研究所研制了可见短波红外高光谱相机,搭载在我国于 2018 年 5 月成功发射的高分五号卫星上,该载荷设计方案与星载宽幅高光谱成像载荷完全一致。

9.2 基于 AOTF 的就位探测的成像光谱仪

基于 AOTF 的就位探测的成像光谱仪是另外一类基于电驱动调制分光的成像光谱仪,主要由声光晶体、换能器组成,变驱动射频的频率对应分光波长,通过频率的改变实现波长快速(μs)扫描。它无须采用平台的辅助而直接完成二维场景的高光谱信息获取,特别适合就位探测,功能上 AOTF 相当于可电控快速(约 10 μs 量级)切换透光波长的滤光片,这里结合一台典型的 AOTF 就位探测光谱仪——嫦娥三号(CE-3)红外成像光谱仪进行介绍。

9.2.1 CE-3红外成像光谱仪总体设计

根据探测任务,CE-3红外成像光谱仪基于月球巡视器静止平台,在巡视器停止时对巡视区月表目标进行可见近红外的光谱成像及短波红外的光谱就位探测。红外成像光谱仪安装及作业示意如图9.20所示。红外成像光谱仪吊装在“玉兔号”巡视器前下方,在约0.7 m的高度以45°观测角对月面目标进行探测,获取月表目标的光谱和几何图像数据,用于月表矿物组成、含量(丰度)和分布分析,实现巡视区探测点矿物组成与化学成分综合就位分析的科学探测任务。红外成像光谱仪为被动光谱探测设备,其自身不备照明光源,通过接收月表目标漫反射的太阳辐射来完成对目标光谱的探测。

图9.20 CE-3红外成像光谱仪安装及作业示意图

成像光谱仪成像方式有光机扫描式、推帚式、凝视式。对月面静止就位成像探测应用而言,光机扫描式成像光谱仪获取目标点视场的光谱信息,需要二维扫描实现对探测目标的二维成像;推帚式成像光谱仪获取目标线视场的光谱信息,需要一维扫描实现对探测目标的二维成像;凝视式成像光谱仪获取目标二维视场的图像,无须运动扫描器件就可实现对目标的二维成像,而且仅需单元探测器即可实现对目标的光谱探测,其特点是需要选择合适的分光器件设计灵活地光谱扫描对目标光谱信息进行分时获取。无论是光机扫描式还是推帚式成像,都需要平台运动或自身运动来实现二维图像获取,考虑到体积、重量、功耗、可靠性等,面阵凝视式成像方式优选为成像方案。就分光方式而言,成像光谱仪有棱镜、光栅、傅里叶、声光调制、液晶可调滤光片、阿达玛变换(Hadamard transform,HT)等之分。红外成像光谱仪为舱外设备,在白天工作,需要适应较宽温度(−20～+55 ℃)的工作环境,同时由于功耗及散热条件所限,无法采用主动温控保证仪器工作处于恒温状态,分光器件的热适应性是重要的考虑因素。适用于凝视型成像的分光方式有声光可调谐滤光器(AOTF)、液晶可调谐滤光片、楔形滤光片等,楔形滤光片不满足光谱扫描要求,液晶可调谐滤光片光谱范围较窄、分光效率较低及环境适应性较弱。AOTF 具有坚固、紧凑、无须运动部件、波长挑选灵活、波长扫描快速、光谱可重复性好、温度适应性强、工作模式灵活可控等特点,在功能、性能及环境适应性验证的基础上,综合考虑任务需求、重量等工程资源约束,以及工程可实现性等方面,为优选分光方案。

综上分析,为实现可见近红外光谱成像及短波红外光谱探测宽温度适应性以及轻小型化,总体方案选择射频声光调制分光、凝视型成像的方案。除成像方式及分光方式,红外成像光谱仪设计定标、防尘、隔热组件,自身携带定标漫射板实现同步探测及定标功能的同时,实现防尘及隔热。

CE-3 红外成像光谱仪具备可见近红外谱段(0.45～0.95 μm)的光谱成像及短波红外谱段(0.9～2.4 μm)光谱的月面就位同步探测与定标功能。图 9.21 为 CE-3 红外成像光谱仪总体方案框图,整个系统包括探头、电缆组件以及电控箱中红外成像光谱仪电子学部分组成,其中探头由前置光学组件(包括定标防尘组件、可见近红外、短波红外两个谱段的成像镜、准直镜、AOTF 分光组件、会聚镜、探测器组件及探头电子学组成,电子学部分由射频驱动模块、信号采集模块、主控电路(探头电子学包括 AOTF 功率开关、热电制冷驱动、可见光及短波探测器驱动及信号采集、防尘电机驱动组成;电控箱中红外成像光谱仪电子学包括射频功放、光谱探测控制、二次电源、载荷电控箱公共单元组成)等几部分组成。

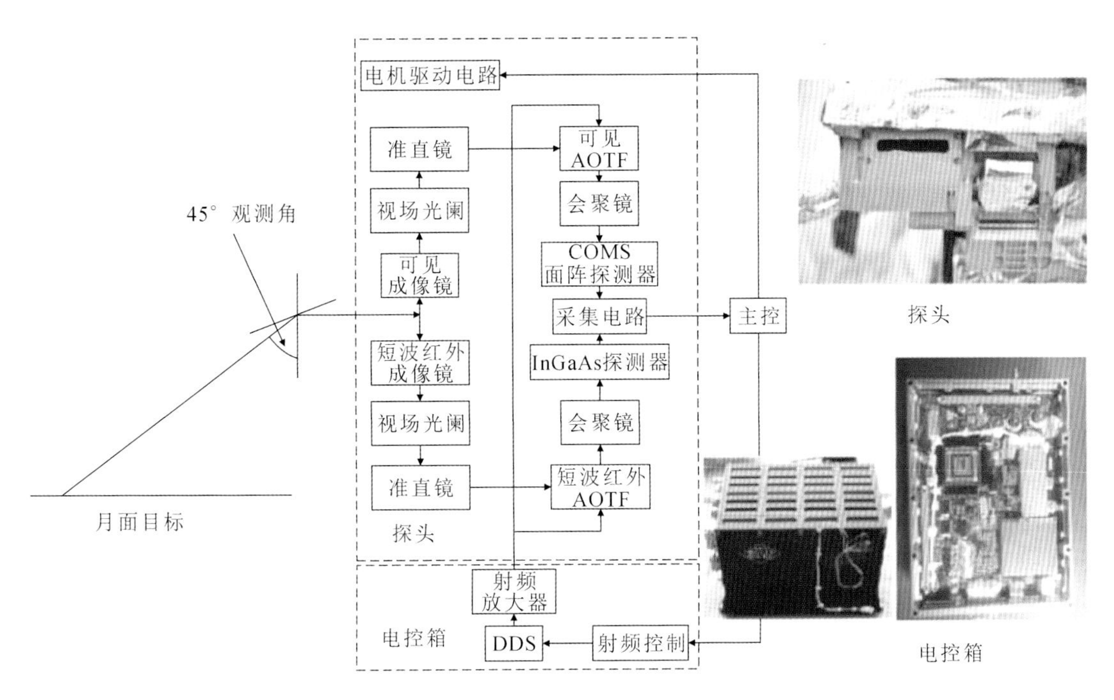

图 9.21 CE-3 红外成像光谱仪总体方案框图

红外成像光谱仪原理：来自月球外的太阳辐射经月球表面的矿物反射后，入射到红外成像光谱仪视场内，经 AOTF 分光后，形成某一波长的准单色光，通过会聚镜会聚到单元探测器上，得到目标的光谱信息，会聚到面阵探测器上则得到目标的光谱图像。通过快速改变 AOTF 的射频驱动频率，从而改变透过 AOTF 的光波波长，最终获得所需的光谱曲线及指定波长的光谱图像。红外成像光谱仪通过同步获取月面目标及定标漫射板的光谱及图像信息，在月面现场为探测数据提供标准比对探测数据，为月面矿物成分分析及资源调查提供可信的科学数据。

红外成像光谱仪探头固定于巡视器车体上，由安装基座、光路组件、FPGA 电路盒、定标防尘组件构成。如图 9.22 所示。

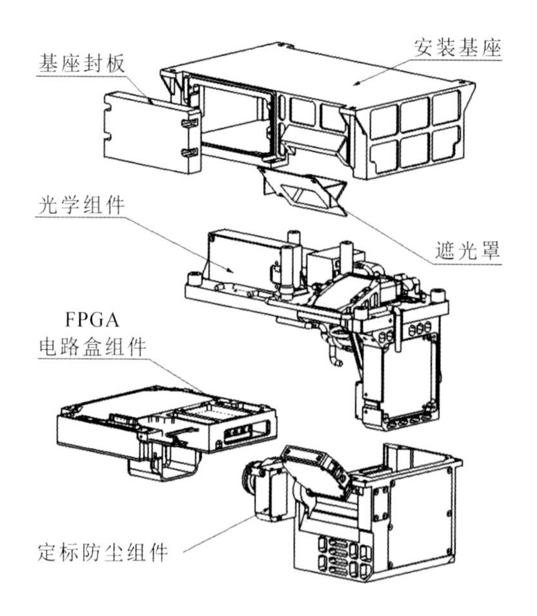

图 9.22　CE-3 红外成像光谱仪探头示意图

红外成像光谱仪的电子学系统由探头和电控箱两部分组成。其中探头电子学部分由 CMOS 探测器单元、InGaAs 探测器单元、超声电机单元、热电制冷单元、射频功率开关切换单元及传感器控制单元组成。电控箱部分由直接数字频率合成（direct digital synthesis，DDS）发生单元、射频功放单元及红外光谱控制单元组成；载荷电控箱公共单元负责数据接口及二次电源转换组成。图 9.23 为红外成像光谱仪的电子学系统框图。

红外成像光谱仪在巡视器与着陆器分离后，到达指定科学考察点停止时择机工作。其具体有待机、探测、定标三种工作模式。

(1)待机模式：处于加电但不获取探测数据状态。

(2)探测模式：处于开机获取探测数据状态。根据指令注入进行光谱图像数据获取。光谱采样间隔可见近红外波段默认 5 nm，采样波段数 100，另外，可见近红外波段另采集 20 帧暗电平，用于数据处理；短波默认 5 nm，采样波段数 300，短波红外另采集 20 个暗电平数据，

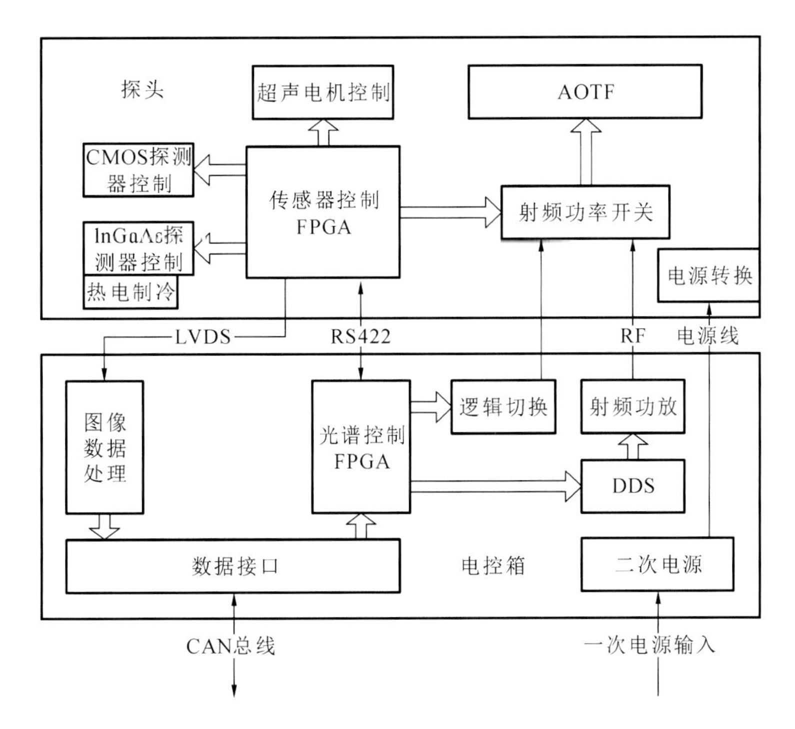

图 9.23 CE-3 红外成像光谱仪电子学框图

用于数据处理。红外成像光谱仪可以通过注入指令码的方式改变数据采集的中心波长,实现指定谱段的光谱图像或光谱数据的获取。

(3)定标模式:利用太阳作为定标源,通过控制定标漫射板处于定标位置,使仪器工作在定标模式,对仪器进行标定。定标模式工作时,光谱图像数据获取方式及数据量与探测模式相同。

9.2.2 CE-3 红外成像光谱仪关键技术

CE-3 月面巡视探测,相对以往月球环绕卫星及地球轨道航天器有很大不同。红外成像光谱仪的技术难点主要体现在适应 CE-3 月面工作的光照及目标特性、各种环境约束及巡视器平台的资源限制等方面,这些限制及约束也是 CE-3 红外成像光谱仪核心技术提出并实现的驱动源泉。具体主要体现在以下三个方面。

1.光照限制条件下的月面就位高性能图谱集成同步探测及定标

红外成像光谱仪为被动探测仪器,通过探测月球表面漫反射的太阳光实现对目标图像及光谱信号的获取。根据先验知识,月面目标在 450～2 400 nm 时反照率 9%。同时,为获取更多的探测数据,要求红外成像光谱仪在太阳高度角不小于 15°时即开展工作,因此,红外成像光谱仪工作的光照条件约为通常遥感光谱成像探测光照条件(反照率 30%及太阳高度角 60°)的 1/10。同时,月面漫反射定标板反照率在 90%以上,需要实现大动态范围。

基于月面矿物成分分析及资源勘探的应用背景和科学探测目标,对红外成像光谱仪提出较高的设计指标要求,如光谱分辨率(2～12 nm)、波段范围(450～2 400 nm)、信噪比(≥30 dB)等,因此,在月面光照限制工作条件下实现高性能图谱集成同步探测与定标,是 CE-3 红外成像光谱仪研制的难点之一。

2. 月面新环境下的就位高性能图谱集成同步探测及定标

CE-3 基于巡视器平台对月面目标实现就位图谱同步探测,需要在适应月面新环境的前提下满足高性能数据获取,同时保证数据的可信度及仪器的可靠性。相对基于地球观测卫星及月球环绕器平台探测的现有技术,月面新环境主要为月面温度(－180～＋120℃)、月尘。经分析,红外成像光谱仪探头安装于巡视器外,高度较低(约 0.7 m),其新环境主要为工作温度环境(－50～70℃存储,－20～55℃工作)及月尘污染风险。因此,在月面新环境下实现高性能图谱集成同步探测与定标,是 CE-3 红外成像光谱仪研制的另一难点。

3. 资源约束下的月面就位高性能图谱集成同步探测及定标

与基于地球观测卫星及月球环绕器平台的现有技术不同,CE-3 红外成像光谱仪要求在巡视器就位停止时择机工作,获取高质量的月面目标可见近红外(450～950 nm)光谱图像及短波红外(900～2 400 nm)光谱曲线,并必须具备月面定标功能。红外成像光谱仪满足设计指标要求的同时需适应资源约束,主要是安装高度低(约 0.7 m),为防止巡视器遮挡需大视角(45°)探测,同时,巡视器的载重及电源供应要求红外成像光谱仪满足轻小型(探头重量小于 4.7 kg)、低功耗的资源限制。因此,在月面资源约束下实现高性能图谱集成同步探测与定标,是 CE-3 红外成像光谱仪研制的另一难点。

9.2.2.1 多通道射频驱动高效分光及探测技术机制

CE-3 红外成像光谱仪通过探测月球表面漫反射的太阳光实现对目标图像及光谱信号的获取,提出多通道射频驱动声光高效分光及探测技术机制并成功实施,实现了月面光照限制工作条件下(反照率 9%,太阳高度角 15°)实现的高性能图谱集成同步探测与定标。

CE-3 红外成像光谱仪综合分析月面光照条件、光学系统效率、探测器的光谱响应特性,设计多通道射频驱动声光高效分光及探测。首先将光谱探测全谱段(450～2 400 nm)按探测器响应特性分为可见近红外谱段(450～950 nm)及短波红外谱段(900～2 400 nm),其中可见近红外谱段由 CMOS 面阵探测器探测,短波红外由 InGaAs 探测器探测;然后,根据月面光谱辐亮度(图 9.24 和图 9.25)及射频声光驱动分光技术特性(图 9.26)将可见近红外波段再分为可见光谱段(450～630 nm)、近红外谱段(630～950 nm),短波红外再分为短波 1 谱段(900～1 380 nm)、短波 2 谱段(1 380～2 400 nm),实现高效率分光,最终在全谱段实现高效探测。

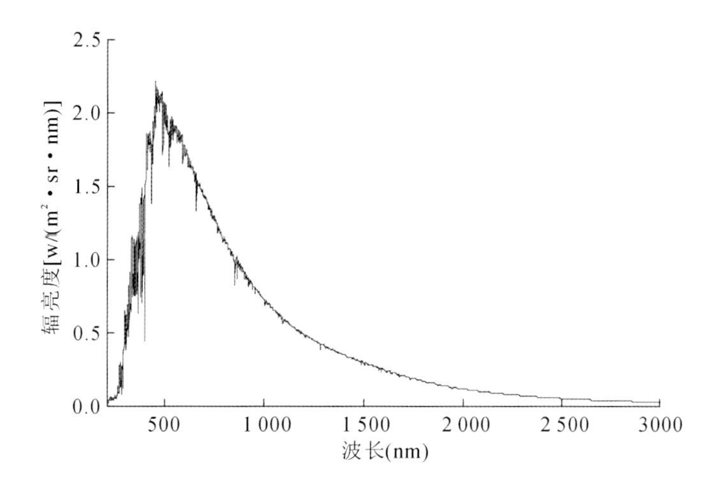

图 9.24 标准太阳光谱辐照度(Gueymard,2003;峰值 451 nm)

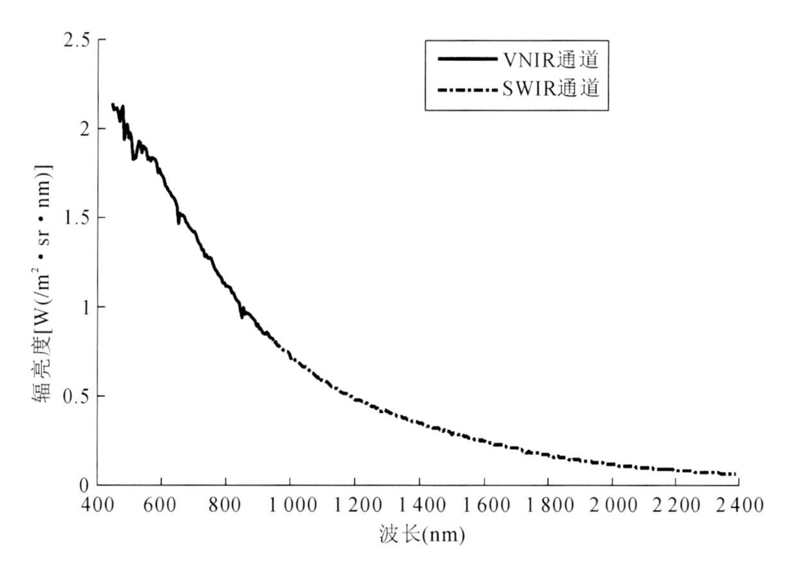

图 9.25 CE-3 **红外成像光谱仪根据光谱分辨率特性重采样后的月面光谱辐照度**

多通道射频驱动声光高效分光及探测技术机制如图 9.26 及表 9.14 所示。多通道射频驱动控制单元控制射频信号发生、调制、放大及切换,按设计要求经由 RF1、RF2、RF3、RF4 施加至 AOTF 换能器上,实现高效的射频驱动声光分光。

表 9.14 多通道射频驱动高效分光及探测技术参数

通道	光谱范围(nm)	探测数据	探测器
可见近红外通道	480~630	光谱成像	CMOS 面阵
	630~950	光谱成像	
短波红外通道	900~1 380	光谱探测	InGaAs 单元
	1 380~2 400	光谱探测	

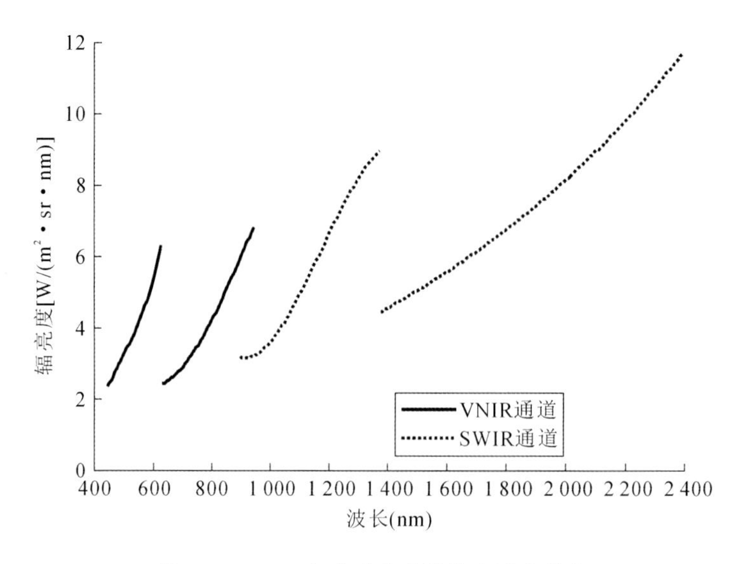

图 9.26　CE-3 红外成像光谱仪光谱分辨率

如图 9.27 所示，多通道射频驱动高效分光机制特别针对月面目标特性及工作条件进行设计，其成功实施的关键之处在于满足设计要求的相关元器件、组件，包括射频发生及调制器件、射频功放、射频开关及声光可调滤光器。

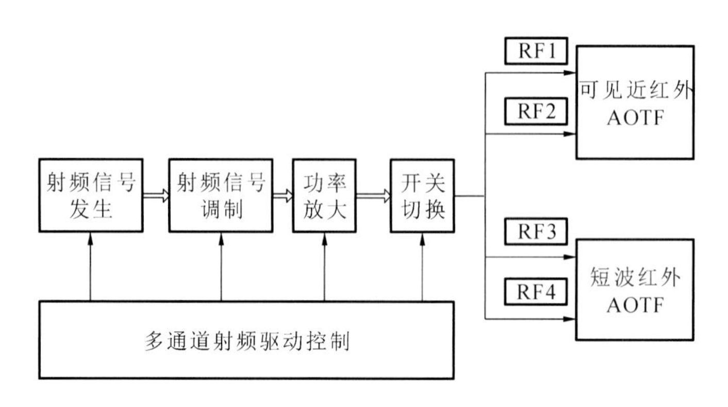

图 9.27　多通道射频驱动高效分光机制示意图

如图 9.28 所示，月表目标反射的太阳辐射及自身辐射，进入红外成像光谱仪后，通过光学系统及分光组件，最后由探测器探测。红外成像光谱仪所获取的科学数据的质量与分光组件的光学性能息息相关。射频声光电调谐分光包括 AOTF 分光晶体和射频驱动电路两大组成部分，是红外成像光谱仪中的关键技术，很大程度上影响仪器的光谱分辨率、信噪比、功耗等主要指标。如图 9.29 所示，由射频驱动电路产生快速可调的功率稳定的 30～240 MHz 频率段的射频信号，对 AOTF 分光晶体进行驱动，实现分光，射频信号的频率对应分光波长，程控改变射频频率可实现探测光谱的选择。

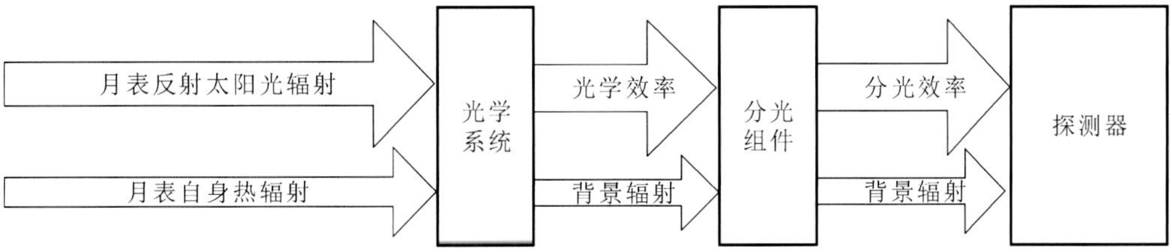

月表反射太阳光辐射
月表自身热辐射
光学系统
光学效率
背景辐射
分光组件
分光效率
背景辐射
探测器

图 9.28 光谱探测示意图(宽谱段精细分光及低功耗高效电调制驱动)

DDS
滤波与信号放大
功率放大组件
射频开关组件
AOTF分光晶体
射频驱动电路

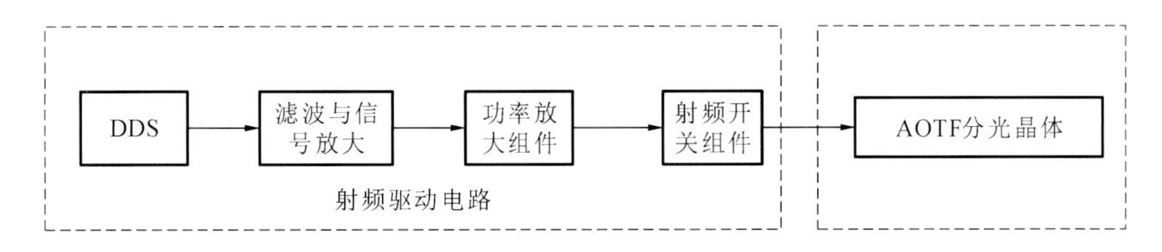

图 9.29 声光调制分光功能模块示意图

CE-3 红外成像光谱仪的光谱范围为 0.45～2.40 μm，特别是短波红外谱段，由于太阳光辐射在该谱段光谱辐照度低且仪器工作温度较高，要求在功耗限制下尽可能提高分光效率，需要在宽谱段 AOTF 分光晶体以及射频调制驱动电路两方面进行攻关，拓展 AOTF 分光晶体光谱范围，提高其分光效率。射频调制驱动电路经过中国科学院上海技术学物理研究所多年攻关及试验验证，能够满足红外成像光谱仪应用需求。射频调制驱动电路解决方案的主要措施：①分析驱动电信号谐波分量产生的原因，优化滤波及信号放大电路，降低谐波分量，提高能量效率；②提高功率放大组件的电效率，在额定功耗下，产生更大功率的射频信号；③降低驱动电路，特别是射频开关组件的插损，提高射频利用率；④综合优化 AOTF 晶体与射频驱动电路的阻抗匹配，降低射频反射分量，提高射频功率利用率。

但是经国内外调研及分析比较，无法找到满足性能要求的 AOTF，必须综合国内优势研制力量，组织开展 AOTF 专项攻关研制，解决其功能、性能、月面环境适应性难题。

红外成像光谱仪用 AOTF 分光晶体的研制难度大有以下两方面的原因：①由于受到射频匹配电路设计与换能器工艺的一些限制，常用 AOTF 器件的光谱带宽一般均在 1 倍频程以内，月球矿物光谱分析仪光谱范围为 0.45～2.40 μm，相对带宽很大，在设计和制作技术上有很大难度；②在同种技术水平下，红外谱段的分光效率需要更大的射频功率，但受系统功耗所限，功率需求无法满足，因此，保证全谱段特别是红外谱段的分光效率难度大。对 AOTF 分光晶体而言，由中国科学院上海硅酸盐研究所负责 TeO_2 材料生长，由中国电子科技集团公司第二十六研究所进行研制生产，具体方案描述如下：①进一步优选换能器与声光介质之间的键合层材料，通过改变合金材料的比例来改变声速与密度，找到与声光介质声阻抗相匹配的材料，提高电声转换效率；②优化设计超声波的声场分布，获得最佳的衍射效率和带宽，提高声光效率；③综合优化 AOTF 晶体与射频驱动电路的阻抗匹配，降低射频反射分量，提高射频功率利用率。

9.2.2.2 地月协同定标方法及定标防尘隔热一体化组件设计

红外成像光谱仪为保证数据的精度及可信度，提出地月协同定标方法及数据校正，为红外成像光谱仪数据的应用提供参考，具体如图 9.30 所示。

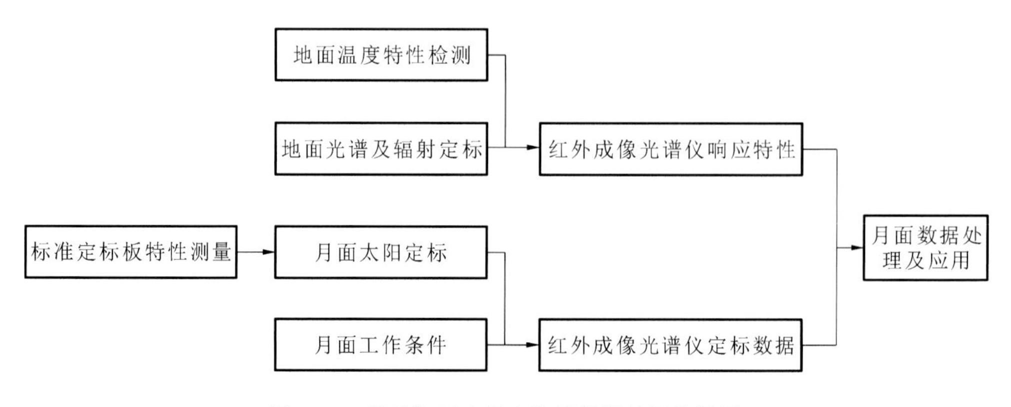

图 9.30 地月协同定标方法及数据校正流程图

红外成像光谱仪采用轻型超声电机驱动定标防尘板实现月面定标、防尘功能。定标防尘板内表面为定标漫反射板，安装在红外成像光谱仪入光口处。当红外成像光谱仪月面探测时，定标板完全打开，与安装面夹角约为 55°，不影响光线进入；当进行月面定标时，定标板与安装面平行，获取太阳光照射下的定标反射光谱数据，用于月面定标；当红外成像光谱仪不工作时，定标板与框架闭合，防止月尘及其他污染物进入光谱仪内部，同时具有隔热作用。定标防尘组件采用的运动机构为超声电机，驱动定标板实现以上三种状态的切换，如图 9.31 示意。

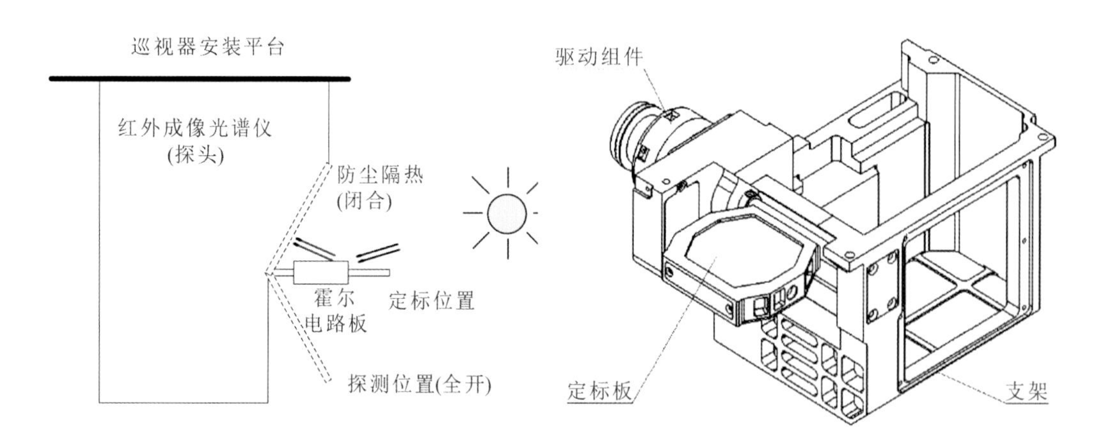

图 9.31 CE-3 红外成像光谱仪探测、定标、防尘示意图

红外成像光谱仪定标防尘组件由超声电机、谐波减速器、定标板、定标主轴、轴承组构成。红外成像光谱仪通过在光谱仪定标位置放置霍尔电路，定标板上放置磁钢，使定标板停在指定位置，实现定标定位，如图 9.32 所示。

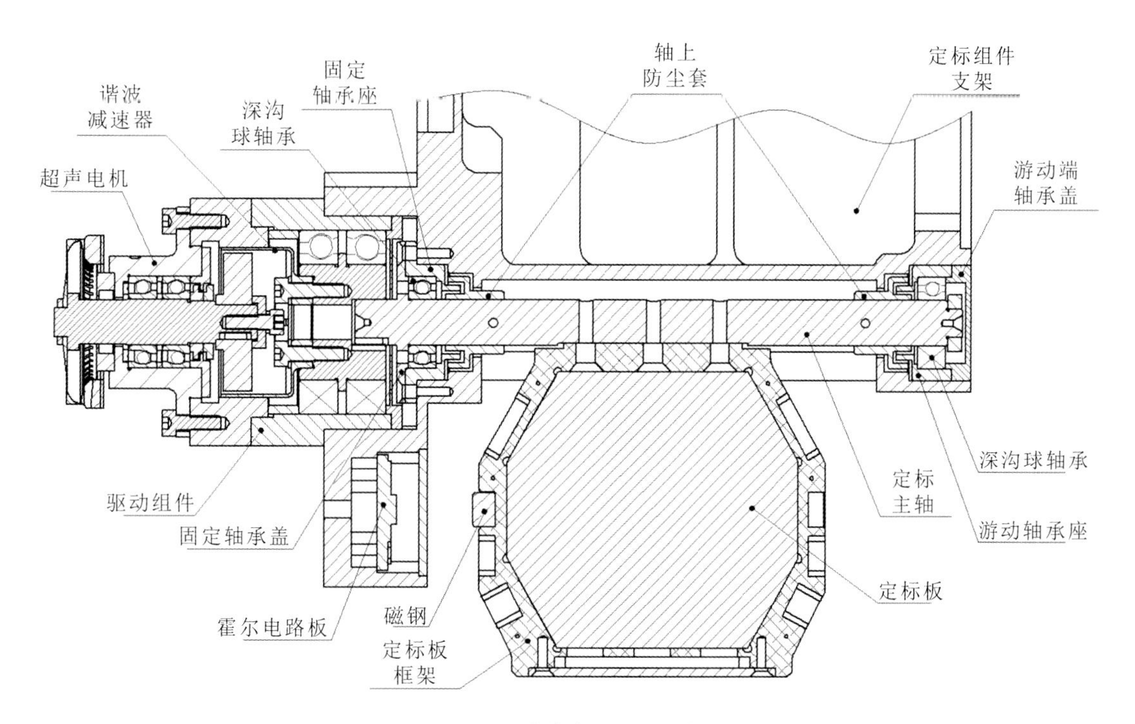

图 9.32　CE-3 红外成像光谱仪定标防尘组件

红外成像光谱仪使用的定标漫射板以聚四氟乙烯为材料，发射前对其光谱反射率、反射率均匀性、BRF 进行精确测量。其中，定标漫射板光谱反射率的测量以中国计量科学研究院检定的标准漫射屏为参照，采用双光路积分球系统进行标准传递；测量误差为 1.3%，光谱反射率量值可溯源至中国计量科学研究院(图 9.33)。定标漫射板 BRF 采用以标准漫射板 BRF 为参照的辐亮度比对测量的方式测量，参照板 BRF 由中国科学院安徽光学精密机械研究所辐射定标实验室标定给出，标准可以溯源至中国计量科学研究院半球反射率标，最终测量的不确定度小于 2.5%。

红外成像光谱仪在实验室进行了光谱定标(图 9.34)及辐射定标(图 9.35)。红外成像光谱仪的光谱范围及光谱分辨率主要取决于 AOTF 分光器件，探测器及光学系统的光谱范围相对比 AOTF 宽，同时不影响光谱分辨率。红外成像光谱仪在整机装配前，测试了 AOTF 晶体的性能参数，如波长频率对应曲线、波长衍射效率曲线、波长光谱分辨率曲线。光谱定标在 AOTF 光谱特性测试的基础上，用成像光谱仪整机对特征单色光的实际响应，修正 AOTF 测试及整机装配时的系统误差，从而给出成像光谱仪整机光谱探测采样点对应的中心波长及光谱分辨率，用作数据处理。

红外成像光谱仪辐射定标是以辐射标准源为基准，通过比对实验，建立仪器输出信号和

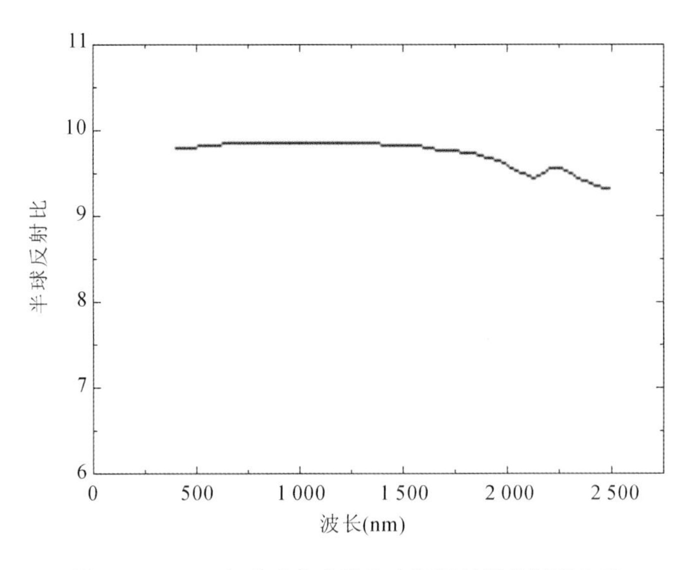

图 9.33　CE-3 红外成像光谱仪定标漫射板反射率曲线

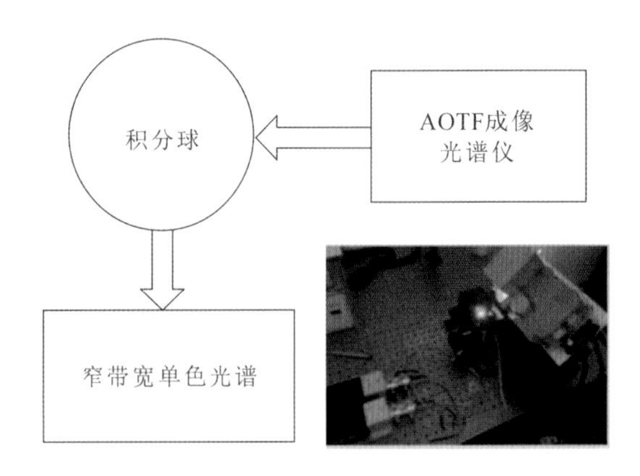

图 9.34　CE-3 红外成像光谱仪光谱定标

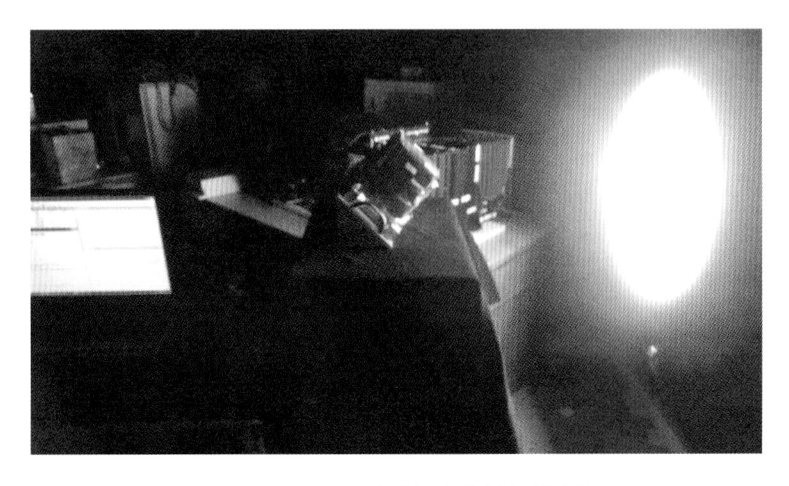

图 9.35　CE-3 红外成像光谱仪辐射定标

观测目标绝对物理量(光谱辐亮度)之间的传递关系。红外成像光谱仪采用积分球作为辐射标准源。积分球具有多个内置的定标灯,通过改变点亮灯的数量实现均匀面光源不同能级的输出。积分球能级所对应的辐射光谱亮度是已知的,成像光谱仪分别对积分球的多个能级进行光谱探测,得到不同光谱辐亮度情况下的系统输出,从而确定系统的信号传递模型,将仪器输出电信号逆向恢复为入射光谱辐亮度值,即为光谱数据的辐射校正。

辐射定标工作原理如图 9.36 所示。光谱仪置于积分球出口外侧(0.3 m 以外),光轴垂直对准出射口中心,积分球输出口径覆盖红外成像光谱仪视场,设置待定标仪器的工作参数,对每一组仪器设置参数,利用光谱仪的数据采集系统的定标数据采集功能,分别采集多个能级的完整成像光谱数据。

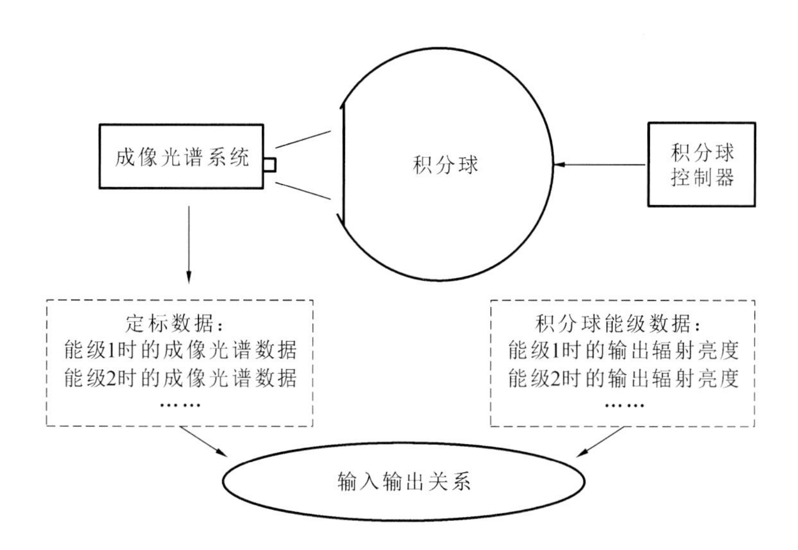

图 9.36 CE-3 红外成像光谱仪辐射定标原理图

红外成像光谱仪在轨工作时,需要适应−20～55℃的工作温度,无法采用主动热控手段实现恒温工作,因此,需要适应宽温度工作范围。CE-3 红外成像光谱仪在宽温度工作范围进行红外光谱探测,其光谱辐射响应随工作温度变化发生变化。温度对红外成像光谱仪辐射响应的影响,主要体现在两个方面:①红外探测器属于温度敏感器件,其自身的温度变化会引起暗电流或/和光谱响应率的改变;②CE-3 红外成像光谱仪采用 AOTF 分光器件,该器件使用射频功放对其驱动,射频功放的效率直接影响晶体的分光性能,功放工作后,其自身温度会迅速升高,高温下射频功放性能降低,从而影响探测器所接收光信号的通量,导致设备响应变化。

考虑到红外成像光谱仪分体式设计造成温度分布的不均匀性,在仿真实验时,需要对其两个组件进行独立性能分析。首先通过独立温度试验,分别仿真两个组件独立的温度特性,再通过整机温度试验,来验证两个独立模型级联后的温度校正模型的有效性。一般使用积分球(如 Labshpere US-200 SF)作为光源,提供稳定光谱;测试时,将待测组件置于真空罐中，其他组件维持室温(23℃±1℃)，真空罐内缓慢升温，在不同温度层上采集光谱仪对积分球的响应数据。

利用整机温度特性试验获取红外成像光谱仪整机随环境温度动态变化的光谱响应数据，通过提取温度遥测进行光谱温度校正。图9.37(a)中描述了环境温度从-19℃升至55℃的DN曲线分布。使用温度校正模型对光谱仪数据进行预处理，处理后数据如图9.37(b)所示。

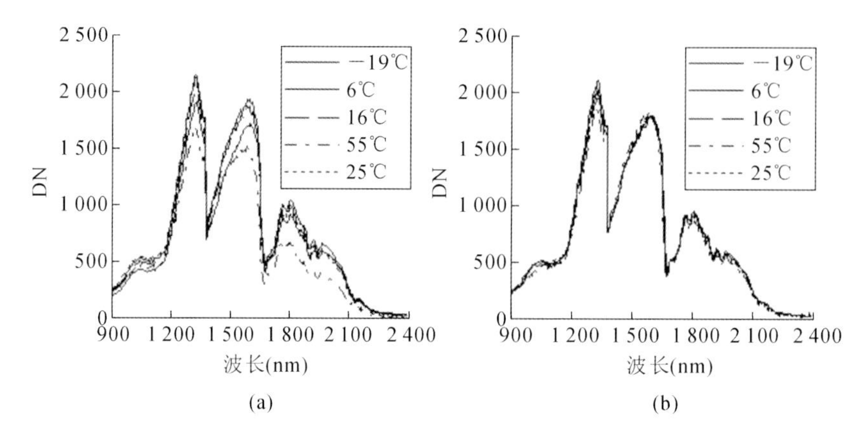

图9.37　不同环境温度下，红外成像光谱仪对同一稳定光源的观测曲线

(a)数据预处理前；(b)数据预处理后

红外成像光谱仪月面进行了三组月面定标，按表9.15的配置参数和工况条件，展开定标防尘组件，对经过漫反射的太阳光进行探测。红外成像光谱仪对月面定标数据进行数据分离、滤波、暗电平去除，CMOS图像非均匀性校正，去除SWIR温度效应，获取有效探测信号，其流程如图9.38所示。

表9.15　月面定标工况及配置参数

巡视位置	E	N203	N205
指令与配置参数	XPLD3123，C8，增益0x01	XPLD3120，C7，增益0x01	XPLD3123，C8，增益0x01
世界协调时	2013/12/23 02:10:10	2014/01/12 14:49:40	2014/1/15 01:31:10
太阳入射角	60.0°	69.5°	53.9°
太阳与光谱仪观测方向的方位夹角	3.4°～4.9°	-77.2° ～ -75.8°	24.0° ～ 25.6°
光谱仪探头温度	17.6 ～ 19.4℃	-4.6 ～ -2.6℃	14.1 ～ 16.7℃

CE-3红外成像光谱仪以5 nm的光谱采样间隔对月面目标进行光谱图像及光谱数据的获取，其光谱范围为0.45～2.40 μm。如前所述，CE-3红外成像光谱仪月面定标以经过定标漫射板的太阳辐射为定标源，选用Gueymard 2003作为太阳的光谱辐照度标准，进行定标

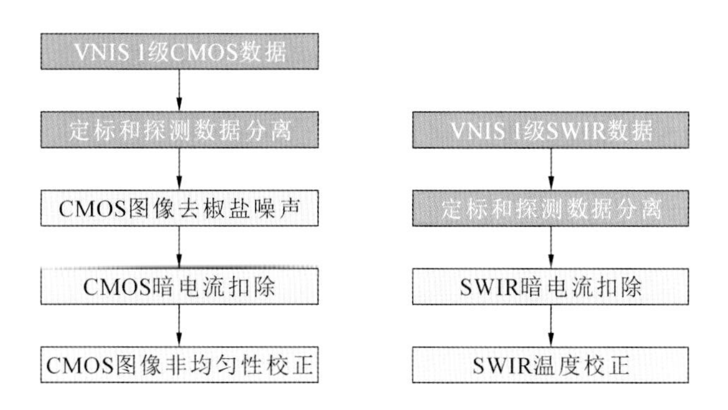

图 9.38 CE-3 红外成像光谱仪数据预处理流程图

源光谱辐亮度分析与计算,单位为 W/(m^2 · sr · nm)。红外成像光谱仪的月面辐射定标使用已知的辐射源(太阳),利用定标漫射板对不同高度角及方位角的漫反射太阳光,建立其在光谱仪入瞳处的辐亮度与采集数据的 DN 的定量化关系,形成辐射定标矩阵。因此,月面定标需要通过理论计算太阳光经定标漫射板漫反射后在红外成像光谱仪入瞳处的辐亮度。